2018版安徽省建设工程计价依据

安徽省安装工程计价定额

（第四册）

电气设备安装工程

主编部门：安徽省建设工程造价管理总站

批准部门：安徽省住房和城乡建设厅

施行日期：2018年1月1日

中国建材工业出版社

图书在版编目（CIP）数据

安徽省安装工程计价定额．第四册，电气设备安装工程/安徽省建设工程造价管理总站编．—北京：中国建材工业出版社，2018.1

（2018版安徽省建设工程计价依据）

ISBN 978－7－5160－2069－2

Ⅰ.①安…　Ⅱ.①安…　Ⅲ.①建筑安装—工程造价—安徽②电力工程—电气设备—设备安装—工程造价—安徽

Ⅳ.①TU723.34

中国版本图书馆CIP数据核字（2017）第264867号

安徽省安装工程计价定额（第四册）电气设备安装工程
安徽省建设工程造价管理总站　编

出版发行：中国建材工业出版社
地　　址：北京市海淀区三里河路1号
邮　　编：100044
经　　销：全国各地新华书店
印　　刷：北京雁林吉兆印刷有限公司
开　　本：787mm×1092mm　　1/16
印　　张：54.75
字　　数：1350千字
版　　次：2018年1月第1版
印　　次：2018年1月第1次
定　　价：230.00元

本社网址：www.jccbs.com　　微信公众号：zgjcgycbs
本书如出现印装质量问题，由我社市场营销部负责调换。联系电话：(010)88386906

安徽省住房和城乡建设厅发布

建标〔2017〕191 号

安徽省住房和城乡建设厅关于发布 2018 版安徽省
建设工程计价依据的通知

各市住房城乡建设委（城乡建设委、城乡规划建设委），广德、宿松县住房城乡建设委（局），省直有关单位：

为适应安徽省建筑市场发展需要，规范建设工程造价计价行为，合理确定工程造价，根据国家有关规范、标准，结合我省实际，我厅组织编制了 2018版安徽省建设工程计价依据（以下简称 2018 版计价依据），现予以发布，并将有关事项通知如下：

一、2018 版计价依据包括：《安徽省建设工程工程量清单计价办法》《安徽省建设工程费用定额》《安徽省建设工程施工机械台班费用编制规则》《安徽省建设工程计价定额（共用册）》《安徽省建筑工程计价定额》《安徽省装饰装修工程计价定额》《安徽省安装工程计价定额》《安徽省市政工程计价定额》《安徽省园林绿化工程计价定额》《安徽省仿古建筑工程计价定额》。

二、2018 版计价依据自 2018 年 1 月 1 日起施行。凡 2018 年 1 月 1 日前已签订施工合同的工程，其计价依据仍按原合同执行。

三、原省建设厅建定〔2005〕101 号、建定〔2005〕102 号、建定〔2008〕259 号文件发布的计价依据，自 2018 年 1 月 1 日起同时废止。

四、2018 版计价依据由安徽省建设工程造价管理总站负责管理与解释。在执行过程中，如有问题和意见，请及时向安徽省建设工程造价管理总站反馈。

安徽省住房和城乡建设厅

2017 年 9 月 26 日

编制委员会

主　　任　宋直刚

成　　员　王晓魁　王胜波　王成球　杨　博
　　　　　江　冰　李　萍　史劲松

主　　审　王成球

主　　编　姜　峰

副　主　编　陈昭言

参　　编　(排名不分先后)

　　　　　王宪莉　刘安俊　许道合　秦合川

　　　　　李海洋　郑圣军　康永军　王金林

　　　　　袁玉海　陆　戎　何　钢　荣豫宁

　　　　　管必武　洪云生　赵兰利　苏鸿志

　　　　　张国栋　石秋霞　王　林　卢　冲

　　　　　严　艳

参　　审　朱　军　陆厚龙　宫　华　李志群

总　说　明

一、《安徽省安装工程计价定额》以下简称"本安装定额"，是依据国家现行有关工程建设标准、规范及相关定额，并结合近几年我省出现的新工艺、新技术、新材料的应用情况，及安装工程设计与施工特点编制的。

二、本安装定额共分为十一册，包括：

第一册　机械设备安装工程

第二册　热力设备安装工程

第三册　静置设备与工艺金属结构制作安装工程（上、下）

第四册　电气设备安装工程

第五册　建筑智能化工程

第六册　自动化控制仪表安装工程

第七册　通风空调工程

第八册　工业管道工程

第九册　消防工程

第十册　给排水、采暖、燃气工程

第十一册　刷油、防腐蚀、绝热工程

三、本安装定额适用于我省境内工业与民用建筑的新建、扩建、改建工程中的给排水、采暖、燃气、通风空调、消防、电气照明、通信、智能化系统等设备、管线的安装工程和一般机械设备工程。

四、本安装定额的作用

1．是编审设计概算、最高投标限价、施工图预算的依据；

2．是调解处理工程造价纠纷的依据；

3．是工程成本评审，工程造价鉴定的依据；

4．是施工企业编制企业定额、投标报价、拨付工程价款、竣工结算的参考依据。

五、本安装定额是按照正常的施工条件，大多数施工企业采用的施工方法、机械化装备程度、合理的施工工期、施工工艺、劳动组织编制的，反映当前社会平均消耗量水平。

六、本安装定额中人工工日以"综合工日"表示，不分工种、技术等级。内容包括：基本用工、辅助用工、超运距用工及人工幅度差。

七、本安装定额中的材料：

1．本安装定额中的材料包括主要材料、辅助材料和其他材料。

2．本安装定额中的材料消耗量包括净用量和损耗量。损耗量包括：从工地仓库、现场集中堆放地点或现场加工地点至操作或安装地点的现场运输损耗、施工操作损耗、施工现场堆放损耗。凡能计量的材料、成品、半成品均逐一列出消耗量，难以计量的材料以"其他材料费占材料费"百分比形式表示。

3．本安装定额中消耗量用括号"（ ）"表示的为该子目的未计价材料用量，基价中不包括其价格。

八、本安装定额中的机械及仪器仪表：

1．本安装定额的机械台班及仪器仪表消耗量是按正常合理的配备、施工工效测算确定的，已包括幅度差。

2．本安装定额中仅列主要施工机械及仪器仪表消耗量。凡单位价值2000元以内，使用年限在一年以内，不构成固定资产的施工机械及仪器仪表，定额中未列消耗量，企业管理费中考虑其使用费，其燃料动力消耗在材料费中计取。难以计量的机械台班是以"其他机械费占机械费"百分比形式表示。

九、本安装定额关于水平和垂直运输：

1．设备：包括自安装现场指定堆放地点运至安装地点的水平和垂直运输。

2．材料、成品、半成品：包括自施工单位现场仓库或现场指定堆放地点运至安装地点的水平和垂直运输。

3．垂直运输基准面：室内以室内地平面为基准面，室外以安装现场地平面为基准面。

十、本安装定额未考虑施工与生产同时进行、有害身体健康的环境中施工时降效增加费，实际发生时另行计算。

十一、本安装定额中凡注有"××以内"或"××以下"者，均包括"××"本身；凡注有"××以外"或"××以上"者，则不包括"××"本身。

十二、本安装定额授权安徽省建设工程造价总站负责解释和管理。

十三、著作权所有，未经授权，严禁使用本书内容及数据制作各类出版物和软件，违者必究。

册说明

一、第四册《电气设备安装工程》以下简称"本册定额"，适用于工业与民用电压等级小于或等于10kV变配电设备及线路安装、车间动力电气设备及电气照明器具、防雷及接地装置安装、配管配线、起重设备电气装置、电气设备调整试验等安装工程。内容包括：变压器、配电装置、母线、绝缘子、配电控制与保护及直流装置、蓄电池、发电机与电动机检查接线、金属构件、穿墙套板、滑触线、配电及输电电缆敷设、防雷及接地装置、电压等级小于或等于10kV架空输电线路、配管、配线、照明器具、低压电器设备、起重设备电气装置等安装及电气设备调试内容。

二、本册定额编制的主要技术依据：

1.《工业企业照明设计标准》GB 50034-2004；

2.《电气装置安装工程高压电器施工及验收规范》GB 50147-2010；

3.《电气装置安装工程电力变压器、油浸电抗器、互感器施工及验收规范》GB 50148-2010；

4.《电气装置安装工程母线装置施工及验收规范》GB 50149-2010；

5.《电气装置安装工程电气设备交接试验标准》GB 50150-2006；

6.《电气装置安装工程电缆线路施工及验收规范》GB 50168-2006；

7.《电气装置安装工程接地装置施工及验收规范》GB 50169-2006；

8.《电气装置安装工程旋转电机施工及验收规范》GB 50170-2006；

9.《电气装置安装工程盘、柜及二次回路接线施工及验收规范》GB 50171-2012；

10.《电气装置安装工程蓄电池施工及验收规范》GB 50172-2012；

11.《建筑物防雷工程施工与质量验收规范》GB 50601-2010；

12.《电气装置安装工程35kV及以下架空电力线路施工及验收规范》GB 50173-2012；

13.《电气装置安装工程低压电器施工及验收规范》GB 50254-96；

14.《电气装置安装工程电力变流设备施工及验收规范》GB 50255-96；

15.《电气装置安装工程起重机电气装置施工验收规范》GB 50256-96；

16.《电气装置安装工程爆炸和火灾危险环境电气装置施工及验收规范》GB 50257-96；

17.《建筑电气工程施工质量验收规范》GB 50303-2011；

18.《民用建筑电气设计规范》JGJ 16-2008；

19.《全国统一安装工程预算定额》GYD-202-2000。

三、本册定额除各章另有说明外，均包括下列工作内容：

施工准备、设备与器材及施工器具的场内运输、开箱检查、安装、设备单体调整试验、结尾清理、配合质量检验、不同工种间交叉配合、临时移动施工水源与电源等工作内容。

四、本册定额不包括下列内容：

1. 电压等级大于10kV配电、输电、用电设备及装置安装。工程应用时，应执行电力行业相关定额。

2. 电气设备及装置配合机械设备进行单体试运转和联合试运转工作内容。发电、输电、配电、用电系统调试、特殊项目测试与性能验收试验应单独执行本册定额第十七章"电气设备调试工程"相应的定额。

（1）单体调试是指设备或装置安装完成后未与系统连接时，根据设备安装施工交接验收规范，为确认其是否符合产品出厂标准和满足实际使用条件而进行的单机试运或单体调试工作。单体调试项目的界限是设备没有与系统连接，设备和系统断开时的单独调试。

（2）系统调试是指工程的各系统在设备单机试运或单体调试合格后，为使系统达到整套启动所必须具备的条件而进行的调试工作。分系统调试项目的界限是设备与系统连接，设备和系统连接在一起进行的调试。

五、下列费用可按系数分别计取：

1. 脚手架搭拆费按定额人工费（不包括本册定额第十七章"电气设备调试工程"中人工费，不包括装饰灯具安装工程中人工费）5%计算，其费用中人工费占35%。电压等级小于或等于10kV架空输电线路工程、直埋敷设电缆工程、路灯工程不单独计算脚手架费用。

2. 操作高度增加费：安装高度距离楼面或地面大于5m时，超过部分工程量按定额人工费乘以系数1.1计算（已经考虑了超高因素的定额项目除外，如小区路灯、投光灯、氙气灯、烟囱或水塔指示灯、装饰灯具），电缆敷设工程、电压等级小于或等于10kV架空输电线路工程不执行本条规定。

3. 建筑物超高增加费：指在建筑物层数大于6层或建筑物高度大于20m以上的工业与民用建筑物上进行安装时，按下表计算，建筑物超高增加的费用，其费用中人工费占65%。

建筑物檐高(m)	≤40	≤60	≤80	≤100	≤120	≤140	≤160	≤180	≤200
建筑层数（层）	≤12	≤18	≤24	≤30	≤36	≤42	≤48	≤54	≤60
按人工费的百分比(%)	2	5	9	14	20	26	32	38	44

注：高层建筑中的变配电装置安装工程，如安装在高层建筑的底层或地下室均不计算高层建筑增加费；安装在六层以上的变配电装置则应和主体工程一样计取高层建筑增加费。

4. 在地下室内（含地下车库）、暗室内、净高小于1.6m楼层、断面小于4 m²且大于2 m²隧道或洞内进行安装的工程，定额人工乘以系数1.12。

5. 在管井内、竖井内、断面小于或等于2 m²隧道或洞内、封闭吊顶天棚内进行安装的工程（竖井内敷设电缆项目除外），定额人工乘以系数1.16。

6. 安装和生产同时进行时，安装工程定额总人工增加10%。

7. 在有害人身健康的环境（高温、多尘、噪声超过标准和在有害气体等环境）中施工，安装工程定额总人工增加10%。

六、本册定额中安装所用螺栓是按照厂家配套供应考虑，定额不包括安装所用螺栓费用。如果工程实际由安装单位采购配置安装所用螺栓时，根据实际安装所用螺栓用量加3%损耗率计算螺栓费用。

目　录

第一章　变压器安装工程

第二章　配电装置安装工程

第三章 绝缘子、母线安装工程

第四章 配电控制、保护、直流装置安装工程

第五章 蓄电池安装工程

第六章 发电机、电动机检查接线工程

第七章 金属构件、穿墙套板安装工程

第八章 滑触线安装工程

第九章 配电、输电电缆敷设工程

第十章 防雷及接地装置安装工程

第十一章 电压等级 10kV 及以下架空线路输电工程

第十二章 配管工程

第十三章 配线工程

第十四章　照明器具安装工程

第十五章 低压电器设备安装工程

第十六章 起重设备电气装置安装工程

第十七章 电气设备调试工程

第一章 变压器安装工程

说　　明

一、本章内容包括油浸式变压器安装、干式变压器安装、消弧线圈安装及绝缘油过滤、变压器干燥等内容。

二、有关说明：

1. 设备安装定额包括放注油、油过滤所需的临时油罐等设施摊销费。

2. 油浸式变压器安装定额适用于自耦式变压器、带负荷调压变压器的安装；电路变压器安装执行同容量变压器定额乘以系数 1.6；整流变压器安装执行同容量变压器定额乘以系数 1.2。

3. 变压器的器身检查：容量小于或等于 4000kV·A 容量变压器是按照吊芯检查考虑，容量大于 4000kV·A 容量变压器是按照吊钟罩考虑，如容量大于 4000kV·A 容量变压器需吊芯检查时，定额中机械乘以系数 2.0。

4. 安装带有保护外罩的干式变压器时，执行相关定额人工、机械乘以系数 1.1。

5. 整流变压器、并联电抗器的干燥，执行同容量变压器干燥定额；电炉变压器干燥接同容量变压器干燥定额乘以系数 1.5。

6. 绝缘油是按照设备供货考虑的。

7. 非晶合金变压器安装根据容量执行相应的油浸变压器安装定额。

三、本章节不包括以下工作内容：

1. 变压器干燥棚的搭拆工作，若发生时按时计算。

2. 变压器的铁梯及母线铁构件的制作、安装，另执行本册铁构件制作、安装定额。

3. 瓦斯继电器的检查和试验已包含在变压器系统调整试验定额中。

4. 端子箱、控制箱的制作、安装，另执行本册相应定额。

5. 二次喷漆发生时按实计算。

6. 基础槽钢的制作安装，另执行本册相应定额。

工程量计算规则

一、三相变压器、单相变压器、消弧线圈安装根据设备容量及结构性能，按照设计安装数量以"台"为计量单位。

二、绝缘油过滤不分次数至油过滤合格止。按照设备载油量以"t"为计量单位。

1. 变压器绝缘油过滤，按照变压器铭牌充油量计算。

2. 油断路器及其他充油设备绝缘油过滤，按照设备铭牌充油量计算。

三、变压器通过实验判定绝缘受潮时才需进行干燥，所以只有需要干燥的变压器才能记取此项费用(编制施工图预算时可列此项，工程结算时根据实际调整)，以"台"为计量单位。

一、油浸式变压器安装

工作内容：开箱检查、本体就位、器身检查；套管、油枕及散热器清洗；油柱试验、风扇油泵电机检查接线、附件安装、垫铁制作与安装、补充注油及安装后整体密封试验、接地、补漆、配合电气试验。

计量单位：台

定 额 编 号			A4-1-1	A4-1-2	A4-1-3	A4-1-4
项 目 名 称			容量(kV·A)			
			≤250	≤500	≤1000	≤2000
基 价（元）			1477.00	1643.62	2481.84	2947.05
其中	人 工 费（元）		732.76	844.06	1613.92	1885.38
	材 料 费（元）		79.27	89.97	122.01	153.24
	机 械 费（元）		664.97	709.59	745.91	908.43
名 称	单位	单价(元)	消 耗 量			
人工	综合工日	工日	140.00	5.234	6.029	11.528	13.467
材料	变压器	台	—	(1.000)	(1.000)	(1.000)	(1.000)
	白布	kg	6.67	0.450	0.450	0.540	0.630
	白纱布带 20mm×20m	卷	2.32	1.000	1.500	1.500	2.000
	低碳钢焊条	kg	6.84	0.300	0.300	0.300	0.400
	电力复合脂	kg	20.00	0.050	0.050	0.050	0.050
	镀锌扁钢（综合）	kg	3.85	4.500	4.500	4.500	4.500
	镀锌铁丝 φ2.5～4.0	kg	3.57	1.000	1.000	1.000	2.500
	防锈漆	kg	5.62	0.600	0.900	1.300	1.600
	酚醛磁漆	kg	12.00	0.200	0.200	0.200	0.300
	酚醛调和漆	kg	7.90	1.000	1.200	1.800	2.500
	钢垫板 δ1～2	kg	3.18	5.000	5.000	6.000	6.000
	聚乙烯薄膜 δ0.05	m²	1.37	1.500	1.500	3.000	3.000
	滤油纸 300×300	张	0.46	20.000	30.000	50.000	70.000
	棉纱头	kg	6.00	0.400	0.500	0.600	0.800
	汽油	kg	6.77	0.300	0.400	0.600	1.200
	青壳纸 δ0.1～1.0	kg	20.84	0.150	0.150	0.200	0.200
	铁砂布	张	0.85	0.250	0.500	0.500	0.500
	氧气	m³	3.63	—	—	0.800	0.800
	乙炔气	kg	10.45	—	—	0.340	0.340
	其他材料费占材料费	%	—	1.800	1.800	1.800	1.800
机械	交流弧焊机 21kV·A	台班	57.35	0.280	0.280	0.280	0.280
	汽车式起重机 8t	台班	763.67	0.561	0.598	0.542	0.579
	载重汽车 5t	台班	430.70	0.093	0.131	—	—
	载重汽车 8t	台班	501.85	—	—	0.150	0.178
	真空滤油机 6000L/h	台班	257.40	0.701	0.701	0.935	1.402

工作内容：开箱检查、本体就位、器身检查；套管、油枕及散热器清洗；油柱试验、风扇油泵电机检查接线、附件安装、垫铁制作与安装、补充注油及安装后整体密封试验、接地、补漆、配合电气试验。

计量单位：台

定 额 编 号				A4-1-5	A4-1-6	A4-1-7
项 目 名 称				容量(kV·A)		
				≤4000	≤8000	≤10000
基 价 （元）				4211.52	6839.42	7991.60
其中	人 工 费 （元）			2834.58	3884.30	4744.32
	材 料 费 （元）			197.48	886.11	930.47
	机 械 费 （元）			1179.46	2069.01	2316.81
名 称		单位	单价(元)	消 耗 量		
人工	综合工日	工日	140.00	20.247	27.745	33.888
材料	变压器	台	—	(1.000)	(1.000)	(1.000)
	扒钉	kg	3.85	—	10.000	10.000
	白布	kg	6.67	0.900	1.080	1.300
	白纱布带 20mm×20m	卷	2.32	2.000	2.500	2.500
	板方材	m³	1800.00	—	0.090	0.090
	低碳钢焊条	kg	6.84	0.400	0.400	0.500
	电力复合脂	kg	20.00	0.050	0.050	0.050
	镀锌扁钢(综合)	kg	3.85	4.500	4.500	5.000
	镀锌铁丝 φ2.5～4.0	kg	3.57	2.500	4.000	4.000
	防锈漆	kg	5.62	2.200	4.800	5.000
	酚醛磁漆	kg	12.00	0.300	0.400	0.400
	酚醛调和漆	kg	7.90	3.000	6.000	6.500
	钢垫板 δ1～2	kg	3.18	8.000	8.000	9.000
	钢锯条	条	0.34	—	—	2.000
	黄干油	kg	5.15	—	—	1.500
	聚乙烯薄膜 δ0.05	m²	1.37	6.000	6.000	7.000
	滤油纸 300×300	张	0.46	100.000	140.000	170.000
	棉纱头	kg	6.00	1.200	1.500	1.500
	汽油	kg	6.77	1.500	3.000	3.600
	青壳纸 δ0.1～1.0	kg	20.84	0.300	0.400	0.500
	铁砂布	张	0.85	0.750	0.750	1.000
	橡胶垫 δ0.8	m²	8.50	—	—	0.050
	氧气	m³	3.63	1.200	1.500	1.600
	乙炔气	kg	10.45	0.520	0.650	0.700
	枕木 2500×200×160	根	82.05	—	4.800	4.800
	其他材料费占材料费	%	—	1.800	1.800	1.800
机械	交流弧焊机 21kV·A	台班	57.35	0.280	0.280	0.327
	立式油压千斤顶 100t	台班	10.21	—	1.869	2.336
	汽车式起重机 12t	台班	857.15	0.542	1.271	1.355
	载重汽车 10t	台班	547.99	0.178	0.187	0.187
	真空滤油机 6000L/h	台班	257.40	2.336	3.271	3.925

6

二、干式变压器安装

工作内容：开箱检查、本体就位、垫铁制作与安装、附件安装、接地、补漆、配合电气试验。

计量单位：台

定　额　编　号			A4-1-8	A4-1-9	A4-1-10	A4-1-11
项　目　名　称			容量(kV·A)			
			≤100	≤250	≤500	≤800
基　　　价（元）			835.51	875.02	1018.78	1562.78
其中	人　工　费（元）		643.72	682.50	799.40	1298.22
	材　料　费（元）		63.89	64.62	69.55	81.29
	机　械　费（元）		127.90	127.90	149.83	183.27
名　　称	单位	单价（元）	消　耗　量			
人工 综合工日	工日	140.00	4.598	4.875	5.710	9.273
材料 干式变压器	台	—	(1.000)	(1.000)	(1.000)	(1.000)
白布	kg	6.67	—	—	0.100	0.100
低碳钢焊条	kg	6.84	0.300	0.300	0.300	0.300
电力复合脂	kg	20.00	0.050	0.050	0.050	0.050
镀锌扁钢(综合)	kg	3.85	4.500	4.500	4.500	4.500
镀锌铁丝 φ2.5～4.0	kg	3.57	0.800	1.000	1.000	1.500
防锈漆	kg	5.62	0.300	0.300	0.500	0.500
酚醛调和漆	kg	7.90	2.500	2.500	2.500	2.500
钢垫板 δ1～2	kg	3.18	4.000	4.000	4.000	6.000
钢锯条	条	0.34	1.000	1.000	1.000	1.000
棉纱头	kg	6.00	0.500	0.500	0.500	0.500
汽油	kg	6.77	0.300	0.300	0.500	1.000
铁砂布	张	0.85	—	—	2.000	2.000
其他材料费占材料费	%	—	1.800	1.800	1.800	1.800
机械 交流弧焊机 21kV·A	台班	57.35	0.280	0.280	0.280	0.280
汽车式起重机 8t	台班	763.67	0.094	0.094	0.112	0.140
载重汽车 5t	台班	430.70	0.093	0.093	0.112	0.140

工作内容：开箱检查、本体就位、垫铁制作与安装、附件安装、接地、补漆、配合电气试验。

计量单位：台

定　额　编　号				A4-1-12	A4-1-13	A4-1-14	A4-1-15
项　目　名　称				容量(kV・A)			
				≤1000	≤2000	≤2500	≤4000
基　　　　　价（元）				1855.56	2035.50	2296.36	2761.98
其中	人　工　费（元）			1360.52	1477.70	1678.18	2074.38
	材　料　费（元）			89.99	97.41	99.58	108.44
	机　械　费（元）			405.05	460.39	518.60	579.16
名　　　称		单位	单价（元）	消　　耗　　量			
人工	综合工日	工日	140.00	9.718	10.555	11.987	14.817
材料	干式变压器	台	—	(1.000)	(1.000)	(1.000)	(1.000)
	白布	kg	6.67	0.100	0.100	0.100	0.100
	低碳钢焊条	kg	6.84	0.300	0.300	0.300	0.500
	电力复合脂	kg	20.00	0.050	0.050	0.050	0.050
	镀锌扁钢(综合)	kg	3.85	4.500	4.500	4.500	4.500
	镀锌铁丝 φ2.5～4.0	kg	3.57	2.000	2.650	2.800	3.000
	防锈漆	kg	5.62	1.000	1.000	1.000	1.500
	酚醛调和漆	kg	7.90	3.000	3.000	3.000	3.000
	钢垫板 δ1～2	kg	3.18	6.000	6.500	7.000	7.000
	钢锯条	条	0.34	1.000	1.000	1.000	—
	聚氯乙烯薄膜	kg	15.52	—	—	—	0.210
	棉纱头	kg	6.00	0.500	0.500	0.500	0.500
	汽油	kg	6.77	1.000	1.500	1.500	1.500
	砂轮片 φ400	片	8.97	—	—	—	0.100
	铁砂布	张	0.85	2.000	2.000	2.000	2.000
	其他材料费占材料费	%	—	1.800	1.800	1.800	1.800
机械	交流弧焊机 21kV・A	台班	57.35	0.280	0.374	0.374	0.374
	汽车式起重机 16t	台班	958.70	—	—	—	0.467
	汽车式起重机 8t	台班	763.67	0.374	0.421	0.467	—
	载重汽车 12t	台班	670.70	—	—	—	0.164
	载重汽车 8t	台班	501.85	0.206	0.234	0.280	—

三、消弧线圈安装

1.油浸式消弧线圈安装

工作内容：开箱检查、本体就位、器身检查、垫铁制作与安装、附件安装；补充注油及安装后整体密封试验、接地、补漆、配合电气试验。

计量单位：台

定 额 编 号			A4-1-16	A4-1-17	A4-1-18	A4-1-19
项 目 名 称			容量(kV·A)			
			≤100	≤200	≤300	≤400
基 价（元）			649.66	761.77	852.47	954.50
其中	人 工 费（元）		340.34	404.18	480.90	520.52
	材 料 费（元）		47.23	52.25	60.75	75.37
	机 械 费（元）		262.09	305.34	310.82	358.61
名 称	单位	单价（元）	消 耗 量			
人工	综合工日	工日	140.00	2.431	2.887	3.435	3.718
材料	消弧线圈	台	—	(1.000)	(1.000)	(1.000)	(1.000)
	低碳钢焊条	kg	6.84	0.520	0.520	0.520	0.520
	电力复合脂	kg	20.00	0.020	0.020	0.020	0.020
	镀锌扁钢(综合)	kg	3.85	4.500	4.500	4.500	4.500
	防锈漆	kg	5.62	0.100	0.120	0.150	0.300
	酚醛调和漆	kg	7.90	0.800	1.000	1.000	1.200
	钢垫板 δ1~2	kg	3.18	3.000	3.000	3.000	5.000
	钢锯条	条	0.34	0.500	0.500	1.000	1.000
	聚氯乙烯薄膜	m²	1.37	1.000	1.000	1.000	1.000
	滤油纸 300×300	张	0.46	10.000	15.000	20.000	30.000
	棉纱头	kg	6.00	0.256	0.356	0.510	0.560
	汽油	kg	6.77	0.150	0.200	0.300	0.400
	氧气	m³	3.63	—	—	0.500	0.500
	乙炔气	kg	10.45	—	—	0.220	0.220
	其他材料费占材料费	%	—	1.800	1.800	1.800	1.800
机械	交流弧焊机 21kV·A	台班	57.35	0.252	0.252	0.280	0.280
	汽车式起重机 8t	台班	763.67	0.135	0.135	0.135	0.162
	载重汽车 5t	台班	430.70	0.084	0.084	0.093	0.131
	真空滤油机 6000L/h	台班	257.40	0.421	0.589	0.589	0.631

工作内容：开箱检查、本体就位、器身检查、垫铁制作与安装、附件安装；补充注油及安装后整体密封试验、接地、补漆、配合电气试验。

计量单位：台

定 额 编 号				A4-1-20	A4-1-21	A4-1-22	A4-1-23
项 目 名 称				容量(kV·A)			
				≤600	≤800	≤1600	≤2000
基 价（元）				1045.89	1317.47	1716.83	1951.91
其中	人 工 费（元）			592.34	699.58	1024.94	1183.14
	材 料 费（元）			84.13	99.39	115.96	127.72
	机 械 费（元）			369.42	518.50	575.93	641.05
名 称		单位	单价（元）	消 耗 量			
人工	综合工日	工日	140.00	4.231	4.997	7.321	8.451
材料	消弧线圈	台	—	(1.000)	(1.000)	(1.000)	(1.000)
	低碳钢焊条	kg	6.84	0.520	0.520	0.780	0.780
	电力复合脂	kg	20.00	0.020	0.030	0.030	0.030
	镀锌扁钢(综合)	kg	3.85	4.500	4.500	4.500	4.500
	防锈漆	kg	5.62	0.500	0.700	0.900	1.000
	酚醛调和漆	kg	7.90	1.200	1.500	2.000	2.500
	钢垫板 δ1~2	kg	3.18	5.000	6.000	6.000	6.000
	钢锯条	条	0.34	1.500	1.500	2.000	2.000
	聚氯乙烯薄膜	m²	1.37	2.000	2.000	3.000	3.000
	滤油纸 300×300	张	0.46	40.000	50.000	60.000	70.000
	棉纱头	kg	6.00	0.670	0.770	0.980	1.030
	汽油	kg	6.77	0.500	0.700	1.000	1.200
	氧气	m³	3.63	0.500	0.700	0.700	0.800
	乙炔气	kg	10.45	0.220	0.300	0.300	0.340
	其他材料费占材料费	%	—	1.800	1.800	1.800	1.800
机械	交流弧焊机 21kV·A	台班	57.35	0.280	0.280	0.467	0.467
	汽车式起重机 8t	台班	763.67	0.162	0.269	0.379	0.379
	载重汽车 5t	台班	430.70	0.131	0.187	—	—
	真空滤油机 6000L/h	台班	257.40	0.673	0.841	1.009	1.262

2. 干式消弧线圈安装

工作内容：开箱检查、本体就位、器身检查、垫铁制作与安装、附件安装；接地、补漆、配合电气试验。

计量单位：台

定 额 编 号			A4-1-24	A4-1-25	A4-1-26	A4-1-27
项 目 名 称			容量(kV·A)			
			≤100	≤200	≤300	≤400
基 价 （元）			679.08	741.05	813.43	884.02
其中	人 工 费（元）		297.22	355.60	421.82	450.66
	材 料 费（元）		41.64	45.23	51.39	61.32
	机 械 费（元）		340.22	340.22	340.22	372.04
名 称	单位	单价（元）	消 耗 量			
人工 综合工日	工日	140.00	2.123	2.540	3.013	3.219
材料 消弧线圈	台	—	(1.000)	(1.000)	(1.000)	(1.000)
低碳钢焊条	kg	6.84	0.390	0.520	0.520	0.520
电力复合脂	kg	20.00	0.020	0.020	0.020	0.020
镀锌扁钢(综合)	kg	3.85	4.500	4.500	4.500	4.500
防锈漆	kg	5.62	0.100	0.120	0.150	0.300
酚醛调和漆	kg	7.90	0.800	1.000	1.000	1.200
钢垫板 δ1～2	kg	3.18	3.000	3.000	3.000	5.000
钢锯条	条	0.34	0.500	0.500	1.000	1.000
聚氯乙烯薄膜	m²	1.37	1.000	1.000	1.000	1.000
棉纱头	kg	6.00	0.256	0.356	0.510	0.560
汽油	kg	6.77	0.150	0.200	0.300	0.400
氧气	m³	3.63	—	—	0.500	0.500
乙炔气	kg	10.45	—	—	0.220	0.220
其他材料费占材料费	%	—	1.800	1.800	1.800	1.800
机械 TPFRC电容分压器交直流高压测量系统	台班	113.18	1.122	1.122	1.122	1.122
YDQ充气式试验变压器	台班	52.56	0.748	0.748	0.748	0.748
高压试验变压器配套操作箱、调压器	台班	36.78	0.748	0.748	0.748	0.748
交流弧焊机 21kV·A	台班	57.35	0.252	0.252	0.252	0.252
汽车式起重机 8t	台班	763.67	0.135	0.135	0.135	0.162
载重汽车 5t	台班	430.70	0.067	0.067	0.067	0.093

工作内容：开箱检查、本体就位、器身检查、垫铁制作与安装、附件安装；接地、补漆、配合电气试验。

计量单位：台

定　额　编　号			A4-1-28	A4-1-29	A4-1-30	A4-1-31
项　目　名　称			容量(kV·A)			
			≤600	≤800	≤1600	≤2000
基　　　　价（元）			964.98	1177.28	1633.29	1793.10
其中	人　工　费（元）		527.66	629.58	944.30	1097.04
	材　料　费（元）		65.40	75.97	87.87	94.94
	机　械　费（元）		371.92	471.73	601.12	601.12
名　　　称	单位	单价（元）	消　　耗　　量			
人工　综合工日	工日	140.00	3.769	4.497	6.745	7.836
材料　消弧线圈	台	—	(1.000)	(1.000)	(1.000)	(1.000)
低碳钢焊条	kg	6.84	0.520	0.520	0.780	0.780
电力复合脂	kg	20.00	0.020	0.030	0.030	0.030
镀锌扁钢(综合)	kg	3.85	4.500	4.500	4.500	4.500
防锈漆	kg	5.62	0.500	0.700	0.900	1.000
酚醛调和漆	kg	7.90	1.200	1.500	2.000	2.500
钢垫板 δ1~2	kg	3.18	5.000	6.000	6.000	6.000
钢锯条	条	0.34	1.500	1.500	2.000	2.000
聚氯乙烯薄膜	m²	1.37	2.000	2.000	3.000	3.000
棉纱头	kg	6.00	0.670	0.770	0.980	1.030
汽油	kg	6.77	0.500	0.700	1.000	1.200
氧气	m³	3.63	0.500	0.700	0.700	0.800
乙炔气	kg	10.45	0.220	0.300	0.300	0.340
其他材料费占材料费	%	—	1.800	1.800	1.800	1.800
机械　TPFRC电容分压器交直流高压测量系统	台班	113.18	1.121	1.121	1.121	1.121
YDQ充气式试验变压器	台班	52.56	0.748	0.748	0.748	0.748
高压试验变压器配套操作箱、调压器	台班	36.78	0.748	0.748	0.748	0.748
交流弧焊机 21kV·A	台班	57.35	0.252	0.252	0.421	0.421
汽车式起重机 8t	台班	763.67	0.162	0.269	0.379	0.379
载重汽车 5t	台班	430.70	0.093	0.135	—	—
载重汽车 8t	台班	501.85	—	—	0.187	0.187

四、绝缘油过滤

工作内容：过滤前准备、过滤后清理、油过滤、取油样、配合试验。　　　　　　　　计量单位：t

定　额　编　号				A4-1-32
项　目　名　称				绝缘油过滤
基　　价（元）				647.37
其中	人　工　费（元）			146.86
	材　料　费（元）			123.66
	机　械　费（元）			376.85
名　　称	单位	单价(元)	消　耗　量	
人工	综合工日	工日	140.00	1.049	
材料	低碳钢焊条	kg	6.84	0.050	
	电气绝缘胶带 18mm×10m×0.13mm	卷	8.55	0.080	
	镀锌铁丝 φ2.5～4.0	kg	3.57	0.400	
	钢板	kg	3.17	26.530	
	滤油纸 300×300	张	0.46	72.000	
	棉纱头	kg	6.00	0.300	
	其他材料费占材料费	%	—	1.800	
机械	电焊条烘干箱 60×50×75cm³	台班	26.46	0.748	
	交流弧焊机 21kV·A	台班	57.35	0.449	
	汽车式起重机 8t	台班	763.67	0.056	
	真空滤油机 6000L/h	台班	257.40	1.121	

五、变压器干燥

工作内容：准备、干燥及维护、检查、记录整理、清扫收尾及过滤注油。　　　　　　　　计量单位：台

定　额　编　号				A4-1-33	A4-1-34	A4-1-35	A4-1-36
项　目　名　称				容量(kV·A)			
				≤250	≤500	≤1000	≤2000
基　　　价（元）				1286.75	1286.75	2375.28	3158.66
其中	人　工　费（元）			556.78	556.78	1082.90	1376.20
	材　料　费（元）			607.70	607.70	1109.11	1537.93
	机　械　费（元）			122.27	122.27	183.27	244.53
名　　　称		单位	单价（元）	消　耗　量			
人工	综合工日	工日	140.00	3.977	3.977	7.735	9.830
材料	白布	kg	6.67	0.270	0.270	0.270	0.270
	白纱布带 20mm×20m	卷	2.32	0.300	0.300	0.500	0.500
	电	kW·h	0.68	148.000	148.000	300.000	470.000
	镀锌铁丝 12号	kg	3.57	1.500	1.500	2.500	6.000
	镀锌铁丝 22号	kg	3.57	—	—	0.100	0.200
	焊锡膏	kg	14.53	—	—	0.060	0.060
	焊锡丝	kg	54.10	—	—	0.100	0.200
	黑胶布 20mm×20m	卷	2.14	0.300	0.300	0.300	0.300
	胶木板	kg	20.00	—	—	0.100	0.100
	滤油纸 1300×300	张	0.67	54.000	54.000	54.000	54.000
	棉纱头	kg	6.00	0.300	0.300	0.300	0.500
	杉木成材	m³	1311.37	0.050	0.050	0.200	0.200
	石棉水泥板 δ6 1200×2400mm	张	36.92	—	—	1.000	1.500
	石棉织布 δ2.5	m²	18.80	3.600	3.600	4.800	7.500
	塑料布	m²	1.97	3.000	3.000	4.000	6.000
	塑料绝缘导线 BV-35	m	21.40	15.000	15.000	20.000	30.000
	铁砂布	张	0.85	0.500	0.500	1.000	1.000
	铜芯塑料绝缘导线 BV-2.5mm²	m	1.32	—	—	15.000	20.000
机械	真空滤油机 6000L/h	台班	257.40	0.475	0.475	0.712	0.950

工作内容：准备、干燥及维护、检查、记录整理、清扫收尾及过滤注油。　　　　　　　计量单位：台

定　额　编　号			A4-1-37	A4-1-38	A4-1-39
项　目　名　称			容量(kV·A)		
			≤4000	≤8000	≤10000
基　　　　价（元）			5277.18	6392.91	7445.67
其中	人　工　费（元）		2458.96	3007.06	3606.40
	材　料　费（元）		1860.59	2192.22	2409.63
	机　械　费（元）		957.63	1193.63	1429.64
名　　称	单位	单价（元）	消　　耗　　量		
人工	综合工日	工日	140.00	17.564	21.479	25.760
材料	白布	kg	6.67	0.450	0.450	0.450
	白纱布带 20mm×20m	卷	2.32	0.700	0.700	0.840
	电	kW·h	0.68	690.000	940.000	1128.000
	镀锌铁丝 12号	kg	3.57	19.000	21.000	24.000
	镀锌铁丝 22号	kg	3.57	0.200	0.300	0.360
	焊锡膏	kg	14.53	0.060	0.060	0.060
	焊锡丝	kg	54.10	0.300	0.300	0.300
	黑胶布 20mm×20m	卷	2.14	0.500	0.500	0.500
	胶木板	kg	20.00	0.100	0.100	0.100
	滤油纸 1300×300	张	0.67	54.000	54.000	54.000
	棉纱头	kg	6.00	0.500	0.500	0.600
	杉木成材	m³	1311.37	0.200	0.230	0.230
	石棉水泥板 δ6 1200×2400mm	张	36.92	2.000	2.500	3.000
	石棉织布 δ2.5	m²	18.80	11.100	12.600	15.120
	塑料布	m²	1.97	6.000	8.000	8.000
	塑料绝缘导线 BV-35	m	21.40	30.000	33.000	33.000
	铁砂布	张	0.85	1.000	1.000	1.000
	铜芯塑料绝缘导线 BV-2.5mm²	m	1.32	45.000	45.000	54.000
机械	交流弧焊机 21kV·A	台班	57.35	0.237	0.237	0.237
	真空泵 204m³/h	台班	57.07	11.400	14.250	17.100
	真空滤油机 6000L/h	台班	257.40	1.140	1.425	1.710

15

第二章 配电装置安装工程

说　　明

一、本章内容包括断路器、隔离开关、符合开关、互感器、熔断器、避雷器、电抗器、电容器、交流滤波装置组架(TJL 系列)、开闭所成套配电柜、成套配电箱、组合式成套箱式变电站、配电智能设备安装及单体调试等内容。

二、有关说明

1. 设备所需的绝缘油、六氟化硫气体、液压油等均按照设备供货编制。设备本体以外的加压设备和附属管道的安装、应执行相应定额另行计算。

2. 设备安装定额不包括端子箱安装、控制箱安装、设备支架制作及安装、绝缘油过滤、电抗器干燥、基础槽(角)钢安装、配电设备的端子板外部接线、预埋地脚螺栓、二次灌浆。

3. 干式电抗器安装定额适用于混凝土电抗器、铁芯干式电抗器和空心电抗器等干式电抗器安装。定额是按照三相叠放、三相平放和二叠一平放的安装方式综合考虑的，工程实际与其不同时，执行定额不做调整。励磁变压器安装根据容量及冷却方式执行相应的变压器安装定额。

4. 交流滤波装置安装定额不包括铜母线安装。

5. 开闭所（开关站）成套配电装置安装定额综合考虑了开关的不同容量与形式，执行定额时不做调整。

6. 高压成套配电柜安装定额综合考虑了不同容量，执行定额时不做调整。定额中不包括母线配制及设备干燥。

7. 低压成套配电柜安装定额综合考虑了不同容量、不同回路，执行定额时不做调整。

8. 组合式成套箱式变电站主要是指电压等级小于或等于 10kV 箱式变电站。定额是按照通用布置方式编制的，即：变压器布置在箱中间，箱一端布置高压开关，箱一端布置低压开关，内装 6～24 台低压配电箱（屏）。执行定额时，不因布置形式而调整。在结构上采用高压开关柜、低压开关柜、变压器组成方式的箱式变压器称为欧式变压器；在结构上将负荷开关、环网开关、熔断器等结构简化放入变压器油箱中且变压器取消油枕方式的箱式变压器称为美式变压器。

9. 成套配电柜和箱式变电站安装不包括基础槽（角）钢安装；成套配电柜安装不包括母线及引下线的配制与安装，施工中实际发生按相关定额套用。

10. 配电设备基础槽（角）钢、支架、抱箍、延长环、套管、间隔板等安装，执行本册定额第七章"金属构件、穿墙套板安装工程"相关定额。

11. 成品配套空箱体安装执行相应的"成套配电箱"安装定额乘以系数 0.5。

12. 环网柜安装根据进出线回路数量执行"开闭所成套配电装置安装"相关定额。环网柜进出线回路数量与开闭所成套配电装置间隔数量对应。

13.变频柜安装执行"可控硅柜安装"相关定额；软启动柜安装执行"保护屏安装"相关定额。

工程量计算规则

一、断路器、电流互感器、电压互感器、油浸电抗器、电力电容器的安装，根据设备容量或重量，按照设计安装数最以"台"或"个"为计量单位。

二、隔离开关、负荷开关、熔断器、避宙器、干式电抗器的安装，根据设备重量或容量，按照设计安装数量以"组"为计量单位，每三相为一组。

三、并联补偿电抗器组架安装根据设备布置形式，按照设计安装数量以"台"为计量单位。

四、交流滤波器装置组架安装根据设备功能，按照设计安装数最以"台"为计量单位。

五、成套配电柜安装，根据设备功能，按照设计安装数量以"台"为计最单位。

六、成套配电箱安装，根据箱体半周长，按照设计安装数量以"台"为计量单位。

七、箱式变电站安装，根据引进技术特征及设备容量，按照设计安装数量以"座"为计量单位。

一、断路器安装

1. 油断路器安装

工作内容：开箱、解体检查、组合、安装及调整、传动装置安装调整、动作检查、消弧室干燥、注油、接线、接地。

计量单位：台

定 额 编 号			A4-2-1	A4-2-2	A4-2-3	A4-2-4
项 目 名 称			电流（A）			
			≤1000	≤3000	≤8000	≤12000
基 价（元）			849.59	1268.85	2281.85	2673.94
其中	人 工 费（元）		705.04	1008.70	1787.66	2043.44
	材 料 费（元）		68.67	137.67	294.32	395.16
	机 械 费（元）		75.88	122.48	199.87	235.34
名 称	单位	单价（元）	消 耗 量			
人工 综合工日	工日	140.00	5.036	7.205	12.769	14.596
材料 断路器	台	—	(1.000)	(1.000)	(1.000)	(1.000)
变压器油	kg	9.81	2.000	4.000	6.000	8.000
低碳钢焊条	kg	6.84	0.220	0.550	0.550	0.650
电力复合脂	kg	20.00	0.050	0.100	0.120	0.150
镀锌扁钢(综合)	kg	3.85	2.500	2.500	2.500	2.500
镀锌铁丝 φ2.5～4.0	kg	3.57	1.300	1.500	2.000	2.500
防锈漆	kg	5.62	0.100	0.350	0.750	0.850
酚醛调和漆	kg	7.90	0.100	0.350	0.750	0.850
钢垫板 δ1～2	kg	3.18	1.000	2.100	6.900	7.500
钢管 DN25	kg	5.04	—	5.000	24.000	36.000
钢锯条	条	0.34	1.000	2.000	2.000	3.000
焊锡膏	kg	14.53	0.030	0.050	0.080	0.100
焊锡丝	kg	54.10	0.140	0.250	0.400	0.500
棉纱头	kg	6.00	0.250	0.350	0.500	0.650
汽油	kg	6.77	0.500	0.800	1.500	2.000
铁砂布	张	0.85	2.000	2.000	2.000	3.000
液压油	kg	14.50	0.800	1.000	1.100	1.200
其他材料费占材料费	%	—	1.800	1.800	1.800	1.800
机械 交流弧焊机 21kV·A	台班	57.35	0.178	0.234	0.234	0.280
汽车式起重机 8t	台班	763.67	0.056	0.093	0.159	0.187
载重汽车 4t	台班	408.97	0.056	0.093	0.159	0.187

2.真空断路器安装

工作内容：开箱清点检查、安装及调整、传动装置安装调整、动作检查、接线、接地。　　计量单位：台

定　额　编　号			A4-2-5	A4-2-6
项　目　名　称			电流(A)	
			≤2000	≤4000
基　　　　价（元）			690.42	886.82
其中	人　工　费（元）		646.24	716.52
	材　料　费（元）		38.85	53.22
	机　械　费（元）		5.33	117.08
名　　称	单位	单价（元）	消　　耗　　量	
人工　综合工日	工日	140.00	4.616	5.118
材料　断路器	台	—	(1.000)	(1.000)
低碳钢焊条	kg	6.84	0.100	0.150
电力复合脂	kg	20.00	0.070	0.100
镀锌扁钢(综合)	kg	3.85	2.500	2.500
镀锌铁丝 φ2.5～4.0	kg	3.57	1.300	2.000
防锈漆	kg	5.62	0.120	0.180
酚醛调和漆	kg	7.90	0.120	0.180
钢垫板 δ1～2	kg	3.18	1.000	2.000
钢锯条	条	0.34	2.000	2.000
焊锡膏	kg	14.53	0.040	0.060
焊锡丝	kg	54.10	0.200	0.300
棉纱头	kg	6.00	0.200	0.250
汽油	kg	6.77	0.300	0.400
铁砂布	张	0.85	2.000	2.000
其他材料费占材料费	%	—	1.800	1.800
机械　交流弧焊机 21kV·A	台班	57.35	0.093	0.140
汽车式起重机 8t	台班	763.67	—	0.093
载重汽车 4t	台班	408.97	—	0.093

3.SF6断路器安装

工作内容：开箱清点检查、安装及调整、传动装置安装调整、动作检查、接线、接地。　　　计量单位：台

定　额　编　号			A4-2-7	A4-2-8
项　目　名　称			电流(A)	
			≤2000	≤4000
基　　　价（元）			806.57	1056.17
其中	人　工　费（元）		683.76	763.56
	材　料　费（元）		117.48	175.53
	机　械　费（元）		5.33	117.08
名　　称		单位	单价（元）	消　耗　量
人工	综合工日	工日	140.00	4.884	5.454
材料	断路器	台	—	(1.000)	(1.000)
	低碳钢焊条	kg	6.84	0.100	0.150
	电力复合脂	kg	20.00	0.070	0.100
	镀锌扁钢(综合)	kg	3.85	2.500	2.500
	镀锌铁丝 φ2.5～4.0	kg	3.57	1.300	2.000
	防锈漆	kg	5.62	0.120	0.180
	酚醛调和漆	kg	7.90	0.120	0.180
	钢垫板 δ1～2	kg	3.18	1.000	2.000
	钢锯条	条	0.34	2.000	2.000
	焊锡膏	kg	14.53	0.040	0.060
	焊锡丝	kg	54.10	0.200	0.300
	六氟化硫	kg	42.91	1.800	2.800
	棉纱头	kg	6.00	0.200	0.250
	汽油	kg	6.77	0.300	0.400
	铁砂布	张	0.85	2.000	2.000
	其他材料费占材料费	%	—	1.800	1.800
机械	交流弧焊机 21kV·A	台班	57.35	0.093	0.140
	汽车式起重机 8t	台班	763.67	—	0.093
	载重汽车 4t	台班	408.97	—	0.093

4.空气断路器安装

工作内容：开箱检查、划线、安装固定、绝缘柱杆组装、传动机构及接点调整、接线、接地。

计量单位：台

定 额 编 号			A4-2-9	A4-2-10	A4-2-11	A4-2-12
项 目 名 称			电流(A)			
			≤12000	≤18000	≤22000	≤25000
基 价（元）			2161.62	2554.78	3001.51	3445.95
其中	人 工 费（元）		1706.32	1997.10	2316.02	2639.70
	材 料 费（元）		209.23	295.50	407.25	517.29
	机 械 费（元）		246.07	262.18	278.24	288.96
名 称	单位	单价(元)	消 耗 量			
人工	综合工日	工日	140.00	12.188	14.265	16.543	18.855
材料	断路器	台	—	(1.000)	(1.000)	(1.000)	(1.000)
	低碳钢焊条	kg	6.84	0.600	0.800	1.100	1.300
	电力复合脂	kg	20.00	0.150	0.180	0.200	0.250
	镀锌扁钢(综合)	kg	3.85	5.000	5.000	6.500	6.500
	防锈漆	kg	5.62	0.400	0.400	0.400	0.400
	酚醛调和漆	kg	7.90	0.400	0.400	0.400	0.400
	钢板	kg	3.17	30.000	50.000	75.000	100.000
	钢垫板 δ1~2	kg	3.18	6.000	8.000	10.000	12.000
	焊锡膏	kg	14.53	0.100	0.120	0.130	0.150
	焊锡丝	kg	54.10	0.500	0.600	0.650	0.700
	机油	kg	19.66	0.300	0.300	0.300	0.300
	棉纱头	kg	6.00	0.200	0.200	0.250	0.300
	汽油	kg	6.77	1.200	1.500	2.000	3.000
	铁砂布	张	0.85	1.500	2.000	2.000	2.500
	氧气	m³	3.63	1.500	2.000	3.000	4.000
	乙炔气	kg	10.45	0.650	0.860	1.290	1.720
	自粘性塑料带 20mm×20m	卷	4.27	0.550	0.750	1.050	1.400
	其他材料费占材料费	%	—	1.800	1.800	1.800	1.800
机械	交流弧焊机 21kV·A	台班	57.35	0.467	0.748	1.028	1.215
	汽车式起重机 8t	台班	763.67	0.187	0.187	0.187	0.187
	载重汽车 4t	台班	408.97	0.187	0.187	0.187	0.187

26

工作内容：开箱检查、划线、安装固定、绝缘柱杆组装、传动机构及接点调整、接线、接地。

计量单位：台

定　额　编　号			A4-2-13	A4-2-14
项　目　名　称			真空接触器	
			≤1140V/630A	≤6300V/630A
基　　　价（元）			584.45	612.87
其中	人　工　费（元）		549.22	577.64
	材　料　费（元）		29.90	29.90
	机　械　费（元）		5.33	5.33
名　　　称	单位	单价（元）	消　　耗　　量	
人工	综合工日	工日	140.00	3.923	4.126

	名　　　称	单位	单价（元）	消　　耗　　量	
材料	真空接触器	台	—	(1.000)	(1.000)
	低碳钢焊条	kg	6.84	0.100	0.100
	电力复合脂	kg	20.00	0.050	0.050
	镀锌扁钢(综合)	kg	3.85	3.200	3.200
	钢垫板 δ1～2	kg	3.18	1.000	1.000
	焊锡膏	kg	14.53	0.020	0.020
	焊锡丝	kg	54.10	0.100	0.100
	机油	kg	19.66	0.200	0.200
	棉纱头	kg	6.00	0.100	0.100
	汽油	kg	6.77	0.100	0.100
	铁砂布	张	0.85	1.000	1.000
	自粘性塑料带 20mm×20m	卷	4.27	0.100	0.100
	其他材料费占材料费	%	—	1.800	1.800
机械	交流弧焊机 21kV·A	台班	57.35	0.093	0.093

二、隔离开关、负荷开关安装

工作内容：开箱检查、安装固定、调整、拉杆配制和安装、操作机构连锁装置和信号装置接头检查、安装接地。

计量单位：组

定 额 编 号				A4-2-15	A4-2-16	A4-2-17
项 目 名 称				户内隔离、负荷开关安装		
				电流(A)		
				≤600	≤2000	≤4000
基 价 （元）				467.22	551.35	787.24
其中	人 工 费 （元）			301.28	378.14	538.02
	材 料 费 （元）			152.52	159.79	217.05
	机 械 费 （元）			13.42	13.42	32.17
名 称		单位	单价(元)	消 耗 量		
人工	综合工日	工日	140.00	2.152	2.701	3.843
材料	户内隔离、负荷开关	组	—	(1.000)	(1.000)	(1.000)
	低碳钢焊条	kg	6.84	0.300	0.300	1.000
	电力复合脂	kg	20.00	0.050	0.080	0.100
	镀锌扁钢(综合)	kg	3.85	3.200	3.200	5.000
	防锈漆	kg	5.62	0.200	0.200	0.300
	酚醛调和漆	kg	7.90	0.200	0.200	0.300
	钢垫板 δ1~2	kg	3.18	1.000	1.000	4.000
	钢管 DN40	kg	4.49	4.800	4.800	6.300
	钢锯条	条	0.34	1.000	1.000	1.500
	焊锡膏	kg	14.53	0.020	0.040	0.060
	焊锡丝	kg	54.10	0.100	0.200	0.300
	机油	kg	19.66	0.100	0.100	0.100
	棉纱头	kg	6.00	0.100	0.100	0.200
	汽油	kg	6.77	0.200	0.200	0.300
	铁砂布	张	0.85	1.000	2.000	3.000
	型钢	kg	3.70	26.000	26.000	31.000
	其他材料费占材料费	%	—	1.800	1.800	1.800
机械	交流弧焊机 21kV·A	台班	57.35	0.234	0.234	0.561

工作内容：开箱检查、安装固定、调整、拉杆配制和安装、操作机构连锁装置和信号装置接头检查、安装接地。

计量单位：组

定 额 编 号				A4-2-18	A4-2-19
项 目 名 称				户内隔离、负荷开关安装	
				电流(A)	
				≤8000	≤15000
基 价 （元）				1004.42	1292.88
其中	人 工 费 （元）			666.26	832.72
	材 料 费 （元）			228.38	295.46
	机 械 费 （元）			109.78	164.70
名 称		单位	单价(元)	消 耗 量	
人工	综合工日	工日	140.00	4.759	5.948
材料	户内隔离、负荷开关	组	—	(1.000)	(1.000)
	低碳钢焊条	kg	6.84	1.300	2.000
	电力复合脂	kg	20.00	0.120	0.150
	镀锌扁钢(综合)	kg	3.85	5.000	10.000
	防锈漆	kg	5.62	0.300	0.500
	酚醛调和漆	kg	7.90	0.300	0.500
	钢垫板 δ1～2	kg	3.18	4.000	4.300
	钢管 DN40	kg	4.49	6.300	6.300
	钢锯条	条	0.34	2.000	2.000
	焊锡膏	kg	14.53	0.080	0.100
	焊锡丝	kg	54.10	0.400	0.500
	机油	kg	19.66	0.100	0.100
	棉纱头	kg	6.00	0.300	0.400
	汽油	kg	6.77	0.500	0.500
	铁砂布	张	0.85	4.000	6.000
	型钢	kg	3.70	31.000	39.000
	其他材料费占材料费	%	—	1.800	1.800
机械	交流弧焊机 21kV·A	台班	57.35	0.748	0.935
	汽车式起重机 8t	台班	763.67	0.056	0.093
	载重汽车 5t	台班	430.70	0.056	0.093

工作内容：开箱检查、安装固定、调整、拉杆配制和安装、操作机构连锁装置和信号装置接头检查、安装接地。

计量单位：组

定　额　编　号				A4-2-20	A4-2-21
项　目　名　称				户内隔离、负荷开关 二段式传动装置	户内隔离、负荷开关 带一接地开关安装
基　　　　价（元）				423.50	264.84
其 中	人　工　费（元）			228.06	219.24
	材　料　费（元）			155.22	45.60
	机　械　费（元）			40.22	—
名　　　称		单位	单价（元）	消　耗　　量	
人 工	综合工日	工日	140.00	1.629	1.566
材 料	低碳钢焊条	kg	6.84	0.200	—
	电力复合脂	kg	20.00	—	0.020
	镀锌扁钢(综合)	kg	3.85	3.120	—
	防锈漆	kg	5.62	0.100	—
	酚醛调和漆	kg	7.90	0.100	—
	钢垫板 δ1～2	kg	3.18	6.500	5.500
	钢管 DN40	kg	4.49	12.240	—
	钢锯条	条	0.34	1.000	0.500
	焊锡膏	kg	14.53	—	0.010
	焊锡丝	kg	54.10	—	0.050
	机油	kg	19.66	0.100	0.050
	棉纱头	kg	6.00	—	0.500
	汽油	kg	6.77	—	0.200
	双叉连接器 φ32	个	10.26	2.000	—
	铁砂布	张	0.85	—	0.050
	型钢	kg	3.70	6.000	5.000
	轴承 φ32	个	17.09	1.000	—
	其他材料费占材料费	%	—	1.800	1.800
机 械	交流弧焊机 21kV·A	台班	57.35	0.187	—
	普通车床 400×1000mm	台班	210.71	0.140	—

工作内容：开箱检查、安装固定、调整、拉杆配制和安装、操作机构连锁装置和信号装置接头检查、安装接地。

计量单位：组

定 额 编 号				A4-2-22	
项 目 名 称				户外隔离开关	
				安装电流≤1000A	
基 价（元）				621.17	
其中	人 工 费（元）			447.72	
	材 料 费（元）			154.70	
	机 械 费（元）			18.75	
名 称		单位	单价（元）	消 耗 量	
人工	综合工日	工日	140.00	3.198	
材料	户外隔离开关	只	—	(1.000)	
	低碳钢焊条	kg	6.84	0.500	
	电力复合脂	kg	20.00	0.050	
	镀锌扁钢(综合)	kg	3.85	5.000	
	防锈漆	kg	5.62	0.300	
	酚醛调和漆	kg	7.90	0.300	
	钢垫板 δ1～2	kg	3.18	8.500	
	钢管 DN40	kg	4.49	12.000	
	钢锯条	条	0.34	1.500	
	焊锡膏	kg	14.53	0.040	
	焊锡丝	kg	54.10	0.200	
	机油	kg	19.66	0.150	
	棉纱头	kg	6.00	0.200	
	汽油	kg	6.77	0.350	
	铁砂布	张	0.85	1.000	
	型钢	kg	3.70	6.500	
	其他材料费占材料费	%	—	1.800	
机械	交流弧焊机 21kV·A	台班	57.35	0.327	

三、互感器安装

工作内容：开箱检查、打眼、安装固定、接线、接地、配合电气试验。

计量单位：台

定　额　编　号			A4-2-23	A4-2-24
项　目　名　称			电压互感器安装	
			三相	单相
基　　　价（元）			384.27	219.47
其中	人　工　费（元）		332.78	190.12
	材　料　费（元）		42.08	24.02
	机　械　费（元）		9.41	5.33
名　　　称	单位	单价(元)	消　耗　量	
人工	综合工日	工日	140.00	2.377	1.358
材料	电压互感器	台	—	(1.000)	(1.000)
	低碳钢焊条	kg	6.84	0.175	0.100
	电力复合脂	kg	20.00	0.088	0.050
	镀锌扁钢(综合)	kg	3.85	3.850	2.200
	防锈漆	kg	5.62	0.175	0.100
	酚醛调和漆	kg	7.90	0.175	0.100
	钢垫板 δ1~2	kg	3.18	0.875	0.500
	焊锡膏	kg	14.53	0.053	0.030
	焊锡丝	kg	54.10	0.263	0.150
	棉纱头	kg	6.00	0.123	0.070
	汽油	kg	6.77	0.350	0.200
	铁砂布	张	0.85	0.350	0.200
	其他材料费占材料费	%	—	1.800	1.800
机械	交流弧焊机 21kV·A	台班	57.35	0.164	0.093

工作内容：开箱检查、打眼、安装固定、接线、接地、配合电气试验。 计量单位：台

定　额　编　号				A4-2-25	A4-2-26	A4-2-27
项　目　名　称				电流互感器		
				母线型	线圈型	LJM型
基　　　　价（元）				60.29	62.57	329.41
其中	人　工　费（元）			55.58	57.96	324.80
	材　料　费（元）			4.71	4.61	4.61
	机　械　费（元）			—	—	—
	名　　　称	单位	单价（元）	消　　耗　　量		
人工	综合工日	工日	140.00	0.397	0.414	2.320
材料	电流互感器	台	—	(1.000)	(1.000)	(1.000)
	电焊条	kg	5.98	0.060	0.060	0.060
	镀锌精制带帽螺栓 M14×100	10套	10.20	0.418	0.408	0.408
	其他材料费占材料费	%	—	2.000	2.000	2.000

四、熔断器、避雷器安装

工作内容：开箱检查、打眼、安装固定、接线、接地、配合试验。

计量单位：组

定额编号			A4-2-28	A4-2-29	A4-2-30
项目名称			熔断器安装	避雷器安装(kV)	
				≤1	≤10
基价（元）			86.41	103.96	256.07
其中	人工费（元）		55.44	50.40	201.32
	材料费（元）		22.94	48.23	49.42
	机械费（元）		8.03	5.33	5.33
名称		单位	单价（元）	消耗量	
人工	综合工日	工日	140.00	0.396	0.360	1.438
材料	熔断器、避雷器	组	—	(1.000)	(1.000)	(1.000)
	低碳钢焊条	kg	6.84	0.150	0.100	0.100
	电力复合脂	kg	20.00	0.060	0.050	0.100
	镀锌扁钢(综合)	kg	3.85	2.200	2.200	2.200
	防锈漆	kg	5.62	0.100	0.100	0.100
	酚醛调和漆	kg	7.90	0.100	0.100	0.100
	钢垫板 δ1～2	kg	3.18	0.300	1.200	1.200
	钢锯条	条	0.34	0.500	0.500	1.000
	焊锡膏	kg	14.53	0.030	0.030	0.030
	焊锡丝	kg	54.10	0.150	0.150	0.150
	棉纱头	kg	6.00	0.050	0.200	0.200
	汽油	kg	6.77	0.050	0.100	0.100
	铁砂布	张	0.85	0.200	0.100	0.100
	硬铜绞线 TJ-35mm²	kg	42.74	—	0.500	0.500
	其他材料费占材料费	%	—	1.800	1.800	1.800
机械	交流弧焊机 21kV·A	台班	57.35	0.140	0.093	0.093

五、电抗器安装

1. 干式电抗器安装

工作内容：开箱检查、安装固定、接地。

计量单位：组

定 额 编 号			A4-2-31	A4-2-32	A4-2-33	A4-2-34
项 目 名 称			干式电抗器			
			安装重量(t/组)			
			≤1.5	≤4.5	≤7.5	≤10
基 价（元）			716.63	937.25	1151.59	1366.82
其中	人 工 费（元）		447.30	582.68	699.30	887.46
	材 料 费（元）		122.08	128.49	152.33	179.40
	机 械 费（元）		147.25	226.08	299.96	299.96
名 称	单位	单价（元）	消 耗 量			
人工 综合工日	工日	140.00	3.195	4.162	4.995	6.339
材料 干式电抗器	组	—	(1.000)	(1.000)	(1.000)	(1.000)
低碳钢焊条	kg	6.84	0.950	0.950	0.950	0.950
电力复合脂	kg	20.00	0.050	0.080	0.100	0.120
镀锌扁钢(综合)	kg	3.85	13.300	13.300	15.000	16.000
防锈漆	kg	5.62	0.380	0.380	0.380	0.500
酚醛调和漆	kg	7.90	0.380	0.380	0.380	0.500
钢垫板 δ1~2	kg	3.18	2.900	2.900	2.900	5.000
钢锯条	条	0.34	1.900	1.900	1.900	2.500
焊锡膏	kg	14.53	0.020	0.040	0.060	0.060
焊锡丝	kg	54.10	0.100	0.200	0.300	0.300
棉纱头	kg	6.00	0.300	0.300	0.300	0.500
汽油	kg	6.77	0.400	0.400	0.400	0.500
石棉橡胶垫 2	m²	23.93	1.050	1.050	1.500	2.000
水泥 32.5级	kg	0.29	28.500	28.500	28.500	28.500
中(粗)砂	t	87.00	0.030	0.030	0.030	0.030
其他材料费占材料费	%	—	1.800	1.800	1.800	1.800
机械 交流弧焊机 21kV·A	台班	57.35	0.542	0.542	0.542	0.542
汽车式起重机 12t	台班	857.15	—	—	0.187	0.187
汽车式起重机 8t	台班	763.67	0.093	0.159	—	—
氩弧焊机 500A	台班	92.58	0.055	0.055	0.066	0.066
载重汽车 10t	台班	547.99	—	—	0.187	0.187
载重汽车 5t	台班	430.70	0.093	0.159	—	—

2.油浸式电抗器安装

工作内容：开箱检查、安装固定、接地。

计量单位：台

定　额　编　号				A4-2-35	A4-2-36	A4-2-37	A4-2-38
项　目　名　称				油浸电抗器			
				安装容量(kVA/台)			
				≤100	≤500	≤1000	≤3150
基　　　　价（元）				775.79	1239.34	1897.48	2837.73
其中	人　工　费（元）			378.42	661.92	855.40	1206.66
	材　料　费（元）			293.42	330.66	510.58	698.42
	机　械　费（元）			103.95	246.76	531.50	932.65
名　　称		单位	单价（元）	消　　耗　　量			
人工	综合工日	工日	140.00	2.703	4.728	6.110	8.619
材料	油浸电抗器	台	—	(1.000)	(1.000)	(1.000)	(1.000)
	白纱布带 20mm×20m	卷	2.32	0.300	0.300	0.400	0.400
	变压器油	kg	9.81	7.000	20.000	35.000	50.000
	低碳钢焊条	kg	6.84	0.200	0.200	0.300	0.300
	电力复合脂	kg	20.00	7.000	0.080	0.100	0.120
	镀锌扁钢(综合)	kg	3.85	8.800	8.800	10.000	11.300
	防锈漆	kg	5.62	0.100	0.100	0.150	0.200
	酚醛调和漆	kg	7.90	0.300	0.300	0.400	0.600
	钢垫板 δ1~2	kg	3.18	3.000	4.000	4.500	5.000
	钢锯条	条	0.34	1.000	1.000	1.000	1.000
	焊锡膏	kg	14.53	0.020	0.040	0.060	0.060
	焊锡丝	kg	54.10	0.100	0.200	0.300	0.300
	滤油纸 300×300	张	0.46	8.000	28.000	45.000	60.000
	棉纱头	kg	6.00	0.200	0.200	0.300	0.500
	汽油	kg	6.77	0.300	0.400	0.500	1.000
	青壳纸 δ0.1~1.0	kg	20.84	0.150	0.150	0.300	0.350
	三色塑料带(综合)	kg	35.87	0.200	0.250	0.300	0.350
	铁砂布	张	0.85	2.000	2.000	2.000	2.000
	橡胶垫 δ2	m²	19.26	0.100	0.100	0.100	0.100
	氧气	m³	3.63	0.600	0.600	0.750	0.900
	乙炔气	kg	10.45	0.200	0.200	0.250	0.300
	枕木 2500×200×160	根	82.05	—	0.320	0.320	0.480
	自粘性塑料带 20mm×20m	卷	4.27	—	0.150	0.200	0.200
	其他材料费占材料费	%	—	1.800	1.800	1.800	1.800
机械	交流弧焊机 21kV·A	台班	57.35	0.187	0.187	0.280	0.280
	汽车式起重机 12t	台班	857.15	—	—	0.467	0.935
	汽车式起重机 8t	台班	763.67	—	0.187	—	—
	氩弧焊机 500A	台班	92.58	0.137	0.137	0.137	0.137
	载重汽车 10t	台班	547.99	—	—	0.187	0.187
	载重汽车 5t	台班	430.70	0.187	0.187	—	—

六、电容器安装

1. 移相及串联电容器安装

工作内容：开箱检查、搬运、安装固定、接线、接地。

计量单位：个

定 额 编 号			A4-2-39	A4-2-40	A4-2-41	A4-2-42
项 目 名 称			重量(kg/个)			
			≤30	≤60	≤120	≤200
基 价（元）			35.39	41.68	50.28	54.89
其中	人 工 费（元）		13.30	19.04	26.74	30.80
	材 料 费（元）		18.11	18.66	19.56	20.11
	机 械 费（元）		3.98	3.98	3.98	3.98
名 称	单位	单价（元）	消 耗 量			
人工	综合工日	工日	140.00	0.095	0.136	0.191	0.220
材料	电容器	个	—	(1.000)	(1.000)	(1.000)	(1.000)
	电力复合脂	kg	20.00	0.010	0.010	0.020	0.020
	镀锡裸铜软绞线 TJRX 16mm²	kg	51.28	0.300	0.300	0.300	0.300
	防锈漆	kg	5.62	0.050	0.050	0.100	0.100
	酚醛调和漆	kg	7.90	0.050	0.050	0.010	0.010
	钢锯条	条	0.34	0.500	0.500	1.000	1.000
	焊锡膏	kg	14.53	0.010	0.010	0.010	0.010
	焊锡丝	kg	54.10	0.010	0.020	0.030	0.040
	汽油	kg	6.77	0.100	0.100	0.100	0.100
	其他材料费占材料费	%	—	1.800	1.800	1.800	1.800
机械	氩弧焊机 500A	台班	92.58	0.043	0.043	0.043	0.043

2.集合式并联电容器安装

工作内容：开箱检查、搬运、安装固定、接线、接地。

计量单位：个

定　额　编　号				A4-2-43	A4-2-44	A4-2-45
项　目　名　称				重量(t/个)		
				≤2	≤5	≤10
基　　价（元）				400.95	512.59	651.24
其中	人　工　费（元）			122.08	162.68	177.52
	材　料　费（元）			22.60	26.29	32.48
	机　械　费（元）			256.27	323.62	441.24
名　　称		单位	单价（元）	消　　耗　　量		
人工	综合工日	工日	140.00	0.872	1.162	1.268
材料	电容器、低压、无功补偿装置	个/台	—	(1.000)	(1.000)	(1.000)
	低碳钢焊条	kg	6.84	0.100	0.150	0.200
	电力复合脂	kg	20.00	0.030	0.040	0.050
	镀锌扁钢(综合)	kg	3.85	3.200	4.000	5.000
	防锈漆	kg	5.62	0.300	0.300	0.400
	酚醛调和漆	kg	7.90	0.300	0.300	0.400
	钢锯条	条	0.34	1.000	1.000	1.000
	焊锡膏	kg	14.53	0.010	0.010	0.010
	焊锡丝	kg	54.10	0.050	0.050	0.050
	汽油	kg	6.77	0.200	0.200	0.250
	其他材料费占材料费	%	—	1.800	1.800	1.800
机械	交流弧焊机 21kV·A	台班	57.35	0.093	0.140	0.187
	汽车式起重机 10t	台班	833.49	—	—	0.280
	汽车式起重机 8t	台班	763.67	0.187	0.234	—
	氩弧焊机 500A	台班	92.58	0.298	0.390	0.472
	载重汽车 10t	台班	547.99	—	—	0.280
	载重汽车 5t	台班	430.70	0.187	0.234	—

工作内容：开箱检查、搬运、安装固定、接线、接地。 计量单位：台

定 额 编 号				A4-2-46
项 目 名 称				成套低压无功自动补偿装置安装
基 价 （元）				232.57
其中	人 工 费（元）			110.32
	材 料 费（元）			22.83
	机 械 费（元）			99.42
	名 称	单位	单价（元）	消 耗 量
人工	综合工日	工日	140.00	0.788
材料	电容器、低压、无功补偿装置	个/台	—	(1.000)
	低碳钢焊条	kg	6.84	0.150
	电力复合脂	kg	20.00	0.050
	镀锌扁钢(综合)	kg	3.85	1.500
	防锈漆	kg	5.62	0.020
	酚醛调和漆	kg	7.90	0.050
	焊锡丝	kg	54.10	0.150
	棉纱头	kg	6.00	0.100
	平垫铁	kg	3.74	0.300
	塑料管(综合)	kg	11.42	0.300
	自粘性塑料带 20mm×20m	卷	4.27	0.200
	其他材料费占材料费	%	—	1.800
机械	交流弧焊机 21kV·A	台班	57.35	0.103
	汽车式起重机 8t	台班	763.67	0.093
	载重汽车 4t	台班	408.97	0.055

3.并联补偿电容器组架(TBB系列)安装

工作内容：开箱检查、安装固定、接地。

计量单位：台

定　额　编　号			A4-2-47	A4-2-48	A4-2-49
项　目　名　称			单列两层	单列三层	双列两层
基　　价（元）			331.45	341.94	420.49
其中	人　工　费（元）		238.28	247.52	316.26
	材　料　费（元）		38.52	39.77	46.89
	机　械　费（元）		54.65	54.65	57.34
名　　称	单位	单价(元)	消　耗　量		
人工　综合工日	工日	140.00	1.702	1.768	2.259
材料　组架	台	—	(1.000)	(1.000)	(1.000)
低碳钢焊条	kg	6.84	0.550	0.550	0.660
电力复合脂	kg	20.00	0.050	0.050	0.050
镀锌扁钢(综合)	kg	3.85	5.000	5.000	6.200
钢锯条	条	0.34	1.000	1.000	1.000
焊锡膏	kg	14.53	0.020	0.030	0.030
焊锡丝	kg	54.10	0.100	0.120	0.150
棉纱头	kg	6.00	0.100	0.100	0.100
铁砂布	张	0.85	0.500	0.500	0.500
氧气	m³	3.63	1.000	1.000	1.000
乙炔气	kg	10.45	0.300	0.300	0.300
其他材料费占材料费	%	—	1.800	1.800	1.800
机械　交流弧焊机 21kV·A	台班	57.35	0.327	0.327	0.374
汽车式起重机 8t	台班	763.67	0.047	0.047	0.047

工作内容：开箱检查、安装固定、接地。 计量单位：台

定 额 编 号				A4-2-50	A4-2-51
项 目 名 称				双列三层	小型组合
基 价（元）				445.34	339.54
其中	人 工 费（元）			334.60	256.62
	材 料 费（元）			50.70	36.30
	机 械 费（元）			60.04	46.62
	名 称	单位	单价（元）	消 耗 量	
人工	综合工日	工日	140.00	2.390	1.833
材料	组架	台	—	(1.000)	(1.000)
	低碳钢焊条	kg	6.84	0.710	0.300
	电力复合脂	kg	20.00	0.050	0.050
	镀锌扁钢(综合)	kg	3.85	6.800	5.000
	钢锯条	条	0.34	1.000	0.500
	焊锡膏	kg	14.53	0.030	0.020
	焊锡丝	kg	54.10	0.170	0.100
	棉纱头	kg	6.00	0.100	0.050
	铁砂布	张	0.85	0.500	0.500
	氧气	m³	3.63	1.000	1.000
	乙炔气	kg	10.45	0.300	0.300
	其他材料费占材料费	%	—	1.800	1.800
机械	交流弧焊机 21kV·A	台班	57.35	0.421	0.187
	汽车式起重机 8t	台班	763.67	0.047	0.047

七、交流滤波装置组架(TJL系列)安装

工作内容：开箱检查、安装固定、接线、接地。

计量单位：台

定 额 编 号			A4-2-52	A4-2-53	A4-2-54
项 目 名 称			电抗组架安装	放电组架安装	连线组架安装
基 价（元）			245.17	169.13	111.00
其中	人 工 费（元）		140.70	103.18	42.70
	材 料 费（元）		25.42	24.72	27.07
	机 械 费（元）		79.05	41.23	41.23
名 称	单位	单价（元）	消 耗 量		
人工 综合工日	工日	140.00	1.005	0.737	0.305
材料 组架	台	—	(1.000)	(1.000)	(1.000)
低碳钢焊条	kg	6.84	0.200	0.100	0.100
电力复合脂	kg	20.00	0.050	0.050	0.050
镀锌扁钢(综合)	kg	3.85	3.000	3.000	3.000
钢锯条	条	0.34	0.500	0.500	0.500
焊锡膏	kg	14.53	0.010	0.010	0.020
焊锡丝	kg	54.10	0.060	0.060	0.100
棉纱头	kg	6.00	0.050	0.050	0.050
铁砂布	张	0.85	0.500	0.500	0.500
氧气	m³	3.63	1.000	1.000	1.000
乙炔气	kg	10.45	0.300	0.300	0.300
其他材料费占材料费	%	—	1.800	1.800	1.800
机械 交流弧焊机 21kV·A	台班	57.35	0.140	0.093	0.093
汽车式起重机 8t	台班	763.67	0.093	0.047	0.047

八、开闭所成套配电装置安装

工作内容：开箱清点检查、就位、找正、固定、连锁装置检查、导体接触面检查、接地等。

计量单位：座

定　额　编　号			A4-2-55	A4-2-56	A4-2-57	A4-2-58
项　目　名　称			开关间隔单元(个)			
			3	5	7	>7
基　　价（元）			911.83	1009.00	1105.65	1189.69
其中	人　工　费（元）		163.66	204.54	230.16	255.78
	材　料　费（元）		290.75	306.99	306.99	306.99
	机　械　费（元）		457.42	497.47	568.50	626.92
名　　称	单位	单价（元）	消　耗　　量			
人工	综合工日	工日	140.00	1.169	1.461	1.644	1.827
材料	成套配电装置	座	—	(1.000)	(1.000)	(1.000)	(1.000)
	低碳钢焊条	kg	6.84	0.360	0.450	0.450	0.450
	电力复合脂	kg	20.00	0.160	0.200	0.200	0.200
	镀锌扁钢(综合)	kg	3.85	57.600	57.600	57.600	57.600
	防锈漆	kg	5.62	0.480	0.600	0.600	0.600
	焊锡膏	kg	14.53	0.064	0.080	0.080	0.080
	焊锡丝	m	0.37	0.320	0.400	0.400	0.400
	棉纱头	kg	6.00	0.640	0.800	0.800	0.800
	平垫铁	kg	3.74	11.600	14.500	14.500	14.500
	汽油	kg	6.77	0.640	0.800	0.800	0.800
	调和漆	kg	6.00	0.480	0.600	0.600	0.600
	其他材料费占材料费	%	—	1.800	1.800	1.800	1.800
机械	交流弧焊机 21kV·A	台班	57.35	0.187	0.187	0.187	0.227
	汽车式起重机 8t	台班	763.67	0.374	0.374	0.467	0.514
	载重汽车 5t	台班	430.70	0.374	0.467	0.467	0.514

九、成套配电柜安装

1.高压成套配电柜安装

工作内容：开箱清点检查、就位、找正、固定、柜间连接、连锁装置检查、断路器调整、其他设备检查、导体接触面检查、接地、配合试验。

计量单位：台

定 额 编 号			A4-2-59	A4-2-60	A4-2-61
项 目 名 称			单母线柜		
			附油断路器柜	附真空断路器柜	附SF6断路器柜
基 价（元）			1084.02	1003.70	1093.72
其中	人 工 费（元）		910.14	826.56	916.58
	材 料 费（元）		50.97	54.23	54.23
	机 械 费（元）		122.91	122.91	122.91
名 称	单位	单价（元）	消 耗 量		
人工	综合工日	工日	140.00	6.501	5.904	6.547
材料	高压柜	台	—	(1.000)	(1.000)	(1.000)
	低碳钢焊条	kg	6.84	0.300	0.300	0.300
	电池 1号	节	1.71	0.200	0.200	0.200
	电力复合脂	kg	20.00	0.300	0.300	0.300
	电珠 2.5V	个	0.51	0.100	0.100	0.100
	镀锌扁钢(综合)	kg	3.85	5.000	5.000	5.000
	防锈漆	kg	5.62	0.500	0.500	0.500
	酒精	kg	6.40	—	0.500	0.500
	棉纱头	kg	6.00	0.100	0.100	0.100
	平垫铁	kg	3.74	0.500	0.500	0.500
	汽油	kg	6.77	0.250	0.250	0.250
	砂轮片 φ400	片	8.97	0.500	0.500	0.500
	调和漆	kg	6.00	0.500	0.500	0.500
	铜芯塑料绝缘导线 BV-2.5mm^2	m	1.32	6.000	6.000	6.000
	其他材料费占材料费	%	—	1.800	1.800	1.800
机械	交流弧焊机 21kV·A	台班	57.35	0.093	0.093	0.093
	汽车式起重机 8t	台班	763.67	0.075	0.075	0.075
	载重汽车 5t	台班	430.70	0.140	0.140	0.140

工作内容：开箱清点检查、就位、找正、固定、柜间连接、连锁装置检查、断路器调整、其他设备检查、导体接触面检查、接地、配合试验。

计量单位：台

定　额　编　号				A4-2-62	A4-2-63	A4-2-64
项　目　名　称				单母线柜		
				电压互感器、避雷器柜	电容器柜	其他电气柜
基　　　　　价（元）				554.85	508.80	407.33
其中	人　工　费（元）			385.00	339.64	244.58
	材　料　费（元）			46.94	46.25	39.84
	机　械　费（元）			122.91	122.91	122.91
名　　称		单位	单价（元）	消	耗	量
人工	综合工日	工日	140.00	2.750	2.426	1.747
材料	高压柜	台	—	(1.000)	(1.000)	(1.000)
	低碳钢焊条	kg	6.84	0.300	0.300	0.300
	电池 1号	节	1.71	0.200	0.200	0.200
	电力复合脂	kg	20.00	0.300	0.300	0.200
	电珠 2.5V	个	0.51	0.100	0.100	0.100
	镀锌扁钢(综合)	kg	3.85	5.000	5.000	5.000
	防锈漆	kg	5.62	0.500	0.500	0.500
	棉纱头	kg	6.00	0.100	0.100	0.100
	平垫铁	kg	3.74	0.500	0.500	0.500
	汽油	kg	6.77	0.250	0.150	0.100
	砂轮片 φ400	片	8.97	0.500	0.500	0.500
	调和漆	kg	6.00	0.500	0.500	0.500
	铜芯塑料绝缘导线 BV-2.5mm²	m	1.32	3.000	3.000	—
	其他材料费占材料费	%	—	1.800	1.800	1.800
机械	交流弧焊机 21kV·A	台班	57.35	0.093	0.093	0.093
	汽车式起重机 8t	台班	763.67	0.075	0.075	0.075
	载重汽车 5t	台班	430.70	0.140	0.140	0.140

工作内容：开箱清点检查、就位、找正、固定、柜间连接、连锁装置检查、断路器调整、其他设备检查、导体接触面检查、接地、配合试验。

计量单位：台

定　额　编　号			A4-2-65	A4-2-66	A4-2-67
项　目　名　称			双母线柜		
			附油断路器柜	附真空断路器柜	附FSF6断路器柜
基　　　价（元）			1295.58	1199.06	1307.28
其中	人　工　费（元）		1092.00	991.90	1100.12
	材　料　费（元）		56.07	59.65	59.65
	机　械　费（元）		147.51	147.51	147.51
名　　　称	单位	单价（元）	消　　耗　　量		
人工	综合工日	工日	140.00	7.800	7.085	7.858
材料	高压柜	台	—	(1.000)	(1.000)	(1.000)
	低碳钢焊条	kg	6.84	0.330	0.330	0.330
	电池 1号	节	1.71	0.220	0.220	0.220
	电力复合脂	kg	20.00	0.330	0.330	0.330
	电珠 2.5V	个	0.51	0.110	0.110	0.110
	镀锌扁钢(综合)	kg	3.85	5.500	5.500	5.500
	防锈漆	kg	5.62	0.550	0.550	0.550
	酒精	kg	6.40	—	0.550	0.550
	棉纱头	kg	6.00	0.110	0.110	0.110
	平垫铁	kg	3.74	0.550	0.550	0.550
	汽油	kg	6.77	0.275	0.275	0.275
	砂轮片 φ400	片	8.97	0.550	0.550	0.550
	调和漆	kg	6.00	0.550	0.550	0.550
	铜芯塑料绝缘导线 BV-2.5mm²	m	1.32	6.600	6.600	6.600
	其他材料费占材料费	%	—	1.800	1.800	1.800
机械	交流弧焊机 21kV·A	台班	57.35	0.112	0.112	0.112
	汽车式起重机 8t	台班	763.67	0.090	0.090	0.090
	载重汽车 5t	台班	430.70	0.168	0.168	0.168

46

工作内容：开箱清点检查、就位、找正、固定、柜间连接、连锁装置检查、断路器调整、其他设备检查、导体接触面检查、接地、配合试验。

计量单位：台

定 额 编 号				A4-2-68	A4-2-69	A4-2-70
项 目 名 称				双母线柜		
				电压互感器、避雷器柜	电容器柜	其他电气柜
基 价（元）				665.72	610.84	485.34
其中	人 工 费（元）			462.14	407.26	294.00
	材 料 费（元）			56.07	56.07	43.83
	机 械 费（元）			147.51	147.51	147.51
名 称		单位	单价（元）	消 耗 量		
人工	综合工日	工日	140.00	3.301	2.909	2.100
材料	高压柜	台	—	(1.000)	(1.000)	(1.000)
	低碳钢焊条	kg	6.84	0.330	0.330	0.330
	电池 1号	节	1.71	0.220	0.220	0.220
	电力复合脂	kg	20.00	0.330	0.330	0.220
	电珠 2.5V	个	0.51	0.110	0.110	0.110
	镀锌扁钢(综合)	kg	3.85	5.500	5.500	5.500
	防锈漆	kg	5.62	0.550	0.550	0.550
	棉纱头	kg	6.00	0.110	0.110	0.110
	平垫铁	kg	3.74	0.550	0.550	0.550
	汽油	kg	6.77	0.275	0.275	0.110
	砂轮片 φ400	片	8.97	0.550	0.550	0.550
	调和漆	kg	6.00	0.550	0.550	0.550
	铜芯塑料绝缘导线 BV-2.5mm²	m	1.32	6.600	6.600	—
	其他材料费占材料费	%	—	1.800	1.800	1.800
机械	交流弧焊机 21kV·A	台班	57.35	0.112	0.112	0.112
	汽车式起重机 8t	台班	763.67	0.090	0.090	0.090
	载重汽车 5t	台班	430.70	0.168	0.168	0.168

2.低压成套配电柜安装

工作内容：开箱清点检查、就位、找正、固定、柜间连接、开关及机构调整、接地、配合试验。

计量单位：台

定 额 编 号			A4-2-71
项 目 名 称			低压成套
			配电柜
基 价 （元）			541.77
其中	人 工 费 （元）		368.76
	材 料 费 （元）		27.58
	机 械 费 （元）		145.43
名 称	单位	单价（元）	消 耗 量
人工 综合工日	工日	140.00	2.634
材料 低压柜、集装箱式配电室	台	—	(1.000)
低碳钢焊条	kg	6.84	0.300
镀锌扁钢(综合)	kg	3.85	3.000
钢垫板(综合)	kg	4.27	0.300
钢锯条	条	0.34	1.000
棉纱头	kg	6.00	0.500
汽油	kg	6.77	0.200
调和漆	kg	6.00	0.200
铜接线端子 DT-25	个	2.10	2.030
硬铜绞线 TJ-2.5～4mm²	m	2.56	0.800
其他材料费占材料费	%	—	1.800
机械 交流弧焊机 21kV·A	台班	57.35	0.093
汽车式起重机 8t	台班	763.67	0.131
载重汽车 5t	台班	430.70	0.093

工作内容：开箱清点检查、就位、找正、固定、柜间连接、开关及机构调整、接地、配合试验。

计量单位：t

定　额　编　号				A4-2-72
项　目　名　称				集装箱式
				配电室
基　　　价（元）				342.98
其中	人　工　费（元）			274.26
	材　料　费（元）			11.87
	机　械　费（元）			56.85
名　　　称		单位	单价（元）	消　耗　量
人工	综合工日	工日	140.00	1.959
材料	低压柜、集装箱式配电室	台	—	(1.000)
	低碳钢焊条	kg	6.84	0.020
	电力复合脂	kg	20.00	0.030
	镀锌扁钢(综合)	kg	3.85	0.140
	酚醛调和漆	kg	7.90	0.030
	钢垫板　δ1～2	kg	3.18	0.800
	焊锡膏	kg	14.53	0.005
	焊锡丝	kg	54.10	0.040
	胶木线夹	个	0.40	2.800
	棉纱头	kg	6.00	0.015
	塑料软管　φ5	m	0.21	0.500
	异型塑料管　φ2.5～5	m	2.19	1.800
	自粘性塑料带　20mm×20m	卷	4.27	0.025
	其他材料费占材料费	%	—	1.800
机械	交流弧焊机 21kV·A	台班	57.35	0.019
	平板拖车组 20t	台班	1081.33	0.019
	汽车式起重机 32t	台班	1257.67	0.028

十、成套配电箱安装

工作内容：开箱、清点、测定、打孔、固定、接线、开关及机构调整、接地。　　　　　计量单位：台

定　额　编　号			A4-2-73
项　目　名　称			落地式
基　　价（元）			257.85
其中	人　工　费（元）		151.34
	材　料　费（元）		16.01
	机　械　费（元）		90.50
名　　称	单位	单价（元）	消　耗　量
人工	综合工日	工日	140.00	1.081
材料	配电箱	台	—	(1.000)
	低碳钢焊条	kg	6.84	0.180
	电力复合脂	kg	20.00	0.050
	镀锌扁钢(综合)	kg	3.85	1.800
	防锈漆	kg	5.62	0.020
	酚醛调和漆	kg	7.90	0.050
	焊锡丝	m	0.37	0.150
	棉纱头	kg	6.00	0.100
	平垫铁	kg	3.74	0.300
	塑料管(综合)	kg	11.42	0.300
	自粘性塑料带 20mm×20m	卷	4.27	0.200
	其他材料费占材料费	%	—	1.800
机械	交流弧焊机 21kV·A	台班	57.35	0.103
	汽车式起重机 8t	台班	763.67	0.084
	载重汽车 4t	台班	408.97	0.050

工作内容：开箱、清点、测定、打孔、固定、接线、开关及机构调整、接地。　　　　　　　计量单位：台

定　额　编　号			A4-2-74	A4-2-75	A4-2-76
项　目　名　称			悬挂、嵌入式		
			半周长		
			0.5m	1.0m	1.5m
基　　　　价（元）			72.29	104.00	128.24
其中	人　工　费（元）		49.98	74.90	96.32
	材　料　费（元）		22.31	29.10	31.92
	机　械　费（元）		—	—	—
名　　称	单位	单价（元）	消　　耗　　量		
人工	综合工日	工日	140.00	0.357	0.535	0.688
材料	配电箱	台	—	(1.000)	(1.000)	(1.000)
	电力复合脂	kg	20.00	0.410	0.410	0.410
	防锈漆	kg	5.62	0.010	—	0.010
	酚醛调和漆	kg	7.90	0.030	0.030	0.030
	焊锡丝	m	0.37	0.050	0.070	0.080
	棉纱头	kg	6.00	0.080	0.100	0.100
	平垫铁	kg	3.74	0.150	0.150	0.150
	塑料管(综合)	kg	11.42	0.130	0.150	0.180
	铜接线端子 DT-6	个	1.20	2.030	2.030	2.030
	硬铜绞线 TJ-2.5～4mm²	m	2.56	3.132	5.618	6.461
	自粘性塑料带 20mm×20m	卷	4.27	0.100	0.100	0.150
	其他材料费占材料费	%	—	1.800	1.800	1.800

工作内容：开箱、清点、测定、打孔、固定、接线、开关及机构调整、接地。   计量单位：台

定　额　编　号			A4-2-77	A4-2-78
项　目　名　称			悬挂、嵌入式	
			半周长	
			2.5m	3.0m
基　　价（元）			167.21	209.01
其中	人　工　费（元）		116.62	140.14
	材　料　费（元）		45.26	62.45
	机　械　费（元）		5.33	6.42
名　　称	单位	单价（元）	消　耗　量	
人工	综合工日	工日	140.00	0.833	1.001
材　　　　料	配电箱	台	—	(1.000)	(1.000)
	低碳钢焊条	kg	6.84	0.150	0.150
	电力复合脂	kg	20.00	0.410	0.492
	镀锌扁钢(综合)	kg	3.85	1.500	1.500
	防锈漆	kg	5.62	0.020	0.024
	酚醛调和漆	kg	7.90	0.050	0.060
	焊锡丝	m	0.37	0.100	0.100
	棉纱头	kg	6.00	0.120	0.144
	平垫铁	kg	3.74	0.200	0.240
	塑料管(综合)	kg	11.42	0.250	0.300
	铜接线端子 DT-6	个	1.20	2.030	4.060
	硬铜绞线 TJ-2.5～4mm²	m	2.56	8.320	12.880
	自粘性塑料带 20mm×20m	卷	4.27	0.200	0.240
	其他材料费占材料费	%	—	1.800	1.800
机械	交流弧焊机 21kV·A	台班	57.35	0.093	0.112

十一、组合式成套箱式变电站安装

1. 美式箱式变电站安装

工作内容：开箱清点检查、就位、找正、固定、连锁装置检查、导体接触面检查、配合试验、接地、补漆处理等。

计量单位：座

定 额 编 号				A4-2-79	A4-2-80	A4-2-81
项 目 名 称				变压器容量(kV·A)		
				≤100	≤315	≤630
基 价（元）				1186.46	1357.66	1586.21
其中	人 工 费（元）			359.10	426.72	514.36
	材 料 费（元）			329.89	433.47	543.42
	机 械 费（元）			497.47	497.47	528.43
名 称	单位	单价(元)		消 耗 量		
人工	综合工日	工日	140.00	2.565	3.048	3.674
材料	箱式变电站	座	—	(1.000)	(1.000)	(1.000)
	低碳钢焊条	kg	6.84	0.360	0.360	0.450
	电力复合脂	kg	20.00	0.200	0.200	0.250
	镀锌扁钢(综合)	kg	3.85	72.000	96.000	120.000
	防锈漆	kg	5.62	0.300	0.300	0.300
	棉纱头	kg	6.00	0.600	0.600	0.750
	平垫铁	kg	3.74	8.000	10.500	14.000
	汽油	kg	6.77	0.500	0.500	0.500
	调和漆	kg	6.00	0.300	0.300	0.300
	其他材料费占材料费	%	—	1.800	1.800	1.800
机械	交流弧焊机 21kV·A	台班	57.35	0.187	0.187	0.234
	汽车式起重机 8t	台班	763.67	0.374	0.374	0.411
	载重汽车 5t	台班	430.70	0.467	0.467	0.467

工作内容：开箱清点检查、就位、找正、固定、连锁装置检查、导体接触面检查、配合试验、接地、补漆处理等。

计量单位：座

定 额 编 号			A4-2-82	A4-2-83
项 目 名 称			变压器容量(kV·A)	
			≤1000	≤1600
基 价（元）			1820.50	2045.99
其中	人 工 费（元）		574.56	708.40
	材 料 费（元）		686.27	777.92
	机 械 费（元）		559.67	559.67
名 称		单位	单价（元）	消 耗 量	
人工	综合工日	工日	140.00	4.104	5.060
材料	箱式变电站	座	—	(1.000)	(1.000)
	低碳钢焊条	kg	6.84	0.450	0.450
	电力复合脂	kg	20.00	0.250	0.250
	镀锌扁钢(综合)	kg	3.85	152.000	172.800
	防锈漆	kg	5.62	0.300	0.300
	棉纱头	kg	6.00	0.800	0.900
	平垫铁	kg	3.74	18.500	21.000
	汽油	kg	6.77	0.500	0.500
	调和漆	kg	6.00	0.300	0.300
	其他材料费占材料费	%	—	1.800	1.800
机械	交流弧焊机 21kV·A	台班	57.35	0.234	0.234
	汽车式起重机 16t	台班	958.70	0.374	0.374
	载重汽车 8t	台班	501.85	0.374	0.374

54

2.欧式箱式变电站安装

工作内容：开箱清点检查、就位、找正、固定、连锁装置检查、导体接触面检查、配合试验、接地、补漆处理等。

计量单位：座

定 额 编 号			A4-2-84	A4-2-85	A4-2-86
项 目 名 称			变压器容量(kV·A)		
			≤100	≤315	≤630
基 价 （元）			1600.22	1854.37	2071.27
其中	人 工 费（元）		463.40	608.16	718.20
	材 料 费（元）		636.65	746.04	852.90
	机 械 费（元）		500.17	500.17	500.17
名 称	单位	单价(元)	消 耗 量		
人工	综合工日	工日	140.00	3.310	4.344	5.130
材料	箱式变电站	座	—	(1.000)	(1.000)	(1.000)
	变压器油	kg	9.81	0.600	0.800	1.000
	低碳钢焊条	kg	6.84	0.450	0.450	0.450
	电力复合脂	kg	20.00	0.200	0.200	0.300
	镀锌扁钢(综合)	kg	3.85	144.000	168.000	190.000
	防锈漆	kg	5.62	0.600	0.600	0.600
	棉纱头	kg	6.00	0.750	0.750	0.750
	平垫铁	kg	3.74	11.000	14.500	18.500
	汽油	kg	6.77	0.800	0.800	1.000
	调和漆	kg	6.00	0.600	0.600	0.600
	其他材料费占材料费	%	—	1.800	1.800	1.800
机械	交流弧焊机 21kV·A	台班	57.35	0.234	0.234	0.234
	汽车式起重机 8t	台班	763.67	0.374	0.374	0.374
	载重汽车 5t	台班	430.70	0.467	0.467	0.467

工作内容：开箱清点检查、就位、找正、固定、连锁装置检查、导体接触面检查、配合试验、接地、补漆
处理等。

计量单位：座

定 额 编 号				A4-2-87	A4-2-88	A4-2-89
项 目 名 称				变压器容量(kV·A)		
				≤1000	≤1600	≤2000
基 价（元）				2389.71	2874.73	3228.93
其中	人 工 费（元）			885.64	1199.94	1439.90
	材 料 费（元）			970.67	1070.37	1184.61
	机 械 费（元）			533.40	604.42	604.42
名 称		单位	单价(元)	消 耗 量		
人工	综合工日	工日	140.00	6.326	8.571	10.285
材料	箱式变电站	座	—	(1.000)	(1.000)	(1.000)
	变压器油	kg	9.81	1.200	1.500	1.800
	低碳钢焊条	kg	6.84	0.450	0.450	0.450
	电力复合脂	kg	20.00	0.300	0.350	0.400
	镀锌扁钢(综合)	kg	3.85	216.000	236.000	260.000
	防锈漆	kg	5.62	0.800	0.800	1.000
	棉纱头	kg	6.00	0.850	0.850	0.900
	平垫铁	kg	3.74	21.000	25.000	28.000
	汽油	kg	6.77	1.200	1.500	1.800
	调和漆	kg	6.00	0.800	0.800	1.000
	其他材料费占材料费	%	—	1.800	1.800	1.800
机械	交流弧焊机 21kV·A	台班	57.35	0.234	0.234	0.234
	汽车式起重机 8t	台班	763.67	0.374	0.467	0.467
	载重汽车 8t	台班	501.85	0.467	0.467	0.467

工作内容：开箱清点检查、就位、找正、固定、连锁装置检查、导体接触面检查、配合试验、接地、补漆处理等。

计量单位：座

定 额 编 号				A4-2-90	A4-2-91
项 目 名 称				变压器容量(kV·A)	
				2×400	2×630
				单台≤400	单台≤630
基 价（元）				2641.71	3237.52
其中	人 工 费（元）			1062.74	1439.90
	材 料 费（元）			971.91	1071.61
	机 械 费（元）			607.06	726.01
名 称		单位	单价（元）	消 耗 量	
人工	综合工日	工日	140.00	7.591	10.285
材料	箱式变电站	座	—	(1.000)	(1.000)
	变压器油	kg	9.81	1.200	1.500
	低碳钢焊条	kg	6.84	0.540	0.540
	电力复合脂	kg	20.00	0.300	0.350
	镀锌扁钢(综合)	kg	3.85	216.000	236.000
	防锈漆	kg	5.62	0.800	0.800
	棉纱头	kg	6.00	0.950	0.950
	平垫铁	kg	3.74	21.000	25.000
	汽油	kg	6.77	1.200	1.500
	调和漆	kg	6.00	0.800	0.800
	其他材料费占材料费	%	—	1.800	1.800
机械	交流弧焊机 21kV·A	台班	57.35	0.280	0.280
	汽车式起重机 8t	台班	763.67	0.467	0.561
	载重汽车 8t	台班	501.85	0.467	0.561

第三章 绝缘子、母线安装工程

说　　明

一、本章内容包括绝缘子、穿墙套管、软母线、矩形母线、槽形母线、管形母线、封闭母线、低压封闭式插接母线槽、重型母线等安装内容。

二、有关说明：

1.定额不包括支架、铁构件的制作与安装，工程实际发生时，执行本册定额第七章"金属构件、穿墙套板安装工程"相关定额。

2.组合软母线安装定额不包括两端铁构件制作与安装及支持瓷瓶、矩形母线的安装，工程实际发生时，应执行相关定额。安装的跨矩是按照标准跨距综合编制的，如实际安装跨距与定额不符时，执行定额不作调整。

3.软母线安装定额是按照单串绝缘子编制的，如设计为双串绝缘子，其定额人工乘以系数1.14。耐张绝缘护串的安装与调整已包含在软母线安装定额内。

4.软母线引下线、跳线、经终端耐张线夹引下（不经过 T 型线夹或并沟线夹引下）与设备连接的部分应按照导线截面分别执行定额。软母线跳线安装定额综合考虑了耐张线夹的连接方式。执行定额时不做调整。

5.矩形钢母线安装执行铜母线安装定额。

6.矩形母线伸缩节头和铜过渡板安装定额是按照成品安装编制,定额不包括加工配制及主材费。

7.矩形母线、槽形母线安装定额不包括支持瓷瓶安装和钢构件配置安装,工程实际发生时,执行相关定额。

8.高压共箱母线和低压封闭式插接母线槽安装定额是按照成品安装编制,定额不包括加工配制及主材费；包括接地安装及材料费。

9.低压封闭式插接母线槽在竖井内安装时,人工和机械乘以系数2.0。

工程量计算规则

一、悬垂绝缘子安装是指垂直或 V 形安装的提挂导线、跳线、引下线、设备连线或设备所用的绝缘子串安装，根据工艺布置，按照设计图示安装数量以"串"为计量单位。v 形串按照两串计算工程量。

二、支持绝缘子安装根据工艺布置和安装固定孔数，按照设计图示安装数量以"个"为计量单位。

三、穿墙套管安装不分水平、垂直安装，按照设计图示数量以"个"为计量单位。

四、软母线安装是指直接由耐张绝缘子串悬挂安装，根据母线形式和截面面积或根数，按照设计布置以"跨/三相"为计量单位。

五、软母线引下线是指由 T 形线夹或并沟线夹从软母线引向设备的连接，其安装根据导线截面面积，按照设计布置以"跨/三相"为计量单位。

六、两跨软母线间的跳线、引下线安装，根据工艺布置，按照设计图示安装数量以"组/三相"为计量单位。

七、设备连接线是指两设备间的连线。其安装根据工艺布置和导线截面面积，按照设计图示安装数量以"组/三相"为计量单位。

八、软母线安装预留长度按照设计规定计算，设计无规定时按照下表规定计算。

软母线安装预留长度　　　　　　　　单位：m/根

项目	耐张	跳线	引下线	设备连接线
预留长度	2.5	0.8	0.6	0.6

九、矩形与管形母线及母线引下线安装，根据母线材质及每相片数、截面面积或直径，按照设计图示安装数量以"m/单相"为计量单位。计算长度时，应考虑母线挠度和连接需要增加的工程量，不计算安装损耗量。母线和固定母线金具应按照安装数量加损耗量另行计算主材费。

十、矩形母线伸缩节安装，根据母线材质和伸缩节安装片数，按照设计图示安装数量以"个"为计量单位，矩形母线过渡板安装，按照设计图示安装数量以"块"为计量单位。

十一、槽形母线安装，根据母线根数与规格，按照设计图示安装数量以"m/单相"为计量单位。计算长度时，应考虑母线挠度和连接需要增加的工程量，不计算安装损耗量。

十二、槽形母线与设备连接，根据连接的设备与接头数量及槽形母线规格，按照设计连接设备数量以"台"为计量单位。

十三、分相封闭母线安装根据外壳直径及导体截面面积规格，按照设计图示安装轴线长度以"m"为计量单位，不计算安装损耗量。

十四、共箱母线安装根据箱体断面及导体截面面积和每相片数规格，按照设计图示安装轴线长度以"m"为计量单位，不计算安装损耗量。

十五、低压（电压等级小于或等于 380V）封闭式插接母线槽安装，根据每相电流容量，按照设计图示安装轴线长度以"m"为计量单位，计算长度时，不计算安装损耗量。母线槽及母线槽专用配件按照安装数量计算主材费。分线箱、始端箱安装根据电流容量，按照设计图示安装数量以"台"为计量单位。

十六、重型母线安装，根据母线材质及截面面积或用途，按照设计图示安装成品重量以"t"为计量单位。计算重量时不计算安装损耗量。母线、固定母线金具、绝缘配件应按照安装数量加损耗量另行计算主材费。

十七、重型母线伸缩节制作与安装，根据重型母线截面面积，按照设计图示安装数量以"个"为计量单位。铜带、伸缩节螺栓、垫板等单独计算主材费。

十八、重型母线导板制作与安装根据材质与极性按照设计图示安装数量以"束"为计量单位。铜带、导板等单独计算主材费。

十九、重型铝母线接触面加工是指对铸造件接触面的加工，根据重型铝母线接触面加工断面，按照实际加工数量以"片/单相"为计量单位。

二十、硬母线安装预留长度按照设计规定计算，设计无规定时按照下表规定计算。

硬母线安装预留长度 单位：m/根

序号	项目	预留长度	说明
1	矩形、槽形、管形母线终端	0.3	从最后一个支持点算起
2	矩形、槽形管形、母线与分支线连接	0.5	分支线预留
3	矩形、槽形母线与设备连接	0.5	从设备端子接口算起
4	多片重型母线与设备连接	1.0	从设备端子接口算起

一、绝缘子安装

工作内容：开箱检查、清扫、绝缘遥测、组合安装、固定、接地、刷漆。　　　　　　　　计量单位：串

定　额　编　号				A4-3-1	
项　目　名　称				悬式绝缘子	
基　　　　价（元）				8.92	
其中	人　工　费（元）			8.54	
	材　料　费（元）			0.38	
	机　械　费（元）			—	
名　　　称	单位	单价（元）		消　耗　量	
人工	综合工日	工日	140.00	0.061	
材料	悬式绝缘子串	串	—	(1.020)	
	棉纱头	kg	6.00	0.040	
	汽油	kg	6.77	0.020	
	其他材料费占材料费	%	—	1.800	

工作内容：开箱检查、清扫、绝缘遥测、组合安装、固定、接地、刷漆。　　　　　　　　　　　　　计量单位：个

定　额　编　号				A4-3-2	A4-3-3	A4-3-4
项　目　名　称				户内式支持绝缘子		
				1孔固定	2孔固定	4孔固定
基　　　价（元）				11.01	16.48	19.66
其中	人　工　费（元）			4.76	9.94	12.74
	材　料　费（元）			5.45	5.74	6.12
	机　械　费（元）			0.80	0.80	0.80
名　　称		单位	单价（元）	消　　耗　　量		
人工	综合工日	工日	140.00	0.034	0.071	0.091
材料	支持绝缘子	个	—	(1.020)	(1.020)	(1.020)
	白布	kg	6.67	0.010	0.020	0.030
	低碳钢焊条	kg	6.84	0.028	0.028	0.028
	镀锌扁钢(综合)	kg	3.85	1.260	1.260	1.260
	酚醛调和漆	kg	7.90	0.003	0.003	0.003
	合金钢钻头　φ16	个	7.60	0.020	0.040	0.080
	汽油	kg	6.77	0.010	0.020	0.020
	其他材料费占材料费	%	—	1.800	1.800	1.800
机械	交流弧焊机 21kV·A	台班	57.35	0.014	0.014	0.014

工作内容：开箱检查、清扫、绝缘遥测、组合安装、固定、接地、刷漆。　　　　　计量单位：个

定　额　编　号			A4-3-5	A4-3-6	A4-3-7
项　目　名　称			户外式支持绝缘子		
			1孔固定	2孔固定	4孔固定
基　　　价（元）			11.66	16.23	18.22
其中	人　工　费（元）		4.06	8.40	10.36
	材　料　费（元）		6.51	6.74	6.77
	机　械　费（元）		1.09	1.09	1.09
名　　　称	单位	单价（元）	消　　耗　　量		
人工 综合工日	工日	140.00	0.029	0.060	0.074
材料 支持绝缘子	个	—	(1.020)	(1.020)	(1.020)
低碳钢焊条	kg	6.84	0.020	0.030	0.030
镀锌扁钢(综合)	kg	3.85	1.550	1.550	1.550
酚醛调和漆	kg	7.90	0.012	0.012	0.012
钢锯条	条	0.34	0.200	0.200	0.200
棉纱头	kg	6.00	0.010	0.030	0.030
汽油	kg	6.77	0.010	0.015	0.020
其他材料费占材料费	%	—	1.800	1.800	1.800
机械 交流弧焊机 21kV·A	台班	57.35	0.019	0.019	0.019

二、穿墙套管安装

工作内容：开箱检查、清扫、安装、固定、接地、刷漆。

计量单位：个

定 额 编 号				A4-3-8
项 目 名 称				穿墙套管安装
基 价（元）				37.44
其中	人 工 费（元）			17.92
	材 料 费（元）			14.19
	机 械 费（元）			5.33
名 称	单位	单价（元）	消 耗 量	
人工 综合工日	工日	140.00	0.128	
材料 穿墙套管	个	—	(1.020)	
白布	kg	6.67	0.030	
低碳钢焊条	kg	6.84	0.060	
电力复合脂	kg	20.00	0.010	
镀锌扁钢(综合)	kg	3.85	2.650	
防锈漆	kg	5.62	0.040	
酚醛调和漆	kg	7.90	0.040	
钢垫板 δ1~2	kg	3.18	0.500	
钢锯条	条	0.34	0.100	
汽油	kg	6.77	0.100	
铁砂布	张	0.85	0.100	
其他材料费占材料费	%	—	1.800	
机械 交流弧焊机 21kV·A	台班	57.35	0.093	

三、软母线安装

1. 单导线安装

工作内容：检查下料、压接、组装、悬挂、调整弛度、紧固。

计量单位：跨/三相

定 额 编 号				A4-3-9	A4-3-10	A4-3-11
项 目 名 称				导线截面(mm²)		
				≤150	≤240	≤400
基 价（元）				221.09	287.06	371.89
其中	人 工 费（元）			201.60	210.28	235.90
	材 料 费（元）			8.74	8.76	11.73
	机 械 费（元）			10.75	68.02	124.26
名 称		单位	单价（元）	消 耗 量		
人工	综合工日	工日	140.00	1.440	1.502	1.685
材料	电力复合脂	kg	20.00	0.100	0.100	0.150
	镀锌铁丝 φ0.7～0.9	kg	3.57	0.100	0.100	0.100
	防锈漆	kg	5.62	0.200	0.200	0.200
	酚醛磁漆	kg	12.00	0.050	0.050	0.060
	铝包带 1×10	m	0.31	0.200	—	—
	棉纱头	kg	6.00	0.200	0.300	0.400
	尼龙砂轮片 φ400	片	8.55	0.300	0.200	0.300
	汽油	kg	6.77	0.100	0.150	0.200
	其他材料费占材料费	%	—	1.800	1.800	1.800
机械	汽车式起重机 8t	台班	763.67	0.009	0.019	0.028
	液压压接机 200t	台班	161.88	—	0.280	0.561
	载重汽车 5t	台班	430.70	0.009	0.019	0.028

2.组合导线安装

工作内容：检查下料、压接、组装、悬挂紧固、调整弛度、横联装置安装。　　　　计量单位：组/三相

定　额　编　号				A4-3-12	A4-3-13	A4-3-14
项　目　名　称				母线		
				2根	3根	10根
基　　　　价（元）				1034.86	1382.11	2140.67
其中	人　工　费（元）			815.92	1056.02	1609.16
	材　料　费（元）			14.78	20.37	42.28
	机　械　费（元）			204.16	305.72	489.23
名　　称		单位	单价（元）	消　　耗　　量		
人工	综合工日	工日	140.00	5.828	7.543	11.494
材料	电力复合脂	kg	20.00	0.200	0.300	0.500
	镀锌铁丝 φ0.7～0.9	kg	3.57	0.150	0.200	0.400
	防锈漆	kg	5.62	0.180	0.210	0.420
	酚醛磁漆	kg	12.00	0.090	0.140	0.450
	酚醛调和漆	kg	7.90	0.200	0.200	0.300
	铝包带 1×10	m	0.31	1.500	2.000	6.700
	棉纱头	kg	6.00	0.150	0.150	0.200
	尼龙砂轮片 φ400	片	8.55	0.400	0.600	1.200
	汽油	kg	6.77	0.100	0.200	0.700
	铁砂布	张	0.85	1.000	1.000	2.000
	其他材料费占材料费	%	—	1.800	1.800	1.800
机械	汽车式起重机 8t	台班	763.67	0.019	0.028	0.093
	液压压接机 200t	台班	161.88	1.121	1.682	2.336
	载重汽车 5t	台班	430.70	0.019	0.028	0.093

工作内容：检查下料、压接、组装、悬挂紧固、调整弛度、横联装置安装。　　　　　　　　　计量单位：组/三相

定　额　编　号				A4-3-15	A4-3-16	A4-3-17
项　目　名　称				母线		
				14根	18根	26根
基　　　　价（元）				2730.63	3291.52	4249.82
其中	人　工　费（元）			2076.48	2451.40	3045.42
	材　料　费（元）			52.84	67.54	88.09
	机　械　费（元）			601.31	772.58	1116.31
名　　称		单位	单价（元）	消　　耗　　量		
人工	综合工日	工日	140.00	14.832	17.510	21.753
材料	电力复合脂	kg	20.00	0.600	0.700	1.000
	镀锌铁丝 φ0.7～0.9	kg	3.57	0.500	0.600	0.700
	防锈漆	kg	5.62	0.540	0.660	0.900
	酚醛磁漆	kg	12.00	0.630	0.810	1.170
	酚醛调和漆	kg	7.90	0.300	0.400	0.500
	铝包带 1×10	m	0.31	9.400	12.000	17.400
	棉纱头	kg	6.00	0.300	0.300	0.400
	尼龙砂轮片 φ400	片	8.55	1.400	1.800	2.000
	汽油	kg	6.77	1.000	1.500	2.000
	铁砂布	张	0.85	2.000	3.000	3.000
	其他材料费占材料费	%	—	1.800	1.800	1.800
机械	汽车式起重机 8t	台班	763.67	0.131	0.168	0.243
	液压压接机 200t	台班	161.88	2.748	3.533	5.103
	载重汽车 5t	台班	430.70	0.131	0.168	0.243

3.软母线引下线、跳线、设备连线安装

工作内容：测量、下料、压接、安装连接、调整弛度。 计量单位：组/三相

定 额 编 号				A4-3-18	A4-3-19	A4-3-20
项 目 名 称				导线截面(mm²)		
				≤150	≤240	≤400
基 价（元）				122.58	158.50	181.51
其中	人 工 费（元）			94.22	98.56	109.76
	材 料 费（元）			27.44	35.74	39.94
	机 械 费（元）			0.92	24.20	31.81
名 称		单位	单价(元)	消 耗 量		
人工	综合工日	工日	140.00	0.673	0.704	0.784
材料	电力复合脂	kg	20.00	—	0.100	0.100
	镀锌铁丝 φ0.7～0.9	kg	3.57	0.100	0.100	0.100
	防锈漆	kg	5.62	0.200	0.200	0.200
	焊锡膏	kg	14.53	0.070	0.080	0.090
	焊锡丝	kg	54.10	0.400	0.500	0.550
	棉纱头	kg	6.00	—	0.100	0.100
	尼龙砂轮片 φ400	片	8.55	0.200	0.200	0.300
	汽油	kg	6.77	0.100	0.100	0.100
	铁砂布	张	0.85	0.500	0.500	1.000
	其他材料费占材料费	%	—	1.800	1.800	1.800
机械	立式钻床 25mm	台班	6.58	0.140	0.234	0.234
	液压压接机 200t	台班	161.88	—	0.140	0.187

四、矩形母线安装

1.矩形铜母线安装

工作内容：平直、下料、煨弯(机)、钻孔、母线安装、接头、刷分相漆。 计量单位：m/单相

定 额 编 号			A4-3-21	A4-3-22	A4-3-23	A4-3-24
项 目 名 称			每相一片截面(mm²)			
			≤360	≤800	≤1000	≤1250
基 价 （元）			16.91	21.86	27.72	31.42
其中	人 工 费 （元）		7.84	10.92	12.60	14.00
	材 料 费 （元）		5.96	6.79	10.52	12.34
	机 械 费 （元）		3.11	4.15	4.60	5.08
名 称	单位	单价（元）	消 耗 量			
人工	综合工日	工日	140.00	0.056	0.078	0.090	0.100
材料	矩形铜母线	m·单相	—	(1.023)	(1.023)	(1.023)	(1.023)
	沉头螺钉 M16×25	10个	1.03	0.071	0.071	0.071	0.071
	电力复合脂	kg	20.00	0.002	0.002	0.003	0.003
	酚醛磁漆	kg	12.00	0.035	0.045	0.055	0.066
	钢锯条	条	0.34	0.070	0.100	0.120	0.150
	焊锡膏	kg	14.53	0.002	0.002	0.003	0.003
	焊锡丝	kg	54.10	0.006	0.007	0.009	0.010
	棉纱头	kg	6.00	0.005	0.006	0.007	0.007
	汽油	kg	6.77	0.032	0.040	0.050	0.050
	铁砂布	张	0.85	0.050	0.080	0.100	0.120
	钍钨极棒	g	0.36	0.840	0.840	1.000	1.200
	氩气	m³	19.59	0.084	0.090	0.130	0.150
	紫铜电焊条 T107 φ3.2	kg	61.54	0.044	0.051	0.091	0.109
	其他材料费占材料费	%	—	1.800	1.800	1.800	1.800
机械	立式钻床 25mm	台班	6.58	0.004	0.004	0.004	0.004
	万能母线煨弯机	台班	28.42	0.066	0.093	0.099	0.106
	氩弧焊机 500A	台班	92.58	0.013	0.016	0.019	0.022

工作内容：平直、下料、煨弯(机)、钻孔、母线安装、接头、刷分相漆。 计量单位：m/单相

定 额 编 号			A4-3-25	A4-3-26	A4-3-27	A4-3-28
项 目 名 称			每相两片截面(mm²)		每相三片截面(mm²)	
			≤1000	≤1250	≤1000	≤1250
基 价（元）			104.73	112.61	181.59	196.39
其中	人 工 费（元）		22.68	25.34	32.76	40.74
	材 料 费（元）		73.21	77.32	135.64	140.91
	机 械 费（元）		8.84	9.95	13.19	14.74
名 称		单位	单价（元）	消 耗 量		
人工	综合工日	工日	140.00	0.162	0.181	0.234	0.291
材料	矩形铜母线	m·单相	—	(2.046)	(2.046)	(3.096)	(3.096)
	沉头螺钉 M16×25	10个	1.03	0.071	0.071	0.071	0.071
	电力复合脂	kg	20.00	0.006	0.006	0.009	0.009
	酚醛磁漆	kg	12.00	0.066	0.079	0.072	0.086
	钢锯条	条	0.34	0.240	0.300	0.360	0.450
	焊锡膏	kg	14.53	0.006	0.006	0.009	0.009
	焊锡丝	kg	54.10	0.020	0.031	0.027	0.030
	间隔垫 MJG1～4	套	64.17	0.810	0.810	1.620	1.620
	棉纱头	kg	6.00	0.014	0.014	0.021	0.021
	汽油	kg	6.77	0.070	0.084	0.090	0.100
	铁砂布	张	0.85	0.150	0.180	0.225	0.270
	钍钨极棒	g	0.36	2.000	2.400	3.000	3.600
	氩气	m³	19.59	0.260	0.300	0.390	0.450
	油浸薄纸 8开	张	0.53	0.008	0.009	0.010	0.012
	紫铜电焊条 T107 φ3.2	kg	61.54	0.182	0.218	0.273	0.327
	其他材料费占材料费	%	—	1.800	1.800	1.800	1.800
机械	立式钻床 25mm	台班	6.58	0.007	0.007	0.011	0.011
	万能母线煨弯机	台班	28.42	0.189	0.202	0.279	0.298
	氩弧焊机 500A	台班	92.58	0.037	0.045	0.056	0.067

工作内容：平直、下料、煨弯(机)、钻孔、母线安装、接头、刷分相漆。 计量单位：m/单相

定　额　编　号				A4-3-29	A4-3-30
项　目　名　称				每相四片截面(mm²)	
				≤1000	≤1250
基　　　价（元）				257.14	271.60
其中	人　工　费（元）			42.28	47.60
	材　料　费（元）			197.36	204.37
	机　械　费（元）			17.50	19.63
	名　　称	单位	单价（元）	消　耗　量	
人工	综合工日	工日	140.00	0.302	0.340
材料	矩形铜母线	m·单相	—	(4.092)	(4.092)
	沉头螺钉 M16×25	10个	1.03	0.071	0.071
	电力复合脂	kg	20.00	0.012	0.012
	酚醛磁漆	kg	12.00	0.077	0.092
	钢锯条	条	0.34	0.400	0.500
	焊锡膏	kg	14.53	0.012	0.012
	焊锡丝	kg	54.10	0.036	0.040
	间隔垫 MJG1～4	套	64.17	2.420	2.420
	棉纱头	kg	6.00	0.028	0.028
	汽油	kg	6.77	0.100	0.110
	铁砂布	张	0.85	0.250	0.360
	钍钨极棒	g	0.36	4.000	4.800
	氩气	m³	19.59	0.520	0.600
	油浸薄纸 8开	张	0.53	—	0.015
	紫铜电焊条 T107 φ3.2	kg	61.54	0.364	0.436
	其他材料费占材料费	%	—	1.800	1.800
机械	立式钻床 25mm	台班	6.58	0.015	0.015
	万能母线煨弯机	台班	28.42	0.368	0.394
	氩弧焊机 500A	台班	92.58	0.075	0.090

2.矩形铝母线安装

工作内容：平直、下料、煨弯(机)、钻孔、母线安装、接头、刷分相漆。　　　　　　　计量单位：m/单相

定　额　编　号			A4-3-31	A4-3-32	A4-3-33	A4-3-34
项　目　名　称			每相一片截面(mm²)			
			≤360	≤800	≤1000	≤1250
基　　价（元）			11.64	14.83	17.12	19.08
其中	人　工　费（元）		5.60	7.84	8.82	9.94
	材　料　费（元）		3.58	3.76	4.71	5.19
	机　械　费（元）		2.46	3.23	3.59	3.95
名　　称	单位	单价（元）	消　　耗　　量			
人工	综合工日	工日	140.00	0.040	0.056	0.063	0.071
材料	矩形铝母线	m·单相	—	(1.023)	(1.023)	(1.023)	(1.023)
	沉头螺钉 M16×25	10个	1.03	0.071	0.071	0.071	0.071
	电力复合脂	kg	20.00	0.001	0.001	0.001	0.001
	酚醛磁漆	kg	12.00	0.035	0.045	0.055	0.060
	钢锯条	条	0.34	0.050	0.050	0.050	0.050
	绝缘清漆	kg	6.07	0.012	0.018	0.018	0.020
	铝焊条 铝109	kg	87.70	0.014	0.014	0.018	0.020
	棉纱头	kg	6.00	0.004	0.006	0.006	0.006
	铁砂布	张	0.85	0.050	0.050	0.050	0.050
	钍钨极棒	g	0.36	0.700	0.700	0.900	1.000
	氩气	m³	19.59	0.070	0.070	0.090	0.100
	其他材料费占材料费	%	—	1.800	1.800	1.800	1.800
机械	立式钻床 25mm	台班	6.58	0.001	0.001	0.002	0.002
	万能母线煨弯机	台班	28.42	0.057	0.084	0.090	0.096
	氩弧焊机 500A	台班	92.58	0.009	0.009	0.011	0.013

工作内容：平直、下料、煨弯(机)、钻孔、母线安装、接头、刷分相漆。　　　　　　　　　　　　　计量单位：m/单相

定　额　编　号			A4-3-35	A4-3-36	A4-3-37	A4-3-38
项　目　名　称			每相两片截面(mm²)		每相三片截面(mm²)	
			≤1000	≤1250	≤1000	≤1250
基　　　　价（元）			84.73	88.23	122.22	160.23
其中	人　工　费（元）		15.96	17.78	22.96	28.56
	材　料　费（元）		61.63	62.54	88.43	119.81
	机　械　费（元）		7.14	7.91	10.83	11.86
名　　　称	单位	单价（元）	消　　耗　　量			
人工	综合工日	工日	140.00	0.114	0.127	0.164	0.204
材料	矩形铝母线	m·单相	—	(2.046)	(2.046)	(3.069)	(3.069)
	沉头螺钉 M16×25	10个	1.03	0.071	0.071	0.071	0.071
	电力复合脂	kg	20.00	0.002	0.002	0.003	0.003
	酚醛磁漆	kg	12.00	0.066	0.072	0.072	0.078
	钢锯条	条	0.34	0.100	0.100	0.150	0.150
	间隔垫 MJG1～4	套	64.17	0.810	0.810	1.160	1.620
	绝缘清漆	kg	6.07	0.022	0.024	0.025	0.026
	铝焊条 铝109	kg	87.70	0.036	0.040	0.054	0.060
	棉纱头	kg	6.00	0.012	0.012	0.018	0.018
	铁砂布	张	0.85	0.100	0.100	0.150	0.150
	钍钨极棒	g	0.36	1.815	1.995	2.700	3.000
	氩气	m³	19.59	0.180	0.200	0.270	0.300
	其他材料费占材料费	%	—	1.800	1.800	1.800	1.800
机械	立式钻床 25mm	台班	6.58	0.003	0.003	0.005	0.005
	万能母线煨弯机	台班	28.42	0.179	0.193	0.269	0.289
	氩弧焊机 500A	台班	92.58	0.022	0.026	0.034	0.039

工作内容：平直、下料、煨弯(机)、钻孔、母线安装、接头、刷分相漆。　　　　　　　　　　计量单位：m/单相

定　额　编　号				A4-3-39	A4-3-40
项　目　名　称				每相四片截面(mm²)	
				≤1000	≤1250
基　　　　　　价（元）				218.74	225.54
其中	人　工　费（元）			29.68	33.32
	材　料　费（元）			174.65	176.42
	机　械　费（元）			14.41	15.80
名　　称		单位	单价（元）	消　　耗　　量	
人工	综合工日	工日	140.00	0.212	0.238
材料	矩形铝母线	m·单相	—	(4.092)	(4.092)
	沉头螺钉 M16×25	10个	1.03	0.071	0.071
	电力复合脂	kg	20.00	0.004	0.004
	酚醛磁漆	kg	12.00	0.077	0.084
	钢锯条	条	0.34	0.200	0.200
	间隔垫 MJG1~4	套	64.17	2.420	2.420
	绝缘清漆	kg	6.07	0.025	0.028
	铝焊条 铝109	kg	87.70	0.072	0.080
	棉纱头	kg	6.00	0.024	0.024
	铁砂布	张	0.85	0.200	0.200
	钍钨极棒	g	0.36	3.590	4.000
	氩气	m³	19.59	0.360	0.400
	其他材料费占材料费	%	—	1.800	1.800
机械	立式钻床 25mm	台班	6.58	0.006	0.006
	万能母线煨弯机	台班	28.42	0.359	0.385
	氩弧焊机 500A	台班	92.58	0.045	0.052

3. 矩形铜母线引下线安装

工作内容：平直、下料、煨弯(机)、母线安装、接头、刷分相漆。 计量单位：m/单相

定　额　编　号				A4-3-41	A4-3-42	A4-3-43	A4-3-44
项　目　名　称				每相一片截面(mm²)			
				≤360	≤800	≤1000	≤1250
基　　　价（元）				21.27	29.41	35.46	38.28
其中	人　工　费（元）			15.12	21.56	25.76	27.58
	材　料　费（元）			4.09	5.01	6.69	7.49
	机　械　费（元）			2.06	2.84	3.01	3.21
名　　称		单位	单价（元）	消　　耗　　量			
人工	综合工日	工日	140.00	0.108	0.154	0.184	0.197
材料	矩形铜母线	m·单相	—	(1.023)	(1.023)	(1.023)	(1.023)
	沉头螺钉 M16×25	10个	1.03	0.071	0.071	0.071	0.071
	电力复合脂	kg	20.00	0.012	0.016	0.024	0.024
	酚醛磁漆	kg	12.00	0.035	0.045	0.055	0.066
	钢锯条	条	0.34	0.180	0.230	0.280	0.350
	焊锡膏	kg	14.53	0.012	0.016	0.024	0.024
	焊锡丝	kg	54.10	0.048	0.056	0.072	0.080
	棉纱头	kg	6.00	0.005	0.006	0.057	0.068
	汽油	kg	6.77	0.062	0.090	0.100	0.120
	其他材料费占材料费	%	—	1.800	1.800	1.800	1.800
机械	立式钻床 25mm	台班	6.58	0.028	0.030	0.030	0.030
	万能母线煨弯机	台班	28.42	0.066	0.093	0.099	0.106

工作内容：平直、下料、煨弯(机)、母线安装、接头、刷分相漆。　　　　　　　　　　计量单位：m/单相

定　额　编　号			A4-3-45	A4-3-46	A4-3-47	A4-3-48
项　目　名　称			每相两片截面(mm²)		每相三片截面(mm²)	
			≤1000	≤1250	≤1000	≤1250
基　　　　　价（元）			120.21	129.27	206.73	212.07
其中	人　工　费（元）		49.14	56.42	74.34	77.14
	材　料　费（元）		65.30	66.71	123.87	125.87
	机　械　费（元）		5.77	6.14	8.52	9.06
名　　称	单位	单价（元）	消　　耗　　量			
人工	综合工日	工日	140.00	0.351	0.403	0.531	0.551
材料	矩形铜母线	m·单相	—	(2.046)	(2.046)	(3.069)	(3.069)
	沉头螺钉 M16×25	10个	1.03	0.071	0.071	0.071	0.071
	电力复合脂	kg	20.00	0.048	0.048	0.072	0.072
	酚醛磁漆	kg	12.00	0.066	0.079	0.072	0.086
	钢锯条	条	0.34	0.500	0.600	0.700	0.800
	焊锡膏	kg	14.53	0.048	0.048	0.072	0.072
	焊锡丝	kg	54.10	0.144	0.160	0.216	0.240
	间隔垫 MJG1～4	套	64.17	0.810	0.810	1.620	1.620
	棉纱头	kg	6.00	0.106	0.127	0.167	0.200
	汽油	kg	6.77	0.145	0.174	0.190	0.228
	油浸薄纸 8开	张	0.53	0.120	0.144	0.160	0.192
	其他材料费占材料费	%	—	1.800	1.800	1.800	1.800
机械	立式钻床 25mm	台班	6.58	0.060	0.060	0.090	0.090
	万能母线煨弯机	台班	28.42	0.189	0.202	0.279	0.298

工作内容：平直、下料、煨弯(机)、母线安装、接头、刷分相漆。　　　　　　　　　　　　　计量单位：m/单相

定　额　编　号				A4-3-49	A4-3-50
项　目　名　称				每相四片截面(mm²)	
				≤1000	≤1250
基　　　价　　(元)				292.93	301.41
其中	人　工　费　(元)			100.10	105.28
	材　料　费　(元)			181.58	184.14
	机　械　费　(元)			11.25	11.99
名　　　称		单位	单价(元)	消　　耗　　量	
人工	综合工日	工日	140.00	0.715	0.752
材料	矩形铜母线	m·单相	—	(4.092)	(4.092)
	沉头螺钉 M16×25	10个	1.03	0.071	0.071
	电力复合脂	kg	20.00	0.096	0.096
	酚醛磁漆	kg	12.00	0.077	0.092
	钢锯条	条	0.34	0.900	1.000
	焊锡膏	kg	14.53	0.096	0.096
	焊锡丝	kg	54.10	0.288	0.320
	间隔垫 MJG1～4	套	64.17	2.420	2.420
	棉纱头	kg	6.00	0.200	0.240
	汽油	kg	6.77	0.235	0.282
	油浸薄纸 8开	张	0.53	0.160	0.192
	其他材料费占材料费	%	—	1.800	1.800
机械	立式钻床 25mm	台班	6.58	0.120	0.120
	万能母线煨弯机	台班	28.42	0.368	0.394

4.矩形铝母线引下线安装

工作内容：平直、下料、煨弯(机)、母线安装、接头、刷分相漆。　　　　　　　　计量单位：m/单相

定　额　编　号			A4-3-51	A4-3-52	A4-3-53	A4-3-54
项　目　名　称			每相一片截面(mm²)			
			≤360	≤800	≤1000	≤1250
基　　　　价（元）			13.16	18.71	22.04	23.63
其中	人　工　费（元）		10.64	15.12	18.06	19.32
	材　料　费（元）		0.80	1.08	1.28	1.44
	机　械　费（元）		1.72	2.51	2.70	2.87
名　　　称	单位	单价（元）	消　　耗　　量			
人工	综合工日	工日	140.00	0.076	0.108	0.129	0.138
材料	矩形铝母线	m·单相	—	(1.023)	(1.023)	(1.023)	(1.023)
	沉头螺钉 M16×25	10个	1.03	0.071	0.071	0.071	0.071
	电力复合脂	kg	20.00	0.005	0.008	0.010	0.012
	酚醛磁漆	kg	12.00	0.035	0.045	0.055	0.060
	钢锯条	条	0.34	0.150	0.200	0.200	0.300
	绝缘清漆	kg	6.07	0.012	0.015	0.018	0.020
	棉纱头	kg	6.00	0.005	0.008	0.010	0.012
	铁砂布	张	0.85	0.050	0.100	0.100	0.100
	其他材料费占材料费	%	—	1.800	1.800	1.800	1.800
机械	立式钻床 25mm	台班	6.58	0.015	0.019	0.022	0.022
	万能母线煨弯机	台班	28.42	0.057	0.084	0.090	0.096

工作内容：平直、下料、煨弯(机)、母线安装、接头、刷分相漆。 计量单位：m/单相

定 额 编 号				A4-3-55	A4-3-56	A4-3-57	A4-3-58
项 目 名 称				每相两片截面(mm²)		每相三片截面(mm²)	
				≤1000	≤1250	≤1000	≤1250
基 价（元）				94.56	100.11	168.28	170.92
其中	人 工 费（元）			34.44	39.34	52.08	53.90
	材 料 费（元）			54.74	54.99	108.11	108.37
	机 械 费（元）			5.38	5.78	8.09	8.65
名 称		单位	单价(元)	消 耗 量			
人工	综合工日	工日	140.00	0.246	0.281	0.372	0.385
材料	矩形铝母线	m·单相	—	(2.046)	(2.046)	(3.069)	(3.069)
	沉头螺钉 M16×25	10个	1.03	0.071	0.071	0.071	0.071
	电力复合脂	kg	20.00	0.020	0.025	0.030	0.035
	酚醛磁漆	kg	12.00	0.066	0.072	0.072	0.078
	钢锯条	条	0.34	0.300	0.400	0.400	0.500
	间隔垫 MJG1～4	套	64.17	0.810	0.810	1.620	1.620
	绝缘清漆	kg	6.07	0.022	0.024	0.023	0.026
	棉纱头	kg	6.00	0.020	0.025	0.030	0.035
	铁砂布	张	0.85	0.200	0.200	0.300	0.300
	其他材料费占材料费	%	—	1.800	1.800	1.800	1.800
机械	立式钻床 25mm	台班	6.58	0.045	0.045	0.067	0.067
	万能母线煨弯机	台班	28.42	0.179	0.193	0.269	0.289

工作内容：平直、下料、煨弯(机)、母线安装、接头、刷分相漆。 计量单位：m/单相

定 额 编 号				A4-3-59	A4-3-60
项 目 名 称				每相四片截面(mm²)	
				≤1000	≤1250
基 价 （元）				241.48	246.49
其中	人 工 费 （元）			69.86	73.78
	材 料 费 （元）			160.83	161.18
	机 械 费 （元）			10.79	11.53
名 称		单位	单价（元）	消 耗 量	
人工	综合工日	工日	140.00	0.499	0.527
材料	矩形铝母线	m·单相	—	(4.092)	(4.092)
	沉头螺钉 M16×25	10个	1.03	0.071	0.071
	电力复合脂	kg	20.00	0.040	0.048
	酚醛磁漆	kg	12.00	0.077	0.084
	钢锯条	条	0.34	0.500	0.600
	间隔垫 MJG1～4	套	64.17	2.420	2.420
	绝缘清漆	kg	6.07	0.025	0.028
	棉纱头	kg	6.00	0.040	0.048
	铁砂布	张	0.85	0.400	0.400
	其他材料费占材料费	%	—	1.800	1.800
机械	立式钻床 25mm	台班	6.58	0.090	0.090
	万能母线煨弯机	台班	28.42	0.359	0.385

5.矩形母线伸缩节、过渡板安装

工作内容：平直、钻孔、挫面、挂锡、安装。

计量单位：个

定　额　编　号				A4-3-61	A4-3-62	A4-3-63
项　目　名　称				铜母线伸缩节		
				伸缩接头		
				每相1片	每相2片	每相3片
基　　　价（元）				48.39	58.22	70.79
其中	人　工　费（元）			32.90	39.90	46.62
	材　料　费（元）			15.31	18.08	23.86
	机　械　费（元）			0.18	0.24	0.31
名　　称		单位	单价（元）	消　　耗　　量		
人工	综合工日	工日	140.00	0.235	0.285	0.333
材料	铜母线伸缩节	个	—	(1.000)	(2.000)	(3.000)
	电力复合脂	kg	20.00	0.020	0.020	0.030
	钢锯条	条	0.34	1.000	1.200	1.400
	焊锡膏	kg	14.53	0.040	0.050	0.060
	焊锡丝	kg	54.10	0.220	0.260	0.350
	棉纱头	kg	6.00	0.020	0.020	0.030
	铁砂布	张	0.85	2.000	2.400	2.800
	其他材料费占材料费	%	—	1.800	1.800	1.800
机械	立式钻床 25mm	台班	6.58	0.028	0.037	0.047

工作内容：平直、钻孔、挫面、挂锡、安装。

计量单位：个

定　额　编　号				A4-3-64	A4-3-65
项　目　名　称				铜母线伸缩节	
				伸缩接头	
				每相4片	每相8片
基　　　价（元）				79.34	127.98
其中	人　工　费（元）			54.60	86.24
	材　料　费（元）			24.43	41.25
	机　械　费（元）			0.31	0.49
	名　　称	单位	单价（元）	消　耗　量	
人工	综合工日	工日	140.00	0.390	0.616
材料	铜母线伸缩节	个	—	(4.000)	(8.000)
	电力复合脂	kg	20.00	0.030	0.050
	钢锯条	条	0.34	1.600	2.600
	焊锡膏	kg	14.53	0.070	0.100
	焊锡丝	kg	54.10	0.350	0.600
	棉纱头	kg	6.00	0.030	0.050
	铁砂布	张	0.85	3.200	5.200
	其他材料费占材料费	%	—	1.800	1.800
机械	立式钻床 25mm	台班	6.58	0.047	0.075

工作内容：平直、钻孔、挫面、挂锡、安装。

计量单位：个

定 额 编 号			A4-3-66	A4-3-67	A4-3-68
项 目 名 称			铝母线伸缩节		
			伸缩接头		
			每相1片	每相2片	每相3片
基 价（元）			28.94	35.73	42.77
其中	人 工 费（元）		27.02	32.48	38.08
	材 料 费（元）		1.74	3.01	4.38
	机 械 费（元）		0.18	0.24	0.31
名 称	单位	单价（元）	消 耗 量		
人工 综合工日	工日	140.00	0.193	0.232	0.272
材料 铝母线伸缩节	个	—	(1.000)	(2.000)	(3.000)
电力复合脂	kg	20.00	0.020	0.040	0.060
棉纱头	kg	6.00	0.020	0.020	0.030
汽油	kg	6.77	0.050	0.050	0.080
铁砂布	张	0.85	1.000	2.000	2.800
其他材料费占材料费	%	—	1.800	1.800	1.800
机械 立式钻床 25mm	台班	6.58	0.028	0.037	0.047

工作内容：平直、钻孔、挫面、挂锡、安装。

定 额 编 号			A4-3-69	A4-3-70
项 目 名 称			铝母线伸缩节	
			伸缩接头	
			每相4片	每相8片
基 价（元）			**50.10**	**79.99**
其中	人 工 费（元）		44.52	70.28
	材 料 费（元）		5.27	9.10
	机 械 费（元）		0.31	0.61
名 称	单位	单价（元）	消 耗 量	
人工	综合工日	工日	140.00	0.318	0.502
材料	铝母线伸缩节	个	—	(4.000)	(8.000)
	电力复合脂	kg	20.00	0.080	0.160
	棉纱头	kg	6.00	0.030	0.050
	汽油	kg	6.77	0.100	0.150
	铁砂布	张	0.85	3.200	5.200
	其他材料费占材料费	%	—	1.800	1.800
机械	立式钻床 25mm	台班	6.58	0.047	0.093

工作内容：平直、钻孔、挫面、挂锡、安装。

计量单位：块

定　额　编　号				A4-3-71	
项　目　名　称				过渡板	
基　　　　　价（元）				46.35	
其中	人　工　费（元）			32.90	
	材　料　费（元）			13.14	
	机　械　费（元）			0.31	
名　　　称		单位	单价（元）	消　　耗　　量	
人工	综合工日	工日	140.00	0.235	
材料	过渡板	块	—	(1.010)	
	电力复合脂	kg	20.00	0.020	
	钢锯条	条	0.34	1.000	
	焊锡膏	kg	14.53	0.030	
	焊锡丝	kg	54.10	0.200	
	棉纱头	kg	6.00	0.010	
	铁砂布	张	0.85	1.000	
	其他材料费占材料费	%	—	1.800	
机械	立式钻床 25mm	台班	6.58	0.047	

五、槽形母线安装

1.槽形母线安装

工作内容：平直、下料、煨弯(机)、锯头、钻孔、对口、焊接、安装固定、刷分相漆。

计量单位：m/单相

定　额　编　号			A4-3-72	A4-3-73
项　目　名　称			2根	
			规格≤100×45×5(mm)	规格≤150×65×7(mm)
基　　　价（元）			139.22	144.90
其中	人　工　费（元）		21.28	25.06
	材　料　费（元）		109.24	110.49
	机　械　费（元）		8.70	9.35
名　　称		单位	单价（元）	消　耗　量
人工	综合工日	工日	140.00	0.152	0.179
材料	槽形母线	m·单相	—	(2.046)	(2.046)
	电力复合脂	kg	20.00	0.001	0.001
	酚醛磁漆	kg	12.00	0.100	0.150
	钢锯条	条	0.34	0.200	0.250
	间隔垫 MJG1～4	套	64.17	1.620	1.620
	铝焊条 铝109	kg	87.70	0.010	0.013
	棉纱头	kg	6.00	0.004	0.005
	钍钨极棒	g	0.36	0.500	0.650
	氩气	m³	19.59	0.050	0.065
	其他材料费占材料费	%	—	1.800	1.800
机械	立式钻床 25mm	台班	6.58	0.009	0.009
	牛头刨床 650mm	台班	232.57	0.028	0.028
	氩弧焊机 500A	台班	92.58	0.023	0.030

工作内容：平直、下料、煨弯(机)、锯头、钻孔、对口、焊接、安装固定、刷分相漆。

计量单位：m/单相

定　额　编　号			A4-3-74	A4-3-75
项　目　名　称			2根	
			规格≤200×90×12(mm)	规格≤250×115×12.5(mm)
基　　价（元）			154.91	165.08
其中	人　工　费（元）		31.08	38.64
	材　料　费（元）		112.60	114.29
	机　械　费（元）		11.23	12.15
名　　称		单位	单价（元）	消　耗　量	
人工	综合工日	工日	140.00	0.222	0.276
材料	槽形母线	m·单相	—	(2.046)	(2.046)
	电力复合脂	kg	20.00	0.002	0.002
	酚醛磁漆	kg	12.00	0.200	0.250
	钢锯条	条	0.34	0.300	0.400
	间隔垫 MJG1~4	套	64.17	1.620	1.620
	铝焊条 铝109	kg	87.70	0.020	0.025
	棉纱头	kg	6.00	0.006	0.007
	钍钨极棒	g	0.36	1.000	1.250
	氩气	m³	19.59	0.100	0.125
	其他材料费占材料费	%	—	1.800	1.800
机械	立式钻床 25mm	台班	6.58	0.019	0.019
	牛头刨床 650mm	台班	232.57	0.033	0.033
	氩弧焊机 500A	台班	92.58	0.037	0.047

2.槽形母线与设备连接
(1)与发电机连接

工作内容：平直、下料、煨弯(机)、钻孔、挫面、连接固定。　　　　　　　　　计量单位：台

定 额 编 号				A4-3-76	A4-3-77
项 目 名 称				6个接头	
				2根	
				规格≤100×45×5(mm)	规格≤150×65×7(mm)
基 价（元）				749.11	984.80
其中	人 工 费（元）			656.74	868.98
	材 料 费（元）			69.20	81.42
	机 械 费（元）			23.17	34.40
名 称		单位	单价（元）	消　　耗　　量	
人工	综合工日	工日	140.00	4.691	6.207
材料	电力复合脂	kg	20.00	0.050	0.080
	焊锡膏	kg	14.53	0.100	0.120
	焊锡丝	kg	54.10	1.200	1.400
	棉纱头	kg	6.00	0.100	0.150
	其他材料费占材料费	%	—	1.800	1.800
机械	立式钻床 25mm	台班	6.58	0.234	0.280
	牛头刨床 650mm	台班	232.57	0.093	0.140

工作内容：平直、下料、煨弯(机)、钻孔、挫面、连接固定。   计量单位：台

定 额 编 号				A4-3-78	A4-3-79
项 目 名 称				6个接头	
				2根	
				规格≤200×90×12(mm)	规格≤250×115×12.5(mm)
基 价 （元）				1234.69	1351.99
其中	人 工 费 （元）			1100.96	1179.08
	材 料 费 （元）			88.09	116.03
	机 械 费 （元）			45.64	56.88
名 称		单位	单价（元）	消 耗 量	
人工	综合工日	工日	140.00	7.864	8.422
材料	电力复合脂	kg	20.00	0.100	0.120
	焊锡膏	kg	14.53	0.150	0.150
	焊锡丝	kg	54.10	1.500	2.000
	棉纱头	kg	6.00	0.200	0.200
	其他材料费占材料费	%	—	1.800	1.800
机械	立式钻床 25mm	台班	6.58	0.327	0.374
	牛头刨床 650mm	台班	232.57	0.187	0.234

(2)与变压器连接

工作内容：平直、下料、煨弯(机)、钻孔、挫面、连接固定。 计量单位：台

定 额 编 号				A4-3-80	A4-3-81
项 目 名 称				3个接头	
				2根	
				规格≤100×45×5(mm)	规格≤150×65×7(mm)
基 价 （元）				570.85	759.19
其中	人 工 费（元）			522.20	695.38
	材 料 费（元）			34.70	40.95
	机 械 费（元）			13.95	22.86
名 称		单位	单价(元)	消 耗 量	
人工	综合工日	工日	140.00	3.730	4.967
材料	电力复合脂	kg	20.00	0.030	0.050
	焊锡膏	kg	14.53	0.050	0.060
	焊锡丝	kg	54.10	0.600	0.700
	棉纱头	kg	6.00	0.050	0.080
	其他材料费占材料费	%	—	1.800	1.800
机械	立式钻床 25mm	台班	6.58	0.140	0.187
	牛头刨床 650mm	台班	232.57	0.056	0.093

工作内容：平直、下料、煨弯(机)、钻孔、挫面、连接固定。

定 额 编 号			A4-3-82	A4-3-83
项 目 名 称			3个接头	
			2根	
			规格≤200×90×12(mm)	规格≤250×115×12.5(mm)
基 价（元）			1043.16	1147.65
其中	人 工 费（元）		966.00	1043.00
	材 料 费（元）		47.48	59.32
	机 械 费（元）		29.68	45.33
名 称	单位	单价（元）	消 耗 量	
人工	综合工日	工日	140.00	6.900	7.450
材料	电力复合脂	kg	20.00	0.080	0.100
	焊锡膏	kg	14.53	0.080	0.100
	焊锡丝	kg	54.10	0.800	1.000
	棉纱头	kg	6.00	0.100	0.120
	其他材料费占材料费	%	—	1.800	1.800
机械	立式钻床 25mm	台班	6.58	0.234	0.280
	牛头刨床 650mm	台班	232.57	0.121	0.187

（3）与断路器、隔离开关连接

工作内容：平直、下料、煨弯(机)、钻孔、挫面、连接固定。　　　　　　　　　　计量单位：组

定　额　编　号				A4-3-84	A4-3-85
项　目　名　称				3个接头	
				2根	
				规格≤100×45×5(mm)	规格≤150×65×7(mm)
基　　　价　　（元）				728.64	931.58
其中	人　工　费（元）			618.24	792.26
	材　料　费（元）			86.93	104.61
	机　械　费（元）			23.47	34.71
	名　　称	单位	单价（元）	消　　耗　　量	
人工	综合工日	工日	140.00	4.416	5.659
材料	电力复合脂	kg	20.00	0.080	0.100
	焊锡膏	kg	14.53	0.120	0.150
	焊锡丝	kg	54.10	1.500	1.800
	棉纱头	kg	6.00	0.150	0.200
	其他材料费占材料费	%	—	1.800	1.800
机械	立式钻床 25mm	台班	6.58	0.280	0.327
	牛头刨床 650mm	台班	232.57	0.093	0.140

定　额　编　号				A4-3-86	A4-3-87
项　目　名　称				3个接头	
				2根	
				规格≤200×90×12(mm)	规格≤250×115×12.5(mm)
基　　　　价（元）				1216.75	1342.32
其中	人　工　费（元）			1043.00	1139.60
	材　料　费（元）			127.80	145.53
	机　械　费（元）			45.95	57.19
名　　　称		单位	单价（元）	消　　耗　　量	
人工	综合工日	工日	140.00	7.450	8.140
材料	电力复合脂	kg	20.00	0.120	0.150
	焊锡膏	kg	14.53	0.180	0.200
	焊锡丝	kg	54.10	2.200	2.500
	棉纱头	kg	6.00	0.250	0.300
	其他材料费占材料费	%	—	1.800	1.800
机械	立式钻床 25mm	台班	6.58	0.374	0.421
	牛头刨床 650mm	台班	232.57	0.187	0.234

六、管形母线安装

1.管形母线安装

工作内容：平直、下料、煨弯(机)、锯头、钻孔、对口、焊接、安装固定、刷分相漆。

计量单位：m/单相

定 额 编 号			A4-3-88	A4-3-89	A4-3-90	A4-3-91
项 目 名 称			铝管直径(mm)			
			≤80	≤120	≤168	≤200
基 价 （元）			25.06	29.02	44.17	58.84
其中	人 工 费 （元）		6.02	7.00	11.90	17.36
	材 料 费 （元）		4.04	6.01	9.70	13.50
	机 械 费 （元）		15.00	16.01	22.57	27.98
名 称	单位	单价（元）	消 耗 量			
人工	综合工日	工日	140.00	0.043	0.050	0.085	0.124
材料	管形母线	m·单相	—	(1.023)	(1.023)	(1.023)	(1.023)
	醇酸磁漆	kg	10.70	0.028	0.042	0.055	0.077
	铝焊丝301	kg	29.91	0.022	0.033	0.050	0.099
	棉纱头	kg	6.00	0.013	0.017	0.033	0.055
	汽油	kg	6.77	0.011	0.011	0.022	0.033
	砂布	张	1.03	0.110	0.165	0.220	0.275
	砂轮片 Φ400	片	8.97	0.022	0.033	0.055	0.110
	钍钨极棒	g	0.36	1.100	1.650	2.750	3.300
	氩气	m³	19.59	0.110	0.165	0.275	0.330
	其他材料费占材料费	%	—	1.800	1.800	1.800	1.800
机械	汽车式起重机 16t	台班	958.70	0.014	0.014	0.019	0.023
	氩弧焊机 500A	台班	92.58	0.017	0.028	0.047	0.064

2.管形母线引下线安装

工作内容：测量、下料、煨弯(机)、钻孔、安装固定、刷分相漆。

计量单位：m/单相

定　额　编　号				A4-3-92	A4-3-93	A4-3-94	A4-3-95
项　目　名　称				铝管直径(mm)			
				≤80	≤120	≤168	≤200
基　　　价　（元）				401.60	652.02	843.54	1006.90
其中	人　工　费（元）			53.62	79.38	107.24	139.30
	材　料　费（元）			133.85	284.50	371.70	427.63
	机　械　费（元）			214.13	288.14	364.60	439.97
名　　称		单位	单价（元）	消　耗　量			
人工	综合工日	工日	140.00	0.383	0.567	0.766	0.995
材料	管形母线	m·单相	—	(1.023)	(1.023)	(1.023)	(1.023)
	酚醛磁漆	kg	12.00	0.500	0.600	0.800	1.000
	铝焊丝301	kg	29.91	0.800	1.000	1.400	1.800
	铜接线端子 1000A	个	38.46	—	6.000	—	—
	铜接线端子 1500A	个	49.57	—	—	6.000	—
	铜接线端子 2000A	个	55.56	—	—	—	6.000
	铜接线端子 400A	个	15.38	6.000	—	—	—
	钍钨极棒	g	0.36	4.000	5.000	7.000	9.000
	氩气	m³	19.59	0.400	0.500	0.700	0.900
	其他材料费占材料费	%	—	1.800	1.800	1.800	1.800
机械	普通车床 400×2000mm	台班	223.47	0.187	0.327	0.468	0.608
	汽车式高空作业车 21m	台班	863.71	0.187	0.234	0.281	0.327
	氩弧焊机 500A	台班	92.58	0.117	0.140	0.187	0.234

七、封闭母线安装

1.分相封闭母线安装

工作内容：配合预埋铁件、中心线测量定位、检查清点、设备安装调整、焊接、接地、刷漆、充气、密封检查、配合调试。

计量单位：m

定 额 编 号				A4-3-96	A4-3-97	A4-3-98	A4-3-99
项 目 名 称				外壳(mm)			
				450×5	650×5	770×5	900×7
				导体150×10(mm)		导体200×8(mm)	
基 价 （元）				285.79	358.73	430.95	484.11
其中	人 工 费（元）			125.58	156.80	188.16	206.92
	材 料 费（元）			57.18	71.47	87.13	98.36
	机 械 费（元）			103.03	130.46	155.66	178.83
名 称		单位	单价(元)	消 耗 量			
人工	综合工日	工日	140.00	0.897	1.120	1.344	1.478
材料	封闭母线	m	—	(1.000)	(1.000)	(1.000)	(1.000)
	镀锌扁钢(综合)	kg	3.85	0.632	0.790	0.948	1.043
	镀锌铁丝 φ4.0～2.8	kg	3.57	0.160	0.200	0.240	0.264
	铝焊 丝301	kg	29.91	0.120	0.150	0.225	0.330
	调和漆	kg	6.00	0.240	0.300	0.360	0.396
	钍钨极棒	g	0.36	8.000	10.000	12.000	13.200
	氩弧焊瓷嘴	个	22.22	1.200	1.500	1.800	1.980
	氩气	m³	19.59	0.800	1.000	1.200	1.320
	氧气	m³	3.63	0.400	0.500	0.600	0.660
	乙炔气	kg	10.45	0.140	0.175	0.210	0.231
	其他材料费占材料费	%	—	1.800	1.800	1.800	1.800
机械	汽车式起重机 16t	台班	958.70	0.037	0.047	0.056	0.065
	汽车式起重机 8t	台班	763.67	0.037	0.047	0.056	0.065
	氩弧焊机 500A	台班	92.58	0.224	0.280	0.336	0.370
	载重汽车 8t	台班	501.85	0.037	0.047	0.056	0.065

2.共箱母线安装

(1)铜母线安装

工作内容:配合基础铁件安装、检查清点、吊装、调整箱体、连接固定、接地、刷漆、配合调试。

计量单位:m

定 额 编 号			A4-3-100	A4-3-101
项 目 名 称			箱体(mm)	
			900×500	1000×550
			导体3相单片	
			100×8(mm)	100×10(mm)
基 价 (元)			467.89	502.16
其中	人 工 费 (元)		146.30	152.18
	材 料 费 (元)		79.08	81.17
	机 械 费 (元)		242.51	268.81
名 称		单位	单价(元)	消 耗 量	
人工	综合工日	工日	140.00	1.045	1.087
材料	共箱铜母线	m	—	(1.000)	(1.000)
	瓷嘴	个	0.20	0.300	0.350
	低碳钢焊条	kg	6.84	0.100	0.100
	电力复合脂	kg	20.00	0.070	0.070
	镀锌扁钢(综合)	kg	3.85	2.021	2.021
	镀锌铁丝 φ2.5~4.0	kg	3.57	0.120	0.120
	酚醛调和漆	kg	7.90	0.200	0.200
	钢垫板 δ1~2	kg	3.18	2.200	2.400
	钢锯条	条	0.34	0.300	0.300
	棉纱头	kg	6.00	0.120	0.120
	喷漆	kg	12.82	1.073	1.100
	汽油	kg	6.77	0.250	0.250
	天那水	kg	11.11	1.992	2.050
	铁砂布	张	0.85	0.200	0.200
	钍钨极棒	g	0.36	0.300	0.350
	氩气	m³	19.59	0.380	0.400
	氧气	m³	3.63	0.040	0.040
	乙炔气	kg	10.45	0.017	0.017
	紫铜电焊条 T107 φ3.2	kg	61.54	0.200	0.200
	其他材料费占材料费	%	—	1.800	1.800
机械	电动空气压缩机 0.6m³/min	台班	37.30	0.533	0.561
	交流弧焊机 21kV·A	台班	57.35	0.187	0.187
	汽车式起重机 8t	台班	763.67	0.234	0.262
	氩弧焊机 500A	台班	92.58	0.140	0.140
	载重汽车 5t	台班	430.70	0.047	0.056

工作内容：配合基础铁件安装、检查清点、吊装、调整箱体、连接固定、接地、刷漆、配合调试。

计量单位：m

定　额　编　号			A4-3-102	A4-3-103
项　目　名　称			箱体(mm)	
			1100×600	1200×650
			导体3相2片	导体3相3片
			100×10(mm)	
基　　　　价　（元）			528.46	554.69
其中	人　工　费（元）		174.02	194.32
	材　料　费（元）		85.63	91.56
	机　械　费（元）		268.81	268.81
名　　　　称	单位	单价（元）	消　耗　量	
人工 综合工日	工日	140.00	1.243	1.388
材料 共箱铜母线	m	—	(1.000)	(1.000)
瓷嘴	个	0.20	0.350	0.350
低碳钢焊条	kg	6.84	0.100	0.100
电力复合脂	kg	20.00	0.075	0.080
镀锌扁钢(综合)	kg	3.85	2.021	2.021
镀锌铁丝 φ2.5～4.0	kg	3.57	0.150	0.150
酚醛调和漆	kg	7.90	0.200	0.200
钢垫板 δ1～2	kg	3.18	2.538	2.638
钢锯条	条	0.34	0.300	0.300
棉纱头	kg	6.00	0.150	0.150
喷漆	kg	12.82	1.150	1.295
汽油	kg	6.77	0.300	0.300
天那水	kg	11.11	2.278	2.590
铁砂布	张	0.85	0.250	0.250
钍钨极棒	g	0.36	0.350	0.350
氩气	m³	19.59	0.400	0.400
氧气	m³	3.63	0.040	0.050
乙炔气	kg	10.45	0.017	0.022
紫铜电焊条 T107 φ3.2	kg	61.54	0.200	0.200
其他材料费占材料费	%	—	1.800	1.800
机械 电动空气压缩机 0.6m³/min	台班	37.30	0.561	0.561
交流弧焊机 21kV·A	台班	57.35	0.187	0.187
汽车式起重机 8t	台班	763.67	0.262	0.262
氩弧焊机 500A	台班	92.58	0.140	0.140
载重汽车 5t	台班	430.70	0.056	0.056

(2)铝母线安装

工作内容：配合基础铁件安装、检查清点、吊装、调整箱体、连接固定、接地、刷漆、配合调试。

计量单位：m

定　额　编　号			A4-3-104	A4-3-105
项　目　名　称			箱体(mm)	
			900×500	1000×550
			导体3相单片	导体3相2片
			120×10(mm)	
基　　价（元）			462.06	476.50
其中	人　工　费（元）		139.72	148.96
	材　料　费（元）		84.01	72.02
	机　械　费（元）		238.33	255.52
名　　称	单位	单价（元）	消　　耗　　量	
人工　综合工日	工日	140.00	0.998	1.064
材料　共箱铝母线	m	—	(1.000)	(1.000)
瓷嘴	个	0.20	0.300	0.350
低碳钢焊条	kg	6.84	0.100	0.100
电力复合脂	kg	20.00	0.070	0.075
镀锌扁钢(综合)	kg	3.85	2.021	2.021
镀锌铁丝 φ2.5～4.0	kg	3.57	0.120	0.120
酚醛调和漆	kg	7.90	0.150	0.170
钢垫板 δ1～2	kg	3.18	2.200	2.400
钢锯条	条	0.34	0.200	0.200
铝焊条 铝109	kg	87.70	0.200	0.200
棉纱头	kg	6.00	0.120	0.120
喷漆	kg	12.82	1.073	—
汽油	kg	6.77	0.250	0.250
天那水	kg	11.11	1.992	2.050
铁砂布	张	0.85	0.250	0.250
钍钨极棒	g	0.36	0.300	0.350
氩气	m³	19.59	0.380	0.400
氧气	m³	3.63	0.040	0.040
乙炔气	kg	10.45	0.017	0.018
其他材料费占材料费	%	—	1.800	1.800
机械　电动空气压缩机 0.6m³/min	台班	37.30	0.421	0.467
交流弧焊机 21kV·A	台班	57.35	0.187	0.187
汽车式起重机 8t	台班	763.67	0.234	0.252
氩弧焊机 500A	台班	92.58	0.140	0.140
载重汽车 5t	台班	430.70	0.047	0.051

工作内容：配合基础铁件安装、检查清点、吊装、调整箱体、连接固定、接地、刷漆、配合调试。

计量单位：m

定　额　编　号				A4-3-106	A4-3-107
项　目　名　称				箱体(mm)	
				1100×600	1200×650
				导体3相3片	导体3相4片
				120×10(mm)	
基　　　　价（元）				519.10	539.89
其中	人　工　费（元）			160.30	173.74
	材　料　费（元）			91.74	97.34
	机　械　费（元）			267.06	268.81
名　　称		单位	单价(元)	消　　耗　　量	
人工	综合工日	工日	140.00	1.145	1.241
材料	共箱铝母线	m	—	(1.000)	(1.000)
	瓷嘴	个	0.20	0.350	0.350
	低碳钢焊条	kg	6.84	0.100	0.100
	电力复合脂	kg	20.00	0.085	0.100
	镀锌扁钢(综合)	kg	3.85	2.021	2.021
	镀锌铁丝 φ2.5～4.0	kg	3.57	0.150	0.150
	酚醛调和漆	kg	7.90	0.180	0.200
	钢垫板 δ1～2	kg	3.18	2.538	2.638
	钢锯条	条	0.34	0.300	0.300
	铝焊条 铝109	kg	87.70	0.200	0.200
	棉纱头	kg	6.00	0.150	0.150
	喷漆	kg	12.82	1.200	1.295
	汽油	kg	6.77	0.300	0.300
	天那水	kg	11.11	2.278	2.590
	铁砂布	张	0.85	0.250	0.300
	钍钨极棒	g	0.36	0.350	0.350
	氩气	m³	19.59	0.400	0.400
	氧气	m³	3.63	0.050	0.050
	乙炔气	kg	10.45	0.022	0.022
	其他材料费占材料费	%	—	1.800	1.800
机械	电动空气压缩机 0.6m³/min	台班	37.30	0.514	0.561
	交流弧焊机 21kV·A	台班	57.35	0.187	0.187
	汽车式起重机 8t	台班	763.67	0.262	0.262
	氩弧焊机 500A	台班	92.58	0.140	0.140
	载重汽车 5t	台班	430.70	0.056	0.056

八、低压封闭式插接母线槽安装

1.低压封闭式插接母线槽安装

工作内容：开箱检查、接头清洗处理、绝缘测试、吊装就位、母线槽连接、配件连接、固定、接地、补漆。

计量单位：m

定　额　编　号			A4-3-108	A4-3-109	A4-3-110
项　目　名　称			每相电流(A)		
			≤400	≤800	≤1250
基　　　　　价（元）			32.91	39.66	49.90
其中	人　工　费（元）		13.44	17.92	22.40
	材　料　费（元）		9.87	10.62	13.85
	机　械　费（元）		9.60	11.12	13.65
名　　称		单位	单价（元）	消　　耗　　量	
人工	综合工日	工日	140.00	0.096	0.128	0.160
材料	母线槽	m	—	(1.000)	(1.000)	(1.000)
	低碳钢焊条	kg	6.84	0.200	0.200	0.200
	电力复合脂	kg	20.00	0.010	0.010	0.015
	镀锌扁钢(综合)	kg	3.85	0.330	0.460	1.200
	镀锌铁丝 φ2.5～4.0	kg	3.57	0.030	0.030	0.030
	酚醛调和漆	kg	7.90	0.013	0.016	0.020
	棉纱头	kg	6.00	0.040	0.040	0.040
	尼龙砂轮片 φ400	片	8.55	0.010	0.025	0.035
	汽油	kg	6.77	0.043	0.043	0.052
	铁砂布	张	0.85	0.100	0.200	0.250
	铜接线端子 DT-35	个	2.70	0.812	0.812	0.812
	铜芯塑料绝缘软电线 BVR-35mm²	m	15.38	0.244	0.244	0.244
	其他材料费占材料费	%	—	1.800	1.800	1.800
机械	叉式起重机 5t	台班	506.51	0.010	0.013	0.018
	交流弧焊机 21kV·A	台班	57.35	0.079	0.079	0.079

工作内容：开箱检查、接头清洗处理、绝缘测试、吊装就位、母线槽连接、配件连接、固定、接地、补漆。

计量单位：m

定　额　编　号				A4-3-111	A4-3-112	A4-3-113
项　目　名　称				每相电流(A)		
				≤2000	≤4000	≤5000
基　　　　价（元）				65.93	84.86	101.51
其中	人　工　费（元）			33.46	45.92	55.72
	材　料　费（元）			17.81	21.24	24.53
	机　械　费（元）			14.66	17.70	21.26
	名　　称	单位	单价（元）	消　耗　量		
人工	综合工日	工日	140.00	0.239	0.328	0.398
材料	母线槽	m	—	(1.000)	(1.000)	(1.000)
	低碳钢焊条	kg	6.84	0.220	0.220	0.268
	电力复合脂	kg	20.00	0.015	0.020	0.024
	镀锌扁钢(综合)	kg	3.85	2.100	2.900	3.530
	镀锌铁丝 φ2.5～4.0	kg	3.57	0.030	0.030	0.030
	酚醛调和漆	kg	7.90	0.025	0.030	0.037
	棉纱头	kg	6.00	0.060	0.060	0.073
	尼龙砂轮片 φ400	片	8.55	0.045	0.053	0.065
	汽油	kg	6.77	0.052	0.052	0.063
	铁砂布	张	0.85	0.300	0.400	0.500
	铜接线端子 DT-35	个	2.70	0.812	0.812	0.812
	铜芯塑料绝缘软电线 BVR-35mm²	m	15.38	0.244	0.244	0.244
	其他材料费占材料费	%	—	1.800	1.800	1.800
机械	叉式起重机 5t	台班	506.51	0.020	0.026	0.031
	交流弧焊机 21kV·A	台班	57.35	0.079	0.079	0.097

2.封闭母线槽线箱安装

工作内容：开箱检查、接头清洗处理、绝缘测试、吊装就位、线槽连接、配件连接、固定、接地、补漆。

计量单位：台

定 额 编 号			A4-3-114	A4-3-115	A4-3-116	A4-3-117
项 目 名 称			分线箱（电流A）			
			≤100	≤300	≤600	≤1000
基 价（元）			55.86	75.60	83.53	99.84
其中	人 工 费（元）		37.52	57.26	64.26	80.36
	材 料 费（元）		18.34	18.34	19.27	19.48
	机 械 费（元）		—	—	—	—
名 称	单位	单价（元）	消 耗 量			
人工	综合工日	工日	140.00	0.268	0.409	0.459	0.574
材料	分线箱	台	—	(1.000)	(1.000)	(1.000)	(1.000)
	白布	kg	6.67	0.100	0.100	0.150	0.150
	电力复合脂	kg	20.00	0.010	0.010	0.010	0.010
	钢锯条	条	0.34	1.050	1.050	1.500	2.100
	汽油	kg	6.77	0.200	0.200	0.200	0.200
	铁砂布	张	0.85	0.500	0.500	1.000	1.000
	铜接线端子 DT-35	个	2.70	2.030	2.030	2.030	2.030
	铜芯塑料绝缘软电线 BVR-35mm²	m	15.38	0.620	0.620	0.620	0.620
	其他材料费占材料费	%	—	1.800	1.800	1.800	1.800

工作内容：开箱检查、接头清洗处理、绝缘测试、吊装就位、线槽连接、配件连接、固定、接地、补漆。

计量单位：台

定 额 编 号				A4-3-118	A4-3-119	A4-3-120
项 目 名 称				始端箱（电流A）		
				≤400	≤800	≤1250
基 价（元）				118.25	126.65	134.71
其中	人 工 费（元）			83.86	92.26	97.02
	材 料 费（元）			34.39	34.39	37.69
	机 械 费（元）			—	—	—
名 称		单位	单价（元）	消 耗 量		
人工	综合工日	工日	140.00	0.599	0.659	0.693
材料	始端箱	台	—	(1.000)	(1.000)	(1.000)
	电力复合脂	kg	20.00	0.100	0.100	0.150
	酚醛调和漆	kg	7.90	0.050	0.050	0.100
	钢锯条	条	0.34	1.050	1.050	2.100
	棉纱头	kg	6.00	0.100	0.100	0.150
	尼龙砂轮片 φ400	片	8.55	0.200	0.200	0.250
	汽油	kg	6.77	0.300	0.300	0.350
	铁砂布	张	0.85	1.000	1.000	1.500
	铜接线端子 DT-35	个	2.70	2.030	2.030	2.030
	铜芯塑料绝缘软电线 BVR-35mm²	m	15.38	0.610	0.610	0.610
	橡胶片 δ3	kg	9.40	1.168	1.168	1.168
	其他材料费占材料费	%	—	1.800	1.800	1.800

工作内容：开箱检查、接头清洗处理、绝缘测试、吊装就位、线槽连接、配件连接、固定、接地、补漆。

计量单位：台

定　额　编　号				A4-3-121	A4-3-122	A4-3-123
项　目　名　称				始端箱（电流A）		
				≤2000	≤4000	≤5000
基　　　价（元）				150.41	196.07	274.55
其中	人　工　费（元）			112.28	150.92	228.62
	材　料　费（元）			38.13	45.15	45.93
	机　械　费（元）			—	—	—
名　　　称		单位	单价（元）	消　　耗　　量		
人工	综合工日	工日	140.00	0.802	1.078	1.633
材料	始端箱	台	—	(1.000)	(1.000)	(1.000)
	电力复合脂	kg	20.00	0.150	0.200	0.200
	酚醛调和漆	kg	7.90	0.100	0.150	0.150
	钢锯条	条	0.34	2.100	3.150	3.150
	棉纱头	kg	6.00	0.150	0.200	0.200
	尼龙砂轮片 φ400	片	8.55	0.300	0.350	0.350
	汽油	kg	6.77	0.350	0.400	0.450
	铁砂布	张	0.85	1.500	2.000	2.500
	铜接线端子 DT-35	个	2.70	2.030	2.030	2.030
	铜芯塑料绝缘软电线 BVR-35mm²	m	15.38	0.610	0.610	0.610
	橡胶片 δ3	kg	9.40	1.168	1.557	1.557
	其他材料费占材料费	%	—	1.800	1.800	1.800

九、重型母线安装

1. 重型铜母线安装

工作内容：平直、下料、煨弯（机）、钻孔、接触面搪锡、焊接、组合、安装。

计量单位：t

定 额 编 号				A4-3-124	A4-3-125	A4-3-126	A4-3-127
项 目 名 称				截面（mm²）			
				≤2500	≤3500	≤5000	≤7500
基 价 （元）				4425.49	5108.51	5815.30	6373.57
其中	人 工 费 （元）			1932.70	1722.70	1399.16	1470.56
	材 料 费 （元）			1556.42	1710.70	1430.46	1583.56
	机 械 费 （元）			936.37	1675.11	2985.68	3319.45
名 称		单位	单价（元）	消 耗 量			
人工	综合工日	工日	140.00	13.805	12.305	9.994	10.504
材料	重型铜母线	t	—	(1.005)	(1.005)	(1.005)	(1.005)
	白布	kg	6.67	1.500	1.200	0.990	1.000
	电极棒	根	1.27	1.730	1.830	3.555	3.980
	电力复合脂	kg	20.00	0.200	0.200	0.180	0.250
	焊锡膏	kg	14.53	1.080	0.800	—	—
	焊锡丝	kg	54.10	10.800	8.310	—	—
	机油	kg	19.66	1.000	0.900	0.720	0.700
	木炭	kg	1.30	60.000	44.000	19.800	20.000
	石墨块	kg	12.82	5.290	4.500	3.870	4.180
	铜焊粉	kg	29.00	2.000	2.600	3.798	4.220
	紫铜电焊条 T107 φ3.2	kg	61.54	11.200	16.200	19.350	21.500
	其他材料费占材料费	%	—	1.800	1.800	1.800	1.800
机械	弓锯床 250mm	台班	24.28	0.505	1.860	1.893	2.187
	交流弧焊机 80kV·A	台班	167.14	4.093	5.916	7.065	7.850
	汽车式起重机 12t	台班	857.15	0.280	0.748	2.052	2.280

2. 重型铝母线安装

工作内容：平直、下料、煨弯(机)、钻孔、接触面搪锡、焊接、组合、安装。　　　　计量单位：t

定　额　编　号			A4-3-128	A4-3-129	A4-3-130
项　目　名　称			电解铝母线	电解镁母线	电解石墨母线
基　　　价（元）			2213.63	4632.05	7323.23
其中	人　工　费（元）		1218.42	1722.70	2899.12
	材　料　费（元）		538.56	1844.96	2662.94
	机　械　费（元）		456.65	1064.39	1761.17
名　　称	单位	单价（元）	消　　耗　　量		
人工	综合工日	工日	140.00	8.703	12.305	20.708
材料	重型铝母线	t	—	(1.005)	(1.005)	(1.005)
	白布	kg	6.67	0.800	1.200	1.600
	电极棒	根	1.27	1.000	3.310	1.930
	电力复合脂	kg	20.00	0.250	0.300	0.300
	机油	kg	19.66	0.500	0.700	1.100
	铝焊粉	kg	31.21	0.190	0.640	1.480
	铝焊条 铝109	kg	87.70	5.560	19.200	28.300
	木炭	kg	1.30	4.600	15.000	25.800
	石墨块	kg	12.82	0.630	4.450	1.050
	其他材料费占材料费	%	—	1.800	1.800	1.800
机械	弓锯床 250mm	台班	24.28	0.355	0.794	1.785
	交流弧焊机 80kV·A	台班	167.14	0.860	3.140	4.093
	汽车式起重机 12t	台班	857.15	0.355	0.607	1.206

3.重型母线伸缩器制作与安装

工作内容：加工制作、焊接、组装、安装。 计量单位：个

定 额 编 号				A4-3-131	A4-3-132	A4-3-133	A4-3-134
项 目 名 称				铜母线伸缩器面积			
				3000mm²	5000mm²	75000mm²	10000mm²
基 价（元）				327.57	420.25	509.10	667.33
其中	人 工 费（元）			111.86	116.90	135.94	154.84
	材 料 费（元）			110.84	171.39	209.59	317.48
	机 械 费（元）			104.87	131.96	163.57	195.01
名 称		单位	单价（元）	消 耗 量			
人工	综合工日	工日	140.00	0.799	0.835	0.971	1.106
材料	白布	kg	6.67	0.100	0.100	0.100	0.200
	电极棒	根	1.27	0.200	0.200	0.200	0.600
	电力复合脂	kg	20.00	0.100	0.120	0.150	0.120
	石墨块	kg	12.82	0.620	0.620	0.620	0.630
	铁砂布	张	0.85	0.400	0.400	0.400	0.500
	铜焊粉	kg	29.00	0.100	0.100	0.100	0.120
	紫铜电焊条 T107 φ3.2	kg	61.54	1.540	2.500	3.100	4.800
	其他材料费占材料费	%	—	1.800	1.800	1.800	1.800
机械	剪板机 20×2000mm	台班	316.68	0.252	0.318	0.393	0.468
	交流弧焊机 80kV·A	台班	167.14	0.150	0.187	0.234	0.280

4.重型母线导板制作与安装

工作内容：加工制作、焊接、组装、安装。

计量单位：束

定 额 编 号			A4-3-135	A4-3-136	A4-3-137	A4-3-138
项 目 名 称			铜导板		铝导板	
			阳极	阴极	阳极	阴极
基 价（元）			348.61	323.66	444.36	377.89
其中	人 工 费（元）		43.26	52.64	71.26	78.12
	材 料 费（元）		255.54	217.81	302.55	237.87
	机 械 费（元）		49.81	53.21	70.55	61.90
名 称	单位	单价（元）	消 耗 量			
人工 综合工日	工日	140.00	0.309	0.376	0.509	0.558
材料 白布	kg	6.67	0.200	0.200	0.100	0.100
电极棒	根	1.27	0.450	0.250	0.600	0.500
铝焊粉	kg	31.21	—	—	0.100	0.100
铝焊条 铝109	kg	87.70	—	—	3.050	2.400
石墨块	kg	12.82	2.470	1.660	1.930	1.430
铁砂布	张	0.85	0.500	0.500	0.500	0.500
铜焊粉	kg	29.00	0.120	0.100	—	—
紫铜电焊条 T107 φ3.2	kg	61.54	3.470	3.050	—	—
其他材料费占材料费	%	—	1.800	1.800	1.800	1.800
机械 剪板机 20×2000mm	台班	316.68	0.019	0.028	0.075	0.075
交流弧焊机 80kV·A	台班	167.14	0.262	0.243	0.280	0.206
万能母线煨弯机	台班	28.42	—	0.131	—	0.131

5.重型铝母线接触面加工

工作内容：接触面加工。

计量单位：片/单相

定 额 编 号				A4-3-139	A4-3-140	A4-3-141
项 目 名 称				加工面积(mm²)		
				≤170×160	≤350×35	≤350×40
基 价（元）				108.38	119.79	122.73
其中	人 工 费（元）			30.80	45.50	48.44
	材 料 费（元）			4.70	9.17	9.17
	机 械 费（元）			72.88	65.12	65.12
名 称		单位	单价(元)	消 耗 量		
人工	综合工日	工日	140.00	0.220	0.325	0.346
材料	机油	kg	19.66	0.200	0.400	0.400
	棉纱头	kg	6.00	0.060	0.100	0.100
	洗涤剂	kg	10.93	0.030	0.050	0.050
	其他材料费占材料费	%	—	1.800	1.800	1.800
机械	牛头刨床 650mm	台班	232.57	—	0.280	0.280
	卧式铣床 400×1600mm	台班	260.30	0.280	—	—

114

工作内容：接触面加工。

计量单位：片/单相

定　额　编　号				A4-3-142	A4-3-143	A4-3-144
项　目　名　称				加工面积（mm²）		
				≤400×40	≤350×140	≤550×180
基　　　　　价（元）				127.49	195.97	304.70
其中	人　工　费（元）			53.20	65.24	117.88
	材　料　费（元）			9.17	9.17	11.64
	机　械　费（元）			65.12	121.56	175.18
名　　　称		单位	单价（元）	消　　耗　　量		
人工	综合工日	工日	140.00	0.380	0.466	0.842
材料	机油	kg	19.66	0.400	0.400	0.500
	棉纱头	kg	6.00	0.100	0.100	0.140
	洗涤剂	kg	10.93	0.050	0.050	0.070
	其他材料费占材料费	%	—	1.800	1.800	1.800
机械	牛头刨床 650mm	台班	232.57	0.280	—	—
	卧式铣床 400×1600mm	台班	260.30	—	0.467	0.673

115

十、母线绝缘热缩管安装

工作内容：清除母线毛刺、尖角、清洁母线、切割热缩管、母线套入、加热套管。 计量单位：m

定　额　编　号				A4-3-145	A4-3-146
项　目　名　称				截面(mm²)	
				≤800	≤1400
基　　　价（元）				16.47	23.08
其中	人　工　费（元）			5.46	7.00
	材　料　费（元）			11.01	16.08
	机　械　费（元）			—	—
名　　称		单位	单价（元）	消　耗　量	
人工	综合工日	工日	140.00	0.039	0.050
材料	热缩管	m	—	(1.010)	(1.010)
	棉纱头	kg	6.00	0.300	0.400
	汽油	kg	6.77	0.240	0.450
	自粘性橡胶带 25mm×20m	卷	14.79	0.500	0.700
	其他材料费占材料费	%	—	1.800	1.800

第四章 配电控制、保护、直流装置安装工程

说　　明

一、本章内容包括控制与继电及模拟配电屏、控制台、控制箱、端子箱、端子板及端子板外部接线、接线端子、高频开关电源、直流屏（柜）安装等内容。

二、有关说明：

1.设备安装定额包括屏、柜、台、箱设备本体及其辅助设备安装，即标签框、光字牌、信号灯、附加电阻、连接片等。定额不包括支架制作与安装、二次喷漆及喷字、设备干燥、焊（压）接线端子、端子板外部（二次）接线、基础槽（角）钢制作与安装、设备上开孔。

2.接线端子定额只适用于导线，电力电缆终端头制作安装定额中包括压接线端子，控制电缆终端头制作安装定额中包括终端头制作及接线至端子板，不得重复计算。

3.直流屏（柜）不单独计算单体调试，其费用综合在系统调试中。

工程量计算规则

一、控制设备安装根据设备性能和规格，按照设计图示安装数量以"台"为计量单位。

二、端子板外部接线根据设备外部接线图，按照设计图示接线数量以"个"为计量单位。

三、高频开关电源、硅整流柜、可控硅柜安装根据设备电流容量，按照设计图示安装数量以"台"为计量单位。

一、控制、继电、模拟屏安装

工作内容：开箱、检查、安装、电器、表计及继电器等附件的拆装、送交试验、盘内整理及一次校线、接线、接地、补漆。

计量单位：台

定　额　编　号			A4-4-1	A4-4-2
项　目　名　称			控制屏	继电、信号屏
基　　价（元）			329.56	377.58
其中	人　工　费（元）		202.16	248.08
	材　料　费（元）		28.14	30.24
	机　械　费（元）		99.26	99.26
名　　称	单位	单价（元）	消　耗　量	
人工	综合工日	工日	140.00	1.444	1.772

	名　　称	单位	单价（元）	消　耗　量	
人工	综合工日	工日	140.00	1.444	1.772
材料	控制、继电、信号屏	台	—	(1.000)	(1.000)
	低碳钢焊条	kg	6.84	0.150	0.150
	电力复合脂	kg	20.00	0.050	0.050
	电气绝缘胶带 18mm×10m×0.13mm	卷	8.55	0.050	0.050
	镀锌扁钢(综合)	kg	3.85	1.500	1.500
	酚醛调和漆	kg	7.90	0.100	0.100
	钢垫板 δ1～2	kg	3.18	0.200	0.200
	胶木线夹	个	0.40	10.000	15.000
	棉纱头	kg	6.00	0.100	0.100
	塑料软管 φ5	m	0.21	1.200	1.500
	异型塑料管 φ2.5～5	m	2.19	6.000	6.000
	其他材料费占材料费	%	—	1.800	1.800
机械	交流弧焊机 21kV·A	台班	57.35	0.093	0.093
	汽车式起重机 8t	台班	763.67	0.093	0.093
	载重汽车 4t	台班	408.97	0.056	0.056

工作内容：开箱、检查、安装、电器、表计及继电器等附件的拆装、送交试验、盘内整理及一次校线、接线、接地、补漆。

计量单位：台

定　额　编　号				A4-4-3	A4-4-4
项　目　名　称				模拟屏屏宽	
				≤1m	≤2m
基　　　价（元）				760.37	1200.10
其中	人　工　费（元）			480.62	776.86
	材　料　费（元）			43.94	72.34
	机　械　费（元）			235.81	350.90
名　　　称		单位	单价（元）	消　　耗　　量	
人工	综合工日	工日	140.00	3.433	5.549
材料	控制、继电、信号屏	台	—	(1.000)	(1.000)
	低碳钢焊条	kg	6.84	0.150	0.250
	电力复合脂	kg	20.00	0.050	0.050
	电气绝缘胶带 18mm×10m×0.13mm	卷	8.55	0.050	0.100
	镀锌扁钢(综合)	kg	3.85	1.500	2.500
	酚醛调和漆	kg	7.90	0.100	0.160
	钢垫板 δ1～2	kg	3.18	0.300	0.500
	胶木线夹	个	0.40	15.000	24.000
	棉纱头	kg	6.00	0.100	0.200
	塑料软管 φ5	m	0.21	1.500	2.000
	异型塑料管 φ2.5～5	m	2.19	12.000	20.000
	其他材料费占材料费	%	—	1.800	1.800
机械	交流弧焊机 21kV·A	台班	57.35	0.093	0.140
	汽车式起重机 8t	台班	763.67	0.252	0.374
	载重汽车 4t	台班	408.97	0.093	0.140

工作内容：开箱、检查、安装、电器、表计及继电器等附件的拆装、送交试验、盘内整理及一次校线、接
线、接地、补漆。

计量单位：台

定　额　编　号			A4-4-5	A4-4-6
项　目　名　称			配电屏	弱电控制 返回屏
基　　　　价（元）			338.57	338.44
其中	人　工　费（元）		201.74	213.22
	材　料　费（元）		37.57	25.96
	机　械　费（元）		99.26	99.26
名　　称		单位	单价（元）	消　耗　量	
人工	综合工日	工日	140.00	1.441	1.523
材料	控制、继电、信号屏	台	—	(1.000)	(1.000)
	低碳钢焊条	kg	6.84	0.150	0.150
	电力复合脂	kg	20.00	0.050	0.050
	电气绝缘胶带 18mm×10m×0.13mm	卷	8.55	0.050	0.050
	镀锌扁钢(综合)	kg	3.85	1.500	1.500
	酚醛调和漆	kg	7.90	0.050	0.050
	钢垫板 δ1~2	kg	3.18	0.200	0.200
	焊锡膏	kg	14.53	0.040	—
	焊锡丝	kg	54.10	0.200	—
	胶木线夹	个	0.40	6.000	6.000
	棉纱头	kg	6.00	0.100	0.100
	塑料软管 φ5	m	0.21	0.500	0.500
	异型塑料管 φ2.5~5	m	2.19	6.000	6.000
	其他材料费占材料费	%	—	1.800	1.800
机械	交流弧焊机 21kV·A	台班	57.35	0.093	0.093
	汽车式起重机 8t	台班	763.67	0.093	0.093
	载重汽车 4t	台班	408.97	0.056	0.056

二、控制台、控制箱安装

工作内容：开箱、检查、安装，各种电器、表计及继电器等附件的拆装、送交试验、盘内整理，一次接线、补漆。

计量单位：台

定 额 编 号			A4-4-7	A4-4-8	A4-4-9	A4-4-10
项 目 名 称			控制台		集中控制台	同期小屏
			宽≤1m	宽≤2m	宽≤4m	控制箱
基 价（元）			342.63	567.09	1084.42	158.87
其中	人 工 费（元）		239.68	404.18	752.22	81.06
	材 料 费（元）		31.95	48.52	100.85	20.00
	机 械 费（元）		71.00	114.39	231.35	57.81
名 称	单位	单价（元）	消 耗 量			
人工	综合工日	工日	140.00	1.712	2.887	5.373	0.579
材料	控制台、控制箱	台	—	(1.000)	(1.000)	(1.000)	(1.000)
	低碳钢焊条	kg	6.84	0.100	0.100	0.500	0.100
	镀锌扁钢(综合)	kg	3.85	3.000	3.000	5.000	1.000
	酚醛磁漆	kg	12.00	0.030	0.050	0.100	0.010
	酚醛调和漆	kg	7.90	0.100	0.200	0.800	0.030
	钢垫板 δ1~2	kg	3.18	0.300	0.300	6.050	0.100
	胶木线夹	个	0.40	8.000	12.000	20.000	8.000
	棉纱头	kg	6.00	0.100	0.150	0.300	0.030
	塑料软管 φ5	m	0.21	0.500	1.500	2.000	0.500
	异型塑料管 φ2.5~5	m	2.19	6.000	12.000	18.000	5.000
	其他材料费占材料费	%	—	1.800	1.800	1.800	1.800
机械	交流弧焊机 21kV·A	台班	57.35	0.093	0.093	0.093	0.047
	汽车式起重机 32t	台班	1257.67	—	—	0.093	—
	汽车式起重机 8t	台班	763.67	0.056	0.093	0.093	0.047
	载重汽车 4t	台班	408.97	0.056	0.093	0.093	0.047

三、端子箱、端子板安装及端子板外部接线

工作内容：开箱、检查、安装、表计拆装、试验、校线、套绝缘管、压焊端子、接线、补漆。

计量单位：台

定 额 编 号			A4-4-11	A4-4-12
项 目 名 称			户外	户内
			端子箱安装	
基 价（元）			167.15	126.48
其中	人 工 费（元）		110.04	92.54
	材 料 费（元）		53.90	27.00
	机 械 费（元）		3.21	6.94
名 称	单位	单价（元）	消 耗 量	
人工	综合工日	工日	140.00	0.786	0.661
材料	端子箱	台	—	(1.000)	(1.000)
	白布	kg	6.67	0.200	0.200
	低碳钢焊条	kg	6.84	0.200	0.500
	镀锌扁钢(综合)	kg	3.85	3.000	1.500
	防锈漆	kg	5.62	—	0.150
	酚醛调和漆	kg	7.90	0.200	0.300
	钢垫板 δ1~2	kg	3.18	0.300	—
	钢锯条	条	0.34	0.500	1.000
	合页	副	0.72	—	1.000
	角钢(综合)	kg	3.61	9.000	2.000
	清油	kg	9.70	—	0.150
	铁砂布	张	0.85	—	0.500
	铜芯橡皮花线 BXH 2×16/0.15mm²	m	1.75	2.000	1.500
	其他材料费占材料费	%	—	1.800	1.800
机械	交流弧焊机 21kV·A	台班	57.35	0.056	0.121

工作内容：开箱、检查、安装、表计拆装、试验、校线、套绝缘管、压焊端子、接线、补漆。

计量单位：组

定 额 编 号				A4-4-13
项 目 名 称				端子板安装
基 价（元）				6.81
其中	人 工 费（元）			3.36
	材 料 费（元）			3.45
	机 械 费（元）			—
名 称	单位	单价（元）	消 耗 量	
人工	综合工日	工日	140.00	0.024
材料	端子板	组	—	(1.010)
	白布	kg	6.67	0.100
	半圆头螺钉 M10×100	10套	5.60	0.410
	铁砂布	张	0.85	0.500
	其他材料费占材料费	%	—	1.800

工作内容：开箱、检查、安装、表计拆装、试验、校线、套绝缘管、压焊端子、接线、补漆。

计量单位：个

定　额　编　号				A4-4-14	A4-4-15	A4-4-16	A4-4-17
项　目　名　称				无端子外部接线(mm²)		有端子外部接线(mm²)	
				≤2.5	≤6	≤2.5	≤6
基　　　价（元）				3.06	3.48	5.04	5.74
其中	人　工　费（元）			0.84	1.26	1.40	1.82
	材　料　费（元）			2.22	2.22	3.64	3.92
	机　械　费（元）			—	—	—	—
名　　称		单位	单价（元）	消　　耗　　量			
人工	综合工日	工日	140.00	0.006	0.009	0.010	0.013
材料	白布	kg	6.67	0.010	0.010	0.015	0.015
	焊锡膏	kg	14.53	—	—	0.001	0.001
	焊锡丝	kg	54.10	—	—	0.005	0.005
	黄腊带 20mm×10m	卷	7.69	0.252	0.252	0.252	0.252
	汽油	kg	6.77	—	—	0.010	0.020
	塑料软管 φ6	m	0.34	0.100	0.100	0.100	0.100
	铁砂布	张	0.85	0.100	0.100	0.100	0.100
	铜接线端子 DT-2.5	个	1.00	—	—	1.015	—
	铜接线端子 DT-6	个	1.20	—	—	—	1.015
	异型塑料管 φ2.5～5	m	2.19	0.025	0.025	0.025	0.025
	其他材料费占材料费	%	—	1.800	1.800	1.800	1.800

四、接线端子

1. 焊铜接线端子

工作内容：量尺寸、削线头、套绝缘管、焊接头、包缠绝缘带。

计量单位：个

定 额 编 号			A4-4-18	A4-4-19	A4-4-20	A4-4-21
项 目 名 称			导线截面(mm²)			
			≤16	≤35	≤70	≤120
基 价 （元）			4.34	6.83	11.07	17.81
其中	人 工 费 （元）		1.26	1.68	2.10	3.22
	材 料 费 （元）		3.08	5.15	8.97	14.59
	机 械 费 （元）		—	—	—	—
名 称	单位	单价（元）	消 耗 量			
人工	综合工日	工日	140.00	0.009	0.012	0.015	0.023
材料	白布	kg	6.67	0.030	0.030	0.040	0.040
	电气绝缘胶带 18mm×10m×0.13mm	卷	8.55	0.022	0.040	0.050	0.070
	钢锯条	条	0.34	—	0.020	0.025	0.030
	焊锡膏	kg	14.53	0.001	0.002	0.004	0.008
	焊锡丝	kg	54.10	0.010	0.023	0.044	0.079
	黄腊带 20mm×10m	卷	7.69	0.024	0.040	0.056	0.064
	汽油	kg	6.77	0.050	0.060	0.080	0.100
	铁砂布	张	0.85	0.100	0.100	0.150	0.150
	铜接线端子 DT-10	个	1.20	0.508	—	—	—
	铜接线端子 DT-120	个	8.30	—	—	—	0.508
	铜接线端子 DT-16	个	1.70	0.508	—	—	—
	铜接线端子 DT-25	个	2.10	—	0.508	—	—
	铜接线端子 DT-35	个	2.70	—	0.508	—	—
	铜接线端子 DT-50	个	4.00	—	—	0.508	—
	铜接线端子 DT-70	个	5.00	—	—	0.508	—
	铜接线端子 DT-95	个	7.00	—	—	—	0.508
	其他材料费占材料费	%	—	1.800	1.800	1.800	1.800

工作内容：量尺寸、削线头、套绝缘管、焊接头、包缠绝缘带。 计量单位：个

定 额 编 号				A4-4-22	A4-4-23	A4-4-24	A4-4-25
项 目 名 称				导线截面（mm²）			
				≤185	≤240	≤300	≤400
基 价 （元）				26.90	35.32	46.86	65.02
其中	人 工 费 （元）			4.20	4.76	6.02	7.84
	材 料 费 （元）			22.70	30.56	40.84	57.18
	机 械 费 （元）			—	—	—	—
名 称		单位	单价（元）	消 耗 量			
人工	综合工日	工日	140.00	0.030	0.034	0.043	0.056
材料	白布	kg	6.67	0.050	0.050	0.056	0.060
	电力复合脂	kg	20.00	0.004	0.005	0.007	0.009
	电气绝缘胶带 18mm×10m×0.13mm	卷	8.55	0.100	0.100	0.120	0.130
	钢锯条	条	0.34	0.035	0.035	0.040	0.040
	焊锡膏	kg	14.53	0.010	0.012	0.016	0.020
	焊锡丝	kg	54.10	0.100	0.120	0.160	0.203
	黄腊带 20mm×10m	卷	7.69	0.100	0.100	0.136	0.168
	汽油	kg	6.77	0.120	0.120	0.150	0.160
	铁砂布	张	0.85	0.200	0.200	0.250	0.250
	铜接线端子 DT-150	个	12.00	0.508	—	—	—
	铜接线端子 DT-185	个	15.00	0.508	—	—	—
	铜接线端子 DT-240	个	20.00	—	1.015	—	—
	铜接线端子 DT-300	个	27.00	—	—	1.015	—
	铜接线端子 DT-400	个	40.00	—	—	—	1.015
	其他材料费占材料费	%	—	1.800	1.800	1.800	1.800

2.压铜接线端子

工作内容：量尺寸、削线头、套绝缘管、焊接头、包缠绝缘带。

计量单位：个

定 额 编 号			A4-4-26	A4-4-27	A4-4-28	A4-4-29
项 目 名 称			导线截面(mm²)			
			≤16	≤35	≤70	≤120
基 价（元）			4.07	6.44	11.92	21.64
其中	人 工 费（元）		1.82	2.80	5.74	11.34
	材 料 费（元）		2.25	3.64	6.18	10.30
	机 械 费（元）		—	—	—	—
名 称	单位	单价（元）	消 耗 量			
人工 综合工日	工日	140.00	0.013	0.020	0.041	0.081
白布	kg	6.67	0.015	0.020	0.025	0.080
电力复合脂	kg	20.00	0.002	0.003	0.005	0.007
电气绝缘胶带 18mm×10m×0.13mm	卷	8.55	0.022	0.040	0.050	0.070
钢锯条	条	0.34	—	0.020	0.025	0.030
黄腊带 20mm×10m	卷	7.69	0.024	0.040	0.056	0.064
汽油	kg	6.77	0.020	0.030	0.035	0.040
铁砂布	张	0.85	0.100	0.100	0.150	0.350
铜接线端子 DT-10	个	1.20	0.508	—	—	—
铜接线端子 DT-120	个	8.30	—	—	—	0.508
铜接线端子 DT-16	个	1.70	0.508	—	—	—
铜接线端子 DT-25	个	2.10	—	0.508	—	—
铜接线端子 DT-35	个	2.70	—	0.508	—	—
铜接线端子 DT-50	个	4.00	—	—	0.508	—
铜接线端子 DT-70	个	5.00	—	—	0.508	—
铜接线端子 DT-95	个	7.00	—	—	—	0.508
其他材料费占材料费	%	—	1.800	1.800	1.800	1.800

工作内容：量尺寸、削线头、套绝缘管、焊接头、包缠绝缘带。　　　　　　　　计量单位：个

定　额　编　号				A4-4-30	A4-4-31	A4-4-32	A4-4-33
项　目　名　称				导线截面(mm²)			
				≤185	≤240	≤300	≤400
基　　　价　（元）				29.58	38.43	51.79	71.31
其中	人　工　费（元）			13.16	14.98	19.74	25.34
	材　料　费（元）			16.42	23.45	32.05	45.97
	机　械　费（元）			—	—	—	—
名　　　称		单位	单价（元）	消　　耗　　量			
人工	综合工日	工日	140.00	0.094	0.107	0.141	0.181
材料	白布	kg	6.67	0.040	0.050	0.056	0.060
	电力复合脂	kg	20.00	0.010	0.013	0.020	0.028
	电气绝缘胶带 18mm×10m×0.13mm	卷	8.55	0.080	0.100	0.120	0.150
	钢锯条	条	0.34	0.035	0.035	0.040	0.040
	黄腊带 20mm×10m	卷	7.69	0.100	0.100	0.120	0.120
	接头专用枪子弹	发	0.71	—	—	1.015	1.015
	汽油	kg	6.77	0.046	0.050	0.060	0.065
	铁砂布	张	0.85	0.200	0.200	0.250	0.250
	铜接线端子 DT-150	个	12.00	0.508	—	—	—
	铜接线端子 DT-185	个	15.00	0.508	—	—	—
	铜接线端子 DT-240	个	20.00	—	1.015	—	—
	铜接线端子 DT-300	个	27.00	—	—	1.015	—
	铜接线端子 DT-400	个	40.00	—	—	—	1.015
	其他材料费占材料费	%	—	1.800	1.800	1.800	1.800

3.压铝接线端子

工作内容：量尺寸、削线头、套绝缘管、压接头、包缠绝缘带。

计量单位：个

定　额　编　号				A4-4-34	A4-4-35	A4-4-36	A4-4-37
项　目　名　称				导线截面(mm²)			
				≤16	≤35	≤70	≤120
基　　　　价（元）				2.06	3.14	5.20	9.69
其中	人　工　费（元）			0.84	1.26	2.38	5.04
	材　料　费（元）			1.22	1.88	2.82	4.65
	机　械　费（元）			—	—	—	—
名　　　称		单位	单价（元）	消　　耗　　量			
人工	综合工日	工日	140.00	0.006	0.009	0.017	0.036
材料	白布	kg	6.67	0.005	0.005	0.008	0.008
	电力复合脂	kg	20.00	0.002	0.003	0.005	0.007
	电气绝缘胶带 18mm×10m×0.13mm	卷	8.55	0.022	0.040	0.050	0.070
	钢锯条	条	0.34	—	0.020	0.025	0.030
	黄腊带 20mm×10m	卷	7.69	0.024	0.040	0.056	0.064
	铝接线端子 DL-10mm²	个	0.62	0.508	—	—	—
	铝接线端子 DL-120mm²	个	3.68	—	—	—	0.508
	铝接线端子 DL-16mm²	个	0.70	0.508	—	—	—
	铝接线端子 DL-25mm²	个	0.88	—	0.508	—	—
	铝接线端子 DL-35mm²	个	1.12	—	0.508	—	—
	铝接线端子 DL-50mm²	个	1.40	—	—	0.508	—
	铝接线端子 DL-70mm²	个	1.80	—	—	0.508	—
	铝接线端子 DL-95mm²	个	2.52	—	—	—	0.508
	铁砂布	张	0.85	0.100	0.100	0.150	0.150
	其他材料费占材料费	%	—	1.800	1.800	1.800	1.800

工作内容：量尺寸、削线头、套绝缘管、压接头、包缠绝缘带。

计量单位：个

定 额 编 号				A4-4-38	A4-4-39	A4-4-40	A4-4-41
项 目 名 称				导线截面(mm²)			
				≤185	≤240	≤300	≤400
基 价 （元）				12.05	15.17	21.90	26.29
其中	人 工 费 （元）			5.88	6.72	8.54	10.22
	材 料 费 （元）			6.17	8.45	13.36	16.07
	机 械 费 （元）			—	—	—	—
名 称		单位	单价（元）	消 耗 量			
人工	综合工日	工日	140.00	0.042	0.048	0.061	0.073
材料	白布	kg	6.67	—	0.010	0.010	0.013
	电力复合脂	kg	20.00	0.008	0.013	0.020	0.028
	电气绝缘胶带 18mm×10m×0.13mm	卷	8.55	0.080	0.100	0.120	0.150
	钢锯条	条	0.34	0.035	0.035	0.042	0.050
	黄腊带 20mm×10m	卷	7.69	0.080	0.100	0.136	0.168
	接头专用枪子弹	发	0.71	—	—	1.015	1.015
	铝接线端子 DL-150mm²	个	4.05	0.508	—	—	—
	铝接线端子 DL-185mm²	个	4.74	0.508	—	—	—
	铝接线端子 DL-240mm²	个	6.08	—	1.015	—	—
	铝接线端子 DL-300mm²	个	9.50	—	—	1.015	—
	铝接线端子 DL-400mm²	个	11.44	—	—	—	1.015
	铁砂布	张	0.85	0.150	0.200	0.250	0.250
	其他材料费占材料费	%	—	1.800	1.800	1.800	1.800

五、高频开关电源安装

工作内容：开箱检查、清洁搬运、划线定位、安装固定、调整垂直与水平、安装附件、绝缘测试、通电前检查、配合试验等。

计量单位：台

定　额　编　号				A4-4-42	A4-4-43	A4-4-44
项　目　名　称				电流(A)		
				≤50	≤100	≤200
基　　　价（元）				288.87	407.31	552.63
其中	人　工　费（元）			199.22	317.66	462.98
	材　料　费（元）			89.65	89.65	89.65
	机　械　费（元）			—	—	—
名　　　称	单位	单价（元）		消　　耗　　量		
人工	综合工日	工日	140.00	1.423	2.269	3.307
材料	高频开关电源	台	—	(1.000)	(1.000)	(1.000)
	棉纱头	kg	6.00	0.200	0.200	0.200
	铜接线端子 100A	个	6.54	4.000	4.000	4.000
	硬铜绞线 TJ-35mm²	m	12.14	5.000	5.000	5.000
	其他材料费占材料费	%	—	1.800	1.800	1.800

六、直流屏(柜)安装

1.硅整流柜安装

工作内容：开箱、检查、安装、一次接线、接地、补漆。

计量单位：台

定 额 编 号			A4-4-45	A4-4-46	A4-4-47
项 目 名 称			电流(A)		
			≤100	≤500	≤1000
基 价 （元）			230.13	306.53	321.30
其中	人 工 费（元）		119.42	194.88	208.88
	材 料 费（元）		21.35	22.29	23.06
	机 械 费（元）		89.36	89.36	89.36
名 称	单位	单价（元）	消 耗 量		
人工 综合工日	工日	140.00	0.853	1.392	1.492
材料 直流屏(柜)	台	—	(1.000)	(1.000)	(1.000)
白布	kg	6.67	0.500	0.500	0.500
低碳钢焊条	kg	6.84	0.110	0.110	0.110
地脚螺栓 M12×160	10套	3.30	0.410	0.410	0.410
电力复合脂	kg	20.00	0.050	0.050	0.080
电气绝缘胶带 18mm×10m×0.13mm	卷	8.55	0.075	0.075	0.075
镀锌扁钢（综合）	kg	3.85	2.500	2.500	2.500
酚醛调和漆	kg	7.90	0.050	0.050	0.050
钢垫板 δ1~2	kg	3.18	0.250	0.250	0.300
黄腊带 20mm×10m	卷	7.69	0.400	0.520	0.520
其他材料费占材料费	%	—	1.800	1.800	1.800
机械 交流弧焊机 21kV·A	台班	57.35	0.056	0.056	0.056
汽车式起重机 8t	台班	763.67	0.093	0.093	0.093
载重汽车 4t	台班	408.97	0.037	0.037	0.037

工作内容：开箱、检查、安装、一次接线、接地、补漆。 计量单位：台

定　额　编　号				A4-4-48	A4-4-49
项　目　名　称				电流(A)	
				≤3000	≤6000
基　　　　价（元）				393.07	473.71
其中	人　工　费（元）			279.30	359.94
	材　料　费（元）			24.41	24.41
	机　械　费（元）			89.36	89.36
名　　称		单位	单价（元）	消　耗　量	
人工	综合工日	工日	140.00	1.995	2.571
材料	直流屏(柜)	台	—	(1.000)	(1.000)
	白布	kg	6.67	0.500	0.500
	低碳钢焊条	kg	6.84	0.110	0.110
	地脚螺栓 M12×160	10套	3.30	0.410	0.410
	电力复合脂	kg	20.00	0.100	0.100
	电气绝缘胶带 18mm×10m×0.13mm	卷	8.55	0.075	0.075
	镀锌扁钢(综合)	kg	3.85	2.500	2.500
	酚醛调和漆	kg	7.90	0.050	0.050
	钢垫板 δ1～2	kg	3.18	0.300	0.300
	黄腊带 20mm×10m	卷	7.69	0.640	0.640
	其他材料费占材料费	%	—	1.800	1.800
机械	交流弧焊机 21kV·A	台班	57.35	0.056	0.056
	汽车式起重机 8t	台班	763.67	0.093	0.093
	载重汽车 4t	台班	408.97	0.037	0.037

2.可控硅柜安装

工作内容：开箱、检查、安装、一次接线、接地、补漆。　　　　　　　　　　　　　　　计量单位：台

定 额 编 号			A4-4-50	A4-4-51	A4-4-52	A4-4-53
项 目 名 称			电流(A)			低压电容器柜
			≤100	≤800	≤2000	
基 价 （元）			520.44	730.88	917.42	268.63
其中	人 工 费（元）		350.98	555.66	731.22	134.68
	材 料 费（元）		19.18	24.94	30.53	19.56
	机 械 费（元）		150.28	150.28	155.67	114.39
名 称	单位	单价（元）	消 耗 量			
人工　综合工日	工日	140.00	2.507	3.969	5.223	0.962
材料　直流屏(柜)	台	—	(1.000)	(1.000)	(1.000)	(1.000)
白布	kg	6.67	0.100	0.100	0.100	0.100
低碳钢焊条	kg	6.84	0.100	0.150	0.200	0.100
电力复合脂	kg	20.00	0.030	0.050	0.080	0.100
电气绝缘胶带 18mm×10m×0.13mm	卷	8.55	0.075	0.075	0.075	0.075
镀锌扁钢(综合)	kg	3.85	1.500	1.500	1.500	3.200
防锈漆	kg	5.62	—	—	—	0.050
酚醛调和漆	kg	7.90	0.050	0.070	0.100	0.050
钢垫板 δ1～2	kg	3.18	0.300	0.300	0.300	0.300
钢精扎头 1～5号	包	2.19	0.600	1.000	1.200	—
钢锯条	条	0.34	—	—	—	0.500
黄蜡带 20mm×10m	卷	7.69	0.600	1.000	1.400	—
胶木线夹	个	0.40	8.000	10.000	12.000	—
汽油	kg	6.77	—	—	—	0.100
铁砂布	张	0.85	—	—	—	0.500
其他材料费占材料费	%	—	1.800	1.800	1.800	1.800
机械　交流弧焊机 21kV·A	台班	57.35	0.093	0.093	0.187	0.093
汽车式起重机 8t	台班	763.67	0.140	0.140	0.140	0.093
载重汽车 4t	台班	408.97	0.093	0.093	0.093	0.093

3. 励磁、灭磁、充电馈线屏安装

工作内容：开箱、检查、安装、电器、表计及继电器等附件的拆装、送交试验、盘内整理及一次接线、接地、补漆。

计量单位：台

定　额　编　号			A4-4-54	A4-4-55	A4-4-56	A4-4-57
项　目　名　称			自动调节励磁屏	励磁灭磁屏	蓄电池屏(柜)	直流馈电屏
基　　价　（元）			269.81	346.21	386.06	218.73
其中	人　工　费（元）		219.66	273.28	312.48	169.26
	材　料　费（元）		6.76	22.60	23.25	6.08
	机　械　费（元）		43.39	50.33	50.33	43.39
名　　　称	单位	单价（元）	消　　耗　　量			
人工	综合工日	工日	140.00	1.569	1.952	2.232	1.209
材料	直流屏(柜)	台	—	(1.000)	(1.000)	(1.000)	(1.000)
	标志牌	个	1.37	1.000	1.000	1.000	—
	道林纸	张	0.10	0.100	0.100	—	0.020
	低碳钢焊条	kg	6.84	—	0.500	0.500	—
	电池	节	1.71	0.500	0.500	—	0.200
	电力复合脂	kg	20.00	0.010	0.010	0.050	0.050
	电气绝缘胶带 18mm×10m×0.13mm	卷	8.55	0.050	0.050	0.050	0.050
	电珠 2.5V	个	0.51	0.200	0.200	—	0.100
	镀锌扁钢(综合)	kg	3.85	—	3.000	3.000	—
	镀锌铁丝 φ1.2～1.6	kg	3.57	0.020	0.020	0.020	0.020
	酚醛磁漆	kg	12.00	0.010	0.010	0.010	0.020
	钢垫板 δ1～2	kg	3.18	0.200	0.300	0.300	0.200
	钢锯条	条	0.34	—	1.000	2.000	—
	机油	kg	19.66	—	0.050	—	0.050
	棉纱头	kg	6.00	0.100	0.100	0.200	0.050
	明角片	m²	25.64	0.010	0.010	—	0.020
	尼龙绳 φ0.5～1	kg	8.08	0.030	0.010	0.010	—
	汽油	kg	6.77	—	—	0.100	0.050
	天那水	kg	11.11	—	—	—	0.020
	铁砂布	张	0.85	—	0.500	1.000	1.000
	异型塑料管 φ2.5～5	m	2.19	0.800	0.200	0.200	—
	其他材料费占材料费	%	—	1.800	1.800	1.800	1.800
机械	交流弧焊机 21kV·A	台班	57.35	—	0.121	0.121	—
	汽车式起重机 8t	台班	763.67	0.037	0.037	0.037	0.037
	载重汽车 4t	台班	408.97	0.037	0.037	0.037	0.037

工作内容：开箱、检查、安装、电器、表计及继电器等附件的拆装、送交试验、盘内整理及一次接线、接地、补漆。

计量单位：台

定 额 编 号				A4-4-58	A4-4-59
项 目 名 称				事故照明切换屏	屏边
基 价（元）				235.47	14.91
其中	人 工 费（元）			153.44	13.30
	材 料 费（元）			11.03	1.61
	机 械 费（元）			71.00	—
名 称		单位	单价（元）	消 耗 量	
人工	综合工日	工日	140.00	1.096	0.095
材料	直流屏(柜)	台	—	(1.000)	(1.000)
	白布	kg	6.67	0.100	—
	低碳钢焊条	kg	6.84	0.150	—
	电力复合脂	kg	20.00	0.020	—
	电气绝缘胶带 18mm×10m×0.13mm	卷	8.55	0.050	—
	镀锌扁钢(综合)	kg	3.85	1.500	—
	酚醛磁漆	kg	12.00	0.020	—
	酚醛调和漆	kg	7.90	0.050	0.200
	钢垫板 δ1~2	kg	3.18	0.300	—
	塑料软管 φ5	m	0.21	0.500	—
	铁砂布	张	0.85	1.000	—
	其他材料费占材料费	%	—	1.800	1.800
机械	交流弧焊机 21kV·A	台班	57.35	0.093	—
	汽车式起重机 8t	台班	763.67	0.056	—
	载重汽车 4t	台班	408.97	0.056	—

第五章 蓄电池安装工程

说　　明

一、本章内容包括蓄电池防振支架、碱性蓄电池、密闭式铅酸蓄电池、免维护铅酸蓄电池安装、蓄电池组充放电、UPS、太阳能电池等内容。

二、有关说明：

1.定额适用电压等级小于或等于220V各种容量的碱性和酸性固定型蓄电池安装。定额不包括蓄电池抽头连接用电缆及电缆保护管的安装，工程实际发生时，执行相关定额。

2.蓄电池防振支架安装定额是按照地坪打孔、膨胀螺栓固定编制，工程实际采用其他形式安装时，执行定额不做调整。

3.蓄电池防振支架、电极连接条、紧固螺栓、绝缘垫按照设备成套供货编制。

4.碱性蓄电池安装需要补充的电解液，按照厂家设备成套供货编制。

5.密封式铅酸蓄电池安装定额包括电解液材料消耗，执行时不做调整。

6.蓄电池充放电定额包括充电消耗的电量，不分酸性、碱性电池均按照其电压和容量执行相关定额。

7.UPS 不间断电源安装定额分单相（单相输入/单相输出）、三相（三相输入/三相输出）三相输入/单相输出设备安装执行三相定额。EPS 应急电源安装根据容量执行相应的 UPS 安装定额。

8.太阳能电池安装定额不包括小区路灯柱安装、太阳能电池板钢架混凝土地面与混凝土基础及地基处理、太阳能电池板钢架支柱与支架、防雷接地。

工程量计算规则

一、蓄电池防振支架安装根据设计布置形式，按照设计图示安装成品数量以"m"为计量单位。

二、碱性蓄电池和铅酸蓄电池安装，根据蓄电池容量，按照设计图示安装数量以"个"为计量单位。

三、免维护铅酸蓄电池安装根据电压等级及蓄电池容量，按照设计图示安装数量以"个"为计量单位。

四、蓄电池充放电根据蓄电池容量，按照设计图示安装数量以"组"为计量单位。

五、UPS 安装根据单台设备容量及输入与输出相数，按照设计图示安装数量以"台"为计量单位。

六、太阳能电池板钢架安装根据安装的位置，按实际安装太阳能电池板和预留安装太阳能电池板面积之和计算工程量。不计算设备支架、不同高度与不同斜面太阳能电池板支撑架的面积；设备支架按照重量计算，执行本册定额第七章"金属构件、穿墙套板安装工程"相关定额。

七、小区路灯柱上安装太阳能电池，根据路灯柱高度，以"块"为计量单位。

八、太阳能电池组装与安装根据设计布置，功率小于或等于 1500Wp 按照每组电池输出功率，以"组"为计量单位；功率大于 1500Wp 时每增加 500Wp 计算一组增加工程量，功率小于 500Wp 按照 500Wp 计算。

九、太阳能电池与控制屏联测，根据设计布置，按照设计图示安装单方阵数量以"组"为计量单位。

十、光伏逆变器安装根据额定交流输出功率，按照设计图示安装数量以"台"为计量单位。功率大于 1000kW 光伏逆变器根据组合安装方式，分解成若干台设备计算工程量。

十一、太阳能控制器根据额定系统电压，按照设计图示安装数量以"台"为计量单位。当控制器与逆变器组合为复合电气逆变器时，控制器不单独计算安装工程量。

一、蓄电池防振支架安装

工作内容：打眼、固定、组装、焊接、刷漆。

计量单位：m

定　额　编　号			A4-5-1	A4-5-2	A4-5-3	A4-5-4
项　目　名　称			单层支架		双层支架	
			单排	双排	单排	双排
基　　　　　　价（元）			34.41	62.42	78.75	132.00
其中	人　工　费（元）		21.56	35.70	55.02	95.48
	材　料　费（元）		5.11	10.95	4.69	8.65
	机　械　费（元）		7.74	15.77	19.04	27.87
名　　称	单位	单价（元）	消　　耗　　量			
人工 综合工日	工日	140.00	0.154	0.255	0.393	0.682
材料 低碳钢焊条	kg	6.84	0.110	0.220	0.265	0.539
耐酸漆	kg	3.68	0.250	0.300	0.400	0.600
膨胀螺栓 M16	10套	14.50	0.220	0.540	—	—
膨胀螺栓 M20×160	10个	3.85	—	—	0.220	0.540
油漆溶剂油	kg	2.62	0.060	0.120	0.180	0.200
其他材料费占材料费	%	—	1.800	1.800	1.800	1.800
机械 交流弧焊机 21kV·A	台班	57.35	0.135	0.275	0.332	0.486

二、碱性蓄电池安装

工作内容：检查测试、安装固定、极柱连接、补充注液。　　　　　　　　　　　　计量单位：支

定　额　编　号				A4-5-5	A4-5-6	A4-5-7	A4-5-8
项　目　名　称				蓄电池容量(A·h)			
				≤40	≤80	≤100	≤150
基　　　　　　价（元）				2.31	3.01	4.61	6.57
其中	人　工　费（元）			2.10	2.80	4.20	6.16
	材　料　费（元）			0.21	0.21	0.41	0.41
	机　械　费（元）			—	—	—	—
	名　　称	单位	单价（元）	消　　耗　　量			
人工	综合工日	工日	140.00	0.015	0.020	0.030	0.044
材料	电力复合脂	kg	20.00	0.010	0.010	0.020	0.020
	三色塑料带 20mm×40m	m	0.26	0.010	0.010	0.020	0.020
	其他材料费占材料费	%	—	1.800	1.800	1.800	1.800

工作内容：检查测试、安装固定、极柱连接、补充注液。 计量单位：支

定　额　编　号					A4-5-9	A4-5-10	A4-5-11
项　目　名　称					蓄电池容量(A·h)		
					≤250	≤300	≤500
基　　　　价（元）					10.00	11.68	16.58
其中	人　工　费（元）				9.38	11.06	15.96
	材　料　费（元）				0.62	0.62	0.62
	机　械　费（元）				—	—	—
名　　　称		单位	单价(元)		消　　耗　　量		
人工	综合工日	工日	140.00		0.067	0.079	0.114
材料	电力复合脂	kg	20.00		0.030	0.030	0.030
	三色塑料带 20mm×40m	m	0.26		0.020	0.020	0.020
	其他材料费占材料费	%	—		1.800	1.800	1.800

三、密封式铅酸蓄电池安装

工作内容：搬运、开箱、检查、安装、连接线、配注电解液、标志标号。　　　计量单位：个

定　额　编　号			A4-5-12	A4-5-13	A4-5-14	A4-5-15
项　目　名　称			蓄电池容量(A·h)			
			≤100	≤200	≤300	≤400
基　　　　价（元）			19.00	25.82	34.19	38.48
其中	人　工　费（元）		4.48	7.42	8.96	10.22
	材　料　费（元）		6.09	9.97	16.80	19.83
	机　械　费（元）		8.43	8.43	8.43	8.43
名　　称	单位	单价(元)	消　　耗　　量			
人工	综合工日	工日	140.00	0.032	0.053	0.064	0.073
材料	电力复合脂	kg	20.00	0.020	0.030	0.030	0.040
	硫酸 98%	kg	1.92	1.620	2.850	5.150	6.100
	铅标志牌	个	0.85	1.000	1.000	1.000	1.000
	三色塑料带 20mm×40m	m	0.26	0.020	0.020	0.020	0.020
	蒸馏水	kg	0.43	3.760	6.670	11.990	14.220
	其他材料费占材料费	%	—	1.800	1.800	1.800	1.800
机械	叉式起重机 5t	台班	506.51	0.009	0.009	0.009	0.009
	载重汽车 5t	台班	430.70	0.009	0.009	0.009	0.009

工作内容：搬运、开箱、检查、安装、连接线、配注电解液、标志标号。　　　　　　　　　　　　　　　计量单位：个

定　额　编　号				A4-5-16	A4-5-17	A4-5-18	A4-5-19
项　目　名　称				蓄电池容量(A·h)			
				≤600	≤800	≤1000	≤1200
基　　　　　价（元）				52.24	65.30	84.44	93.41
其中	人　工　费（元）			13.44	16.80	22.54	25.48
	材　料　费（元）			30.37	40.07	44.09	50.12
	机　械　费（元）			8.43	8.43	17.81	17.81
名　　　称		单位	单价（元）	消　　耗　　量			
人工	综合工日	工日	140.00	0.096	0.120	0.161	0.182
材料	电力复合脂	kg	20.00	0.040	0.050	0.050	0.050
	硫酸 98%	kg	1.92	9.640	12.830	14.200	16.210
	铅标志牌	个	0.85	1.000	1.000	1.000	1.000
	三色塑料带 20mm×40m	m	0.26	0.020	0.020	0.025	0.025
	蒸馏水	kg	0.43	22.490	29.930	33.000	37.810
	其他材料费占材料费	%	—	1.800	1.800	1.800	1.800
机械	叉式起重机 5t	台班	506.51	0.009	0.009	0.019	0.019
	载重汽车 5t	台班	430.70	0.009	0.009	0.019	0.019

工作内容：搬运、开箱、检查、安装、连接线、配注电解液、标志标号。 　　　　　　　　　　计量单位：个

定　额　编　号				A4-5-20	A4-5-21	A4-5-22
项　目　名　称				蓄电池容量(A·h)		
				≤1400	≤1600	≤1800
基　　　　　价（元）				102.50	112.04	131.89
其中	人　工　费（元）			27.72	31.08	35.98
	材　料　费（元）			56.97	63.15	69.67
	机　械　费（元）			17.81	17.81	26.24
名　　　称		单位	单价(元)	消　　耗　　量		
人工	综合工日	工日	140.00	0.198	0.222	0.257
材料	电力复合脂	kg	20.00	0.050	0.050	0.050
	硫酸 98%	kg	1.92	18.510	20.590	22.780
	铅标志牌	个	0.85	1.000	1.000	1.000
	三色塑料带 20mm×40m	m	0.26	0.025	0.025	0.025
	蒸馏水	kg	0.43	43.190	48.020	53.120
	其他材料费占材料费	%	—	1.800	1.800	1.800
机械	叉式起重机 5t	台班	506.51	0.019	0.019	0.028
	载重汽车 5t	台班	430.70	0.019	0.019	0.028

工作内容：搬运、开箱、检查、安装、连接线、配注电解液、标志标号。 计量单位：个

定 额 编 号				A4-5-23	A4-5-24	A4-5-25
项 目 名 称				蓄电池容量(A·h)		
				≤2000	≤2500	≤3000
基 价（元）				141.50	168.01	194.05
其中	人 工 费（元）			38.92	44.24	49.14
	材 料 费（元）			76.34	97.53	118.67
	机 械 费（元）			26.24	26.24	26.24
名 称		单位	单价(元)	消 耗 量		
人工	综合工日	工日	140.00	0.278	0.316	0.351
材料	电力复合脂	kg	20.00	0.050	0.050	0.050
	硫酸 98%	kg	1.92	25.020	32.140	39.240
	铅标志牌	个	0.85	1.000	1.000	1.000
	三色塑料带 20mm×40m	m	0.26	0.025	0.025	0.025
	蒸馏水	kg	0.43	58.370	74.980	91.560
	其他材料费占材料费	%	—	1.800	1.800	1.800
机械	叉式起重机 5t	台班	506.51	0.028	0.028	0.028
	载重汽车 5t	台班	430.70	0.028	0.028	0.028

四、免维护铅酸蓄电池安装

工作内容：搬运、开箱、检查、支架固定、蓄电池就位、整理检查、连接与接线、护罩安装、标志标号。

计量单位：组件

定　额　编　号				A4-5-26	A4-5-27	A4-5-28
项　目　名　称				蓄电池容量(A·h)		
				100	200	300
基　　　　价（元）				40.39	44.24	55.12
其中	人　工　费（元）			31.64	35.28	41.02
	材　料　费（元）			2.78	2.99	3.35
	机　械　费（元）			5.97	5.97	10.75
名　　　称		单位	单价（元）	消　　耗　　量		
人工	综合工日	工日	140.00	0.226	0.252	0.293
材料	白布	kg	6.67	0.035	0.038	0.040
	电力复合脂	kg	20.00	0.012	0.013	0.015
	肥皂水	kg	0.62	0.233	0.250	0.280
	钢锯条	条	0.34	0.350	0.375	0.415
	合金钢钻头　φ16	个	7.60	0.023	0.025	0.030
	膨胀螺栓 M14	10套	10.70	0.167	0.179	0.200
	三色塑料带 20mm×40m	m	0.26	0.128	0.137	0.155
	其他材料费占材料费	%	—	1.800	1.800	1.800
机械	汽车式起重机 8t	台班	763.67	0.005	0.005	0.009
	载重汽车 5t	台班	430.70	0.005	0.005	0.009

工作内容：搬运、开箱、检查、支架固定、蓄电池就位、整理检查、连接与接线、护罩安装、标志标号。

计量单位：组件

定 额 编 号				A4-5-29	A4-5-30
项 目 名 称				蓄电池容量(A·h)	
				400	500
基 价 （元）				65.85	78.74
其中	人 工 费 （元）			51.38	62.44
	材 料 费 （元）			3.72	4.36
	机 械 费 （元）			10.75	11.94
名 称		单位	单价(元)	消 耗 量	
人工	综合工日	工日	140.00	0.367	0.446
材料	白布	kg	6.67	0.050	0.055
	电力复合脂	kg	20.00	0.025	0.018
	肥皂水	kg	0.62	0.375	0.367
	钢锯条	条	0.34	0.500	0.550
	合金钢钻头 φ16	个	7.60	0.025	0.037
	膨胀螺栓 M14	10套	10.70	0.205	0.262
	三色塑料带 20mm×40m	m	0.26	0.137	0.202
	其他材料费占材料费	%	—	1.800	1.800
机械	汽车式起重机 8t	台班	763.67	0.009	0.010
	载重汽车 5t	台班	430.70	0.009	0.010

153

工作内容：搬运、开箱、检查、支架固定、蓄电池就位、整理检查、连接与接线、护罩安装、标志标号。

计量单位：只

定　额　编　号				A4-5-31	A4-5-32	A4-5-33	A4-5-34
项　目　名　称				蓄电池容量(A·h)			
				600	800	1000	1100
基　　　价（元）				12.81	21.73	22.15	23.03
其中	人　工　费（元）			6.44	10.50	10.92	11.76
	材　料　费（元）			0.40	0.48	0.48	0.52
	机　械　费（元）			5.97	10.75	10.75	10.75
名　　　称		单位	单价（元）	消　　耗　　量			
人工	综合工日	工日	140.00	0.046	0.075	0.078	0.084
材料	白布	kg	6.67	0.005	0.007	0.007	0.007
	电力复合脂	kg	20.00	0.002	0.003	0.003	0.003
	肥皂水	kg	0.62	0.033	0.050	0.050	0.050
	钢锯条	条	0.34	0.050	0.067	0.067	0.067
	合金钢钻头 φ16	个	7.60	0.003	0.003	0.003	0.003
	膨胀螺栓 M14	10套	10.70	0.024	0.027	0.027	0.027
	三色塑料带 20mm×40m	m	0.26	0.018	0.018	0.018	0.183
	其他材料费占材料费	%	—	0.300	0.600	0.600	0.600
机械	汽车式起重机 8t	台班	763.67	0.005	0.009	0.009	0.009
	载重汽车 5t	台班	430.70	0.005	0.009	0.009	0.009

五、蓄电池组充放电

工作内容：直流回路检查、放电设施准备、初充电、放电、再充电、测量、记录技术数据。

计量单位：组

定　额　编　号				A4-5-35	A4-5-36	A4-5-37	A4-5-38
项　目　名　称				220V以下蓄电池容量(A·h)			
				≤100	≤200	≤300	≤400
基　　　　　价（元）				490.92	667.44	843.96	1021.17
其中	人　工　费（元）			272.16	272.16	272.16	272.16
	材　料　费（元）			218.76	395.28	571.80	749.01
	机　械　费（元）			—	—	—	—
名　　称		单位	单价(元)	消　　耗　　量			
人工	综合工日	工日	140.00	1.944	1.944	1.944	1.944
材料	白布	kg	6.67	4.500	4.500	4.500	4.500
	电	kW·h	0.68	256.000	511.000	766.000	1022.000
	电气绝缘胶带 18mm×10m×0.13mm	卷	8.55	0.750	0.750	0.750	0.750
	碳酸氢钠	kg	1.46	3.000	3.000	3.000	3.000
	其他材料费占材料费	%	—	1.800	1.800	1.800	1.800

工作内容：直流回路检查、放电设施准备、初充电、放电、再充电、测量、记录技术数据。

计量单位：组

定　额　编　号				A4-5-39	A4-5-40	A4-5-41	A4-5-42
项　目　名　称				220V以下蓄电池容量(A•h)			
				≤600	≤800	≤1000	≤1200
基　　　　价（元）				1374.91	1728.64	2082.38	2436.11
其中	人　工　费（元）			272.16	272.16	272.16	272.16
	材　料　费（元）			1102.75	1456.48	1810.22	2163.95
	机　械　费（元）			—	—	—	—
名　称		单位	单价(元)	消　耗　量			
人工	综合工日	工日	140.00	1.944	1.944	1.944	1.944
材料	白布	kg	6.67	4.500	4.500	4.500	4.500
	电	kW•h	0.68	1533.000	2044.000	2555.000	3066.000
	电气绝缘胶带 18mm×10m×0.13mm	卷	8.55	0.750	0.750	0.750	0.750
	碳酸氢钠	kg	1.46	3.000	3.000	3.000	3.000
	其他材料费占材料费	%	—	1.800	1.800	1.800	1.800

工作内容：直流回路检查、放电设施准备、初充电、放电、再充电、测量、记录技术数据。

计量单位：组

定　额　编　号				A4-5-43	A4-5-44	A4-5-45
项　目　名　称				220V以下蓄电池容量(A・h)		
				≤1400	≤1600	≤1800
基　　　　　价（元）				2789.84	3143.58	3498.01
其中	人　工　费（元）			272.16	272.16	272.16
	材　料　费（元）			2517.68	2871.42	3225.85
	机　械　费（元）			—	—	—
名　　　称		单位	单价（元）	消　　耗　　量		
人工	综合工日	工日	140.00	1.944	1.944	1.944
材料	白布	kg	6.67	4.500	4.500	4.500
	电	kW・h	0.68	3577.000	4088.000	4600.000
	电气绝缘胶带 18mm×10m×0.13mm	卷	8.55	0.750	0.750	0.750
	碳酸氢钠	kg	1.46	3.000	3.000	3.000
	其他材料费占材料费	%	—	1.800	1.800	1.800

工作内容：直流回路检查、放电设施准备、初充电、放电、再充电、测量、记录技术数据。

计量单位：组

定　额　编　号				A4-5-46	A4-5-47	A4-5-48
项　目　名　称				220V以下蓄电池容量(A·h)		
				≤2000	≤2500	≤3000
基　　　价（元）				3851.74	4735.73	5619.72
其中	人　工　费（元）			272.16	272.16	272.16
	材　料　费（元）			3579.58	4463.57	5347.56
	机　械　费（元）			—	—	—
名　　称		单位	单价（元）	消　　耗　　量		
人工	综合工日	工日	140.00	1.944	1.944	1.944
材料	白布	kg	6.67	4.500	4.500	4.500
	电	kW·h	0.68	5111.000	6388.000	7665.000
	电气绝缘胶带 18mm×10m×0.13mm	卷	8.55	0.750	0.750	0.750
	碳酸氢钠	kg	1.46	3.000	3.000	3.000
	其他材料费占材料费	%	—	1.800	1.800	1.800

六、UPS安装

工作内容：开箱、检查、安装底座、接线、接地、动作试验。

计量单位：台

定额编号			A4-5-49	A4-5-50	A4-5-51	A4-5-52
项 目 名 称			单相	三相		
			不间断电源(kV·A)			
			≤30	≤100	≤500	＞500
基 价（元）			294.03	568.14	733.62	1077.67
其中	人 工 费（元）		206.36	398.58	491.96	688.94
	材 料 费（元）		70.44	132.07	194.80	295.01
	机 械 费（元）		17.23	37.49	46.86	93.72
名 称	单位	单价（元）	消 耗 量			
人工	综合工日	工日	140.00	1.474	2.847	3.514	4.921
材料	UPS	台	—	(1.000)	(1.000)	(1.000)	(1.000)
	热塑管	m	0.85	0.310	0.440	0.572	0.870
	铜接线端子 100A	个	6.54	3.300	6.600	8.580	12.700
	硬铜绞线 TJ-35mm²	m	24.28	1.950	3.550	5.550	8.484
	其他材料费占材料费	%	—	1.800	1.800	1.800	1.800
机械	叉式起重机 5t	台班	506.51	—	0.040	0.050	0.100
	载重汽车 5t	台班	430.70	0.040	0.040	0.050	0.100

七、太阳能电池安装

1. 太阳能电池板钢架安装

工作内容：开箱检查、清洁搬运、起吊安装组件、调整方位和俯视角、测试、记录、钢架简易基础砌筑、钢架固定等。

计量单位：m²

定 额 编 号			A4-5-53	A4-5-54
项 目 名 称			钢架安装	
			在地面上	在墙面、屋面上
基 价（元）			51.57	93.44
其中	人 工 费（元）		22.12	43.96
	材 料 费（元）		5.56	4.57
	机 械 费（元）		23.89	44.91
名 称		单位	单价（元）	消 耗 量	
人工	综合工日	工日	140.00	0.158	0.314
材料	白布	kg	6.67	0.030	0.030
	标准砖 240×115×53	块	0.41	4.200	2.100
	低碳钢焊条	kg	6.84	0.320	0.320
	防锈漆	kg	5.62	0.090	0.080
	钢锯条	条	0.34	0.210	0.210
	水	m³	7.96	0.001	0.001
	水泥 32.5级	kg	0.29	0.505	0.505
	调和漆	kg	6.00	0.060	0.050
	油漆溶剂油	kg	2.62	0.030	0.030
	中(粗)砂	t	87.00	0.002	0.002
	其他材料费占材料费	%	—	2.000	2.000
机械	电动单筒慢速卷扬机 30kN	台班	210.22	0.100	0.200
	交流弧焊机 21kV·A	台班	57.35	0.050	0.050

160

工作内容：开箱检查、清洁搬运、起吊安装组件、调整方位和俯视角、测试、记录、钢架简易基础砌筑、钢架固定等。

计量单位：m²

定　额　编　号				A4-5-55
项　目　名　称				钢架安装
				在支架、支柱上
基　　　价（元）				134.17
其中	人　工　费（元）			35.28
	材　料　费（元）			4.19
	机　械　费（元）			94.70
名　　称		单位	单价(元)	消　耗　量
人工	综合工日	工日	140.00	0.252
材料	白布	kg	6.67	0.040
	低碳钢焊条	kg	6.84	0.410
	防锈漆	kg	5.62	0.090
	钢锯条	条	0.34	0.180
	调和漆	kg	6.00	0.060
	油漆溶剂油	kg	2.62	0.040
	其他材料费占材料费	%	—	2.000
机械	交流弧焊机 21kV·A	台班	57.35	0.070
	汽车式高空作业车 21m	台班	863.71	0.105

2.太阳能电池板安装

工作内容：开箱检查、清洁搬运、起吊安装组件、调整方位和俯视角、测试、记录、安装接线盒、组件与
接线盒电路连接；子方阵与接线盒电路连接，太阳能电池与控制屏联测等。 计量单位：块

定 额 编 号				A4-5-56	A4-5-57	A4-5-58
项 目 名 称				路灯柱上安装柱高		
				≤5m	≤12m	≤20m
基 价（元）				58.33	72.27	94.84
其中	人 工 费（元）			12.32	18.48	24.64
	材 料 费（元）			5.42	5.42	5.42
	机 械 费（元）			40.59	48.37	64.78
名 称		单位	单价（元）	消 耗 量		
人工	综合工日	工日	140.00	0.088	0.132	0.176
材料	白布	kg	6.67	0.500	0.500	0.500
	电气绝缘胶带 18mm×10m×0.13mm	卷	8.55	0.200	0.200	0.200
	铜芯橡皮绝缘电线 BX-2.5mm²	m	1.23	0.220	0.220	0.220
	其他材料费占材料费	%	—	2.000	2.000	2.000
机械	汽车式高空作业车 21m	台班	863.71	0.047	0.056	0.075

工作内容：开箱检查、清洁搬运、起吊安装组件、调整方位和俯视角、测试、记录、安装接线盒、组件与
接线盒电路连接；子方阵与接线盒电路连接,太阳能电池与控制屏联测等。　　　计量单位：组

定　额　编　号				A4-5-59	A4-5-60	A4-5-61
项　目　名　称				太阳能电池组装、安装		
				500Wp	1000Wp	1500Wp
基　　　价（元）				258.42	325.96	413.66
其中	人　工　费（元）			220.50	286.58	363.72
	材　料　费（元）			3.37	4.83	6.75
	机　械　费（元）			34.55	34.55	43.19
名　　　称		单位	单价（元）	消　　耗　　量		
人工	综合工日	工日	140.00	1.575	2.047	2.598
材料	白布	kg	6.67	0.200	0.400	0.600
	电气绝缘胶带 18mm×10m×0.13mm	卷	8.55	0.200	0.200	0.250
	铜芯橡皮绝缘电线 BX-2.5mm²	m	1.23	0.220	0.300	0.400
	其他材料费占材料费	%	—	1.800	1.800	1.800
机械	汽车式高空作业车 21m	台班	863.71	0.040	0.040	0.050

工作内容：开箱检查、清洁搬运、起吊安装组件、调整方位和俯视角、测试、记录、安装接线盒、组件与接线盒电路连接；子方阵与接线盒电路连接，太阳能电池与控制屏联测等。 计量单位：组

定　额　编　号				A4-5-62
项　目　名　称				太阳能电池组装、安装
				1500Wp以上
				每增加500Wp
基　　　　　价（元）				138.71
其中	人　工　费（元）			110.32
	材　料　费（元）			2.48
	机　械　费（元）			25.91
	名　　称	单位	单价(元)	消　耗　量
人工	综合工日	工日	140.00	0.788
材料	白布	kg	6.67	0.200
	电气绝缘胶带 18mm×10m×0.13mm	卷	8.55	0.100
	铜芯橡皮绝缘电线 BX-2.5mm²	m	1.23	0.200
	其他材料费占材料费	%	—	1.800
机械	汽车式高空作业车 21m	台班	863.71	0.030

工作内容：开箱检查、清洁搬运、起吊安装组件、调整方位和俯视角、测试、记录、安装接线盒、组件与
接线盒电路连接；子方阵与接线盒电路连接，太阳能电池与控制屏联测等。　计量单位：方阵组

定　额　编　号				A4-5-63
项　目　名　称				太阳能电池与控制屏联测
基　　价（元）				155.69
其中	人　工　费（元）			110.32
	材　料　费（元）			2.18
	机　械　费（元）			43.19
名　　称	单位	单价（元）	消　耗　量	
人工	综合工日	工日	140.00	0.788
材料	白布	kg	6.67	0.100
	电气绝缘胶带 18mm×10m×0.13mm	卷	8.55	0.100
	铜芯橡皮绝缘电线 BX-2.5mm^2	m	1.23	0.500
	其他材料费占材料费	%	—	2.000
机械	汽车式高空作业车 21m	台班	863.71	0.050

3. 光伏逆变器安装

工作内容：开箱检查、清洁搬运、安装底座、设备安装、接地、配合电气试验。　　　　　计量单位：台

定 额 编 号				A4-5-64	A4-5-65	A4-5-66
项 目 名 称				额定交流输出功率功率		
				≤10kW	≤100kW	≤250kW
基 价（元）				444.07	606.45	1105.44
其中	人 工 费（元）			286.44	415.94	733.04
	材 料 费（元）			144.90	175.77	251.21
	机 械 费（元）			12.73	14.74	121.19
名 称		单位	单价（元）	消 耗 量		
人工	综合工日	工日	140.00	2.046	2.971	5.236
材料	低碳钢焊条	kg	6.84	0.285	0.330	1.430
	电力复合脂	kg	20.00	0.048	0.088	0.132
	镀锌扁钢(综合)	kg	3.85	3.040	3.520	5.500
	防锈漆	kg	5.62	0.190	0.220	0.330
	酚醛调和漆	kg	7.90	0.190	0.220	0.330
	钢垫板 δ1~2	kg	3.18	0.950	1.100	4.400
	钢管 DN40	kg	4.49	4.560	5.280	6.930
	钢锯条	条	0.34	0.950	1.100	2.200
	焊锡膏	kg	14.53	0.019	0.044	0.088
	焊锡丝	kg	54.10	0.095	0.220	0.440
	机油	kg	19.66	0.095	0.110	0.110
	棉纱头	kg	6.00	0.095	0.110	0.330
	汽油	kg	6.77	0.190	0.220	0.550
	铁砂布	张	0.85	0.950	2.200	4.400
	型钢	kg	3.70	24.700	28.600	34.100
	其他材料费占材料费	%	—	1.800	1.800	1.800
机械	交流弧焊机 21kV·A	台班	57.35	0.222	0.257	0.822
	汽车式起重机 8t	台班	763.67	—	—	0.062
	载重汽车 5t	台班	430.70	—	—	0.062

工作内容：开箱检查、清洁搬运、安装底座、设备安装、接地、配合电气试验。 计量单位：台

定 额 编 号				A4-5-67	A4-5-68
项 目 名 称				额定交流输出功率功率	
				≤500kW	≤1000kW
基 价（元）				1422.87	2457.96
其中	人 工 费（元）			915.88	1582.14
	材 料 费（元）			325.01	561.37
	机 械 费（元）			181.98	314.45
名 称		单位	单价（元）	消 耗 量	
人工	综合工日	工日	140.00	6.542	11.301
材料	低碳钢焊条	kg	6.84	2.200	3.800
	电力复合脂	kg	20.00	0.165	0.285
	镀锌扁钢(综合)	kg	3.85	11.000	19.000
	防锈漆	kg	5.62	0.550	0.950
	酚醛调和漆	kg	7.90	0.550	0.950
	钢垫板 δ1~2	kg	3.18	4.730	8.170
	钢管 DN40	kg	4.49	6.930	11.970
	钢锯条	条	0.34	2.200	3.800
	焊锡膏	kg	14.53	0.110	0.190
	焊锡丝	kg	54.10	0.550	0.950
	机油	kg	19.66	0.110	0.190
	棉纱头	kg	6.00	0.440	0.760
	汽油	kg	6.77	0.550	0.950
	铁砂布	张	0.85	6.600	11.400
	型钢	kg	3.70	42.900	74.100
	其他材料费占材料费	%	—	1.800	1.800
机械	交流弧焊机 21kV·A	台班	57.35	1.028	1.776
	汽车式起重机 8t	台班	763.67	0.103	0.178
	载重汽车 5t	台班	430.70	0.103	0.178

4. 太阳能控制器安装

工作内容：开箱检查、清洁搬运、设备安装、测试、记录、接地、配合电气试验。 计量单位：台

定　额　编　号			A4-5-69	A4-5-70
项　目　名　称			电压等级(V)	
			≤96	≤110
基　　价（元）			64.85	95.10
其中	人　工　费（元）		41.58	61.04
	材　料　费（元）		17.25	25.23
	机　械　费（元）		6.02	8.83
名　　　称	单位	单价（元）	消　　耗　　量	
人工 综合工日	工日	140.00	0.297	0.436
材料 低碳钢焊条	kg	6.84	0.113	0.165
电力复合脂	kg	20.00	0.045	0.066
镀锌扁钢(综合)	kg	3.85	1.650	2.420
防锈漆	kg	5.62	0.075	0.110
酚醛调和漆	kg	7.90	0.075	0.110
钢垫板 δ1～2	kg	3.18	0.225	0.330
钢锯条	条	0.34	0.375	0.550
焊锡膏	kg	14.53	0.023	0.033
焊锡丝	kg	54.10	0.113	0.165
棉纱头	kg	6.00	0.038	0.055
汽油	kg	6.77	0.038	0.055
铁砂布	张	0.85	0.150	0.220
其他材料费占材料费	%	—	1.800	1.800
机械 交流弧焊机 21kV·A	台班	57.35	0.105	0.154

第六章 发电机、电动机检查接线工程

说　　明

一、本章内容包括发电机、直流发电机检查接线及直流电动机、交流电动机、立式电动机、大（中）型电动机、微型电动机、变频机组、电磁调速电动机检查接线及空负荷试运转等内容。

二、有关说明：

1. 发电机检查接线定额包括发电机干燥。电动机检查接线定额不包括电动机干燥，工程实际发生时，另行计算费用。

2. 电机空转电源是按照施工电源编制的，定额中包括空转所消耗的电量及 6000V 电机空转所需的电压转换设施费用。空转时间按照安装规范综合考虑，工程实际施工与定额不同时不做调整。当工程采用永久电源进行空转时，应根据定额中的电量进行费用调整。

3. 电动机根据重量分为大型、中型、小型。单台重量在 3t 以下的电动机为小型电动机，单台重量大于 3t 且小于或等于 30t 的电动机为中型电动机，单台重量在 30t 以上的电动机为大型电动机。小型电动机安装按照电动机类别和功率大小执行相应定额；大、中型电动机检查接线不分交、直流电动机，按照电动机重量执行相关定额。

4. 微型电机包括驱动微型电机、控制微型电机、电源微型电机三类。驱动微型电机是指微型异步电机、微型同步电机、微型交流换向器电机、微型直流电机等；控制微型电机是指自整角机、旋转变压器、交/直流测速发电机、交/直流伺服电动机、步进电动机、力矩电动机等；电源微型电机是指微型电动发电机组和单枢变流机等。

5. 功率小于或等于 0.75kW 电机检查接线均执行微型电机检查接线定额。设备出厂时电动机带出线的，不计算电动机检查接线费用（如：排风机、电风扇等）。

6. 电机检查接线定额不包括控制装置的安装和接线。

7. 定额中电机接地材质是按照镀锌扁钢编制的，如采用铜材接地时，可以调整接地材料费，但安装人工和机械不变。

8. 本章定额不包括发电机与电动机的安装。包括电动机空载试运转所消耗的电量，工程实际与定额不同时，不做调整。

9. 电动机控制箱安装执行本册定额第二章中"成套配电箱"相关定额。

工程量计算规则

　　一、发电机、电动机检查接线，根据设备容量，按照设计图示安装数量以"台"为计量单位。单台电动机重量在 30t 以上时，按照重量计算检查接线工程量。

　　二、电动机检查接线定额中，每台电动机按照 0.824m 计算金属软管材料费。电机电源线为导线时，其接线端子按导线截面以"个"计算工程量，执行本册定额第四章"配电控制、保护、直流装置安装工程"相关定额。

一、发电机检查接线

工作内容：检查定子、转子,研磨电刷和滑环,安装电刷,测量轴承绝缘、配合密封试验,接地、干燥、整修整流子及清理。

计量单位：台

定　额　编　号				A4-6-1	A4-6-2	A4-6-3	A4-6-4
项　目　名　称				单机容量(kW)			
				≤6000	≤15000	≤25000	≤35000
基　　　价（元）				5314.24	7614.85	10021.24	11182.16
其中	人　工　费（元）			2888.34	3238.76	3501.26	3827.18
	材　料　费（元）			1692.34	3101.00	4664.41	5238.90
	机　械　费（元）			733.56	1275.09	1855.57	2116.08
名　　称		单位	单价（元）	消　　耗　　量			
人工	综合工日	工日	140.00	20.631	23.134	25.009	27.337
材料	白纱布带 20mm×20m	卷	2.32	0.900	1.000	1.000	1.100
	低碳钢焊条	kg	6.84	0.500	0.500	0.500	0.500
	电	kW·h	0.68	1315.000	3310.000	5490.000	6271.000
	电力复合脂	kg	20.00	0.450	0.500	0.600	0.750
	电气绝缘胶带 18mm×10m×0.13mm	卷	8.55	1.000	1.250	1.500	1.750
	镀锌扁钢(综合)	kg	3.85	20.000	23.000	25.000	28.000
	酚醛调和漆	kg	7.90	0.500	0.500	1.200	1.200
	焊锡膏	kg	14.53	0.100	0.120	0.140	0.160
	焊锡丝	kg	54.10	0.500	0.600	0.700	0.800
	聚四氟乙烯带	kg	23.08	0.500	0.600	0.700	0.800
	绝缘清漆	kg	6.07	0.500	0.500	1.200	1.200
	棉纱头	kg	6.00	0.800	1.000	1.300	1.600
	汽油	kg	6.77	0.500	0.500	2.500	2.500
	青壳纸 δ0.1~1.0	kg	20.84	0.500	0.600	0.800	1.000
	石棉纸	kg	9.40	0.450	0.550	1.000	1.250
	铜芯塑料绝缘电线 BV-120mm²	m	59.83	10.000	10.000	10.000	10.000
	其他材料费占材料费	%	—	1.800	1.800	1.800	1.800
机械	电动空气压缩机 0.6m³/min	台班	37.30	0.467	0.467	0.467	0.467
	交流弧焊机 21kV·A	台班	57.35	0.234	0.234	0.234	0.234
	桥式起重机 20t	台班	375.99	1.869	—	—	—
	桥式起重机 30t	台班	443.74	—	2.804	—	—
	桥式起重机 50t	台班	557.85	—	—	3.271	3.738

二、直流发电机检查接线

工作内容：单机检查、电刷架安装、电刷研磨安装、测量轴承绝缘、配合穿转子、配合密封试验、测量空气间隙、接地、干燥、励磁机检查。

计量单位：台

定 额 编 号				A4-6-5	A4-6-6	A4-6-7	A4-6-8
项 目 名 称				单机容量(kW)			
				≤3	≤13	≤30	≤55
基 价（元）				193.09	254.38	316.95	382.87
其中	人 工 费（元）			131.46	180.88	211.54	255.78
	材 料 费（元）			57.05	68.92	100.83	121.25
	机 械 费（元）			4.58	4.58	4.58	5.84
名 称		单位	单价（元）	消 耗 量			
人工	综合工日	工日	140.00	0.939	1.292	1.511	1.827
材料	白布	m	6.14	0.304	0.506	0.607	0.810
	白纱布带 20mm×20m	卷	2.32	0.506	0.506	0.506	0.506
	低碳钢焊条	kg	6.84	0.101	0.101	0.101	0.101
	电	kW·h	0.68	12.260	17.692	44.721	61.963
	电气绝缘胶带 18mm×10m×0.13mm	卷	8.55	2.126	2.631	2.834	3.340
	焊锡膏	kg	14.53	0.101	0.101	0.101	0.101
	焊锡丝	kg	54.10	0.202	0.202	0.202	0.202
	红外线灯泡 220V 1000W	个	10.26	0.304	0.304	0.405	0.506
	机油	kg	19.66	0.304	0.304	0.607	0.607
	棉纱头	kg	6.00	0.202	0.202	0.405	0.405
	汽油	kg	6.77	0.202	0.304	0.405	0.405
	铁砂布	张	0.85	2.024	4.048	6.072	8.096
	其他材料费占材料费	%	—	1.800	1.800	1.800	1.800
机械	电动空气压缩机 0.3m³/min	台班	30.70	0.123	0.123	0.123	0.164
	交流弧焊机 21kV·A	台班	57.35	0.014	0.014	0.014	0.014

工作内容：单机检查、电刷架安装、电刷研磨安装、测量轴承绝缘、配合穿转子、配合密封试验、测量空气间隙、接地、干燥、励磁机检查。

计量单位：台

定 额 编 号				A4-6-9	A4-6-10	A4-6-11
项 目 名 称				单机容量(kW)		
				≤120	≤200	≤300
基 价 （元）				498.45	707.40	976.49
其中	人 工 费 （元）			313.74	441.28	641.06
	材 料 费 （元）			178.87	226.56	286.65
	机 械 费 （元）			5.84	39.56	48.78
名 称		单位	单价（元）	消 耗 量		
人工	综合工日	工日	140.00	2.241	3.152	4.579
材料	白布	m	6.14	1.012	1.012	1.012
	白纱布带 20mm×20m	卷	2.32	0.506	0.506	0.506
	低碳钢焊条	kg	6.84	0.101	0.101	0.101
	电	kW·h	0.68	111.623	142.087	200.926
	电气绝缘胶带 18mm×10m×0.13mm	卷	8.55	3.946	4.959	5.971
	焊锡膏	kg	14.53	0.101	0.101	0.101
	焊锡丝	kg	54.10	0.304	0.354	0.405
	红外线灯泡 220V 1000W	个	10.26	0.607	0.708	0.810
	机油	kg	19.66	1.012	1.518	1.720
	棉纱头	kg	6.00	0.607	0.607	0.810
	汽油	kg	6.77	0.506	0.810	1.012
	铁砂布	张	0.85	8.096	10.120	10.120
	其他材料费占材料费	%	—	1.800	1.800	1.800
机械	电动空气压缩机 0.3m³/min	台班	30.70	0.164	0.411	0.411
	高压绝缘电阻测试仪	台班	37.04	—	0.608	0.822
	交流弧焊机 21kV·A	台班	57.35	0.014	0.014	0.014
	交直流高压分压器(100kV)	台班	23.83	—	0.152	0.206

三、直流电动机检查接线

工作内容：检查定子、转子和轴承,吹扫、调整和研磨电刷,测量空气间隙,手动盘车检查电机转动情况,接地,空载试运转。

计量单位：台

定 额 编 号				A4-6-12	A4-6-13	A4-6-14
项 目 名 称				功率(kW)		
				≤3	≤13	≤30
基 价 （元）				112.82	185.46	267.54
其中	人 工 费（元）			67.90	129.78	203.14
	材 料 费（元）			36.12	46.88	54.55
	机 械 费（元）			8.80	8.80	9.85
名 称		单位	单价(元)	消 耗 量		
人工	综合工日	工日	140.00	0.485	0.927	1.451
材料	金属软管 D25	m	—	(0.824)	(0.824)	—
	金属软管 D40	m	—	—	—	(0.824)
	金属软管活接头 φ25	套	—	(2.040)	(2.040)	—
	金属软管活接头 φ40	套	—	—	—	(2.040)
	低碳钢焊条	kg	6.84	0.100	0.100	0.100
	电	kW·h	0.68	2.000	6.000	12.000
	电力复合脂	kg	20.00	0.020	0.030	0.040
	电气绝缘胶带 18mm×10m×0.13mm	卷	8.55	0.150	0.200	0.250
	镀锌扁钢(综合)	kg	3.85	1.500	2.400	2.400
	焊锡膏	kg	14.53	0.040	0.040	0.040
	焊锡丝	kg	54.10	0.200	0.200	0.200
	黄腊带 20mm×10m	卷	7.69	1.720	2.120	2.400
	汽油	kg	6.77	0.200	0.300	0.400
	其他材料费占材料费	%	—	1.800	1.800	1.800
机械	电动空气压缩机 0.6m³/min	台班	37.30	0.093	0.093	0.121
	交流弧焊机 21kV·A	台班	57.35	0.093	0.093	0.093

工作内容：检查定子、转子和轴承,吹扫、调整和研磨电刷,测量空气间隙,手动盘车检查电机转动情况,接地,空载试运转。

计量单位：台

定　额　编　号				A4-6-15	A4-6-16
项　目　名　称				功率(kW)	
				≤100	≤200
基　　　　价（元）				418.65	557.77
其中	人　工　费（元）			324.38	427.14
	材　料　费（元）			84.42	120.78
	机　械　费（元）			9.85	9.85
	名　　　称	单位	单价（元）	消　耗　量	
人工	综合工日	工日	140.00	2.317	3.051
材料	金属软管 D50	m	—	(0.824)	(0.824)
	金属软管活接头 φ50	套	—	(2.040)	(2.040)
	低碳钢焊条	kg	6.84	0.100	0.100
	电	kW•h	0.68	30.000	60.000
	电力复合脂	kg	20.00	0.060	0.080
	电气绝缘胶带 18mm×10m×0.13mm	卷	8.55	0.500	0.700
	镀锌扁钢(综合)	kg	3.85	2.400	2.400
	焊锡膏	kg	14.53	0.060	0.080
	焊锡丝	kg	54.10	0.300	0.400
	黄腊带 20mm×10m	卷	7.69	3.200	4.000
	汽油	kg	6.77	0.800	1.000
	其他材料费占材料费	%	—	1.800	1.800
机械	电动空气压缩机 0.6m³/min	台班	37.30	0.121	0.121
	交流弧焊机 21kV•A	台班	57.35	0.093	0.093

四、交流电动机检查接线

1.交流异步电动机检查接线

工作内容：检查定子、转子和轴承，吹扫，测量空气间隙，手动盘车检查电机转动情况，接地，空载试运转。

计量单位：台

定 额 编 号			A4-6-17	A4-6-18	A4-6-19
项 目 名 称			功率(kW)		
			≤3	≤13	≤30
基 价 （元）			91.32	167.78	254.06
其中	人 工 费（元）		64.68	123.62	193.48
	材 料 费（元）		21.05	36.96	50.73
	机 械 费（元）		5.59	7.20	9.85
名 称		单位	单价（元）	消 耗 量	
人工	综合工日	工日	140.00	0.462	0.883	1.382
材料	金属软管 D25	m	—	(0.824)	(0.824)	—
	金属软管 D40	m	—	—	—	(0.824)
	金属软管活接头 φ25	套	—	(2.040)	(2.040)	—
	金属软管活接头 φ40	套	—	—	—	(2.040)
	低碳钢焊条	kg	6.84	0.040	0.070	0.100
	电	kW·h	0.68	2.000	6.000	12.000
	电力复合脂	kg	20.00	0.020	0.030	0.040
	电气绝缘胶带 18mm×10m×0.13mm	卷	8.55	0.150	0.200	0.250
	镀锌扁钢(综合)	kg	3.85	1.500	2.400	2.400
	焊锡膏	kg	14.53	0.020	0.030	0.040
	焊锡丝	kg	54.10	0.080	0.140	0.200
	黄腊带 20mm×10m	卷	7.69	0.800	1.400	2.000
	汽油	kg	6.77	0.120	0.210	0.300
	其他材料费占材料费	%	—	1.800	1.800	1.800
机械	电动空气压缩机 0.6m³/min	台班	37.30	0.093	0.093	0.121
	交流弧焊机 21kV·A	台班	57.35	0.037	0.065	0.093

工作内容：检查定子、转子和轴承，吹扫，测量空气间隙，手动盘车检查电机转动情况，接地，空载试运转。

计量单位：台

定 额 编 号				A4-6-20	A4-6-21
项 目 名 称				功率(kW)	
				≤100	≤220
基 价（元）				386.53	520.16
其中	人 工 费（元）			308.84	406.84
	材 料 费（元）			67.84	103.47
	机 械 费（元）			9.85	9.85
	名 称	单位	单价（元）	消 耗 量	
人工	综合工日	工日	140.00	2.206	2.906
材料	金属软管 D50	m	—	(0.824)	(0.824)
	金属软管活接头 φ50	套	—	(2.040)	(2.040)
	低碳钢焊条	kg	6.84	0.100	0.100
	电	kW·h	0.68	30.000	66.000
	电力复合脂	kg	20.00	0.060	0.080
	电气绝缘胶带 18mm×10m×0.13mm	卷	8.55	0.500	0.700
	镀锌扁钢(综合)	kg	3.85	2.400	2.400
	焊锡膏	kg	14.53	0.040	0.060
	焊锡丝	kg	54.10	0.200	0.300
	黄腊带 20mm×10m	卷	7.69	2.000	2.000
	汽油	kg	6.77	0.600	1.000
	其他材料费占材料费	%	—	1.800	1.800
机械	电动空气压缩机 0.6m³/min	台班	37.30	0.121	0.121
	交流弧焊机 21kV·A	台班	57.35	0.093	0.093

2.交流同步电动机检查接线

工作内容:检查定子、转子和轴承,吹扫、调整和研磨电刷,测量空气间隙,手动盘车检查电机转动情况,接地,空载试运转。

计量单位:台

定 额 编 号				A4-6-22	A4-6-23	A4-6-24
项 目 名 称				功率(kW)		
				≤3	≤13	≤30
基 价 (元)				122.31	226.40	342.19
其中	人 工 费 (元)			90.72	172.76	270.62
	材 料 费 (元)			25.43	44.84	61.72
	机 械 费 (元)			6.16	8.80	9.85
	名 称	单位	单价(元)	消 耗 量		
人工	综合工日	工日	140.00	0.648	1.234	1.933
材料	金属软管 D25	m	—	(0.824)	(0.824)	—
	金属软管 D40	m	—	—	—	(0.824)
	金属软管活接头 φ25	套	—	(2.040)	(2.040)	—
	金属软管活接头 φ40	套	—	—	—	(2.040)
	低碳钢焊条	kg	6.84	0.050	0.100	0.100
	电	kW·h	0.68	2.000	6.000	12.000
	电力复合脂	kg	20.00	0.020	0.030	0.040
	电气绝缘胶带 18mm×10m×0.13mm	卷	8.55	0.200	0.260	0.325
	镀锌扁钢(综合)	kg	3.85	1.500	2.400	2.400
	焊锡膏	kg	14.53	0.020	0.040	0.050
	焊锡丝	kg	54.10	0.100	0.180	0.260
	黄腊带 20mm×10m	卷	7.69	1.120	1.960	2.800
	汽油	kg	6.77	0.160	0.270	0.390
	其他材料费占材料费	%	—	1.800	1.800	1.800
机械	电动空气压缩机 0.6m³/min	台班	37.30	0.093	0.093	0.121
	交流弧焊机 21kV·A	台班	57.35	0.047	0.093	0.093

工作内容:检查定子、转子和轴承,吹扫、调整和研磨电刷,测量空气间隙,手动盘车检查电机转动情况,接地,空载试运转。

计量单位:台

定 额 编 号				A4-6-25	A4-6-26
项 目 名 称				功率(kW)	
				≤100	≤200
基 价 (元)				491.47	651.70
其中	人 工 费 (元)			401.52	528.92
	材 料 费 (元)			80.10	112.93
	机 械 费 (元)			9.85	9.85
名 称		单位	单价(元)	消 耗 量	
人工	综合工日	工日	140.00	2.868	3.778
材料	金属软管 D50	m	—	(0.824)	(0.824)
	金属软管活接头 φ50	套	—	(2.040)	(2.040)
	低碳钢焊条	kg	6.84	0.100	0.100
	电	kW·h	0.68	30.000	60.000
	电力复合脂	kg	20.00	0.060	0.080
	电气绝缘胶带 18mm×10m×0.13mm	卷	8.55	0.650	0.910
	镀锌扁钢(综合)	kg	3.85	2.400	2.400
	焊锡膏	kg	14.53	0.050	0.070
	焊锡丝	kg	54.10	0.260	0.360
	黄腊带 20mm×10m	卷	7.69	2.800	2.800
	汽油	kg	6.77	0.780	1.300
	其他材料费占材料费	%	—	1.800	1.800
机械	电动空气压缩机 0.6m³/min	台班	37.30	0.121	0.121
	交流弧焊机 21kV·A	台班	57.35	0.093	0.093

3.交流防爆电动机检查接线

工作内容：检查定子、转子和轴承，吹扫、调整和研磨电刷，测量空气间隙，手动盘车检查电机转动情况，接地，空载试运转。

计量单位：台

定 额 编 号					A4-6-27	A4-6-28	A4-6-29
项 目 名 称					功率(kW)		
					≤3	≤13	≤30
基 价（元）					215.69	282.89	373.74
其中	人 工 费（元）				169.82	225.40	305.90
	材 料 费（元）				37.07	48.69	57.99
	机 械 费（元）				8.80	8.80	9.85
名 称		单位	单价（元）		消 耗 量		
人工	综合工日	工日	140.00		1.213	1.610	2.185
材料	金属软管 D25	m	—		(0.824)	(0.824)	—
	金属软管 D40	m	—		—	—	(0.824)
	金属软管活接头 φ25	套	—		(2.040)	(2.040)	—
	金属软管活接头 φ40	套	—		—	—	(2.040)
	低碳钢焊条	kg	6.84		0.100	0.100	0.100
	电	kW·h	0.68		2.000	6.000	12.000
	电力复合脂	kg	20.00		0.020	0.030	0.040
	电气绝缘胶带 18mm×10m×0.13mm	卷	8.55		0.250	0.300	0.400
	镀锌扁钢(综合)	kg	3.85		1.500	2.400	2.400
	焊锡膏	kg	14.53		0.040	0.040	0.040
	焊锡丝	kg	54.10		0.200	0.200	0.200
	黄腊带 20mm×10m	卷	7.69		1.800	2.320	2.760
	汽油	kg	6.77		0.120	0.210	0.300
	其他材料费占材料费	%	—		1.800	1.800	1.800
机械	电动空气压缩机 0.6m³/min	台班	37.30		0.093	0.093	0.121
	交流弧焊机 21kV·A	台班	57.35		0.093	0.093	0.093

工作内容：检查定子、转子和轴承,吹扫、调整和研磨电刷,测量空气间隙,手动盘车检查电机转动情况,接地,空载试运转。

计量单位：台

定　额　编　号			A4-6-30	A4-6-31
项　目　名　称			功率(kW)	
			≤100	≤200
基　　　价（元）			509.02	678.48
其中	人　工　费（元）		410.20	540.54
	材　料　费（元）		88.97	128.09
	机　械　费（元）		9.85	9.85
名　　　称		单位	单价(元)	消　耗　量
人工	综合工日	工日	140.00	2.930	3.861
材料	金属软管 D50	m	—	(0.824)	(0.824)
	金属软管活接头 φ50	套	—	(2.040)	(2.040)
	低碳钢焊条	kg	6.84	0.100	0.100
	电	kW·h	0.68	30.000	60.000
	电力复合脂	kg	20.00	0.060	0.080
	电气绝缘胶带 18mm×10m×0.13mm	卷	8.55	0.750	1.000
	镀锌扁钢(综合)	kg	3.85	2.400	2.400
	焊锡膏	kg	14.53	0.060	0.080
	焊锡丝	kg	54.10	0.300	0.400
	黄腊带 20mm×10m	卷	7.69	3.680	4.600
	汽油	kg	6.77	0.600	1.000
	其他材料费占材料费	%	—	1.800	1.800
机械	电动空气压缩机 0.6m³/min	台班	37.30	0.121	0.121
	交流弧焊机 21kV·A	台班	57.35	0.093	0.093

五、立式电动机检查接线

工作内容：检查定子、转子和轴承，吹扫，测量空气间隙，手动盘车检查电机转动情况，接地，空载试运转。

计量单位：台

定 额 编 号				A4-6-32	A4-6-33	A4-6-34	A4-6-35
项 目 名 称				功率(kW)			
				≤30	≤60	≤100	≤200
基 价（元）				313.29	423.25	494.46	644.60
其中	人 工 费（元）			251.44	345.52	395.64	506.66
	材 料 费（元）			53.05	67.88	88.97	128.09
	机 械 费（元）			8.80	9.85	9.85	9.85
名 称		单位	单价(元)	消 耗 量			
人工	综合工日	工日	140.00	1.796	2.468	2.826	3.619
材料	金属软管 D40	m	—	(0.824)	(0.824)	—	—
	金属软管 D50	m	—	—	—	(0.824)	(0.824)
	金属软管活接头 φ40	套	—	(2.040)	(2.040)	—	—
	金属软管活接头 φ50	套	—	—	—	(2.040)	(2.040)
	低碳钢焊条	kg	6.84	0.100	0.100	0.100	0.100
	电	kW·h	0.68	12.000	26.000	30.000	60.000
	电力复合脂	kg	20.00	0.040	0.050	0.060	0.080
	电气绝缘胶带 18mm×10m×0.13mm	卷	8.55	0.300	0.400	0.750	1.000
	镀锌扁钢(综合)	kg	3.85	2.400	2.400	2.400	2.400
	焊锡膏	kg	14.53	0.040	0.040	0.060	0.080
	焊锡丝	kg	54.10	0.200	0.200	0.300	0.400
	黄腊带 20mm×10m	卷	7.69	2.320	2.760	3.680	4.600
	汽油	kg	6.77	0.210	0.300	0.600	1.000
	其他材料费占材料费	%	—	1.800	1.800	1.800	1.800
机械	电动空气压缩机 0.6m³/min	台班	37.30	0.093	0.121	0.121	0.121
	交流弧焊机 21kV·A	台班	57.35	0.093	0.093	0.093	0.093

六、大、中型电动机检查接线

工作内容：检查定子、转子和轴承，吹扫，调整和研磨电刷，测量空气间隙，用机械盘车检查电机转动情况，接地，空载试运转。

计量单位：台

定　额　编　号			A4-6-36	A4-6-37	A4-6-38	A4-6-39
项　目　名　称			电动机重量(t/台)			
			≤5	≤10	≤20	≤30
基　　　价（元）			1145.30	1929.36	2992.45	4037.85
其中	人　工　费（元）		603.68	853.16	1237.88	1614.90
	材　料　费（元）		129.63	256.68	528.39	790.11
	机　械　费（元）		411.99	819.52	1226.18	1632.84
名　　　称	单位	单价（元）	消　耗　量			
人工	综合工日	工日	140.00	4.312	6.094	8.842	11.535
材料	金属软管 D100	m	—	—	(0.824)	(1.648)	(2.472)
	金属软管 D75	m	—	(0.824)	—	—	—
	金属软管活接头 φ100	套	—	—	(2.040)	(4.080)	(6.120)
	金属软管活接头 φ75	套	—	(2.040)	—	—	—
	低碳钢焊条	kg	6.84	0.100	0.100	0.100	0.100
	电	kW·h	0.68	105.000	270.000	640.000	1000.000
	电力复合脂	kg	20.00	0.100	0.200	0.250	0.300
	电气绝缘胶带 18mm×10m×0.13mm	卷	8.55	0.500	0.750	1.000	1.250
	镀锌扁钢(综合)	kg	3.85	5.000	5.000	5.000	5.000
	焊锡膏	kg	14.53	0.080	0.100	0.120	0.140
	焊锡丝	kg	54.10	0.400	0.500	0.600	0.700
	聚四氟乙烯带	kg	23.08	0.300	0.420	0.700	0.850
	其他材料费占材料费	%	—	1.800	1.800	1.800	1.800
机械	电动空气压缩机 0.6m³/min	台班	37.30	0.467	0.935	1.402	1.869
	交流弧焊机 21kV·A	台班	57.35	0.093	0.093	0.093	0.093
	汽车式起重机 10t	台班	833.49	0.467	0.935	1.402	1.869

工作内容：检查定子、转子和轴承,吹扫,调整和研磨电刷,测量空气间隙,用机械盘车检查电机转动情况,接地,空载试运转。

计量单位：t

定　额　编　号				A4-6-40
项　目　名　称				电动机重量(t/台)
				＞30每增加一吨
基　　　价（元）				123.01
其中	人　工　费（元）			46.34
	材　料　费（元）			27.39
	机　械　费（元）			49.28
	名　　称	单位	单价(元)	消　耗　量
人工	综合工日	工日	140.00	0.331
材料	金属软管 D100	m	—	(0.090)
	金属软管活接头 φ100	套	—	(0.200)
	低碳钢焊条	kg	6.84	0.010
	电	kW·h	0.68	35.000
	电力复合脂	kg	20.00	0.010
	电气绝缘胶带 18mm×10m×0.13mm	卷	8.55	0.040
	镀锌扁钢(综合)	kg	3.85	0.150
	焊锡膏	kg	14.53	0.010
	焊锡丝	kg	54.10	0.020
	聚四氟乙烯带	kg	23.08	0.030
	其他材料费占材料费	%	—	1.800
机械	电动空气压缩机 0.6m³/min	台班	37.30	0.056
	交流弧焊机 21kV·A	台班	57.35	0.009
	汽车式起重机 10t	台班	833.49	0.056

七、微型电机、变频机组检查接线

工作内容：检查定子、转子和轴承,测量空气间隙,手动盘车检查电机转动情况,接地,空载试运转。

计量单位：台

定 额 编 号				A4-6-41
项 目 名 称				微型电机
基 价（元）				58.99
其中	人 工 费（元）			36.26
	材 料 费（元）			22.73
	机 械 费（元）			—
名 称	单位	单价（元）	消 耗 量	
人工	综合工日	工日	140.00	0.259
材料	金属软管 D20	m	—	(0.824)
	金属软管活接头 φ20	套	—	(2.040)
	白布	kg	6.67	0.200
	电	kW·h	0.68	1.000
	电力复合脂	kg	20.00	0.010
	电气绝缘胶带 18mm×10m×0.13mm	卷	8.55	0.100
	镀锡裸铜软绞线 TJRX 6～10mm²	kg	47.01	0.300
	焊锡膏	kg	14.53	0.010
	焊锡丝	kg	54.10	0.050
	黄腊带 20mm×10m	卷	7.69	0.300
	其他材料费占材料费	%	—	1.800

工作内容：检查定子、转子和轴承,测量空气间隙,手动盘车检查电机转动情况,接地,空载试运转。

计量单位：台

定 额 编 号				A4-6-42	A4-6-43	A4-6-44	A4-6-45
项 目 名 称				变频机组功率			
				≤4kW	≤8kW	≤15kW	≤20kW
基 价 （元）				252.62	275.59	323.36	402.98
其中	人 工 费 （元）			208.46	216.72	252.84	324.38
	材 料 费 （元）			35.36	50.07	61.72	69.80
	机 械 费 （元）			8.80	8.80	8.80	8.80
名 称		单位	单价(元)	消 耗 量			
人工	综合工日	工日	140.00	1.489	1.548	1.806	2.317
材料	金属软管 D20	m	—	(0.824)	—	—	—
	金属软管 D25	m	—	—	(0.824)	(0.824)	(0.824)
	金属软管活接头 φ20	套	—	(2.040)	—	—	—
	金属软管活接头 φ25	套	—	—	(2.040)	(2.040)	(2.040)
	白布	kg	6.67	0.500	0.600	0.700	0.800
	低碳钢焊条	kg	6.84	0.100	0.100	0.100	0.100
	电	kW·h	0.68	2.500	5.000	7.000	10.000
	电力复合脂	kg	20.00	0.020	0.040	0.060	0.060
	电气绝缘胶带 18mm×10m×0.13mm	卷	8.55	0.250	0.500	0.600	0.600
	镀锌扁钢(综合)	kg	3.85	2.400	2.400	2.400	2.400
	焊锡膏	kg	14.53	0.020	0.040	0.060	0.060
	焊锡丝	kg	54.10	0.100	0.200	0.300	0.300
	黄腊带 20mm×10m	卷	7.69	1.500	2.000	2.320	3.000
	其他材料费占材料费	%	—	1.800	1.800	1.800	1.800
机械	电动空气压缩机 0.6m³/min	台班	37.30	0.093	0.093	0.093	0.093
	交流弧焊机 21kV·A	台班	57.35	0.093	0.093	0.093	0.093

八、电磁调速电动机检查接线

工作内容：检查定子、转子和轴承,吹扫,测量空气间隙,手动盘车检查电机转动情况,接地,空载试运转。

计量单位：台

定 额 编 号				A4-6-46	A4-6-47	A4-6-48
项 目 名 称				功率		
				≤2.2kW	≤10kW	≤15kW
基 价（元）				198.62	276.09	360.72
其中	人 工 费（元）			154.42	221.06	304.08
	材 料 费（元）			35.40	46.23	47.84
	机 械 费（元）			8.80	8.80	8.80
名 称		单位	单价(元)	消 耗 量		
人工	综合工日	工日	140.00	1.103	1.579	2.172
材料	金属软管 D25	m	—	(0.824)	(0.824)	(0.824)
	金属软管活接头 φ25	套	—	(2.040)	(2.040)	(2.040)
	白布	kg	6.67	0.200	0.300	0.300
	低碳钢焊条	kg	6.84	0.100	0.100	0.100
	电	kW·h	0.68	2.000	5.000	7.000
	电力复合脂	kg	20.00	0.020	0.030	0.030
	电气绝缘胶带 18mm×10m×0.13mm	卷	8.55	0.100	0.125	0.150
	镀锌扁钢(综合)	kg	3.85	2.400	2.400	2.400
	焊锡膏	kg	14.53	0.020	0.030	0.030
	焊锡丝	kg	54.10	0.100	0.150	0.150
	黄腊带 20mm×10m	卷	7.69	1.800	2.320	2.320
	汽油	kg	6.77	0.200	0.300	0.300
	其他材料费占材料费	%	—	1.800	1.800	1.800
机械	电动空气压缩机 0.6m³/min	台班	37.30	0.093	0.093	0.093
	交流弧焊机 21kV·A	台班	57.35	0.093	0.093	0.093

工作内容：检查定子、转子和轴承，吹扫，测量空气间隙，手动盘车检查电机转动情况，接地，空载试运转。

计量单位：台

定 额 编 号				A4-6-49	A4-6-50
项 目 名 称				功率	
				≤30kW	≤45kW
基 价（元）				419.63	496.59
其中	人 工 费（元）			351.40	417.48
	材 料 费（元）			59.43	70.31
	机 械 费（元）			8.80	8.80
名 称		单位	单价（元）	消 耗 量	
人工	综合工日	工日	140.00	2.510	2.982
材料	金属软管 D40	m	—	(0.824)	(0.824)
	金属软管活接头 φ40	套	—	(2.040)	(2.040)
	白布	kg	6.67	0.400	0.500
	低碳钢焊条	kg	6.84	0.100	0.100
	电	kW·h	0.68	12.000	20.000
	电力复合脂	kg	20.00	0.040	0.040
	电气绝缘胶带 18mm×10m×0.13mm	卷	8.55	0.175	0.200
	镀锌扁钢(综合)	kg	3.85	2.400	2.400
	焊锡膏	kg	14.53	0.040	0.040
	焊锡丝	kg	54.10	0.200	0.200
	黄腊带 20mm×10m	卷	7.69	2.760	3.240
	汽油	kg	6.77	0.400	0.500
	其他材料费占材料费	%	—	1.800	1.800
机械	电动空气压缩机 0.6m³/min	台班	37.30	0.093	0.093
	交流弧焊机 21kV·A	台班	57.35	0.093	0.093

190

第七章 金属构件、穿墙套板安装工程

说　　明

一、本章内容包括金属构件、穿墙板、金属围网、网门的制作与安装等内容。

二、有关说明：

1. 电缆桥架支撑架制作与安装适用于电缆桥架的立柱、托臂现场制作与安装，如果生产厂家成套供货时，只计算安装费。

2. 铁构件制作与安装定额适用于本册范围内除电缆桥架支撑架以外的各种支架、构件的制作与安装。

3. 铁构件制作定额不包括镀锌、镀锡、镀铬、喷塑等其他金属防护费用，工程实际发生时，执行相关定额另行计算。

4. 轻型铁构件是指铁构件的主体结构厚度小于或等于3mm的铁构件。单件重量大于100kg的铁构件安装执行第三册《静置设备与工艺金属结构制作安装工程》相应项目。

5. 穿通板制作安装定额综合考虑了板的规格与安装高度，执行定额时不做调整。定额中不包括电木板、环氧树脂板、钢板等主材，应按照安装用量加损耗量另行计算主材费。

6. 金属围网、网门制作与安装定额包括网或门的边柱、立柱制作与安装。

7. 金属构件制作定额中包括除锈、刷油漆费用。

工程量计算规则

一、基础槽钢、角钢制作与安装，根据设备布置，按照设计图示安装数量以"m"为计量单位。

二、电缆桥架支撑架、铁构件的制作与安装，按照设计图示安装成品重量以"t"为计量单位。计算重量时，计算制作螺栓及连接件重量，不计算制作与安装损耗量、焊条重量。

三、金属箱、盒制作按照设计图示安装成品重量以"kg"为计量单位。计算重量时，计算制作螺栓及连接件重量，不计算制作损耗量、焊条重量。

四、穿通板制作与安装根据工艺布置和套板材质，按照设计图示安装数量以"块"为计量单位。

五、围网、网门制作与安装根据工艺布置，按照设计图示尺寸以"m²"为计量单位。计算面积时，围网长度按照中心线计算，围网高度按照实际高度计算，不计算围网底至地面的高度。

一、金属构件制作与安装

1.基础槽钢、角钢制作与安装

工作内容：平直、下料、制作、焊接、钻孔、安装、接地、油漆。

计量单位：m

定　额　编　号			A4-7-1	A4-7-2
项　目　名　称			基础槽钢	基础角钢
			制作、安装	
基　　　　价（元）			12.99	10.53
其中	人　工　费（元）		8.26	6.16
	材　料　费（元）		3.35	3.11
	机　械　费（元）		1.38	1.26
名　　称	单位	单价（元）	消　耗　量	
人工	综合工日	工日	140.00	0.059	0.044
材料	基础槽(角)钢	m	—	(1.010)	(1.010)
	低碳钢焊条	kg	6.84	0.066	0.055
	镀锌扁钢(综合)	kg	3.85	0.237	0.237
	酚醛调和漆	kg	7.90	0.010	0.010
	钢板	kg	3.17	0.100	0.050
	螺纹钢筋 HRB400 φ10以内	kg	3.50	0.411	0.411
	砂轮片 φ400	片	8.97	0.010	0.010
	其他材料费占材料费	%	—	1.800	1.800
机械	交流弧焊机 21kV·A	台班	57.35	0.024	0.022

2. 支架制作与安装

工作内容：平直、下料、钻孔、组对、焊接、安装、接地、油漆。　　　　　　　　　计量单位：t

定 额 编 号				A4-7-3	A4-7-4
项 目 名 称				电缆桥架支撑架	
				制作	安装
基 价（元）				3687.36	2260.00
其中	人 工 费（元）			3022.88	1759.10
	材 料 费（元）			307.53	177.68
	机 械 费（元）			356.95	323.22
名 称		单位	单价（元）	消 耗 量	
人工	综合工日	工日	140.00	21.592	12.565
材料	槽钢（综合）	kg	—	(750.000)	—
	角钢（综合）	kg	—	(300.000)	—
	白布	kg	6.67	—	1.800
	低碳钢焊条	kg	6.84	12.600	16.200
	镀锌六角螺栓带螺母 2平垫1弹垫 M10×100以内	10套	4.30	30.900	—
	防锈漆	kg	5.62	—	2.700
	酚醛调和漆	kg	7.90	—	1.800
	钢锯条	条	0.34	—	9.000
	胶木板	kg	20.00	2.523	0.841
	砂轮片 φ400	片	8.97	1.500	0.010
	铁砂布	张	0.85	22.500	—
	油漆溶剂油	kg	2.62	—	0.900
	其他材料费占材料费	%	—	1.800	1.800
机械	交流弧焊机 21kV·A	台班	57.35	6.224	5.636

3.铁构件制作与安装

工作内容：制作、平直、划线、下料、钻孔、组对、焊接、刷油(喷漆)、安装、补刷油。　　计量单位：t

定　额　编　号			A4-7-5	A4-7-6	A4-7-7	A4-7-8
项　目　名　称			一般铁构件		轻型铁构件	
			制作	安装	制作	安装
基　　　　价（元）			4214.95	2966.96	5217.24	3341.31
其中	人　工　费（元）		3360.28	2443.00	4395.86	2850.26
	材　料　费（元）		458.04	164.83	294.49	62.24
	机　械　费（元）		396.63	359.13	526.89	428.81
名　　称	单位	单价（元）	消　　耗　　量			
人工	综合工日	工日	140.00	24.002	17.450	31.399	20.359
材料	扁钢(综合)	kg	—	(220.000)	—	—	—
	角钢(综合)	kg	—	(750.000)	—	—	—
	热轧薄钢板 δ1.0～1.5	kg	—	—	—	(1040.000)	—
	圆钢(综合)	kg	—	(80.000)	—	—	—
	白布	kg	6.67	1.000	2.000	2.000	2.000
	低碳钢焊条	kg	6.84	14.000	18.000	12.000	6.000
	镀锌六角螺栓带螺母 2平垫1弹垫 M10×100以内	10套	4.30	51.500		29.870	
	防锈漆	kg	5.62	3.000	0.300	3.700	0.300
	酚醛调和漆	kg	7.90	2.000	0.200	2.000	0.200
	钢锯条	条	0.34	—	10.000	—	10.000
	胶木板	kg	20.00	2.804	0.935	—	—
	砂轮片 φ400	片	8.97	1.500	0.010	1.500	0.010
	铁砂布	张	0.85	25.000	—	15.000	—
	油漆溶剂油	kg	2.62	1.000	—	1.000	—
	其他材料费占材料费	%	—	1.800	1.800	1.800	1.800
机械	扳边机 2×1500mm	台班	16.72	—	—	2.336	—
	电动空气压缩机 0.6m³/min	台班	37.30	—	—	3.738	—
	交流弧焊机 21kV·A	台班	57.35	6.916	6.262	6.075	7.477

工作内容：制作、平直、划线、下料、钻孔、组对、焊接、刷油(喷漆)、安装、补刷油。　计量单位：kg

定　额　编　号				A4-7-9
项　目　名　称				金属箱、盒制作
基　　　　价（元）				13.58
其中	人　工　费（元）			11.90
	材　料　费（元）			0.87
	机　械　费（元）			0.81
名　　　称	单位	单价（元）	消　　耗　　量	
人工	综合工日	工日	140.00	0.085	
材料	角钢(综合)	kg	—	(0.050)	
	热轧薄钢板 δ1.0～1.5	kg	—	(1.040)	
	白布	kg	6.67	0.002	
	低碳钢焊条	kg	6.84	0.015	
	镀锌六角螺栓带螺母 2平垫1弹垫 M10×100以内	10套	4.30	0.020	
	防锈漆	kg	5.62	0.036	
	钢锯条	条	0.34	0.020	
	喷漆	kg	12.82	0.032	
	砂轮片 φ400	片	8.97	0.001	
	石膏粉	kg	0.40	0.007	
	铁砂布	张	0.85	0.030	
	其他材料费占材料费	%	—	1.800	
机械	扳边机 2×1500mm	台班	16.72	0.004	
	电动空气压缩机 0.6m³/min	台班	37.30	0.006	
	交流弧焊机 21kV·A	台班	57.35	0.009	

二、穿通板制作与安装

工作内容：穿通板平直、下料、制作、焊接、打洞、安装、接地、油漆。　　　　　　　计量单位：块

定　额　编　号			A4-7-10	A4-7-11	A4-7-12
项　目　名　称			石棉水泥板	塑料板	电木板
基　　　价（元）			139.28	115.06	240.55
其中	人　工　费（元）		89.74	66.22	149.94
	材　料　费（元）		41.51	40.63	78.80
	机　械　费（元）		8.03	8.21	11.81
名　　　称	单位	单价（元）	消　　耗　　量		
人工 综合工日	工日	140.00	0.641	0.473	1.071
材料 胶木板	kg	—	—	—	(5.119)
聚氯乙烯板（综合）	kg	—	—	(5.220)	—
石棉水泥板 δ20	m²	—	(0.310)	—	—
白布	kg	6.67	0.100	0.100	0.100
低碳钢焊条	kg	6.84	0.280	0.280	0.350
镀锌扁钢（综合）	kg	3.85	1.580	1.580	2.400
防锈漆	kg	5.62	0.130	0.130	0.080
酚醛调和漆	kg	7.90	0.220	0.110	0.250
钢锯条	条	0.34	2.000	2.000	2.000
角钢（综合）	kg	3.61	8.000	8.000	17.000
棉纱头	kg	6.00	—	—	0.010
清油	kg	9.70	—	—	0.050
铁砂布	张	0.85	0.100	0.100	0.100
其他材料费占材料费	%	—	1.800	1.800	1.800
机械 交流弧焊机 21kV·A	台班	57.35	0.140	0.140	0.206
立式钻床 25mm	台班	6.58	—	0.028	—

工作内容：穿通板平直、下料、制作、焊接、打洞、安装、接地、油漆。 计量单位：块

定　额　编　号				A4-7-13	A4-7-14
项　目　名　称				环氧树脂板	钢板
基　　价（元）				239.99	133.09
其中	人　工　费（元）			149.94	70.98
	材　料　费（元）			78.24	52.42
	机　械　费（元）			11.81	9.69
名　　称		单位	单价（元）	消　　耗　　量	
人工	综合工日	工日	140.00	1.071	0.507
材料	钢板(综合)	kg	—	—	(12.360)
	环氧树脂板	块	—	(1.050)	—
	白布	kg	6.67	0.100	0.100
	低碳钢焊条	kg	6.84	0.350	0.330
	镀锌扁钢(综合)	kg	3.85	2.400	1.550
	防锈漆	kg	5.62	0.080	0.400
	酚醛调和漆	kg	7.90	0.250	0.300
	钢锯条	条	0.34	2.000	2.000
	角钢(综合)	kg	3.61	17.000	9.150
	铁砂布	张	0.85	0.100	0.100
	氧气	m³	3.63	—	0.520
	乙炔气	kg	10.45	—	0.220
	其他材料费占材料费	%	—	1.800	1.800
机械	交流弧焊机 21kV·A	台班	57.35	0.206	0.168
	立式钻床 25mm	台班	6.58	—	0.009

三、金属围网、网门制作与安装

工作内容：制作、平直、划线、下料、钻孔、组对、焊接、刷油(漆)、安装、补刷油。　　　计量单位：m²

定　额　编　号			A4-7-15	A4-7-16	A4-7-17	A4-7-18
项　目　名　称			金属围网		金属网门	
			制作	安装	制作	安装
基　　　价（元）			172.50	45.41	200.21	47.93
其中	人　工　费（元）		42.84	22.96	47.60	25.48
	材　料　费（元）		128.57	14.96	151.52	14.96
	机　械　费（元）		1.09	7.49	1.09	7.49
名　称		单位	单价（元）	消　　耗　　量			
人工	综合工日	工日	140.00	0.306	0.164	0.340	0.182
材料	白布	kg	6.67	—	0.100	—	0.100
	低碳钢焊条	kg	6.84	0.030	0.030	0.030	0.030
	镀锌钢丝网 φ1.6×20×20	m²	16.24	1.100	—	1.100	—
	镀锌铁丝 φ2.5~4.0	kg	3.57	—	0.200	—	0.200
	防锈漆	kg	5.62	0.070	0.030	0.070	0.030
	酚醛调和漆	kg	7.90	0.070	0.030	0.070	0.030
	钢管	kg	4.06	—	—	6.800	—
	钢锯条	条	0.34	0.300	0.200	0.300	0.200
	合页	副	0.72	—	2.000	—	2.000
	角钢(综合)	kg	3.61	27.900	3.100	23.800	3.100
	门锁及五金	套	15.50	—	—	0.625	—
	清油	kg	9.70	0.100	—	0.100	—
	砂轮片 φ400	片	8.97	0.010	—	0.015	—
	铁砂布	张	0.85	1.500	—	1.500	—
	紫铜板(综合)	kg	58.97	0.070	—	0.070	—
	其他材料费占材料费	%	—	1.800	1.800	1.800	1.800
机械	电动空气压缩机 0.6m³/min	台班	37.30	—	0.187	—	0.187
	交流弧焊机 21kV·A	台班	57.35	0.019	0.009	0.019	0.009

第八章 滑触线安装工程

说　　明

一、本章内容包括轻型滑触线、安全节能型滑触线及滑触线拉紧装置、挂式支持器的制作与安装以及移动软电缆安装等内容。

二、有关说明：

1.滑触线安装定额包括下料、除锈、刷防锈漆与防腐漆，伸缩器、坐式电车绝缘子支持器安装。定额不包括预埋铁件与螺栓、辅助母线安装。

2.滑触线及支架安装定额是按照安装高度小于或等于10m编制，若安装高度大于10m时，超出部分的安装工程量按照定额人工乘以系数1.1。

3.安全节能型滑触线安装不包括滑触线导轨、支架、集电器及其附件等材料，安全节能型滑触线三相组合成一根时，按单相滑触线安装定额乘以系数2.0。

4.移动软电缆安装定额不包括轨道安装及滑轮制作。

5.滑触线支架的制作安装执行本册第七章相关定额。

工程量计算规则

一、滑触线安装根据材质及性能要求，按照设计图示安装成品数量以"m/单相"为计量单位，计算长度时，应考虑滑触线挠度和连接需要增加的工程量，不计算下料、安装损耗量。滑触线另行计算主材费，滑触线安装预留长度按照设计规定计算，设计无规定时按照下表规定计算。

滑触线安装附加和预留长度表   单位：m/根

序号	项目	预留长度	说明
1	工字钢、槽钢、轻轨滑触线终端	0.8	从最后一个支持点起算
2	安全节能及其他滑触线终端	0.5	从最后一个固定点起算

二、滑触线拉紧装置、挂式支持器安装根据构件形式及材质，按照设计图示安装成品数量以"副"或"套"为计量单位，三相一体为1副或1套。

三、沿钢索移动软电缆按照每根长度以"套"为计量单位，不足每根长度按照1套计算；沿轨道移动软电缆根据截面面积，以"m"为计量单位。

一、轻型滑触线安装

工作内容：平直、除锈、刷油、支架、滑触线、补偿器安装、接地。　　　　计量单位：10m/单相

定　额　编　号				A4-8-1	A4-8-2	A4-8-3
项　目　名　称				铜质Ⅰ型	铜钢组合	沟型
基　　　价（元）				751.42	635.12	110.19
其中	人　工　费（元）			491.54	483.00	102.48
	材　料　费（元）			58.76	47.44	7.71
	机　械　费（元）			201.12	104.68	—
名　　称		单位	单价（元）	消	耗	量
人工	综合工日	工日	140.00	3.511	3.450	0.732
材料	滑触线	m·单相	—	(10.050)	(10.050)	(10.050)
	白布	kg	6.67	0.100	0.100	0.100
	低碳钢焊条	kg	6.84	0.400	1.201	0.300
	酚醛调和漆	kg	7.90	0.601	0.801	0.100
	钢锯条	条	0.34	0.501	0.501	0.200
	焊锡膏	kg	14.53	0.050	0.020	0.010
	焊锡丝	kg	54.10	0.420	0.160	0.020
	汽油	kg	6.77	0.100	0.100	0.100
	铁砂布	张	0.85	1.001	1.001	0.501
	铜接线端子 DT-95	个	7.00	0.200	0.200	—
	型钢	kg	3.70	0.801	2.603	—
	氧气	m³	3.63	1.201	0.300	0.200
	乙炔气	kg	10.45	0.521	0.130	0.090
	硬铜绞线 TJ-95mm²	kg	42.74	0.240	0.170	—
	其他材料费占材料费	%	—	1.800	1.800	1.800
机械	交流弧焊机 21kV·A	台班	57.35	0.105	0.294	—
	汽车式起重机 8t	台班	763.67	0.200	0.095	—
	型钢剪断机 500mm	台班	288.20	0.147	0.053	—

二、安全节能型滑触线安装

工作内容：开箱检查、测位、划线、组装、调直、固定、安装导电器及触划线、接地。

计量单位：10m/单相

定 额 编 号			A4-8-4	A4-8-5	A4-8-6
项 目 名 称			电流(A)		
			≤100	≤200	≤320
基 价 （元）			223.20	259.82	280.72
其中	人 工 费 （元）		134.12	159.32	168.42
	材 料 费 （元）		21.10	23.68	25.87
	机 械 费 （元）		67.98	76.82	86.43
名 称	单位	单价(元)	消 耗 量		
人工 综合工日	工日	140.00	0.958	1.138	1.203
材料 滑触线	m·单相	—	(10.050)	(10.050)	(10.050)
白布	kg	6.67	0.050	0.050	0.070
低碳钢焊条	kg	6.84	0.801	0.901	1.001
酚醛调和漆	kg	7.90	0.240	0.270	0.300
钢锯条	条	0.34	0.200	0.200	0.300
焊锡膏	kg	14.53	0.010	0.010	0.010
焊锡丝	kg	54.10	0.020	0.030	0.030
汽油	kg	6.77	0.080	0.080	0.080
铁砂布	张	0.85	0.601	0.601	0.701
铜接线端子 DT-95	个	7.00	0.200	0.200	0.200
型钢	kg	3.70	0.641	0.721	0.801
氧气	m³	3.63	0.320	0.360	0.400
乙炔气	kg	10.45	0.140	0.160	0.170
硬铜绞线 TJ-95mm²	kg	42.74	0.100	0.110	0.120
其他材料费占材料费	%	—	1.800	1.800	1.800
机械 交流弧焊机 21kV·A	台班	57.35	0.200	0.221	0.242
汽车式起重机 8t	台班	763.67	0.074	0.084	0.095

工作内容：开箱检查、测位、划线、组装、调直、固定、安装导电器及触划线、接地。

计量单位：10m/单相

定　额　编　号				A4-8-7	A4-8-8	A4-8-9
项　目　名　称				电流(A)		
				≤500	≤800	≤1250
基　　　　价（元）				321.49	364.96	394.03
其中	人　工　费（元）			188.58	217.42	234.22
	材　料　费（元）			28.67	33.25	35.29
	机　械　费（元）			104.24	114.29	124.52
名　　称		单位	单价（元）	消　耗　量		
人工	综合工日	工日	140.00	1.347	1.553	1.673
材料	滑触线	m·单相	—	(10.050)	(10.050)	(10.050)
	白布	kg	6.67	0.070	0.090	0.090
	低碳钢焊条	kg	6.84	1.101	1.301	1.401
	酚醛调和漆	kg	7.90	0.340	0.390	0.420
	钢锯条	条	0.34	0.300	0.400	0.400
	焊锡膏	kg	14.53	0.010	0.010	0.010
	焊锡丝	kg	54.10	0.030	0.040	0.040
	汽油	kg	6.77	0.100	0.100	0.100
	铁砂布	张	0.85	0.701	0.801	0.801
	铜接线端子 DT-95	个	7.00	0.200	0.200	0.200
	型钢	kg	3.70	0.901	1.041	1.121
	氧气	m³	3.63	0.451	0.521	0.561
	乙炔气	kg	10.45	0.190	0.220	0.240
	硬铜绞线 TJ-95mm²	kg	42.74	0.140	0.160	0.170
	其他材料费占材料费	%	—	1.800	1.800	1.800
机械	交流弧焊机 21kV·A	台班	57.35	0.273	0.315	0.347
	汽车式起重机 8t	台班	763.67	0.116	0.126	0.137

三、滑触线拉紧装置及挂式支持器制作与安装

工作内容：划线、下料、钻孔、刷油、绝缘子灌注螺栓、组装、固定、拉紧装置成套组装及安装。

计量单位：套

定 额 编 号			A4-8-10	A4-8-11	A4-8-12	A4-8-13
项 目 名 称			滑触线拉紧装置			挂式滑触线
			扁钢	圆钢	软滑线	支持器
基 价（元）			43.88	42.52	55.95	12.79
其中	人 工 费（元）		7.84	8.96	37.24	2.66
	材 料 费（元）		36.04	33.56	18.71	10.10
	机 械 费（元）		—	—	—	0.03
名 称	单位	单价（元）	消 耗 量			
人工	综合工日	工日	140.00	0.056	0.064	0.266	0.019
材料	白布	kg	6.67	0.300	0.300	0.300	0.040
	电车绝缘子 WX-01	个	7.44	—	—	—	1.030
	镀锌铁丝 φ2.5～4.0	kg	3.57	0.100	0.130	0.200	—
	防锈漆	kg	5.62	0.050	0.050	0.050	—
	酚醛调和漆	kg	7.90	0.060	0.060	0.060	—
	角钢(综合)	kg	3.61	2.500	2.300	1.150	0.246
	拉紧绝缘子 J-2	个	10.60	—	1.020	—	—
	拉紧绝缘子 J-4.5	个	12.39	1.020	—	—	—
	青壳纸 δ0.1～1.0	kg	20.84	—	—	—	0.052
	水泥 42.5级	kg	0.33	—	—	—	0.062
	索具螺旋扣 M14×150	套	4.94	1.020	1.020	—	—
	索具螺旋扣 M14×270	套	5.48	1.020	1.020	—	—
	索具螺旋扣 M16×250	套	10.55	—	—	1.020	—
	其他材料费占材料费	%	—	1.800	1.800	1.800	1.800
机械	台式钻床 16mm	台班	4.07	—	—	—	0.007

四、移动软电缆安装

工作内容：配钢索、装拉紧装置、吊挂、滑轮及托架，电缆敷设、接线。

计量单位：套

定 额 编 号				A4-8-14	A4-8-15	A4-8-16
项 目 名 称				沿钢索		
				每根长度(m)		
				≤10	≤20	≤30
基 价 （元）				131.33	214.28	296.93
其中	人 工 费（元）			46.48	70.00	93.38
	材 料 费（元）			84.85	144.28	203.55
	机 械 费（元）			—	—	—
名 称		单位	单价（元）	消 耗 量		
人工	综合工日	工日	140.00	0.332	0.500	0.667
材料	软电缆	套	—	(1.010)	(1.010)	(1.010)
	白布	kg	6.67	0.100	0.150	0.150
	镀锌电缆吊挂 3.0×50	套	2.99	6.000	11.000	16.000
	钢锯条	条	0.34	0.500	0.500	1.000
	钢丝绳 φ4.5	m	1.35	12.000	24.000	36.000
	钢丝绳 φ8.4	m	2.69	10.000	20.000	30.000
	钢索拉紧装置	套	21.47	1.000	1.000	1.000
	其他材料费占材料费	%	—	1.800	1.800	1.800

工作内容：配钢索、装拉紧装置、吊挂、滑轮及托架，电缆敷设、接线。 计量单位：10m

定 额 编 号				A4-8-17	A4-8-18	A4-8-19	A4-8-20
项 目 名 称				沿轨道			
				电缆截面(mm²)			
				≤16	≤35	≤70	≤120
基 价 （元）				37.02	38.84	41.58	44.38
其中	人 工 费 （元）			13.02	14.84	17.50	20.30
	材 料 费 （元）			24.00	24.00	24.08	24.08
	机 械 费 （元）			—	—	—	—
名 称		单位	单价(元)	消 耗 量			
人工	综合工日	工日	140.00	0.093	0.106	0.125	0.145
材料	软电缆	m	—	(10.100)	(10.100)	(10.100)	(10.100)
	白布	kg	6.67	0.020	0.020	0.030	0.030
	镀锌电缆吊挂 3.0×50	套	2.99	3.303	3.303	3.303	3.303
	钢锯条	条	0.34	0.150	0.150	0.200	0.200
	钢丝绳 φ4.5	m	1.35	10.010	10.010	10.010	10.010
	其他材料费占材料费	%	—	1.800	1.800	1.800	1.800

第九章 配电、输电电缆敷设工程

说　　明

一、本章内容包括电缆辅助施工、电缆保护管敷设、电缆桥架与槽盒安装。电力电缆敷设、电力电缆头制作与安装、控制电缆敷设、控制电缆终端头制作与安装、电缆防火设施安装等内容。

二、有关说明：

1. 电缆辅助施工定额包括开挖与修复路面、沟槽挖填、铺砂与保护、揭、盖或移动盖板等内容。

（1）定额不包括电缆沟与电缆井的砌筑或浇筑混凝土、隔热层与保护层制作与安装，工程实际发生时，执行相应定额。

（2）开挖路面、修复路面定额包括安装警戒设施的搭拆、开挖、回填、路面修复、余物外运、场地清理等工作内容，定额不包括施工场地的手续办理、秩序维护、临时通行设施搭拆等。

（3）开挖路面定额综合考虑了人工开挖、机械开挖，执行定额时不因施工组织与施工技术方式的不同而调整。

（4）修复路面的定额综合考虑了不同材质的制备，执行定额时不做调整。

（5）沟槽挖填定额包括土石方开挖、回填、余土外运等，适用于电缆及电缆保护管土石方施工。定额是按照人工施工考虑的，工程实际采用机械施工时，定额不做调整。

2. 揭、盖、移动盖板定额综合考虑了不同的工序，执行定额时不因工序的多少而调整。

3. 电缆保护管铺设定额分为地下铺设、地上铺设两个部分。入室后需要敷设电缆保护管时，执行本册定额第十二章"配管工程"相关定额。

（1）地下铺设不分人工或机械铺设、铺设深度，均执行定额，不做调整。

（2）地上铺设保护管定额不分角度与方向，综合考虑了不同壁厚与长度，执行定额时不做调整。

（3）多孔梅花管安装参照相应的塑料管定额执行。

4. 桥架安装定额包括组对、焊接、桥架开孔、隔板与盖板安装、接地、附件安装、修理等。定额不包括桥架支撑架安装。定额综合考虑了螺栓、焊接和膨胀螺栓三种安装方式，实际安装与定额不同时不做调整。

（1）梯式桥架安装定额是按照不带盖考虑的，若梯式桥架带盖，则执行相应的槽式桥架定额。

（2）钢制桥架主结构设计厚度大于3mm时，执行相应安装定额的人工、机械乘以系数1.20。

（3）不锈钢桥架安装执行相应的钢制桥架定额乘以系数1.10。

（4）桥架安装定额是按照厂家供应成品安装编制的，若现场需要制作桥架时，应执行本册定额第七章"金属构件、穿墙套板安装工程"相关定额。

（5）槽盒安装根据材质与规格，执行相应的槽式桥架安装定额，其中：人工、机械乘以系数1.08。

（6）钢制桥架内衬防火板时，定额人工、机械乘以系数1.10。

5.电缆敷设综合了裸包电缆、铠装电缆、屏蔽电缆等电缆类型，凡是电压等级小于或等于10kV电力电缆和控制电缆敷设不分结构形式和型号，不分敷设方式和部位，一律按照相应的电缆截面和材质执行定额。

6.竖井通道内敷设电缆定额适用于单段高度大于3.6m的竖井。在单段高度小于或等于3.6m的竖井内敷设电缆时，应执行"电力电缆敷设"相关定额。

7.电力电缆敷设定额是按照平原地区施工条件编制的，未考虑在积水区、水底、深井下等特殊条件下的电缆敷设。电缆在一般山地、丘陵地区敷设时，其定额人工乘以系数1.30。该地段施工所需的额外材料（如：固定桩、夹具等）应根据施工组织设计另行计算。

8.电力电缆敷设定额是按照三芯（包括三芯连地）编制的，电缆每增加一芯相应定额增加15%。单芯电力电缆敷设按照同截面电缆敷设定额乘以系数0.7，两芯电缆按照三芯电缆定额执行。截面$400mm^2$以上至$800mm^2$的单芯电力电缆敷设，按照$400mm^2$电力电缆敷设定额乘以系数1.35。截面$800mm^2$以上至$1600mm^2$的单芯电力电缆敷设，按照$400mm^2$电力电缆敷设定额乘以系数1.85。

9.电缆敷设需要钢索及拉紧装置安装时，应执行本册定额第十三章"配线工程"相关定额。

10.双屏蔽电缆头制作安装执行相应定额人工乘以系数1.05。若接线端子为异型端子，需要单独加工时，应另行计算加工费。

11.电缆防火设施安装不分规格、材质，执行定额时不做调整。

12.阻燃槽盒安装定额按照单件槽盒2.05m长度考虑，定额中包括槽盒、接头部件的安装，包括接头防火处理。执行定额时不得因阻燃槽盒的材质、壁厚、单件长度而调整。

13.电缆敷设定额中不包括支架的制作与安装，工程应用时，执行本册定额第七章"金属构件、穿墙套板安装工程"相关定额。

14.铝合金电缆敷设根据规格执行相应的铝芯电缆敷设定额。

15.电缆沟盖板采用金属盖板时，根据设计图纸分工执行相应的定额。属于电气安装专业设计范围的电缆沟金属盖板制作与安装，执行本册定额第七章"金属构件、穿墙套板安装工程"按相应定额乘以系数0.6。

16.预分支电流敷设，按主干线相应规格截面执行本章竖井通道内电缆敷设定额。

17.矿物绝缘电缆根据规格执行相应电缆敷设定额乘以系数1.20。

工程量计算规则

一、开挖路面、修复路面根据路面材质与厚度，结合施工组织设计，安装实际开挖的数量以"m³"为计量单位。需要单独计算渣土外运工程量时，按照路面开挖厚度乘以开挖面积计算，不考虑松散系数。

二、电缆沟槽挖填根据电缆敷设路径，除特殊要求外，按照下表规定以"m³"为计量单位。沟槽开挖长度按照电缆敷设路径长度计算。需要单独计算余土（余石）外运工程量时按照电缆沟槽挖填量12.5%计算。

直埋电缆沟槽土石方挖填计算表

项目	电缆根数	
	1～2	每增1根
每米沟长挖方量(m³)	0.45	0.153

注：1.2根以内电缆沟，按照上口宽度600mm、下口宽度400mm、深900mm计算常规土方量（深度按规范的最低标准）。

2.每增加1根电缆，其宽度增加170mm。

3.土石方量从自然地坪挖起，若挖深大于900mm时，按照开挖尺寸另行计算。

4.挖淤泥、流砂按照本表中数量乘以系数1.5。

三、电缆沟揭、盖、移动盖板根据施工组织设计，以揭一次与盖一次或者移出一次与移回一次为计算基础，按照实际揭与盖或移出与移回的次数乘以其长度，以"rn"为计量单位。

四、电缆保护管敷设根据电缆敷设路径，应区别不同敷设方式、敷设位置、管材材质、规格，按照设计图示敷设数量以"m"为计量单位。计算电缆保护管长度时，设计无规定者按照以下规定增加保护管长度。

1.横穿马路时，按照路基宽度两端各增加2m。

2.保护管需要出地面时，弯头管口距地面增加2m。

3.穿过建（构）筑物外墙时，从基础外缘起增加1m。

4.穿过沟（隧）道时，从沟（隧）道壁外缘起增加1m。

五、电缆保护管地下敷设，其土石方量施工有设计图纸的，按照设计图纸计算；无设计图纸的，沟深按照0.9m计算，沟宽按照保护管边缘每边各增加0.3m工作面计算。

六、电缆桥架安装根据桥架材质与规格，按照设计图示安装数量以"m"为计量单位。

七、组合式桥架安装按照设计图示安装数量以"片"为计量单位，复合支架安装按照设计图示安装数量以"副"为计量单位。

八、电缆敷设根据电缆敷设环境与规格，按照设计图示单根敷设数量以"m"为计量单位。不计算电缆敷设损耗量。

1. 竖井通道内敷设电缆长度按照电缆敷设在竖井通道垂直高度以延长米计算工程量。

2. 预制分支电缆敷设长度按照敷设主电缆长度计算工程量。

3. 计算电缆敷设长度时，应考虑因波形敷设、弛度、电缆绕梁（柱）所增加的长度以及电缆与设备连接、电缆接头等必要的预留长度。预留长度按照设计规定计算，设计无规定时按照下表规定计算。

电缆敷设附加长度计算表

序号	项目	预留长度（附加）	说明
1	电缆敷设弛度、波形弯度、交叉	2.5%	按电缆全长计算
2	电缆进入建筑物	2.0m	规范规定最小值
3	电缆进入沟内或吊架时引上（下）预留	1.5m	规范规定最小值
4	变电所进线、出线	1.5m	规范规定最小值
5	电力电缆终端头	1.5m	检修余量最小值
6	电缆中间接头盒	两端各留 2.0m	检修余量最小值
7	电缆进控制、保护屏及模拟盘等	高+宽	按盘面尺寸
8	高压开关柜及低压配电盘、柜	2.0m	盘下进出线
9	电缆至电动机	0.5m	从电机接线盒算起
10	厂用变压器	3.0m	从地坪起算
11	电缆绕过梁等增加长度	按实计算	按被绕物的断面情况计算增加长度
12	电梯电缆与电缆架固定点	每处 0.5m	范围最小值

九、电缆头制作与安装根据电压等级与电缆头形式及电缆截面，按照设计图示单根电缆接头数量以"个"为计量单位。

1. 电力电缆和控制电缆均按照一根电缆有两个终端头计算。

2. 电力电缆中间头按照设计规定计算；设计没有规定的以单根长度 400m 为标准，每增加 400m 计算一个中间头，增加长度小于 400m 时计算一个中间头。

十、电缆防火设施安装根据防火设施的类型及材料，按照设计用量分别以不同计量单位计算工程量。

一、电缆工程辅助施工

1.开挖与修复路面

(1)开挖路面

工作内容：测量、划线、路面切割、路基挖掘、挖掘物堆放、渣土清理运输等。

计量单位：m²

定　额　编　号			A4-9-1	A4-9-2
项　目　名　称			混凝土路面开挖	
			厚度(mm)≤180	厚度(mm)≤300
基　　　　价（元）			30.67	63.74
其中	人　工　费（元）		10.36	15.40
	材　料　费（元）		—	—
	机　械　费（元）		20.31	48.34
名　　　称	单位	单价（元）	消　　耗　　量	
人工	综合工日	工日	140.00	0.074	0.110
机械	电动空气压缩机 3m³/min	台班	118.19	0.037	0.143
	载重汽车 5t	台班	430.70	0.037	0.073

工作内容：测量、划线、路面切割、路基挖掘、挖掘物堆放、渣土清理运输等。　　　　　　　　　　　　计量单位：m²

定　额　编　号			A4-9-3	A4-9-4
项　目　名　称			沥青混凝土路面开挖	
			厚度(mm)≤70	厚度(mm)≤150
基　　　　价（元）			15.87	29.03
其中	人　工　费（元）		4.34	8.54
	材　料　费（元）		—	—
	机　械　费（元）		11.53	20.49
名　　称	单位	单价（元）	消　耗　量	
人工	综合工日	工日	140.00	0.031	0.061
机械	电动空气压缩机 3m³/min	台班	118.19	0.021	0.064
	载重汽车 5t	台班	430.70	0.021	0.030

工作内容：测量、划线、路面切割、路基挖掘、挖掘物堆放、渣土清理运输等。 计量单位：m²

定 额 编 号					A4-9-5	A4-9-6
项 目 名 称					砂石路面开挖	
					厚度(mm)≤100	厚度(mm)≤300
基 价 （元）					23.40	44.01
其中	人 工 费 （元）				6.72	13.02
	材 料 费 （元）				—	—
	机 械 费 （元）				16.68	30.99
名 称		单位	单价（元）		消 耗 量	
人工	综合工日	工日	140.00		0.048	0.093
机械	电动空气压缩机 3m³/min	台班	118.19		0.050	0.080
	载重汽车 5t	台班	430.70		0.025	0.050

工作内容：测量、划线、路面切割、路基挖掘、挖掘物堆放、渣土清理运输等。　　　　　　　　计量单位：m²

定　额　编　号					A4-9-7	A4-9-8
项　目　名　称					预制块人行道开挖	
					厚度(mm)≤60	厚度(mm)≤120
基　　　　　价（元）					9.47	21.72
其中	人　工　费（元）				2.38	7.14
	材　料　费（元）				—	—
	机　械　费（元）				7.09	14.58
名　　　称		单位	单价(元)		消　耗　　量	
人工	综合工日	工日	140.00		0.017	0.051
机械	电动空气压缩机 3m³/min	台班	118.19		0.009	0.014
	载重汽车 5t	台班	430.70		0.014	0.030

(2) 修复路面

工作内容：清理、过滤原碎石、回填、铺面层、养护、标识。

计量单位：m²

定　额　编　号				A4-9-9	A4-9-10
项　目　名　称				混凝土路面修复	
				厚度(mm)≤180	厚度(mm)≤300
基　　　价（元）				263.24	327.69
其中	人　工　费（元）			63.28	69.58
	材　料　费（元）			149.45	207.60
	机　械　费（元）			50.51	50.51
名　　称		单位	单价（元）	消　耗　量	
人工	综合工日	工日	140.00	0.452	0.497
材料	板方材	m³	1800.00	0.030	0.030
	水	m³	7.96	0.687	0.687
	碎石 30～50	t	106.80	0.233	0.388
	铁件	kg	4.19	0.367	0.367
	现浇混凝土 C25	m³	307.34	0.198	0.330
	圆钉	kg	5.13	0.013	0.013
	其他材料费占材料费	%	—	1.800	1.800
机械	轮胎式装载机 2m³	台班	721.52	0.070	0.070

工作内容：清理、过滤原碎石、回填、铺面层、养护、标识。 计量单位：m²

定 额 编 号				A4-9-11	A4-9-12
项 目 名 称				沥青混凝土路面修复	
				厚度(mm)≤70	厚度(mm)≤150
基 价（元）				124.25	219.72
其中	人 工 费（元）			27.58	30.38
	材 料 费（元）			84.27	175.93
	机 械 费（元）			12.40	13.41
名 称		单位	单价(元)	消 耗 量	
人工	综合工日	工日	140.00	0.197	0.217
材料	柴油	kg	5.92	0.003	0.003
	木柴	kg	0.18	16.640	16.640
	碎石 30～50	t	106.80	0.186	0.388
	中粒式沥青混凝土	m³	778.00	0.077	0.165
	其他材料费占材料费	%	—	1.800	1.800
机械	钢轮内燃压路机 15t	台班	604.11	0.009	0.010
	钢轮内燃压路机 8t	台班	404.39	0.015	0.016
	轮胎压路机 9t	台班	448.80	0.002	0.002

定　额　编　号			A4-9-13	A4-9-14
项　目　名　称			\multicolumn{2}{c}{砂石路面修复}	
			厚度(mm)≤100	厚度(mm)≤300
基　　　　　价（元）			92.19	130.23
其中	人　工　费（元）		26.18	28.84
	材　料　费（元）		46.04	79.60
	机　械　费（元）		19.97	21.79
名　　　称	单位	单价(元)	消　　耗　　量	
人工	综合工日	工日	140.00	0.187	0.206
材料	水	m³	7.96	0.387	0.387
	碎石 30～50	t	106.80	0.239	0.239
	中(粗)砂	t	87.00	0.191	0.570
	其他材料费占材料费	%	—	1.800	1.800
机械	钢轮内燃压路机 15t	台班	604.11	0.023	0.026
	履带式推土机 105kW	台班	1013.16	0.006	0.006

225

工作内容：清理、过滤原碎石、回填、铺面层、养护、标识。 计量单位：m²

定　额　编　号				A4-9-15	A4-9-16
项　目　名　称				预制块人行道修复	
				厚度(mm)≤60	厚度(mm)≤120
基　　　价（元）				66.56	68.42
其中	人　工　费（元）			5.32	5.74
	材　料　费（元）			42.30	42.30
	机　械　费（元）			18.94	20.38
名　　称		单位	单价（元）	消　耗　量	
人工	综合工日	工日	140.00	0.038	0.041
材料	混凝土预制块	块	2.14	16.500	16.500
	水	m³	7.96	0.030	0.030
	中(粗)砂	t	87.00	0.069	0.069
	其他材料费占材料费	%	—	1.800	1.800
机械	钢轮内燃压路机 12t	台班	514.30	0.003	0.003
	机动翻斗车 1t	台班	220.18	0.002	0.002
	空气锤 400kg	台班	360.69	0.047	0.051

226

2. 铺砂、保护

工作内容：调整电缆间距、铺砂、盖砖或保护板、埋设标桩。

计量单位：10m

定　额　编　号				A4-9-17	A4-9-18
项　目　名　称				铺砂、盖砖	
				电缆1~2根	每增加1根电缆
基　　　价（元）				187.91	70.42
其中	人　工　费（元）			19.46	5.88
	材　料　费（元）			168.45	64.54
	机　械　费（元）			—	—
名　　称		单位	单价（元）	消　耗　量	
人工	综合工日	工日	140.00	0.139	0.042
材料	标准砖 240×115×53	块	0.41	80.080	40.040
	混凝土标桩 1200×100×100	个	14.70	0.400	—
	中(粗)砂	t	87.00	1.457	0.540
	其他材料费占材料费	%	—	1.800	1.800

工作内容：调整电缆间距、铺砂、盖砖或保护板、埋设标桩。 计量单位：10m

定 额 编 号				A4-9-19	A4-9-20
项 目 名 称				铺砂、盖保护板	
				电缆1～2根	每增加1根电缆
基 价（元）				277.02	127.98
其中	人 工 费（元）			19.46	5.88
	材 料 费（元）			257.56	122.10
	机 械 费（元）			—	—
名 称	单位	单价（元）		消 耗 量	
人工	综合工日	工日	140.00	0.139	0.042
材料	混凝土保护板 300×150×30	块	1.97	—	37.037
	混凝土保护板 300×250×30	块	3.25	37.037	—
	混凝土标桩 1200×100×100	个	14.70	0.400	—
	中(粗)砂	t	87.00	1.457	0.540
	其他材料费占材料费	%	—	1.800	1.800

228

3.揭、盖、移动盖板

工作内容：盖板揭起、堆放、盖板覆盖、调整等。

计量单位：10m

定　额　编　号				A4-9-21	A4-9-22	A4-9-23
项　目　名　称				盖板长度(mm)		
				≤500	≤1000	≤1500
基　　　价（元）				52.50	88.20	125.16
其中	人　工　费（元）			52.50	88.20	125.16
	材　料　费（元）			—	—	—
	机　械　费（元）			—	—	—
名　　称		单位	单价(元)	消　耗　量		
人工	综合工日	工日	140.00	0.375	0.630	0.894

二、电缆保护管铺设

1. 地下敷设
(1) 钢管铺设

工作内容：沟底夯实、锯管、弯管、打喇叭口、接口、敷设、刷漆、堵管口、金属管接地等。

计量单位：10m

定 额 编 号				A4-9-24	A4-9-25	A4-9-26
项 目 名 称				直径(mm)		
				≤50	≤100	≤150
基 价 （元）				70.75	79.52	88.61
其中	人 工 费（元）			43.40	48.16	52.08
	材 料 费（元）			15.67	19.10	23.96
	机 械 费（元）			11.68	12.26	12.57
名 称		单位	单价(元)	消 耗 量		
人工	综合工日	工日	140.00	0.310	0.344	0.372
材料	钢管	m	—	(10.300)	(10.300)	(10.300)
	低碳钢焊条	kg	6.84	0.400	0.501	0.601
	镀锌铁丝 16号	kg	3.57	0.701	0.901	1.101
	钢板	kg	3.17	0.200	0.300	0.501
	沥青清漆	kg	4.88	1.001	1.201	1.602
	氧气	m³	3.63	0.701	0.801	0.901
	乙炔气	kg	10.45	0.200	0.230	0.270
	其他材料费占材料费	%	—	1.800	1.800	1.800
机械	半自动切割机 100mm	台班	83.55	0.030	0.030	0.020
	交流弧焊机 21kV·A	台班	57.35	0.160	0.170	0.190

工作内容：沟底夯实、锯管、弯管、打喇叭口、接口、敷设、刷漆、堵管口、金属管接地等。

计量单位：10m

定　额　编　号			A4-9-27	A4-9-28
项　目　名　称			直径(mm)	
			≤200	≤300
基　　　　价（元）			102.75	118.04
其中	人　工　费（元）		59.36	67.20
	材　料　费（元）		29.68	35.40
	机　械　费（元）		13.71	15.44
名　　　称	单位	单价（元）	消　　耗　　量	
人工	综合工日	工日	140.00	0.424	0.480
材料	钢管	m	—	(10.300)	(10.300)
	低碳钢焊条	kg	6.84	0.701	0.801
	镀锌铁丝 16号	kg	3.57	1.301	1.502
	钢板	kg	3.17	1.001	1.502
	沥青清漆	kg	4.88	2.002	2.402
	氧气	m³	3.63	1.001	1.101
	乙炔气	kg	10.45	0.300	0.330
	其他材料费占材料费	%	—	1.800	1.800
机械	半自动切割机 100mm	台班	83.55	0.020	0.020
	交流弧焊机 21kV·A	台班	57.35	0.210	0.240

(2)塑料管铺设

工作内容：沟底夯实、锯管、弯管、接口、敷设、堵管口等。

计量单位：10m

定 额 编 号			A4-9-29	A4-9-30	A4-9-31
项 目 名 称			直径(mm)		
			≤50	≤100	≤150
基 价（元）			15.13	18.07	27.46
其中	人 工 费（元）		11.90	14.84	22.68
	材 料 费（元）		2.78	2.78	4.11
	机 械 费（元）		0.45	0.45	0.67
名 称	单位	单价（元）	消 耗 量		
人工 综合工日	工日	140.00	0.085	0.106	0.162
材料 塑料管	m	—	(10.300)	(10.300)	(10.300)
锯条(各种规格)	根	0.62	0.200	0.200	0.200
中(粗)砂	t	87.00	0.030	0.030	0.045
其他材料费占材料费	%	—	1.800	1.800	1.800
机械 砂轮切割机 350mm	台班	22.38	0.020	0.020	0.030

工作内容：沟底夯实、锯管、弯管、接口、敷设、堵管口等。 计量单位：10m

定 额 编 号			A4-9-32	A4-9-33
项 目 名 称			直径(mm)	
			≤200	≤300
基 价（元）			31.59	42.09
其中	人 工 费（元）		25.48	33.32
	材 料 费（元）		5.44	8.10
	机 械 费（元）		0.67	0.67
名 称	单位	单价（元）	消 耗 量	
人工	综合工日	工日	140.00	0.182	0.238
材料	塑料管	m	—	(10.300)	(10.300)
	锯条(各种规格)	根	0.62	0.200	0.200
	中(粗)砂	t	87.00	0.060	0.090
	其他材料费占材料费	%	—	1.800	1.800
机械	砂轮切割机 350mm	台班	22.38	0.030	0.030

233

(3)混凝土(水泥)管铺设

工作内容：沟底夯实、锯管、弯管、接口、敷设、堵管口等。

计量单位：10m

定 额 编 号				A4-9-34	A4-9-35
项 目 名 称				直径(mm)	
				≤150	≤200
基 价（元）				38.66	78.43
其中	人 工 费（元）			35.70	75.18
	材 料 费（元）			2.96	3.25
	机 械 费（元）			—	—
名 称		单位	单价(元)	消 耗 量	
人工	综合工日	工日	140.00	0.255	0.537
材料	钢筋混凝土管	m	—	(10.500)	(10.500)
	水泥 32.5级	kg	0.29	10.010	11.011
	其他材料费占材料费	%	—	1.800	1.800

2. 地上铺设

工作内容：矩断、钢管煨管、打喇叭口、上抱箍、固定、刷油、堵管口等。　　　　　　计量单位：根

定　额　编　号				A4-9-36	A4-9-37	A4-9-38	A4-9-39
项　目　名　称				沿电杆敷设			
				钢管直径(mm)		硬塑料管直径(mm)	
				≤80	>80	≤80	>80
基　　　　价（元）				191.88	284.63	96.92	124.32
其中	人　工　费（元）			44.66	61.18	24.78	37.66
	材　料　费（元）			145.51	221.66	72.05	86.55
	机　械　费（元）			1.71	1.79	0.09	0.11
名　　称		单位	单价（元）	消　　耗　　量			
人工	综合工日	工日	140.00	0.319	0.437	0.177	0.269
材料	镀锌U形抱箍	套	9.69	2.010	2.010	2.010	2.010
	防水水泥砂浆 1∶2	m³	404.33	0.050	0.050	0.050	0.050
	钢管	kg	4.06	23.680	41.410	—	—
	沥青清漆	kg	4.88	0.300	0.300	—	—
	麻绳	kg	9.40	0.600	0.900	0.600	0.900
	硬塑料管 φ150	m	16.24	—	—	—	2.270
	硬塑料管 φ70	m	11.21	—	—	2.270	—
	其他材料费占材料费	%	—	1.800	1.800	1.800	1.800
机械	半自动切割机 100mm	台班	83.55	0.005	0.006	—	—
	钢材电动煨弯机 500mm以内	台班	49.66	0.026	0.026	—	—
	砂轮切割机 350mm	台班	22.38	—	—	0.004	0.005

3. 入室密封电缆保护管安装

工作内容：下料、法兰制作、打喇叭口、焊接、敷设、密封、紧固、刷油等。　　　　计量单位：根

定　额　编　号			A4-9-40	A4-9-41	A4-9-42
项　目　名　称			钢管直径(mm)		
			≤50	≤80	≤100
基　　　价（元）			115.80	161.37	204.28
其中	人　工　费（元）		32.20	42.98	45.78
	材　料　费（元）		79.41	113.39	153.21
	机　械　费（元）		4.19	5.00	5.29
名　　称		单位	单价(元)	消　耗　量		
人工	综合工日	工日	140.00	0.230	0.307	0.327
材料	防水水泥砂浆 1:2	m³	404.33	0.050	0.050	0.050
	钢板	kg	3.17	4.400	6.600	7.600
	焊接钢管 DN100	kg	3.38	—	—	27.158
	焊接钢管 DN50	kg	3.38	10.420	—	—
	焊接钢管 DN80	kg	3.38	—	17.390	—
	沥青清漆	kg	4.88	0.400	0.600	0.800
	麻绳	kg	9.40	0.500	0.600	0.700
	普低钢焊条 J507 φ3.2	kg	6.84	0.130	0.220	0.270
	氧气	m³	3.63	0.110	0.140	0.210
	乙炔气	kg	10.45	0.065	0.085	0.125
	其他材料费占材料费	%	—	1.800	1.800	1.800
机械	半自动切割机 100mm	台班	83.55	0.030	0.030	0.030
	钢材电动煨弯机 500mm以内	台班	49.66	0.020	0.026	0.026
	交流弧焊机 21kV·A	台班	57.35	0.012	0.021	0.026

工作内容：下料、法兰制作、打喇叭口、焊接、敷设、密封、紧固、刷油等。　　　　　　　　　　　　计量单位：根

定　额　编　号			A4-9-43	A4-9-44	A4-9-45
项　目　名　称			钢管直径(mm)		
			≤125	≤150	≤200
基　　　　　价（元）			245.24	280.99	421.12
其中	人　工　费（元）		53.48	57.12	107.94
	材　料　费（元）		185.29	216.97	304.66
	机　械　费（元）		6.47	6.90	8.52
名　　　称	单位	单价（元）	消　　耗　　量		
人工	综合工日	工日	140.00	0.382	0.408	0.771
材料	防水水泥砂浆 1：2	m³	404.33	0.050	0.050	0.050
	钢板	kg	3.17	9.600	11.800	14.300
	焊接钢管 DN125	kg	3.38	33.750	—	—
	焊接钢管 DN150	kg	3.38	—	40.020	—
	焊接钢管 DN200	kg	3.38	—	—	61.630
	沥青清漆	kg	4.88	1.000	1.200	1.600
	麻绳	kg	9.40	0.800	0.900	1.100
	普低钢焊条 J507 φ3.2	kg	6.84	0.340	0.420	0.530
	氧气	m³	3.63	0.260	0.310	0.370
	乙炔气	kg	10.45	0.155	0.185	0.220
	其他材料费占材料费	%	—	1.800	1.800	1.800
机械	半自动切割机 100mm	台班	83.55	0.040	0.040	0.050
	钢材电动煨弯机 500mm以内	台班	49.66	0.026	0.030	0.040
	交流弧焊机 21kV·A	台班	57.35	0.032	0.036	0.041

三、电缆桥架、槽盒安装

1.钢制桥架安装

工作内容：组对、焊接或螺栓固定、弯头、三通或四通、盖板、隔板、附件安装、接地跨接，桥架修理。

计量单位：10m

定 额 编 号			A4-9-46	A4-9-47	A4-9-48	A4-9-49
项 目 名 称			钢制槽式桥架(宽mm+高mm)			
			≤200	≤400	≤600	≤800
基 价 （元）			96.18	153.38	239.52	340.21
其中	人 工 费（元）		77.70	129.50	207.20	280.42
	材 料 费（元）		12.63	13.01	15.00	16.13
	机 械 费（元）		5.85	10.87	17.32	43.66
名 称	单位	单价（元）	消 耗 量			
人工 综合工日	工日	140.00	0.555	0.925	1.480	2.003
电缆桥架	m	—	(10.100)	(10.100)	(10.100)	(10.100)
低碳钢焊条	kg	6.84	—	—	0.100	0.170
酚醛防锈漆	kg	6.15	0.100	0.120	0.150	0.150
材料 棉纱头	kg	6.00	0.030	0.050	0.100	0.120
汽油	kg	6.77	0.080	0.100	0.200	0.300
砂轮片 φ100	片	1.71	0.010	0.010	0.020	0.020
砂轮片 φ400	片	8.97	0.010	0.010	0.020	0.020
铜接地端子带螺栓 DT-6mm²	个	3.42	1.051	1.051	1.051	1.051
铜芯塑料绝缘软电线 BVR-6mm²	m	3.27	2.252	2.252	2.252	2.202
其他材料费占材料费	%	—	1.800	1.800	1.800	1.800
半自动切割机 100mm	台班	83.55	0.010	0.010	0.010	0.010
机械 汽车式起重机 16t	台班	958.70	—	—	—	0.020
载重汽车 8t	台班	501.85	0.010	0.020	0.030	0.040
直流弧焊机 20kV·A	台班	71.43	—	—	0.020	0.050

工作内容：组对、焊接或螺栓固定、弯头、三通或四通、盖板、隔板、附件安装、接地跨接,桥架修理。

计量单位：10m

定 额 编 号			A4-9-50	A4-9-51	A4-9-52
项 目 名 称			钢制槽式桥架(宽mm+高mm)		
			≤1000	≤1200	≤1500
基 价 (元)			441.03	535.49	616.37
其中	人 工 费 (元)		357.00	424.62	489.44
	材 料 费 (元)		17.06	18.28	21.77
	机 械 费 (元)		66.97	92.59	105.16
名 称	单位	单价(元)	消 耗 量		
人工 综合工日	工日	140.00	2.550	3.033	3.496
电缆桥架	m	—	(10.100)	(10.100)	(10.100)
低碳钢焊条	kg	6.84	0.270	0.330	0.501
酚醛防锈漆	kg	6.15	0.200	0.250	0.300
材料 棉纱头	kg	6.00	0.150	0.200	0.300
汽油	kg	6.77	0.400	0.501	0.701
砂轮片 φ100	片	1.71	0.030	0.030	0.030
砂轮片 φ400	片	8.97	0.030	0.040	0.040
铜接地端子带螺栓 DT-6mm²	个	3.42	1.051	1.051	1.051
铜芯塑料绝缘软电线 BVR-6mm²	m	3.27	1.882	1.702	1.702
其他材料费占材料费	%	—	1.800	1.800	1.800
半自动切割机 100mm	台班	83.55	0.020	0.020	0.030
机械 汽车式起重机 16t	台班	958.70	0.030	0.050	0.060
载重汽车 8t	台班	501.85	0.060	0.070	0.070
直流弧焊机 20kV·A	台班	71.43	0.090	0.110	0.140

239

工作内容：组对、焊接或螺栓固定、弯头、三通或四通、盖板、隔板、附件安装、接地跨接,桥架修理。

计量单位：10m

定　额　编　号				A4-9-53	A4-9-54	A4-9-55
项　目　名　称				钢制梯式桥架(宽mm+高mm)		
				≤200	≤500	≤800
基　　　　价（元）				83.86	174.73	262.80
其中	人　工　费（元）			65.38	148.12	216.72
	材　料　费（元）			12.63	14.31	16.32
	机　械　费（元）			5.85	12.30	29.76
	名　　　称	单位	单价（元）	消　　耗　　量		
人工	综合工日	工日	140.00	0.467	1.058	1.548
材料	电缆桥架	m	—	(10.100)	(10.100)	(10.100)
	低碳钢焊条	kg	6.84	—	0.160	0.200
	酚醛防锈漆	kg	6.15	0.100	0.120	0.150
	棉纱头	kg	6.00	0.030	0.080	0.120
	汽油	kg	6.77	0.080	0.100	0.300
	砂轮片 φ100	片	1.71	0.010	0.010	0.010
	砂轮片 φ400	片	8.97	0.010	0.010	0.020
	铜接地端子带螺栓 DT-6mm²	个	3.42	1.051	1.051	1.051
	铜芯塑料绝缘软电线 BVR-6mm²	m	3.27	2.252	2.252	2.202
	其他材料费占材料费	%	—	1.800	1.800	1.800
机械	半自动切割机 100mm	台班	83.55	0.010	0.010	0.010
	汽车式起重机 16t	台班	958.70	—	—	0.010
	载重汽车 8t	台班	501.85	0.010	0.020	0.030
	直流弧焊机 20kV·A	台班	71.43	—	0.020	0.060

240

工作内容：组对、焊接或螺栓固定、弯头、三通或四通、盖板、隔板、附件安装、接地跨接,桥架修理。

计量单位：10m

定　额　编　号			A4-9-56	A4-9-57	A4-9-58
项　目　名　称			钢制梯式桥架(宽mm+高mm)		
			≤1000	≤1200	≤1500
基　　　　价（元）			382.78	456.84	559.78
其中	人　工　费（元）		308.14	348.60	427.42
	材　料　费（元）		17.11	19.36	24.47
	机　械　费（元）		57.53	88.88	107.89
名　　　称	单位	单价（元）	消　　耗　　量		
人工 综合工日	工日	140.00	2.201	2.490	3.053
材料 电缆桥架	m	—	(10.100)	(10.100)	(10.100)
低碳钢焊条	kg	6.84	0.280	0.501	0.661
酚醛防锈漆	kg	6.15	0.200	0.250	0.300
棉纱头	kg	6.00	0.150	0.200	0.300
汽油	kg	6.77	0.400	0.501	0.801
砂轮片 φ100	片	1.71	0.020	0.020	0.020
砂轮片 φ400	片	8.97	0.030	0.030	0.140
铜接地端子带螺栓 DT-6mm²	个	3.42	1.051	1.051	1.051
铜芯塑料绝缘软电线 BVR-6mm²	m	3.27	1.882	1.702	1.702
其他材料费占材料费	%	—	1.800	1.800	1.800
机械 半自动切割机 100mm	台班	83.55	0.010	0.010	0.020
汽车式起重机 16t	台班	958.70	0.030	0.050	0.060
载重汽车 8t	台班	501.85	0.040	0.060	0.070
直流弧焊机 20kV·A	台班	71.43	0.110	0.140	0.190

工作内容：组对、焊接或螺栓固定、弯头、三通或四通、盖板、隔板、附件安装、接地跨接，桥架修理。

计量单位：10m

定　额　编　号				A4-9-59	A4-9-60	A4-9-61	A4-9-62
项　目　名　称				钢制托盘式桥架(宽mm+高mm)			
				≤200	≤400	≤600	≤800
基　　　价（元）				91.02	143.43	224.65	310.75
其中	人　工　费（元）			73.22	120.40	191.52	257.18
	材　料　费（元）			11.95	12.16	12.67	16.36
	机　械　费（元）			5.85	10.87	20.46	37.21
名　　称		单位	单价（元）	消　耗　量			
人工	综合工日	工日	140.00	0.523	0.860	1.368	1.837
材料	电缆桥架	m	—	(10.100)	(10.100)	(10.100)	(10.100)
	低碳钢焊条	kg	6.84	—	—	—	0.130
	酚醛防锈漆	kg	6.15	0.050	0.050	0.100	0.150
	棉纱头	kg	6.00	0.020	0.020	0.030	0.050
	汽油	kg	6.77	0.050	0.080	0.100	0.200
	砂轮片 φ100	片	1.71	0.010	0.010	0.010	0.010
	砂轮片 φ400	片	8.97	—	—	—	0.200
	铜接地端子带螺栓 DT-6mm²	个	3.42	1.051	1.051	1.051	1.051
	铜芯塑料绝缘软电线 BVR-6mm²	m	3.27	2.252	2.252	2.252	2.202
	其他材料费占材料费	%	—	1.800	1.800	1.800	1.800
机械	半自动切割机 100mm	台班	83.55	0.010	0.010	0.010	0.010
	汽车式起重机 16t	台班	958.70	—	—	0.010	0.020
	载重汽车 8t	台班	501.85	0.010	0.020	0.020	0.030
	直流弧焊机 20kV·A	台班	71.43	—	—	—	0.030

工作内容：组对、焊接或螺栓固定、弯头、三通或四通、盖板、隔板、附件安装、接地跨接，桥架修理。

计量单位：10m

定　额　编　号			A4-9-63	A4-9-64	A4-9-65
项　目　名　称			钢制托盘式桥架(宽mm+高mm)		
			≤1000	≤1200	≤1500
基　　　价（元）			401.13	452.31	602.50
其中	人　工　费（元）		316.54	349.72	464.52
	材　料　费（元）		18.47	17.09	22.97
	机　械　费（元）		66.12	85.50	115.01
名　　　称	单位	单价（元）	消　　耗　　量		
人工 综合工日	工日	140.00	2.261	2.498	3.318
材料 电缆桥架	m	—	(10.100)	(10.100)	(10.100)
低碳钢焊条	kg	6.84	0.200	0.250	0.400
酚醛防锈漆	kg	6.15	0.200	0.250	0.300
棉纱头	kg	6.00	0.060	0.100	0.501
汽油	kg	6.77	0.400	0.501	0.801
砂轮片 φ100	片	1.71	0.020	0.020	0.020
砂轮片 φ400	片	8.97	0.300	0.040	0.040
铜接地端子带螺栓 DT-6mm²	个	3.42	1.051	1.051	1.051
铜芯塑料绝缘软电线 BVR-6mm²	m	3.27	1.882	1.702	1.702
其他材料费占材料费	%	—	1.800	1.800	1.800
机械 半自动切割机 100mm	台班	83.55	0.190	0.230	0.280
汽车式起重机 16t	台班	958.70	0.030	0.040	0.050
载重汽车 8t	台班	501.85	0.030	0.040	0.060
直流弧焊机 20kV·A	台班	71.43	0.090	0.110	0.190

2.玻璃钢桥架安装

工作内容：组对、焊接或螺栓固定、弯头、三通或四通、盖板、隔板、附件安装、接地跨接,桥架修理。

计量单位：10m

定 额 编 号				A4-9-66	A4-9-67	A4-9-68
项 目 名 称				玻璃钢槽式桥架(宽mm+高mm)		
				≤200	≤400	≤600
基 价 （元）				94.24	137.28	214.88
其中	人 工 费 （元）			77.00	119.98	184.80
	材 料 费 （元）			11.39	11.45	11.57
	机 械 费 （元）			5.85	5.85	18.51
名 称		单位	单价(元)	消 耗 量		
人工	综合工日	工日	140.00	0.550	0.857	1.320
材料	电缆桥架	m	—	(10.100)	(10.100)	(10.100)
	棉纱头	kg	6.00	0.020	0.030	0.050
	砂轮片 φ100	片	1.71	0.010	0.010	0.010
	砂轮片 φ400	片	8.97	0.010	0.010	0.010
	铜接地端子带螺栓 DT-6mm²	个	3.42	1.051	1.051	1.051
	铜芯塑料绝缘软电线 BVR-6mm²	m	3.27	2.252	2.252	2.252
	其他材料费占材料费	%	—	1.800	1.800	1.800
机械	半自动切割机 100mm	台班	83.55	0.010	0.010	0.010
	汽车式起重机 8t	台班	763.67	—	—	0.010
	载重汽车 8t	台班	501.85	0.010	0.010	0.020

工作内容：组对、焊接或螺栓固定、弯头、三通或四通、盖板、隔板、附件安装、接地跨接,桥架修理。

计量单位：10m

定 额 编 号			A4-9-69	A4-9-70	A4-9-71
项 目 名 称			玻璃钢槽式桥架(宽mm+高mm)		
			≤800	≤1000	≤1200
基 价（元）			357.01	410.05	445.05
其中	人 工 费（元）		309.68	343.98	378.98
	材 料 费（元）		11.15	11.38	11.38
	机 械 费（元）		36.18	54.69	54.69
名 称	单位	单价（元）	消 耗 量		
人工	综合工日	工日	140.00	2.212	2.457	2.707
材料	电缆桥架	m	—	(10.100)	(10.100)	(10.100)
	棉纱头	kg	6.00	0.100	0.200	0.200
	砂轮片 φ100	片	1.71	0.020	0.030	0.030
	砂轮片 φ400	片	8.97	0.020	0.020	0.020
	铜接地端子带螺栓 DT-6mm²	个	3.42	1.051	1.051	1.051
	铜芯塑料绝缘软电线 BVR-6mm²	m	3.27	2.002	1.882	1.882
	其他材料费占材料费	%	—	1.800	1.800	1.800
机械	半自动切割机 100mm	台班	83.55	0.010	0.020	0.020
	汽车式起重机 8t	台班	763.67	0.020	0.030	0.030
	载重汽车 8t	台班	501.85	0.040	0.060	0.060

工作内容：组对、焊接或螺栓固定、弯头、三通或四通、盖板、隔板、附件安装、接地跨接, 桥架修理。

计量单位：10m

定 额 编 号				A4-9-72	A4-9-73	A4-9-74
项 目 名 称				玻璃钢梯式桥架(宽mm+高mm)		
				≤200	≤400	≤600
基 价（元）				80.94	124.76	190.23
其中	人 工 费（元）			63.70	107.52	158.20
	材 料 费（元）			11.39	11.39	11.57
	机 械 费（元）			5.85	5.85	20.46
名 称		单位	单价（元）	消 耗 量		
人工	综合工日	工日	140.00	0.455	0.768	1.130
材料	电缆桥架	m	—	(10.100)	(10.100)	(10.100)
	棉纱头	kg	6.00	0.020	0.020	0.050
	砂轮片 φ100	片	1.71	0.010	0.010	0.010
	砂轮片 φ400	片	8.97	0.010	0.010	0.010
	铜接地端子带螺栓 DT-6mm²	个	3.42	1.051	1.051	1.051
	铜芯塑料绝缘软电线 BVR-6mm²	m	3.27	2.252	2.252	2.252
	其他材料费占材料费	%	—	1.800	1.800	1.800
机械	半自动切割机 100mm	台班	83.55	0.010	0.010	0.010
	汽车式起重机 16t	台班	958.70	—	—	0.010
	载重汽车 8t	台班	501.85	0.010	0.010	0.020

工作内容：组对、焊接或螺栓固定、弯头、三通或四通、盖板、隔板、附件安装、接地跨接，桥架修理。

计量单位：10m

定 额 编 号				A4-9-75	A4-9-76	A4-9-77
项 目 名 称				玻璃钢梯式桥架（宽mm+高mm）		
				≤800	≤1000	≤1200
基 价（元）				292.70	359.08	387.92
其中	人 工 费（元）			240.80	292.18	321.02
	材 料 费（元）			11.82	11.38	11.38
	机 械 费（元）			40.08	55.52	55.52
名 称		单位	单价（元）	消 耗 量		
人工	综合工日	工日	140.00	1.720	2.087	2.293
材料	电缆桥架	m	—	(10.100)	(10.100)	(10.100)
	棉纱头	kg	6.00	0.100	0.200	0.200
	砂轮片 φ100	片	1.71	0.020	0.030	0.030
	砂轮片 φ400	片	8.97	0.020	0.020	0.020
	铜接地端子带螺栓 DT-6mm²	个	3.42	1.051	1.051	1.051
	铜芯塑料绝缘软电线 BVR-6mm²	m	3.27	2.202	1.882	1.882
	其他材料费占材料费	%	—	1.800	1.800	1.800
机械	半自动切割机 100mm	台班	83.55	0.010	0.020	0.020
	汽车式起重机 16t	台班	958.70	0.020	0.030	0.030
	载重汽车 8t	台班	501.85	0.040	0.050	0.050

工作内容：组对、焊接或螺栓固定、弯头、三通或四通、盖板、隔板、附件安装、接地跨接，桥架修理。

计量单位：10m

定 额 编 号				A4-9-78	A4-9-79	A4-9-80
项 目 名 称				玻璃钢托盘式桥架(宽mm+高mm)		
				≤300	≤500	≤800
基 价（元）				128.57	197.65	320.45
其中	人 工 费 （元）			111.44	165.62	269.22
	材 料 费 （元）			11.28	11.57	11.15
	机 械 费 （元）			5.85	20.46	40.08
名 称		单位	单价(元)	消 耗 量		
人工	综合工日	工日	140.00	0.796	1.183	1.923
材料	电缆桥架	m	—	(10.100)	(10.100)	(10.100)
	棉纱头	kg	6.00	0.030	0.050	0.100
	砂轮片 φ100	片	1.71	0.010	0.010	0.020
	砂轮片 φ400	片	8.97	0.010	0.010	0.020
	铜接地端子带螺栓 DT-6mm²	个	3.42	1.051	1.051	1.051
	铜芯塑料绝缘软电线 BVR-6mm²	m	3.27	2.202	2.252	2.002
	其他材料费占材料费	%	—	1.800	1.800	1.800
机械	半自动切割机 100mm	台班	83.55	0.010	0.010	0.010
	汽车式起重机 16t	台班	958.70	—	0.010	0.020
	载重汽车 8t	台班	501.85	0.010	0.020	0.040

工作内容：组对、焊接或螺栓固定、弯头、三通或四通、盖板、隔板、附件安装、接地跨接，桥架修理。

计量单位：10m

定 额 编 号			A4-9-81	A4-9-82
项 目 名 称			玻璃钢托盘式桥架(宽mm+高mm)	
			≤1000	≤1200
基 价（元）			403.02	436.34
其中	人 工 费（元）		331.10	364.42
	材 料 费（元）		11.38	11.38
	机 械 费（元）		60.54	60.54
名 称	单位	单价（元）	消 耗 量	
人工	综合工日	工日	140.00	2.365	2.603
材料	电缆桥架	m	—	(10.100)	(10.100)
	棉纱头	kg	6.00	0.200	0.200
	砂轮片 φ100	片	1.71	0.030	0.030
	砂轮片 φ400	片	8.97	0.020	0.020
	铜接地端子带螺栓 DT-6mm^2	个	3.42	1.051	1.051
	铜芯塑料绝缘软电线 BVR-6mm^2	m	3.27	1.882	1.882
	其他材料费占材料费	%	—	1.800	1.800
机械	半自动切割机 100mm	台班	83.55	0.020	0.020
	汽车式起重机 16t	台班	958.70	0.030	0.030
	载重汽车 8t	台班	501.85	0.060	0.060

3.铝合金桥架安装

工作内容：组对、焊接或螺栓固定、弯头、三通或四通、盖板、隔板、附件安装、接地跨接,桥架修理。

计量单位：10m

定　额　编　号				A4-9-83	A4-9-84	A4-9-85
项　目　名　称				铝合金槽式桥架（宽mm+高mm）		
				≤200	≤400	≤600
基　　　　价（元）				66.83	99.82	185.90
其中	人　工　费（元）			54.60	83.44	169.40
	材　料　费（元）			11.39	11.45	11.57
	机　械　费（元）			0.84	4.93	4.93
名　　　称		单位	单价（元）	消　　耗　　量		
人工	综合工日	工日	140.00	0.390	0.596	1.210
材料	电缆桥架	m	—	(10.100)	(10.100)	(10.100)
	棉纱头	kg	6.00	0.020	0.030	0.050
	砂轮片 φ100	片	1.71	0.010	0.010	0.010
	砂轮片 φ400	片	8.97	0.010	0.010	0.010
	铜接地端子带螺栓 DT-6mm²	个	3.42	1.051	1.051	1.051
	铜芯塑料绝缘软电线 BVR-6mm²	m	3.27	2.252	2.252	2.252
	其他材料费占材料费	%	—	1.800	1.800	1.800
机械	半自动切割机 100mm	台班	83.55	0.010	0.010	0.010
	载重汽车 4t	台班	408.97	—	0.010	0.010

工作内容：组对、焊接或螺栓固定、弯头、三通或四通、盖板、隔板、附件安装、接地跨接, 桥架修理。

计量单位：10m

定 额 编 号				A4-9-86	A4-9-87	A4-9-88
项 目 名 称				铝合金槽式桥架(宽mm+高mm)		
				≤800	≤1000	≤1200
基 价（元）				288.59	352.09	383.03
其中	人 工 费（元）			260.12	311.50	342.44
	材 料 费（元）			11.82	11.38	11.38
	机 械 费（元）			16.65	29.21	29.21
名 称		单位	单价（元）	消 耗 量		
人工	综合工日	工日	140.00	1.858	2.225	2.446
材料	电缆桥架	m	—	(10.100)	(10.100)	(10.100)
	棉纱头	kg	6.00	0.100	0.200	0.200
	砂轮片 φ100	片	1.71	0.020	0.030	0.030
	砂轮片 φ400	片	8.97	0.020	0.020	0.020
	铜接地端子带螺栓 DT-6mm²	个	3.42	1.051	1.051	1.051
	铜芯塑料绝缘软电线 BVR-6mm²	m	3.27	2.202	1.882	1.882
	其他材料费占材料费	%	—	1.800	1.800	1.800
机械	半自动切割机 100mm	台班	83.55	0.010	0.020	0.020
	汽车式起重机 8t	台班	763.67	0.010	0.020	0.020
	载重汽车 4t	台班	408.97	0.020	0.030	0.030

251

工作内容：组对、焊接或螺栓固定、弯头、二通或四通、盖板、隔板、附件安装、接地跨接，桥架修理。

计量单位：10m

定 额 编 号				A4-9-89	A4-9-90	A4-9-91
项 目 名 称				铝合金梯式桥架(宽mm+高mm)		
				≤200	≤400	≤600
基 价（元）				70.03	76.61	145.48
其中	人 工 费（元）			53.62	60.20	128.80
	材 料 费（元）			11.48	11.48	11.75
	机 械 费（元）			4.93	4.93	4.93
	名 称	单位	单价（元）	消 耗 量		
人工	综合工日	工日	140.00	0.383	0.430	0.920
材料	电缆桥架	m	—	(10.100)	(10.100)	(10.100)
	棉纱头	kg	6.00	0.050	0.050	0.080
	砂轮片 φ100	片	1.71	0.010	0.010	0.010
	砂轮片 φ400	片	8.97	—	—	0.010
	铜接地端子带螺栓 DT-6mm²	个	3.42	1.051	1.051	1.051
	铜芯塑料绝缘软电线 BVR-6mm²	m	3.27	2.252	2.252	2.252
	其他材料费占材料费	%	—	1.800	1.800	1.800
机械	半自动切割机 100mm	台班	83.55	0.010	0.010	0.010
	载重汽车 4t	台班	408.97	0.010	0.010	0.010

工作内容：组对、焊接或螺栓固定、弯头、三通或四通、盖板、隔板、附件安装、接地跨接，桥架修理。

计量单位：10m

定　额　编　号				A4-9-92	A4-9-93	A4-9-94
项　目　名　称				铝合金梯式桥架(宽mm+高mm)		
				≤800	≤1000	≤1200
基　　　价（元）				222.07	299.57	325.47
其中	人　工　费（元）			193.62	259.00	284.90
	材　料　费（元）			11.80	11.36	11.36
	机　械　费（元）			16.65	29.21	29.21
名　　称		单位	单价（元）	消　耗　量		
人工	综合工日	工日	140.00	1.383	1.850	2.035
材料	电缆桥架	m	—	(10.100)	(10.100)	(10.100)
	棉纱头	kg	6.00	0.100	0.200	0.200
	砂轮片 φ100	片	1.71	0.010	0.020	0.020
	砂轮片 φ400	片	8.97	0.020	0.020	0.020
	铜接地端子带螺栓 DT-6mm²	个	3.42	1.051	1.051	1.051
	铜芯塑料绝缘软电线 BVR-6mm²	m	3.27	2.202	1.882	1.882
	其他材料费占材料费	%	—	1.800	1.800	1.800
机械	半自动切割机 100mm	台班	83.55	0.010	0.020	0.020
	汽车式起重机 8t	台班	763.67	0.010	0.020	0.020
	载重汽车 4t	台班	408.97	0.020	0.030	0.030

工作内容：组对、焊接或螺栓固定、弯头、三通或四通、盖板、隔板、附件安装、接地跨接, 桥架修理。

计量单位：10m

定 额 编 号				A4-9-95	A4-9-96	A4-9-97
项 目 名 称				铝合金托盘式桥架(宽mm+高mm)		
				≤200	≤400	≤600
基 价（元）				81.32	88.60	156.40
其中	人 工 费（元）			64.82	72.10	139.72
	材 料 费（元）			11.57	11.57	11.75
	机 械 费（元）			4.93	4.93	4.93
名 称		单位	单价（元）	消 耗 量		
人工	综合工日	工日	140.00	0.463	0.515	0.998
材料	电缆桥架	m	—	(10.100)	(10.100)	(10.100)
	棉纱头	kg	6.00	0.050	0.050	0.080
	砂轮片 φ100	片	1.71	0.010	0.010	0.010
	砂轮片 φ400	片	8.97	0.010	0.010	0.010
	铜接地端子带螺栓 DT-6mm²	个	3.42	1.051	1.051	1.051
	铜芯塑料绝缘软电线 BVR-6mm²	m	3.27	2.252	2.252	2.252
	其他材料费占材料费	%	—	1.800	1.800	1.800
机械	半自动切割机 100mm	台班	83.55	0.010	0.010	0.010
	载重汽车 4t	台班	408.97	0.010	0.010	0.010

工作内容：组对、焊接或螺栓固定、弯头、三通或四通、盖板、隔板、附件安装、接地跨接, 桥架修理。

计量单位：10m

定 额 编 号				A4-9-98	A4-9-99	A4-9-100
项 目 名 称				铝合金托盘式桥架(宽mm+高mm)		
				≤800	≤1000	≤1200
基 价 （元）				270.09	326.59	355.99
其中	人 工 费（元）			241.64	286.02	315.42
	材 料 费（元）			11.80	11.36	11.36
	机 械 费（元）			16.65	29.21	29.21
名 称		单位	单价(元)	消 耗 量		
人工	综合工日	工日	140.00	1.726	2.043	2.253
材料	电缆桥架	m	—	(10.100)	(10.100)	(10.100)
	棉纱头	kg	6.00	0.100	0.200	0.200
	砂轮片 φ100	片	1.71	0.010	0.020	0.020
	砂轮片 φ400	片	8.97	0.020	0.020	0.020
	铜接地端子带螺栓 DT-6mm²	个	3.42	1.051	1.051	1.051
	铜芯塑料绝缘软电线 BVR-6mm²	m	3.27	2.202	1.882	1.882
	其他材料费占材料费	%	—	1.800	1.800	1.800
机械	半自动切割机 100mm	台班	83.55	0.010	0.020	0.020
	汽车式起重机 8t	台班	763.67	0.010	0.020	0.020
	载重汽车 4t	台班	408.97	0.020	0.030	0.030

4.组合式桥架、复合支架安装

工作内容：组对、螺栓连接、安装固定、立柱、托臂膨胀螺栓或焊接固定、螺栓固定,桥架修理。

计量单位：片

定　额　编　号				A4-9-101
项　目　名　称				组合式桥架
基　　　　价（元）				17.32
其中	人　工　费（元）			16.80
	材　料　费（元）			0.03
	机　械　费（元）			0.49
名　　称	单位	单价（元）	消　耗　量	
人工	综合工日	工日	140.00	0.120
材料	组合式电缆桥架	片	—	(1.010)
	棉纱头	kg	6.00	0.001
	汽油	kg	6.77	0.002
	砂轮片 φ100	片	1.71	0.001
	砂轮片 φ400	片	8.97	0.001
	其他材料费占材料费	%	—	1.800
机械	半自动切割机 100mm	台班	83.55	0.001
	载重汽车 4t	台班	408.97	0.001

256

工作内容：组对、螺栓连接、安装固定、立柱、托臂膨胀螺栓或焊接固定、螺栓固定,桥架修理。

计量单位：副

定 额 编 号	A4-9-102
项 目 名 称	复合支架安装
基 价（元）	6.73

其中	人 工 费（元）	6.16
	材 料 费（元）	0.14
	机 械 费（元）	0.43

	名 称	单位	单价（元）	消 耗 量
人工	综合工日	工日	140.00	0.044
材料	复合支架	副	—	(1.010)
	锯条(各种规格)	根	0.62	0.220
	其他材料费占材料费	%	—	1.800
机械	载重汽车 5t	台班	430.70	0.001

四、电力电缆敷设

1.电力电缆敷设

(1)铝芯电力电缆敷设

工作内容：开盘、检查、架线盘、敷设、锯断、排列、整理、固定、配合试验、收盘、临时封头、挂牌、电缆敷设、辅助设施安装及拆除、绝缘电阻测试等。

计量单位：10m

定 额 编 号			A4-9-103	A4-9-104	A4-9-105	A4-9-106
项 目 名 称			电缆截面(mm²)			
			≤10	≤16	≤35	≤50
基 价（元）			30.61	34.42	41.57	48.32
其中	人 工 费（元）		11.34	14.70	20.30	26.60
	材 料 费（元）		10.39	10.84	12.39	12.84
	机 械 费（元）		8.88	8.88	8.88	8.88
名 称	单位	单价(元)	消 耗 量			
人工	综合工日	工日	140.00	0.081	0.105	0.145	0.190
材料	电力电缆	m	—	(10.100)	(10.100)	(10.100)	(10.100)
	白布	kg	6.67	0.030	0.030	0.050	0.050
	标志牌	个	1.37	0.601	0.601	0.601	0.601
	冲击钻头 φ12	个	6.75	—	—	0.010	0.010
	冲击钻头 φ8	个	5.38	0.010	0.010	—	—
	镀锌电缆吊挂 3.0×50	套	2.99	0.511	0.511	0.711	0.711
	镀锌电缆卡子 2×35	套	2.26	2.342	2.342	2.342	2.342
	封铅 含铅65%锡35%	kg	22.22	0.060	0.080	0.100	0.120
	合金钢钻头 φ10	个	2.80	0.020	0.020	0.020	0.020
	沥青绝缘漆	kg	2.79	0.010	0.010	0.010	0.010
	膨胀螺栓 M10	10套	2.50	—	—	0.160	0.160
	膨胀螺栓 M6	10套	1.70	0.160	0.160	—	—
	汽油	kg	6.77	0.050	0.050	0.080	0.080
	橡胶垫 δ2	m²	19.26	0.010	0.010	0.010	0.010
	硬脂酸	kg	8.41	0.010	0.010	0.010	0.010
	其他材料费占材料费	%	—	1.800	1.800	1.800	1.800
机械	高压绝缘电阻测试仪	台班	37.04	0.014	0.014	0.014	0.014
	汽车式起重机 8t	台班	763.67	0.007	0.007	0.007	0.007
	载重汽车 5t	台班	430.70	0.007	0.007	0.007	0.007

工作内容：开盘、检查、架线盘、敷设、锯断、排列、整理、固定、配合试验、收盘、临时封头、挂牌、电缆敷设、辅助设施安装及拆除、绝缘电阻测试等。

计量单位：10m

定　额　编　号			A4-9-107	A4-9-108	A4-9-109	A4-9-110
项　目　名　称			电缆截面(mm²)			
			≤70	≤120	≤240	≤400
基　　　　价（元）			54.93	73.12	101.27	160.65
其中	人　工　费（元）		32.76	38.92	54.60	82.32
	材　料　费（元）		13.29	24.92	28.05	34.43
	机　械　费（元）		8.88	9.28	18.62	43.90
名　　称	单位	单价（元）	消　　耗　　量			
人工	综合工日	工日	140.00	0.234	0.278	0.390	0.588
材料	电力电缆	m	—	(10.100)	(10.100)	(10.100)	(10.100)
	白布	kg	6.67	0.050	0.060	0.080	0.100
	标志牌	个	1.37	0.601	0.601	0.601	0.841
	冲击钻头 φ12	个	6.75	0.010	0.010	0.010	0.010
	电缆敷设滚轮(综合)	个	239.32	—	0.020	0.020	0.020
	电缆敷设牵引头(综合)	只	316.24	—	0.010	0.010	0.010
	电缆敷设转向导轮(综合)	个	324.79	—	0.010	0.010	0.010
	镀锌电缆吊挂 3.0×100	套	3.07	—	—	0.621	0.871
	镀锌电缆吊挂 3.0×50	套	2.99	0.711	0.671	—	—
	镀锌电缆卡子 2×35	套	2.26	2.342	—	—	—
	镀锌电缆卡子 3×100	套	3.37	—	—	2.142	3.003
	镀锌电缆卡子 3×50	套	2.26	—	2.232	—	—
	封铅 含铅65%锡35%	kg	22.22	0.140	0.160	0.200	0.280
	合金钢钻头 φ10	个	2.80	0.020	0.010	—	—
	沥青绝缘漆	kg	2.79	0.010	0.020	0.020	0.030
	膨胀螺栓 M10	10套	2.50	0.160	0.140	0.140	0.140
	汽油	kg	6.77	0.080	0.100	0.100	0.150
	橡胶垫 δ2	m²	19.26	0.010	0.010	0.010	0.010
	硬脂酸	kg	8.41	0.010	0.010	0.010	0.010
	其他材料费占材料费	%	—	1.800	1.800	1.800	1.800
机械	高压绝缘电阻测试仪	台班	37.04	0.014	0.014	0.014	0.014
	交流弧焊机 21kV·A	台班	57.35	—	0.007	0.007	0.007
	汽车式起重机 10t	台班	833.49	—	—	0.014	0.034
	汽车式起重机 8t	台班	763.67	0.007	0.007	—	—
	载重汽车 5t	台班	430.70	0.007	0.007	0.014	0.034

(2)铜芯电力电缆敷设

工作内容：开盘、检查、架线盘、敷设、锯断、排列、整理、固定、配合试验、收盘、临时封头、挂牌、电缆敷设、辅助设施安装及拆除、绝缘电阻测试等。

计量单位：10m

定 额 编 号			A4-9-111	A4-9-112	A4-9-113	A4-9-114
项 目 名 称			电缆截面(mm²)			
			≤10	≤16	≤35	≤50
基 价（元）			35.65	41.00	50.67	58.96
其中	人 工 费 （元）		16.38	21.28	29.40	37.24
	材 料 费 （元）		10.39	10.84	12.39	12.84
	机 械 费 （元）		8.88	8.88	8.88	8.88
名 称	单位	单价（元）	消 耗 量			
人工	综合工日	工日	140.00	0.117	0.152	0.210	0.266
材料	电力电缆	m	—	(10.100)	(10.100)	(10.100)	(10.100)
	白布	kg	6.67	0.030	0.030	0.050	0.050
	标志牌	个	1.37	0.601	0.601	0.601	0.601
	冲击钻头 φ12	个	6.75	—	—	0.010	0.010
	冲击钻头 φ8	个	5.38	0.010	0.010	—	—
	镀锌电缆吊挂 3.0×50	套	2.99	0.511	0.511	0.711	0.711
	镀锌电缆卡子 2×35	套	2.26	2.342	2.342	2.342	2.342
	封铅 含铅65%锡35%	kg	22.22	0.060	0.080	0.100	0.120
	合金钢钻头 φ10	个	2.80	0.020	0.020	0.020	0.020
	沥青绝缘漆	kg	2.79	0.010	0.010	0.010	0.010
	膨胀螺栓 M10	10套	2.50	—	—	0.160	0.160
	膨胀螺栓 M6	10套	1.70	0.160	0.160	—	—
	汽油	kg	6.77	0.050	0.050	0.080	0.080
	橡胶垫 δ2	m²	19.26	0.010	0.010	0.010	0.010
	硬脂酸	kg	8.41	0.010	0.010	0.010	0.010
	其他材料费占材料费	%	—	1.800	1.800	1.800	1.800
机械	高压绝缘电阻测试仪	台班	37.04	0.014	0.014	0.014	0.014
	汽车式起重机 8t	台班	763.67	0.007	0.007	0.007	0.007
	载重汽车 5t	台班	430.70	0.007	0.007	0.007	0.007

工作内容：开盘、检查、架线盘、敷设、锯断、排列、整理、固定、配合试验、收盘、临时封头、挂牌、电缆敷设、辅助设施安装及拆除、绝缘电阻测试等。

计量单位：10m

定 额 编 号			A4-9-115	A4-9-116	A4-9-117	A4-9-118
项 目 名 称			电缆截面(mm²)			
			≤70	≤120	≤240	≤400
基 价（元）			67.95	88.80	130.53	210.27
其中	人 工 费（元）		45.78	54.60	75.60	115.50
	材 料 费（元）		13.29	24.92	28.73	34.43
	机 械 费（元）		8.88	9.28	26.20	60.34
名 称	单位	单价（元）	消 耗 量			
人工	综合工日	工日	140.00	0.327	0.390	0.540	0.825
材料	电力电缆	m	—	(10.100)	(10.100)	(10.100)	(10.100)
	白布	kg	6.67	0.050	0.060	0.080	0.100
	标志牌	个	1.37	0.601	0.601	0.601	0.841
	冲击钻头 φ12	个	6.75	0.010	0.010	0.010	0.010
	电缆敷设滚轮(综合)	个	239.32	—	0.020	0.020	0.020
	电缆敷设牵引头(综合)	只	316.24	—	0.010	0.010	0.010
	电缆敷设转向导轮(综合)	个	324.79	—	0.010	0.010	0.010
	镀锌电缆吊挂 3.0×100	套	3.07	—	—	0.621	0.871
	镀锌电缆吊挂 3.0×50	套	2.99	0.711	0.671	—	—
	镀锌电缆卡子 2×35	套	2.26	2.342	—	—	—
	镀锌电缆卡子 3×100	套	3.37	—	—	2.342	3.003
	镀锌电缆卡子 3×50	套	2.26	—	2.232	—	—
	封铅 含铅65%锡35%	kg	22.22	0.140	0.160	0.200	0.280
	合金钢钻头 φ10	个	2.80	0.020	0.010	—	—
	沥青绝缘漆	kg	2.79	0.010	0.020	0.020	0.030
	膨胀螺栓 M10	10套	2.50	0.160	0.140	0.140	0.140
	汽油	kg	6.77	0.080	0.100	0.100	0.150
	橡胶垫 δ2	m²	19.26	0.010	0.010	0.010	0.010
	硬脂酸	kg	8.41	0.010	0.010	0.010	0.010
	其他材料费占材料费	%	—	1.800	1.800	1.800	1.800
机械	高压绝缘电阻测试仪	台班	37.04	0.014	0.014	0.014	0.014
	交流弧焊机 21kV·A	台班	57.35	—	0.007	0.007	0.007
	汽车式起重机 10t	台班	833.49	—	—	0.020	0.047
	汽车式起重机 8t	台班	763.67	0.007	0.007	—	—
	载重汽车 5t	台班	430.70	0.007	0.007	0.020	0.047

261

2.竖井通道内电力电缆敷设
(1)铝芯电力电缆敷设

工作内容：开盘、检查、架线盘、敷设、锯断、排列、整理、固定、配合试验、收盘、临时封头、挂牌、
电缆敷设、辅助设施安装及拆除、绝缘电阻测试等。

计量单位：10m

定　额　编　号				A4-9-119	A4-9-120	A4-9-121	A4-9-122
项　目　名　称				电缆截面(mm²)			
				≤10	≤16	≤35	≤50
基　　　价　（元）				99.06	114.07	136.82	161.79
其中	人　工　费（元）			35.42	49.98	62.02	81.20
	材　料　费（元）			54.76	55.21	65.92	66.37
	机　械　费（元）			8.88	8.88	8.88	14.22
名　　　称		单位	单价(元)	消　耗　量			
人工	综合工日	工日	140.00	0.253	0.357	0.443	0.580
材料	电力电缆	m	—	(10.100)	(10.100)	(10.100)	(10.100)
	白布	kg	6.67	0.030	0.030	0.050	0.050
	标志牌	个	1.37	1.802	1.802	1.802	1.802
	冲击钻头 φ12	个	6.75	—	—	0.100	0.100
	冲击钻头 φ8	个	5.38	0.130	0.130	—	—
	镀锌电缆吊挂 3.0×50	套	2.99	5.506	5.506	7.508	7.508
	镀锌电缆卡子 2×35	套	2.26	11.211	11.211	11.211	11.211
	封铅 含铅65%锡35%	kg	22.22	0.060	0.080	0.100	0.120
	合金钢钻头 φ10	个	2.80	0.200	0.200	0.200	0.200
	沥青绝缘漆	kg	2.79	0.060	0.060	0.060	0.060
	膨胀螺栓 M10	10套	2.50	—	—	1.802	1.802
	膨胀螺栓 M6	10套	1.70	1.802	1.802	—	—
	汽油	kg	6.77	0.451	0.451	0.801	0.801
	橡胶垫 δ2	m²	19.26	0.010	0.010	0.010	0.010
	硬脂酸	kg	8.41	0.030	0.030	0.050	0.050
	其他材料费占材料费	%	—	1.800	1.800	1.800	1.800
机械	高压绝缘电阻测试仪	台班	37.04	0.014	0.014	0.014	0.014
	汽车式起重机 8t	台班	763.67	0.007	0.007	0.007	0.014
	载重汽车 5t	台班	430.70	0.007	0.007	0.007	0.007

工作内容：开盘、检查、架线盘、敷设、锯断、排列、整理、固定、配合试验、收盘、临时封头、挂牌、电缆敷设、辅助设施安装及拆除、绝缘电阻测试等。

计量单位：10m

定 额 编 号			A4-9-123	A4-9-124	A4-9-125	A4-9-126
项 目 名 称			电缆截面(mm²)			
			≤70	≤120	≤240	≤400
基 价 （元）			184.89	225.97	351.50	614.21
其中	人 工 费 （元）		99.26	118.44	164.22	249.34
	材 料 费 （元）		66.82	77.63	73.64	85.09
	机 械 费 （元）		18.81	29.90	113.64	279.78
名 称	单位	单价(元)	消 耗 量			
人工 综合工日	工日	140.00	0.709	0.846	1.173	1.781
材料 电力电缆	m	—	(10.100)	(10.100)	(10.100)	(10.100)
白布	kg	6.67	0.050	0.060	0.080	0.100
标志牌	个	1.37	1.802	1.802	1.802	2.402
冲击钻头 φ12	个	6.75	0.100	0.100	0.100	0.100
电缆敷设滚轮(综合)	个	239.32	—	0.020	0.020	0.020
电缆敷设牵引头(综合)	只	316.24	—	0.010	0.010	0.010
电缆敷设转向导轮(综合)	个	324.79	—	0.010	0.010	0.010
镀锌电缆吊挂 3.0×100	套	3.07	—	—	0.621	0.871
镀锌电缆吊挂 3.0×50	套	2.99	7.508	7.007	—	—
镀锌电缆卡子 2×35	套	2.26	11.211	—	—	—
镀锌电缆卡子 3×100	套	3.37	—	—	11.011	12.613
镀锌电缆卡子 3×50	套	2.26	—	11.011	—	—
封铅 含铅65%锡35%	kg	22.22	0.140	0.160	0.200	0.280
合金钢钻头 φ10	个	2.80	0.200	0.170	0.170	0.170
沥青绝缘漆	kg	2.79	0.060	0.090	0.100	0.150
膨胀螺栓 M10	10套	2.50	1.802	1.602	1.802	1.602
汽油	kg	6.77	0.801	1.001	1.201	1.602
橡胶垫 δ2	m²	19.26	0.010	0.010	0.010	0.010
硬脂酸	kg	8.41	0.050	0.050	0.050	0.050
其他材料费占材料费	%	—	1.800	1.800	1.800	1.800
机械 高压绝缘电阻测试仪	台班	37.04	0.014	0.014	0.014	0.014
交流弧焊机 21kV·A	台班	57.35	—	0.007	0.007	0.007
汽车式起重机 10t	台班	833.49	—	—	0.128	0.317
汽车式起重机 8t	台班	763.67	0.020	0.034	—	—
载重汽车 5t	台班	430.70	0.007	0.007	0.014	0.034

(2)铜芯电力电缆

工作内容：开盘、检查、架线盘、敷设、锯断、排列、整理、固定、配合试验、收盘、临时封头、挂牌、电缆敷设、辅助设施安装及拆除、绝缘电阻测试等。

计量单位：10m

定 额 编 号			A4-9-127	A4-9-128	A4-9-129	A4-9-130
项 目 名 称			电缆截面(mm²)			
			≤10	≤16	≤35	≤50
基 价（元）			113.20	129.89	161.51	196.67
其中	人 工 费（元）		49.56	65.80	86.94	111.72
	材 料 费（元）		54.76	55.21	65.69	66.14
	机 械 费（元）		8.88	8.88	8.88	18.81
名 称	单位	单价（元）	消 耗 量			
人工 综合工日	工日	140.00	0.354	0.470	0.621	0.798
材料 电力电缆	m	—	(10.100)	(10.100)	(10.100)	(10.100)
白布	kg	6.67	0.030	0.030	0.050	0.050
标志牌	个	1.37	1.802	1.802	1.802	1.802
冲击钻头 φ12	个	6.75	—	—	0.100	0.100
冲击钻头 φ8	个	5.38	0.130	0.130	—	—
镀锌电缆吊挂 3.0×50	套	2.99	5.506	5.506	7.508	7.508
镀锌电缆卡子 2×35	套	2.26	11.211	11.211	11.211	11.211
封铅 含铅65%锡35%	kg	22.22	0.060	0.080	0.100	0.120
合金钢钻头 φ10	个	2.80	0.200	0.200	0.200	0.200
沥青绝缘漆	kg	2.79	0.060	0.060	0.100	0.100
膨胀螺栓 M10	10套	2.50	—	—	1.802	1.802
膨胀螺栓 M6	10套	1.70	1.802	1.802	—	—
汽油	kg	6.77	0.451	0.451	0.751	0.751
橡胶垫 δ2	m²	19.26	0.010	0.010	0.010	0.010
硬脂酸	kg	8.41	0.030	0.030	0.050	0.050
其他材料费占材料费	%	—	1.800	1.800	1.800	1.800
机械 高压绝缘电阻测试仪	台班	37.04	0.014	0.014	0.014	0.014
汽车式起重机 8t	台班	763.67	0.007	0.007	0.007	0.020
载重汽车 5t	台班	430.70	0.007	0.007	0.007	0.007

工作内容：开盘、检查、架线盘、敷设、锯断、排列、整理、固定、配合试验、收盘、临时封头、挂牌、电缆敷设、辅助设施安装及拆除、绝缘电阻测试等。

计量单位：10m

定　额　编　号			A4-9-131	A4-9-132	A4-9-133	A4-9-134
项　目　名　称			电缆截面(mm²)			
			≤70	≤120	≤240	≤400
基　　价（元）			234.41	279.52	463.56	819.73
其中	人　工　费（元）		138.32	161.98	231.84	347.48
	材　料　费（元）		66.59	77.71	75.49	85.18
	机　械　费（元）		29.50	39.83	156.23	387.07
	名　　称	单位	单价（元）	消　耗　量		
人工	综合工日	工日	140.00	0.988	1.157	1.656	2.482
材料	电力电缆	m	—	(10.100)	(10.100)	(10.100)	(10.100)
	白布	kg	6.67	0.050	0.060	0.080	0.100
	标志牌	个	1.37	1.802	1.802	1.802	2.402
	冲击钻头 φ12	个	6.75	0.100	0.100	0.100	0.100
	电缆敷设滚轮(综合)	个	239.32	—	0.020	0.020	0.020
	电缆敷设牵引头(综合)	只	316.24	—	0.010	0.010	0.010
	电缆敷设转向导轮(综合)	个	324.79	—	0.010	0.010	0.010
	镀锌电缆吊挂 3.0×100	套	3.07	—	—	0.621	0.871
	镀锌电缆吊挂 3.0×50	套	2.99	7.508	7.007	—	—
	镀锌电缆卡子 2×35	套	2.26	11.211	—	—	—
	镀锌电缆卡子 3×100	套	3.37	—	—	11.812	12.613
	镀锌电缆卡子 3×50	套	2.26	—	11.011	—	—
	封铅 含铅65%锡35%	kg	22.22	0.140	0.160	0.200	0.280
	合金钢钻头 φ10	个	2.80	0.200	0.170	0.170	0.170
	沥青绝缘漆	kg	2.79	0.100	0.150	0.200	0.280
	膨胀螺栓 M10	10套	2.50	1.802	1.602	1.602	1.602
	汽油	kg	6.77	0.751	0.951	1.041	1.462
	橡胶垫 δ2	m²	19.26	0.010	0.010	0.010	0.010
	硬脂酸	kg	8.41	0.050	0.080	0.100	0.130
	其他材料费占材料费	%	—	1.800	1.800	1.800	1.800
机械	高压绝缘电阻测试仪	台班	37.04	0.014	0.014	0.014	0.014
	交流弧焊机 21kV·A	台班	57.35	—	0.007	0.007	0.007
	汽车式起重机 10t	台班	833.49	—	—	0.176	0.439
	汽车式起重机 8t	台班	763.67	0.034	0.047	—	—
	载重汽车 5t	台班	430.70	0.007	0.007	0.020	0.047

五、电力电缆头制作与安装

1.电力电缆中间头制作与安装

(1)1kV以下室内干包式铝芯电力电缆

工作内容:定位、量尺寸、锯断、剥保护层及绝缘层、清洗、包缠绝缘、压接线管及接线子、安装、接线。

计量单位:个

定 额 编 号				A4-9-135	A4-9-136	A4-9-137	A4-9-138
项 目 名 称				电缆截面(mm²)			
				≤16	≤35	≤50	≤70
基 价 (元)				74.54	99.33	120.37	141.38
其中	人 工 费 (元)			30.94	47.60	57.96	68.18
	材 料 费 (元)			43.60	51.73	62.41	73.20
	机 械 费 (元)			—	—	—	—
名 称		单位	单价(元)	消 耗 量			
人工	综合工日	工日	140.00	0.221	0.340	0.414	0.487
材料	白布	kg	6.67	0.240	0.300	0.367	0.433
	电力复合脂	kg	20.00	0.024	0.030	0.037	0.043
	电气绝缘胶带 18mm×10m×0.13mm	卷	8.55	0.480	0.600	0.700	0.800
	镀锡裸铜软绞线 TJRX 16mm²	kg	51.28	0.250	0.250	0.250	0.250
	封铅 含铅65%锡35%	kg	22.22	0.288	0.360	0.437	0.513
	焊锡膏	kg	14.53	0.008	0.010	0.013	0.017
	焊锡丝	kg	54.10	0.040	0.050	0.067	0.083
	铝压接管 16mm²	个	0.70	3.760	—	—	—
	铝压接管 35mm²	个	1.12	—	3.760	—	—
	铝压接管 50mm²	个	1.58	—	—	3.760	—
	铝压接管 70mm²	个	2.10	—	—	—	3.760
	汽油	kg	6.77	0.320	0.400	0.467	0.533
	三色塑料带(综合)	kg	35.87	0.240	0.300	0.417	0.533
	铜接线端子 DT-16	个	1.70	1.020	1.020	1.020	1.020
	其他材料费占材料费	%	—	1.800	1.800	1.800	1.800

工作内容：定位、量尺寸、锯断、剥保护层及绝缘层、清洗、包缠绝缘、压接线管及接线端子、安装、接线。

计量单位：个

定 额 编 号				A4-9-139	A4-9-140	A4-9-141
项 目 名 称				电缆截面(mm²)		
				≤120	≤240	≤400
基 价 （元）				166.71	243.79	298.22
其中	人 工 费 （元）			78.54	102.76	133.84
	材 料 费 （元）			88.17	141.03	164.38
	机 械 费 （元）			—	—	—
名 称		单位	单价(元)	消 耗 量		
人工	综合工日	工日	140.00	0.561	0.734	0.956
材料	白布	kg	6.67	0.500	0.800	0.800
	电力复合脂	kg	20.00	0.050	0.080	0.080
	电气绝缘胶带 18mm×10m×0.13mm	卷	8.55	0.900	1.250	1.250
	镀锡裸铜软绞线 TJRX 16mm²	kg	51.28	0.250	0.350	0.350
	封铅 含铅65%锡35%	kg	22.22	0.590	0.710	0.710
	焊锡膏	kg	14.53	0.020	0.040	0.040
	焊锡丝	kg	54.10	0.100	0.200	0.200
	铝压接管 120mm²	个	3.68	3.760	—	—
	铝压接管 240mm²	个	7.57	—	3.760	—
	铝压接管 400mm²	个	13.67	—	—	3.760
	汽油	kg	6.77	0.600	0.800	0.800
	三色塑料带(综合)	kg	35.87	0.650	1.120	1.120
	铜接线端子 DT-16	个	1.70	1.020	1.020	1.020
	其他材料费占材料费	%	—	1.800	1.800	1.800

(2)1kV以下室内干包式铜芯电力电缆

工作内容：定位、量尺寸、锯断、剥保护层及绝缘层、清洗、包缠绝缘、压接线管及接线端子、安装、接线。

计量单位：个

定 额 编 号				A4-9-142	A4-9-143	A4-9-144	A4-9-145
项 目 名 称				电缆截面(mm²)			
				≤16	≤35	≤50	≤70
基 价 （元）				85.94	120.60	148.67	177.41
其中	人 工 费 （元）			34.30	57.12	69.58	81.90
	材 料 费 （元）			51.64	63.48	79.09	95.51
	机 械 费 （元）			—	—	—	—
名 称		单位	单价(元)	消 耗 量			
人工	综合工日	工日	140.00	0.245	0.408	0.497	0.585
材料	白布	kg	6.67	0.288	0.360	0.440	0.520
	电力复合脂	kg	20.00	0.029	0.036	0.044	0.052
	电气绝缘胶带 18mm×10m×0.13mm	卷	8.55	0.480	0.600	0.700	0.800
	镀锡裸铜软绞线 TJRX 16mm²	kg	51.28	0.250	0.250	0.250	0.250
	封铅 含铅65%锡35%	kg	22.22	0.346	0.432	0.524	0.616
	焊锡膏	kg	14.53	0.010	0.012	0.016	0.020
	焊锡丝	kg	54.10	0.048	0.060	0.080	0.100
	汽油	kg	6.77	0.384	0.480	0.560	0.640
	三色塑料带(综合)	kg	35.87	0.240	0.300	0.417	0.533
	铜接线端子 DT-16	个	1.70	1.020	1.020	1.020	1.020
	铜压接管 16mm²	个	2.11	3.760	—	—	—
	铜压接管 35mm²	个	3.33	—	3.760	—	—
	铜压接管 50mm²	个	4.89	—	—	3.760	—
	铜压接管 70mm²	个	6.67	—	—	—	3.760
	其他材料费占材料费	%	—	1.800	1.800	1.800	1.800

工作内容：定位、量尺寸、锯断、剥保护层及绝缘层、清洗、包缠绝缘、压接线管及接线端子、安装、接线。

计量单位：个

定　额　编　号			A4-9-146	A4-9-147	A4-9-148
项　目　名　称			电缆截面(mm²)		
			≤120	≤240	≤400
基　　　价（元）			213.25	336.85	471.79
其中	人　工　费（元）		94.36	123.20	160.30
	材　料　费（元）		118.89	213.65	311.49
	机　械　费（元）		—	—	—
名　　称	单位	单价（元）	消　耗　量		
人工 综合工日	工日	140.00	0.674	0.880	1.145
材料 白布	kg	6.67	0.600	0.960	0.960
电力复合脂	kg	20.00	0.060	0.096	0.096
电气绝缘胶带 18mm×10m×0.13mm	卷	8.55	0.900	1.250	1.250
镀锡裸铜软绞线 TJRX 16mm²	kg	51.28	0.250	0.350	0.350
封铅 含铅65%锡35%	kg	22.22	0.708	0.852	0.852
焊锡膏	kg	14.53	0.024	0.048	0.048
焊锡丝	kg	54.10	0.120	0.240	0.240
汽油	kg	6.77	0.720	0.960	0.960
三色塑料带(综合)	kg	35.87	0.650	1.120	1.120
铜接线端子 DT-16	个	1.70	1.020	1.020	1.020
铜压接管 120mm²	个	10.26	3.760	—	—
铜压接管 240mm²	个	24.44	—	3.760	—
铜压接管 400mm²	个	50.00	—	—	3.760
其他材料费占材料费	%	—	1.800	1.800	1.800

（3）1kV以下热（冷）缩式铝芯电力电缆

工作内容：定位、量尺寸、锯断、剥切清洗、内屏蔽层处理、焊接地线、套热（冷）缩管、压接线端子、制作成型、安装。

计量单位：个

定　额　编　号			A4-9-149	A4-9-150	A4-9-151	A4-9-152
项　目　名　称			电缆截面(mm²)			
			≤16	≤35	≤50	≤70
基　　　价（元）			58.41	79.45	92.82	108.72
其中	人　工　费（元）		25.20	41.86	49.98	58.10
	材　料　费（元）		33.21	37.59	42.84	50.62
	机　械　费（元）		—	—	—	—
名　　称	单位	单价(元)	消　　耗　　量			
人工	综合工日	工日	140.00	0.180	0.299	0.357	0.415
材料	热（冷）缩式电缆中间接头	套	—	(1.020)	(1.020)	(1.020)	(1.020)
	白布	kg	6.67	0.400	0.500	0.600	0.700
	电力复合脂	kg	20.00	0.024	0.030	0.037	0.043
	电气绝缘胶带 18mm×10m×0.13mm	卷	8.55	0.200	0.250	0.367	0.483
	镀锡裸铜软绞线 TJRX 16mm²	kg	51.28	0.300	0.300	0.300	0.350
	焊锡膏	kg	14.53	0.008	0.010	0.013	0.017
	焊锡丝	kg	54.10	0.040	0.050	0.067	0.083
	聚四氟乙烯带	kg	23.08	0.240	0.300	0.367	0.433
	沥青绝缘漆	kg	2.79	0.640	0.800	0.930	1.070
	汽油	kg	6.77	0.400	0.500	0.567	0.633
	三色塑料带 20mm×40m	m	0.26	0.248	0.310	0.379	0.448
	其他材料费占材料费	%	—	1.800	1.800	1.800	1.800

工作内容：定位、量尺寸、锯断、剥切清洗、内屏蔽层处理、焊接地线、套热(冷)缩管、压接线端子、制作成型、安装。

计量单位：个

定 额 编 号				A4-9-153	A4-9-154	A4-9-155
项 目 名 称				电缆截面(mm²)		
				≤120	≤240	≤400
基 价（元）				122.22	160.14	220.86
其中	人 工 费（元）			66.36	85.54	119.56
	材 料 费（元）			55.86	74.60	101.30
	机 械 费（元）			—	—	—
名 称		单位	单价（元）	消 耗		量
人工	综合工日	工日	140.00	0.474	0.611	0.854
材料	热(冷)缩式电缆中间接头	套	—	(1.020)	(1.020)	(1.020)
	白布	kg	6.67	0.800	1.000	1.300
	电力复合脂	kg	20.00	0.050	0.080	0.100
	电气绝缘胶带 18mm×10m×0.13mm	卷	8.55	0.600	1.025	1.550
	镀锡裸铜软绞线 TJRX 16mm²	kg	51.28	0.350	0.350	0.500
	焊锡膏	kg	14.53	0.020	0.040	0.050
	焊锡丝	kg	54.10	0.100	0.200	0.250
	聚四氟乙烯带	kg	23.08	0.500	0.700	1.000
	沥青绝缘漆	kg	2.79	1.200	1.600	2.000
	汽油	kg	6.77	0.700	0.900	1.000
	三色塑料带 20mm×40m	m	0.26	0.517	0.721	1.031
	其他材料费占材料费	%	—	1.800	1.800	1.800

(4)10kV以下热(冷)缩式铝芯电力电缆

工作内容：定位、量尺寸、锯断、剥切清洗、内屏蔽层处理、焊接地线、套热(冷)缩管、压接线端子、制作成型、安装。

计量单位：个

定 额 编 号				A4-9-156	A4-9-157	A4-9-158
项 目 名 称				电缆截面(mm²)		
				≤35	≤50	≤70
基 价 （元）				93.16	108.75	126.62
其中	人 工 费 （元）			56.00	66.22	76.44
	材 料 费 （元）			37.16	42.53	50.18
	机 械 费 （元）			—	—	—
名 称		单位	单价(元)	消 耗		量
人工	综合工日	工日	140.00	0.400	0.473	0.546
材料	热(冷)缩式电缆中间接头	套	—	(1.020)	(1.020)	(1.020)
	白布	kg	6.67	0.500	0.600	0.700
	电力复合脂	kg	20.00	0.030	0.037	0.043
	电气绝缘胶带 18mm×10m×0.13mm	卷	8.55	0.350	0.480	0.580
	镀锡裸铜软绞线 TJRX 16mm²	kg	51.28	0.250	0.250	0.300
	焊锡膏	kg	14.53	0.010	0.013	0.017
	焊锡丝	kg	54.10	0.050	0.067	0.083
	聚四氟乙烯带	kg	23.08	0.300	0.367	0.433
	沥青绝缘漆	kg	2.79	1.000	1.130	1.270
	汽油	kg	6.77	0.600	0.667	0.733
	三色塑料带 20mm×40m	m	0.26	0.500	0.600	0.700
	其他材料费占材料费	%	—	1.800	1.800	1.800

272

工作内容：定位、量尺寸、锯断、剥切清洗、内屏蔽层处理、焊接地线、套热(冷)缩管、压接线端子、制作成型、安装。

计量单位：个

定 额 编 号				A4-9-159	A4-9-160	A4-9-161
项 目 名 称				电缆截面(mm²)		
				≤120	≤240	≤400
基 价（元）				142.41	190.04	262.87
其中	人 工 费 （元）			86.52	110.46	154.70
	材 料 费 （元）			55.89	79.58	108.17
	机 械 费 （元）			—	—	—
	名 称	单位	单价（元）	消	耗	量
人工	综合工日	工日	140.00	0.618	0.789	1.105
材料	热(冷)缩式电缆中间接头	套	—	(1.020)	(1.020)	(1.020)
	白布	kg	6.67	0.800	1.300	1.500
	电力复合脂	kg	20.00	0.050	0.080	0.100
	电气绝缘胶带 18mm×10m×0.13mm	卷	8.55	0.750	1.210	1.880
	镀锡裸铜软绞线 TJRX 16mm²	kg	51.28	0.300	0.350	0.500
	焊锡膏	kg	14.53	0.020	0.040	0.050
	焊锡丝	kg	54.10	0.100	0.200	0.250
	聚四氟乙烯带	kg	23.08	0.500	0.700	1.000
	沥青绝缘漆	kg	2.79	1.400	1.800	2.400
	汽油	kg	6.77	0.800	1.000	1.200
	三色塑料带 20mm×40m	m	0.26	0.800	1.000	1.500
	其他材料费占材料费	%	—	1.800	1.800	1.800

(5)1kV以下热(冷)缩式铜芯电力电缆

工作内容：定位、量尺寸、锯断、剥切清洗、内屏蔽层处理、焊接地线、套热(冷)缩管、压接线端子、制作成型、安装。

计量单位：个

定 额 编 号				A4-9-162	A4-9-163	A4-9-164	A4-9-165
项 目 名 称				电缆截面(mm²)			
				≤16	≤35	≤50	≤70
基 价 （元）				63.42	86.89	101.49	119.08
其中	人 工 费 （元）			27.02	45.36	53.90	62.86
	材 料 费 （元）			36.40	41.53	47.59	56.22
	机 械 费 （元）			—	—	—	—
名 称		单位	单价(元)	消 耗 量			
人工	综合工日	工日	140.00	0.193	0.324	0.385	0.449
材料	热(冷)缩式电缆中间接头	套	—	(1.020)	(1.020)	(1.020)	(1.020)
	白布	kg	6.67	0.480	0.600	0.720	0.840
	电力复合脂	kg	20.00	0.029	0.036	0.044	0.052
	电气绝缘胶带 18mm×10m×0.13mm	卷	8.55	0.200	0.250	0.367	0.483
	镀锡裸铜软绞线 TJRX 16mm²	kg	51.28	0.300	0.300	0.300	0.350
	焊锡膏	kg	14.53	0.010	0.012	0.016	0.020
	焊锡丝	kg	54.10	0.048	0.060	0.080	0.100
	聚四氟乙烯带	kg	23.08	0.288	0.360	0.440	0.520
	沥青绝缘漆	kg	2.79	0.780	0.960	1.120	1.270
	汽油	kg	6.77	0.480	0.600	0.680	0.760
	三色塑料带 20mm×40m	m	0.26	0.248	0.310	0.379	0.448
	其他材料费占材料费	%	—	1.800	1.800	1.800	1.800

工作内容：定位、量尺寸、锯断、剥切清洗、内屏蔽层处理、焊接地线、套热(冷)缩管、压接线端子、制作成型、安装。

计量单位：个

定　额　编　号			A4-9-166	A4-9-167	A4-9-168
项　目　名　称			电缆截面(mm²)		
			≤120	≤240	≤400
基　　　价（元）			133.60	176.11	242.81
其中	人　工　费（元）		71.40	92.40	129.22
	材　料　费（元）		62.20	83.71	113.59
	机　械　费（元）		—	—	—
名　　称	单位	单价（元）	消　耗　量		
人工 综合工日	工日	140.00	0.510	0.660	0.923
材料 热(冷)缩式电缆中间接头	套	—	(1.020)	(1.020)	(1.020)
白布	kg	6.67	0.960	1.200	1.560
电力复合脂	kg	20.00	0.060	0.096	0.120
电气绝缘胶带 18mm×10m×0.13mm	卷	8.55	0.600	1.025	1.550
镀锡裸铜软绞线 TJRX 16mm²	kg	51.28	0.350	0.350	0.500
焊锡膏	kg	14.53	0.024	0.048	0.060
焊锡丝	kg	54.10	0.120	0.240	0.300
聚四氟乙烯带	kg	23.08	0.600	0.840	1.200
沥青绝缘漆	kg	2.79	1.400	1.800	2.400
汽油	kg	6.77	0.840	1.080	1.200
三色塑料带 20mm×40m	m	0.26	0.517	0.721	1.031
其他材料费占材料费	%	—	1.800	1.800	1.800

(6)10kV以下热(冷)缩式铜芯电力电缆

工作内容：定位、量尺寸、锯断、剥切清洗、内屏蔽层处理、焊接地线、套热(冷)缩管、压接线端子、制作成型、安装。

计量单位：个

定　额　编　号				A4-9-169	A4-9-170	A4-9-171
项　目　名　称				电缆截面(mm²)		
				≤35	≤50	≤70
基　　　价（元）				107.28	174.96	145.58
其中	人　工　费（元）			67.34	79.52	91.56
	材　料　费（元）			39.94	95.44	54.02
	机　械　费（元）			—	—	—
名　　　称		单位	单价（元）	消　　耗　　量		
人工	综合工日	工日	140.00	0.481	0.568	0.654
材料	热(冷)缩式电缆中间接头	套	—	(1.020)	(1.020)	(1.020)
	白布	kg	6.67	0.600	0.720	0.840
	电力复合脂	kg	20.00	0.036	0.044	0.052
	电气绝缘胶带 18mm×10m×0.13mm	卷	8.55	0.350	0.480	0.580
	镀锡裸铜软绞线 TJRX 16mm²	kg	51.28	0.250	0.250	0.300
	焊锡膏	kg	14.53	0.012	0.016	0.020
	焊锡丝	kg	54.10	0.060	0.080	0.100
	聚四氟乙烯带	kg	23.08	0.300	0.367	0.433
	沥青绝缘漆	kg	2.79	1.200	1.360	1.520
	汽油	kg	6.77	0.720	8.000	0.880
	三色塑料带 20mm×40m	m	0.26	0.500	0.600	0.700
	其他材料费占材料费	%	—	1.800	1.800	1.800

工作内容：定位、量尺寸、锯断、剥切清洗、内屏蔽层处理、焊接地线、套热(冷)缩管、压接线端子、制作成型、安装。

计量单位：个

定 额 编 号				A4-9-172	A4-9-173	A4-9-174
项 目 名 称				电缆截面(mm²)		
				≤120	≤240	≤400
基 价 （元）				164.12	219.11	302.46
其中	人 工 费 （元）			103.88	132.72	185.92
	材 料 费 （元）			60.24	86.39	116.54
	机 械 费 （元）			—	—	—
名 称		单位	单价（元）	消 耗 量		
人工	综合工日	工日	140.00	0.742	0.948	1.328
材料	热(冷)缩式电缆中间接头	套	—	(1.020)	(1.020)	(1.020)
	白布	kg	6.67	0.960	1.560	1.800
	电力复合脂	kg	20.00	0.060	0.096	0.120
	电气绝缘胶带 18mm×10m×0.13mm	卷	8.55	0.750	1.210	1.880
	镀锡裸铜软绞线 TJRX 16mm²	kg	51.28	0.300	0.350	0.500
	焊锡膏	kg	14.53	0.024	0.048	0.060
	焊锡丝	kg	54.10	0.120	0.240	0.300
	聚四氟乙烯带	kg	23.08	0.500	0.700	1.000
	沥青绝缘漆	kg	2.79	1.680	2.160	2.880
	汽油	kg	6.77	0.960	1.200	1.440
	三色塑料带 20mm×40m	m	0.26	0.800	1.000	1.500
	其他材料费占材料费	%	—	1.800	1.800	1.800

2.电力电缆终端头制作与安装

(1)1kV以下室内干包式铝芯电力电缆

工作内容：定位、量尺寸、锯断、剥保护层及绝缘层、清洗、包缠绝缘、压接线管及接线端子、安装、接线。

计量单位：个

定　额　编　号				A4-9-175	A4-9-176	A4-9-177	A4-9-178
项　目　名　称				电缆截面(mm²)			
				≤10	≤16	≤35	≤50
基　　　价（元）				50.23	57.53	73.22	80.20
其中	人　工　费（元）			11.06	16.66	27.86	33.74
	材　料　费（元）			39.17	40.87	45.36	46.46
	机　械　费（元）			—	—	—	—
名　　称		单位	单价（元）	消　　耗　　量			
人工	综合工日	工日	140.00	0.079	0.119	0.199	0.241
材料	白布	kg	6.67	0.180	0.240	0.300	0.300
	电力复合脂	kg	20.00	0.020	0.024	0.030	0.030
	电气绝缘胶带 18mm×10m×0.13mm	卷	8.55	0.200	0.240	0.300	0.300
	镀锡裸铜软绞线 TJRX 16mm²	kg	51.28	0.200	0.200	0.200	0.200
	固定卡子 φ90	个	1.99	1.648	1.648	2.060	2.060
	焊锡膏	kg	14.53	0.006	0.008	0.010	0.010
	焊锡丝	kg	54.10	0.030	0.040	0.050	0.050
	铝接线端子 DL-16mm²	个	0.70	3.760	3.760	—	—
	铝接线端子 DL-35mm²	个	1.12	—	—	3.760	—
	铝接线端子 DL-50mm²	个	1.40	—	—	—	3.760
	汽油	kg	6.77	0.200	0.240	0.300	0.300
	三色塑料带 20mm×40m	m	0.26	0.082	0.112	0.140	0.243
	塑料手套 ST型	个	13.50	1.050	1.050	1.050	1.050
	铜接线端子 DT-16	个	1.70	1.020	1.020	1.020	1.020
	其他材料费占材料费	%	—	1.800	1.800	1.800	1.800

278

工作内容：定位、量尺寸、锯断、剥保护层及绝缘层、清洗、包缠绝缘、压接线管及接线端子、安装、接线。

计量单位：个

定 额 编 号				A4-9-179	A4-9-180	A4-9-181	A4-9-182
项 目 名 称				电缆截面(mm²)			
				≤70	≤120	≤240	≤400
基 价（元）				95.11	109.09	141.95	193.96
其中	人 工 费（元）			39.48	45.36	59.36	84.84
	材 料 费（元）			55.63	63.73	82.59	109.12
	机 械 费（元）			—	—	—	—
名 称		单位	单价(元)	消 耗 量			
人工	综合工日	工日	140.00	0.282	0.324	0.424	0.606
材料	白布	kg	6.67	0.400	0.500	0.800	0.900
	电力复合脂	kg	20.00	0.040	0.050	0.080	0.080
	电气绝缘胶带 18mm×10m×0.13mm	卷	8.55	0.400	0.400	0.500	0.500
	镀锡裸铜软绞线 TJRX 16mm²	kg	51.28	0.250	0.250	0.350	0.350
	固定卡子 φ90	个	1.99	2.060	2.060	2.060	2.060
	焊锡膏	kg	14.53	0.020	0.020	0.040	0.040
	焊锡丝	kg	54.10	0.100	0.100	0.200	0.200
	铝接线端子 185～240mm²	个	4.70	—	—	3.760	—
	铝接线端子 DL-120mm²	个	3.68	—	3.760	—	—
	铝接线端子 DL-400mm²	个	11.44	—	—	—	3.760
	铝接线端子 DL-70mm²	个	1.80	3.760	—	—	—
	汽油	kg	6.77	0.350	0.350	0.400	0.400
	三色塑料带 20mm×40m	m	0.26	0.347	0.450	0.700	0.900
	塑料手套 ST型	个	13.50	1.050	1.050	1.050	1.050
	铜接线端子 DT-16	个	1.70	1.020	1.020	1.020	1.020
	其他材料费占材料费	%	—	1.800	1.800	1.800	1.800

(2)1kV以下室内干包式铜芯电力电缆

工作内容：定位、量尺寸、锯断、剥保护层及绝缘层、清洗、包缠绝缘、压接线管及接线端子、安装、接线。

定 额 编 号			A4-9-183	A4-9-184	A4-9-185	A4-9-186
项 目 名 称			电缆截面(mm²)			
			≤10	≤16	≤35	≤50
基 价（元）			52.49	63.99	86.67	104.56
其中	人 工 费（元）		14.28	20.16	33.74	40.60
	材 料 费（元）		38.21	43.83	52.93	63.96
	机 械 费（元）		—	—	—	—
名 称	单位	单价（元）	消 耗 量			
人工	综合工日	工日	140.00	0.102	0.144	0.241	0.290

	名 称	单位	单价（元）	消耗量			
材料	白布	kg	6.67	0.200	0.288	0.360	0.440
	电力复合脂	kg	20.00	0.021	0.029	0.036	0.044
	电气绝缘胶带 18mm×10m×0.13mm	卷	8.55	0.200	0.240	0.300	0.300
	镀锡裸铜软绞线 TJRX 16mm²	kg	51.28	0.120	0.160	0.200	0.277
	固定卡子 Φ90	个	1.99	1.154	1.648	2.060	2.060
	焊锡膏	kg	14.53	0.007	0.010	0.012	0.016
	焊锡丝	kg	54.10	0.034	0.048	0.060	0.080
	汽油	kg	6.77	0.200	0.288	0.360	0.380
	三色塑料带 20mm×40m	m	0.26	0.079	0.112	0.140	0.243
	塑料手套 ST型	个	13.50	1.050	1.050	1.050	1.050
	铜接线端子 DT-16	个	1.70	4.780	4.780	1.020	1.020
	铜接线端子 DT-35	个	2.70	—	—	3.760	—
	铜接线端子 DT-50	个	4.00	—	—	—	3.760
	其他材料费占材料费	%	—	1.800	1.800	1.800	1.800

工作内容：定位、量尺寸、锯断、剥保护层及绝缘层、清洗、包缠绝缘、压接线管及接线端子、安装、接线。

计量单位：个

定 额 编 号				A4-9-187	A4-9-188	A4-9-189	A4-9-190
项 目 名 称				电缆截面(mm²)			
				≤70	≤120	≤240	≤400
基 价 （元）				115.89	139.69	216.56	310.72
其中	人 工 费 （元）			47.32	54.18	71.12	78.26
	材 料 费 （元）			68.57	85.51	145.44	232.46
	机 械 费 （元）			—	—	—	—
名 称		单位	单价（元）	消 耗 量			
人工	综合工日	工日	140.00	0.338	0.387	0.508	0.559
材料	白布	kg	6.67	0.520	0.600	0.960	1.056
	电力复合脂	kg	20.00	0.052	0.060	0.096	0.106
	电气绝缘胶带 18mm×10m×0.13mm	卷	8.55	0.300	0.400	0.500	0.600
	镀锡裸铜软绞线 TJRX 16mm²	kg	51.28	0.253	0.280	0.350	0.385
	固定卡子 φ90	个	1.99	2.060	2.060	2.060	2.060
	焊锡膏	kg	14.53	0.020	0.024	0.048	0.056
	焊锡丝	kg	54.10	0.100	0.120	0.240	0.360
	汽油	kg	6.77	0.400	0.420	0.480	0.500
	三色塑料带 20mm×40m	m	0.26	0.347	0.450	0.700	0.900
	塑料手套 ST型	个	13.50	1.050	1.050	1.050	1.050
	铜接线端子 DT-120	个	8.30	—	3.760	—	—
	铜接线端子 DT-16	个	1.70	1.020	1.020	1.020	1.020
	铜接线端子 DT-240	个	20.00	—	—	3.760	—
	铜接线端子 DT-400	个	40.00	—	—	—	3.760
	铜接线端子 DT-70	个	5.00	3.760	—	—	—
	其他材料费占材料费	%	—	1.800	1.800	1.800	1.800

(3)1kV室内热(冷)缩式铝芯电力电缆

工作内容：定位、量尺寸、锯断、剥切清洗、内屏蔽层处理、焊接地线、压接线端子、装热(冷)缩管、制作成型、安装、接线。

计量单位：个

定　额　编　号			A4-9-191	A4-9-192	A4-9-193	A4-9-194
项　目　名　称			电缆截面(mm²)			
			≤10	≤16	≤35	≤50
基　　　价（元）			41.11	55.25	74.44	82.38
其中	人　工　费（元）		9.24	16.80	27.86	34.16
	材　料　费（元）		31.87	38.45	46.58	48.22
	机　械　费（元）		—	—	—	—
名　　称	单位	单价（元）	消　　耗　　量			
人工　综合工日	工日	140.00	0.066	0.120	0.199	0.244
材料　户内热(冷)缩式电缆终端头	套	—	(1.020)	(1.020)	(1.020)	(1.020)
白布	kg	6.67	0.200	0.240	0.300	0.300
丙酮	kg	7.51	0.300	0.400	0.500	0.600
电力复合脂	kg	20.00	0.020	0.024	0.030	0.030
电气绝缘胶带 18mm×10m×0.13mm	卷	8.55	0.200	0.200	0.250	0.350
镀锡裸铜软绞线 TJRX 16mm²	kg	51.28	0.120	0.160	0.200	0.200
固定卡子 φ90	个	1.99	2.060	2.060	2.060	2.060
焊锡膏	kg	14.53	0.034	0.048	0.060	0.060
焊锡丝	kg	54.10	0.200	0.240	0.300	0.300
汽油	kg	6.77	0.340	0.480	0.600	0.600
三色塑料带 20mm×40m	m	0.26	0.030	0.040	0.050	0.060
铜接线端子 DT-16	个	1.70	1.020	1.020	1.020	1.020
其他材料费占材料费	%	—	1.800	1.800	1.800	1.800

工作内容：定位、量尺寸、锯断、剥切清洗、内屏蔽层处理、焊接地线、压接线端子、装热(冷)缩管、制作成型、安装、接线。

计量单位：个

定 额 编 号			A4-9-195	A4-9-196	A4-9-197	A4-9-198
项 目 名 称			电缆截面(mm²)			
			≤70	≤120	≤240	≤400
基 价（元）			99.87	109.68	136.37	181.06
其中	人 工 费（元）		40.32	46.48	55.72	77.98
	材 料 费（元）		59.55	63.20	80.65	103.08
	机 械 费（元）		—	—	—	—
名 称	单位	单价(元)	消 耗 量			
人工 综合工日	工日	140.00	0.288	0.332	0.398	0.557
户内热(冷)缩式电缆终端头	套	—	(1.020)	(1.020)	(1.020)	(1.020)
白布	kg	6.67	0.400	0.500	0.800	1.000
丙酮	kg	7.51	0.700	0.800	1.000	1.400
电力复合脂	kg	20.00	0.040	0.050	0.080	0.100
材 电气绝缘胶带 18mm×10m×0.13mm	卷	8.55	0.450	0.600	1.000	1.550
镀锡裸铜软绞线 TJRX 16mm²	kg	51.28	0.300	0.300	0.350	0.500
固定卡子 φ90	个	1.99	2.060	2.060	2.060	2.060
焊锡膏	kg	14.53	0.070	0.070	0.090	0.100
料 焊锡丝	kg	54.10	0.350	0.350	0.450	0.500
汽油	kg	6.77	0.700	0.800	1.000	1.300
三色塑料带 20mm×40m	m	0.26	0.070	0.080	0.100	0.150
铜接线端子 DT-16	个	1.70	1.020	1.020	1.020	1.020
其他材料费占材料费	%	—	1.800	1.800	1.800	1.800

（4）10kV室内热(冷)缩式铝芯电力电缆

工作内容：定位、量尺寸、锯断、剥切清洗、内屏蔽层处理、焊接地线、压接线端子、装热(冷)缩管、制作成型、安装、接线。

计量单位：个

定 额 编 号			A4-9-199	A4-9-200	A4-9-201
项 目 名 称			电缆截面(mm²)		
			≤35	≤50	≤70
基 价（元）			87.16	96.60	115.59
其中	人 工 费（元）		36.82	43.68	50.40
	材 料 费（元）		50.34	52.92	65.19
	机 械 费（元）		—	—	—
名 称	单位	单价（元）	消 耗 量		
人工 综合工日	工日	140.00	0.263	0.312	0.360
材料 户内热(冷)缩式电缆终端头	套	—	(1.020)	(1.020)	(1.020)
白布	kg	6.67	0.300	0.300	0.400
丙酮	kg	7.51	0.500	0.600	0.700
电力复合脂	kg	20.00	0.030	0.030	0.040
电气绝缘胶带 18mm×10m×0.13mm	卷	8.55	0.250	0.350	0.450
镀锡裸铜软绞线 TJRX 16mm²	kg	51.28	0.200	0.200	0.300
固定卡子 φ90	个	1.99	2.060	2.060	2.060
焊锡膏	kg	14.53	0.060	0.060	0.070
焊锡丝	kg	54.10	0.300	0.300	0.350
聚四氟乙烯带	kg	23.08	0.160	0.200	0.240
汽油	kg	6.77	0.600	0.600	0.700
三色塑料带 20mm×40m	m	0.26	0.050	0.060	0.070
铜接线端子 DT-16	个	1.70	1.020	1.020	1.020
其他材料费占材料费	%	—	1.800	1.800	1.800

工作内容：定位、量尺寸、锯断、剥切清洗、内屏蔽层处理、焊接地线、压接线端子、装热(冷)缩管、制作成型、安装、接线。

计量单位：个

定 额 编 号			A4-9-202	A4-9-203	A4-9-204
项 目 名 称			电缆截面(mm²)		
			≤120	≤240	≤400
基 价（元）			126.90	164.27	221.97
其中	人 工 费（元）		57.12	73.78	105.70
	材 料 费（元）		69.78	90.49	116.27
	机 械 费（元）		—	—	—
名 称	单位	单价(元)	消 耗 量		
人工	综合工日	工日	140.00	0.408	0.527	0.755
材料	户内热(冷)缩式电缆终端头	套	—	(1.020)	(1.020)	(1.020)
	白布	kg	6.67	0.500	0.800	1.100
	丙酮	kg	7.51	0.800	1.000	1.500
	电力复合脂	kg	20.00	0.050	0.080	0.100
	电气绝缘胶带 18mm×10m×0.13mm	卷	8.55	0.600	1.050	1.550
	镀锡裸铜软绞线 TJRX 16mm²	kg	51.28	0.300	0.350	0.500
	固定卡子 φ90	个	1.99	2.060	2.060	2.060
	焊锡膏	kg	14.53	0.070	0.090	0.100
	焊锡丝	kg	54.10	0.350	0.450	0.500
	聚四氟乙烯带	kg	23.08	0.280	0.400	0.500
	汽油	kg	6.77	0.800	1.000	1.300
	三色塑料带 20mm×40m	m	0.26	0.080	0.100	0.150
	铜接线端子 DT-16	个	1.70	1.020	1.020	1.020
	其他材料费占材料费	%	—	1.800	1.800	1.800

(5)1kV室内热(冷)缩式铜芯电力电缆

工作内容：定位、量尺寸、锯断、剥切清洗、内屏蔽层处理、焊接地线、压接线端子、装热(冷)缩管、制作成型、安装、接线。

计量单位：个

定　额　编　号				A4-9-205	A4-9-206	A4-9-207	A4-9-208
项　目　名　称				电缆截面(mm²)			
				≤10	≤16	≤35	≤50
基　　价（元）				53.26	69.92	86.06	98.20
其中	人　工　费（元）			14.00	20.02	33.32	40.88
	材　料　费（元）			39.26	49.90	52.74	57.32
	机　械　费（元）			—	—	—	—
	名　　称	单位	单价（元）	消　　耗　　量			
人工	综合工日	工日	140.00	0.100	0.143	0.238	0.292
材料	户内热(冷)缩式电缆终端头	套	—	(1.020)	(1.020)	(1.020)	(1.020)
	白布	kg	6.67	0.200	0.288	0.360	0.440
	丙酮	kg	7.51	0.340	0.480	0.600	0.720
	电力复合脂	kg	20.00	0.020	0.029	0.036	0.044
	电气绝缘胶带 18mm×10m×0.13mm	卷	8.55	0.200	0.240	0.300	0.440
	镀锡裸铜软绞线 TJRX 16mm²	kg	51.28	0.120	0.160	0.200	0.200
	固定卡子 φ90	个	1.99	2.060	2.060	2.060	2.060
	焊锡膏	kg	14.53	0.040	0.058	0.072	0.076
	焊锡丝	kg	54.10	0.200	0.288	0.360	0.380
	汽油	kg	6.77	0.400	0.576	0.720	0.800
	三色塑料带 20mm×40m	m	0.26	0.300	0.400	0.500	0.600
	铜接线端子 DT-16	个	1.70	4.780	4.780	1.020	1.020
	其他材料费占材料费	%	—	1.800	1.800	1.800	1.800

工作内容：定位、量尺寸、锯断、剥切清洗、内屏蔽层处理、焊接地线、压接线端子、装热(冷)缩管、制作成型、安装、接线。

计量单位：个

定 额 编 号				A4-9-209	A4-9-210	A4-9-211	A4-9-212
项 目 名 称				电缆截面(mm²)			
				≤70	≤120	≤240	≤400
基 价（元）				110.34	127.42	166.51	221.51
其中	人 工 费（元）			48.44	55.72	74.34	103.88
	材 料 费（元）			61.90	71.70	92.17	117.63
	机 械 费（元）			—	—	—	—
名 称	单位	单价（元）		消 耗 量			
人工	综合工日	工日	140.00	0.346	0.398	0.531	0.742
材料	户内热(冷)缩式电缆终端头	套	—	(1.020)	(1.020)	(1.020)	(1.020)
	白布	kg	6.67	0.520	0.600	0.960	1.200
	丙酮	kg	7.51	0.840	0.960	1.200	1.680
	电力复合脂	kg	20.00	0.052	0.060	0.096	0.120
	电气绝缘胶带 18mm×10m×0.13mm	卷	8.55	0.580	0.720	1.200	1.860
	镀锡裸铜软绞线 TJRX 16mm²	kg	51.28	0.200	0.300	0.350	0.500
	固定卡子 φ90	个	1.99	2.060	2.060	2.060	2.060
	焊锡膏	kg	14.53	0.080	0.084	0.108	0.120
	焊锡丝	kg	54.10	0.400	0.420	0.540	0.600
	汽油	kg	6.77	0.880	0.960	1.200	1.560
	三色塑料带 20mm×40m	m	0.26	0.700	0.800	1.000	1.500
	铜接线端子 DT-16	个	1.70	1.020	1.020	1.020	1.020
	其他材料费占材料费	%	—	1.800	1.800	1.800	1.800

(6)10kV室内热(冷)缩式铜芯电力电缆

工作内容:定位、量尺寸、锯断、剥切清洗、内屏蔽层处理、焊接地线、压接线端子、装热(冷)缩管、制作成型、安装、接线。

计量单位:个

定 额 编 号				A4-9-213	A4-9-214	A4-9-215
项 目 名 称				电缆截面(mm²)		
				≤35	≤50	≤70
基 价 （元）				101.33	115.50	134.13
其中	人 工 费（元）			44.38	52.50	60.48
	材 料 费（元）			56.95	63.00	73.65
	机 械 费（元）			—	—	—
名 称		单位	单价（元）	消 耗 量		
人工	综合工日	工日	140.00	0.317	0.375	0.432
材料	户内热(冷)缩式电缆终端头	套	—	(1.020)	(1.020)	(1.020)
	白布	kg	6.67	0.360	0.440	0.520
	丙酮	kg	7.51	0.600	0.720	0.840
	电力复合脂	kg	20.00	0.036	0.044	0.052
	电气绝缘胶带 18mm×10m×0.13mm	卷	8.55	0.350	0.550	0.680
	镀锡裸铜软绞线 TJRX 16mm²	kg	51.28	0.200	0.200	0.300
	固定卡子 φ90	个	1.99	2.060	2.060	2.060
	焊锡膏	kg	14.53	0.072	0.076	0.080
	焊锡丝	kg	54.10	0.360	0.380	0.400
	聚四氟乙烯带	kg	23.08	0.160	0.200	0.240
	汽油	kg	6.77	0.720	0.800	0.880
	三色塑料带 20mm×40m	m	0.26	0.550	0.680	0.780
	铜接线端子 DT-16	个	1.70	1.020	1.020	1.020
	其他材料费占材料费	%	—	1.800	1.800	1.800

工作内容：定位、量尺寸、锯断、剥切清洗、内屏蔽层处理、焊接地线、压接线端子、装热(冷)缩管、制作成型、安装、接线。

计量单位：个

定　额　编　号			A4-9-216	A4-9-217	A4-9-218
项　目　名　称			电缆截面(mm²)		
			≤120	≤240	≤400
基　　　价（元）			147.77	193.35	261.10
其中	人　工　费（元）		68.60	88.62	124.74
	材　料　费（元）		79.17	104.73	136.36
	机　械　费（元）		—	—	—
名　　称	单位	单价（元）	消　耗　量		
人工 综合工日	工日	140.00	0.490	0.633	0.891
材料 户内热(冷)缩式电缆终端头	套	—	(1.020)	(1.020)	(1.020)
白布	kg	6.67	0.600	0.960	1.320
丙酮	kg	7.51	0.960	1.200	1.800
电力复合脂	kg	20.00	0.060	0.096	0.120
电气绝缘胶带 18mm×10m×0.13mm	卷	8.55	0.820	1.560	2.460
镀锡裸铜软绞线 TJRX 16mm²	kg	51.28	0.300	0.350	0.500
固定卡子 φ90	个	1.99	2.060	2.060	2.060
焊锡膏	kg	14.53	0.084	0.108	0.120
焊锡丝	kg	54.10	0.420	0.540	0.600
聚四氟乙烯带	kg	23.08	0.280	0.400	0.500
汽油	kg	6.77	0.960	1.200	1.560
三色塑料带 20mm×40m	m	0.26	0.880	1.080	1.590
铜接线端子 DT-16	个	1.70	1.020	1.020	1.020
其他材料费占材料费	%	—	1.800	1.800	1.800

289

(7)10kV室外热(冷)缩式铝芯电力电缆

工作内容：定位、量尺寸、锯断、剥切清洗、内屏蔽层处理、焊接地线、套热(冷)缩管、压接线端子、制作成型、安装、接线。

计量单位：个

定　额　编　号				A4-9-219	A4-9-220	A4-9-221
项　目　名　称				电缆截面(mm²)		
				≤35	≤50	≤70
基　　　　价（元）				135.06	156.84	181.15
其中	人　工　费（元）			97.02	112.00	126.98
	材　料　费（元）			38.04	44.84	54.17
	机　械　费（元）			—	—	—
名　　称		单位	单价（元）	消　　耗　　量		
人工	综合工日	工日	140.00	0.693	0.800	0.907
材料	户内热(冷)缩式电缆终端头	套	—	(1.020)	(1.020)	(1.020)
	白布	kg	6.67	0.500	0.600	0.700
	电力复合脂	kg	20.00	0.030	0.030	0.040
	电气绝缘胶带 18mm×10m×0.13mm	卷	8.55	0.250	0.350	0.450
	镀锡裸铜软绞线 TJRX 16mm²	kg	51.28	0.200	0.200	0.300
	固定卡子 φ90	个	1.99	2.060	2.060	2.060
	焊锡膏	kg	14.53	0.010	0.130	0.017
	焊锡丝	kg	54.10	0.050	0.060	0.080
	聚四氟乙烯带	kg	23.08	0.300	0.400	0.500
	汽油	kg	6.77	0.800	0.883	0.967
	三色塑料带 20mm×40m	m	0.26	0.050	0.060	0.070
	铜接线端子 DT-16	个	1.70	1.020	1.020	1.020
	其他材料费占材料费	%	—	1.800	1.800	1.800

工作内容：定位、量尺寸、锯断、剥切清洗、内屏蔽层处理、焊接地线、套热(冷)缩管、压接线端子、制作成型、安装、接线。

计量单位：个

定　额　编　号				A4-9-222	A4-9-223	A4-9-224
项　目　名　称				电缆截面(mm²)		
				≤120	≤240	≤400
基　　价（元）				203.56	259.66	337.18
其中	人　工　费（元）			141.96	172.20	224.00
	材　料　费（元）			61.60	87.46	113.18
	机　械　费（元）			—	—	—
名　　称		单位	单价（元）	消　　耗　　量		
人工	综合工日	工日	140.00	1.014	1.230	1.600
材料	户内热(冷)缩式电缆终端头	套	—	(1.020)	(1.020)	(1.020)
	白布	kg	6.67	0.800	1.300	1.500
	电力复合脂	kg	20.00	0.050	0.080	0.100
	电气绝缘胶带 18mm×10m×0.13mm	卷	8.55	0.600	1.025	1.550
	镀锡裸铜软绞线 TJRX 16mm²	kg	51.28	0.300	0.350	0.500
	固定卡子 φ90	个	1.99	2.060	2.060	2.060
	焊锡膏	kg	14.53	0.020	0.040	0.050
	焊锡丝	kg	54.10	0.100	0.200	0.250
	聚四氟乙烯带	kg	23.08	0.650	1.020	1.300
	汽油	kg	6.77	1.050	1.200	1.500
	三色塑料带 20mm×40m	m	0.26	0.080	0.100	0.150
	铜接线端子 DT-16	个	1.70	1.020	1.020	1.020
	其他材料费占材料费	%	—	1.800	1.800	1.800

(8)10kV以下室外热(冷)缩式铜芯电力电缆

工作内容：定位、量尺寸、锯断、剥切清洗、内屏蔽层处理、焊接地线、套热(冷)缩管、压接线端子、制作成型、安装、接线。

计量单位：个

定　额　编　号			A4-9-225	A4-9-226	A4-9-227
项　目　名　称			电缆截面(mm²)		
			≤35	≤50	≤70
基　　　价（元）			142.09	162.83	186.32
其中	人　工　费（元）		104.86	120.96	137.20
	材　料　费（元）		37.23	41.87	49.12
	机　械　费（元）		—	—	—
名　　称	单位	单价（元）	消　　耗　　量		
人工 综合工日	工日	140.00	0.749	0.864	0.980
材料 户内热(冷)缩式电缆终端头	套	—	(1.020)	(1.020)	(1.020)
白布	kg	6.67	0.600	0.720	0.840
电力复合脂	kg	20.00	0.036	0.044	0.052
电气绝缘胶带 18mm×10m×0.13mm	卷	8.55	0.250	0.350	0.450
镀锡裸铜软绞线 TJRX 16mm²	kg	51.28	0.200	0.200	0.250
固定卡子 φ90	个	1.99	2.060	2.060	2.060
焊锡膏	kg	14.53	0.012	0.016	0.020
焊锡丝	kg	54.10	0.060	0.080	0.100
聚四氟乙烯带	kg	23.08	0.160	0.200	0.240
汽油	kg	6.77	0.960	1.060	1.160
三色塑料带 20mm×40m	m	0.26	0.050	0.060	0.070
铜接线端子 DT-16	个	1.70	1.020	1.020	1.020
其他材料费占材料费	%	—	1.800	1.800	1.800

工作内容：定位、量尺寸、锯断、剥切清洗、内屏蔽层处理、焊接地线、套热(冷)缩管、压接线端子、制作成型、安装、接线。

计量单位：个

定　额　编　号				A4-9-228	A4-9-229	A4-9-230
项　目　名　称				电缆截面(mm²)		
				≤120	≤240	≤400
基　　　　价（元）				207.50	262.85	341.81
其中	人　工　费（元）			153.30	186.34	241.64
	材　料　费（元）			54.20	76.51	100.17
	机　械　费（元）			—	—	—
名　　称		单位	单价（元）	消　耗　量		
人工	综合工日	工日	140.00	1.095	1.331	1.726
材料	户内热(冷)缩式电缆终端头	套	—	(1.020)	(1.020)	(1.020)
	白布	kg	6.67	0.960	1.200	1.560
	电力复合脂	kg	20.00	0.060	0.096	0.120
	电气绝缘胶带 18mm×10m×0.13mm	卷	8.55	0.600	1.025	1.550
	镀锡裸铜软绞线 TJRX 16mm²	kg	51.28	0.250	0.350	0.500
	固定卡子 φ90	个	1.99	2.060	2.060	2.060
	焊锡膏	kg	14.53	0.024	0.048	0.060
	焊锡丝	kg	54.10	0.120	0.240	0.300
	聚四氟乙烯带	kg	23.08	0.280	0.400	0.500
	汽油	kg	6.77	1.260	1.440	1.800
	三色塑料带 20mm×40m	m	0.26	0.080	0.100	0.150
	铜接线端子 DT-16	个	1.70	1.020	1.020	1.020
	其他材料费占材料费	%	—	1.800	1.800	1.800

六、控制电缆敷设

1. 室内铜芯控制电缆敷设

工作内容：开盘、检查、架线盘、敷设、切断、排列整理、固定、收盘、临时封头、挂牌。

计量单位：10m

定 额 编 号				A4-9-231	A4-9-232	A4-9-233
项 目 名 称				电缆芯数(芯)		
				≤6	≤14	≤24
基 价（元）				24.75	38.85	39.41
其中	人 工 费（元）			18.06	19.88	20.30
	材 料 费（元）			6.69	7.03	7.17
	机 械 费（元）			—	11.94	11.94
名 称		单位	单价（元）	消 耗 量		
人工	综合工日	工日	140.00	0.129	0.142	0.145
材料	控制电缆	m	—	(10.150)	(10.150)	(10.150)
	白布	kg	6.67	0.020	0.030	0.040
	标志牌	个	1.37	0.601	0.601	0.601
	电气绝缘胶带 18mm×10m×0.13mm	卷	8.55	0.010	0.010	0.010
	镀锌电缆卡子 2×35	套	2.26	2.342	2.342	2.342
	钢锯条	条	0.34	0.100	0.100	0.110
	汽油	kg	6.77	0.030	0.070	0.080
	其他材料费占材料费	%	—	1.800	1.800	1.800
机械	汽车式起重机 8t	台班	763.67	—	0.010	0.010
	载重汽车 5t	台班	430.70	—	0.010	0.010

工作内容：开盘、检查、架线盘、敷设、切断、排列整理、固定、收盘、临时封头、挂牌。

计量单位：10m

定　额　编　号				A4-9-234	A4-9-235
项　目　名　称				电缆芯数(芯)	
				≤37	≤48
基　　　价（元）				45.78	57.68
其中	人　工　费（元）			26.60	38.36
	材　料　费（元）			7.24	7.38
	机　械　费（元）			11.94	11.94
	名　　　称	单位	单价（元）	消　　耗　　量	
人工	综合工日	工日	140.00	0.190	0.274
材料	控制电缆	m	—	(10.150)	(10.150)
	白布	kg	6.67	0.040	0.050
	标志牌	个	1.37	0.601	0.601
	电气绝缘胶带 18mm×10m×0.13mm	卷	8.55	0.010	0.010
	镀锌电缆卡子 2×35	套	2.26	2.342	2.342
	钢锯条	条	0.34	0.110	0.110
	汽油	kg	6.77	0.090	0.100
	其他材料费占材料费	%	—	1.800	1.800
机械	汽车式起重机 8t	台班	763.67	0.010	0.010
	载重汽车 5t	台班	430.70	0.010	0.010

295

2.竖井通道内铜芯控制电缆敷设

工作内容：开盘、检查、架线盘、敷设、切断、排列整理、固定、收盘、临时封头、挂牌。

计量单位：10m

定　额　编　号				A4-9-236	A4-9-237	A4-9-238
项　目　名　称				电缆芯数(芯)		
				≤6	≤14	≤24
基　　价（元）				82.25	101.95	108.95
其中	人　工　费（元）			53.48	60.90	67.76
	材　料　费（元）			28.77	29.11	29.25
	机　械　费（元）			—	11.94	11.94
名　　称		单位	单价（元）	消　　耗　　量		
人工	综合工日	工日	140.00	0.382	0.435	0.484
材料	控制电缆	m	—	(10.150)	(10.150)	(10.150)
	白布	kg	6.67	0.020	0.030	0.040
	标志牌	个	1.37	1.802	1.802	1.802
	电气绝缘胶带 18mm×10m×0.13mm	卷	8.55	0.010	0.010	0.010
	镀锌电缆卡子 2×35	套	2.26	11.211	11.211	11.211
	钢锯条	条	0.34	0.100	0.100	0.110
	汽油	kg	6.77	0.030	0.070	0.080
	其他材料费占材料费	%	—	1.800	1.800	1.800
机械	汽车式起重机 8t	台班	763.67	—	0.010	0.010
	载重汽车 5t	台班	430.70	—	0.010	0.010

工作内容：开盘、检查、架线盘、敷设、切断、排列整理、固定、收盘、临时封头、挂牌。

计量单位：10m

定 额 编 号				A4-9-239	A4-9-240
项 目 名 称				电缆芯数(芯)	
				≤37	≤48
基 价 （元）				123.67	188.66
其中	人 工 费（元）			82.32	116.62
	材 料 费（元）			29.41	29.55
	机 械 费（元）			11.94	42.49
名 称		单位	单价（元）	消 耗 量	
人工	综合工日	工日	140.00	0.588	0.833
材料	控制电缆	m	—	(10.150)	(10.150)
	白布	kg	6.67	0.040	0.050
	标志牌	个	1.37	1.802	1.802
	电气绝缘胶带 18mm×10m×0.13mm	卷	8.55	0.020	0.020
	镀锌电缆卡子 2×35	套	2.26	11.211	11.211
	钢锯条	条	0.34	0.110	0.110
	汽油	kg	6.77	0.090	0.100
	其他材料费占材料费	%	—	1.800	1.800
机械	汽车式起重机 8t	台班	763.67	0.010	0.050
	载重汽车 5t	台班	430.70	0.010	0.010

七、控制电缆终端头制作与安装

工作内容：定位、量尺寸、锯断、剥切、包缠绝缘、安装、校接线。　　　　　　　计量单位：个

定　额　编　号			A4-9-241	A4-9-242	A4-9-243
项　目　名　称			电缆芯数(芯)		
			≤6	≤14	≤24
基　　　价（元）			50.90	80.96	112.01
其中	人　工　费（元）		20.16	32.62	44.38
	材　料　费（元）		30.74	48.34	67.63
	机　械　费（元）		—	—	—
名　　称	单位	单价（元）	消　　耗　　量		
人工 综合工日	工日	140.00	0.144	0.233	0.317
材　　料 白布	kg	6.67	0.200	0.300	0.350
电气绝缘胶带 18mm×10m×0.13mm	卷	8.55	0.100	0.200	0.300
镀锡裸铜软绞线 TJRX 16mm²	kg	51.28	0.140	0.140	0.140
端子号牌	个	1.78	5.000	12.000	21.000
固定卡子 φ40	个	1.88	1.030	1.030	1.030
焊锡膏	kg	14.53	0.020	0.030	0.030
焊锡丝	kg	54.10	0.100	0.150	0.170
尼龙扎带(综合)	根	0.07	10.000	10.000	15.000
汽油	kg	6.77	0.100	0.150	0.180
三色塑料带 20mm×40m	m	0.26	0.200	0.500	0.800
塑料软管 φ5	m	0.21	0.040	0.190	0.320
套管 KT2型	个	1.07	1.050	1.050	1.050
铜接线端子 DT-16	个	1.70	1.020	1.020	1.020
其他材料费占材料费	%	—	1.800	1.800	1.800

工作内容：定位、量尺寸、锯断、剥切、包缠绝缘、安装、校接线。 计量单位：个

定 额 编 号				A4-9-244	A4-9-245
项 目 名 称				电缆芯数(芯)	
				≤37	≤48
基 价（元）				154.80	209.24
其中	人 工 费（元）			64.54	98.14
	材 料 费（元）			90.26	111.10
	机 械 费（元）			—	—
名 称	单位	单价（元）		消 耗 量	
人工	综合工日	工日	140.00	0.461	0.701
材料	白布	kg	6.67	0.400	0.500
	电气绝缘胶带 18mm×10m×0.13mm	卷	8.55	0.400	0.450
	镀锡裸铜软绞线 TJRX 16mm²	kg	51.28	0.140	0.140
	端子号牌	个	1.78	32.000	41.000
	固定卡子 φ40	个	1.88	1.030	1.030
	焊锡膏	kg	14.53	0.040	0.050
	焊锡丝	kg	54.10	0.190	0.240
	尼龙扎带(综合)	根	0.07	15.000	15.000
	汽油	kg	6.77	0.200	0.250
	三色塑料带 20mm×40m	m	0.26	1.000	1.500
	塑料软管 φ5	m	0.21	0.570	0.740
	套管 KT2型	个	1.07	1.050	1.050
	铜接线端子 DT-16	个	1.70	1.020	1.020
	其他材料费占材料费	%	—	1.800	1.800

八、电缆防火设施

工作内容：清扫、堵洞、安装防火槽盒(隔板)、防火涂料、防火包、防火带、清理现场等。

计量单位：10m

定 额 编 号			A4-9-246	A4-9-247
项 目 名 称			阻燃槽盒(宽mm+高mm)	
			≤550	>550
基 价（元）			545.90	836.21
其中	人 工 费（元）		539.14	827.26
	材 料 费（元）		6.76	8.95
	机 械 费（元）		—	—
名 称		单位	单价（元）	消 耗 量
人工	综合工日	工日	140.00	3.851	5.909
材料	阻燃槽盒	m	—	(10.050)	(10.050)
	镀锌铁丝 φ4.0	kg	3.57	0.451	0.551
	锯条(各种规格)	根	0.62	8.108	11.011
	其他材料费占材料费	%	—	1.800	1.800

工作内容：清扫、堵洞、安装防火槽盒(隔板)、防火涂料、防火包、防火带、清理现场等。

计量单位：m²

定　额　编　号				A4-9-248
项　目　名　称				防火隔板安装
基　　　价（元）				66.07
其中	人　工　费（元）			65.38
	材　料　费（元）			0.69
	机　械　费（元）			—
名　　　称	单位	单价(元)	消　　耗　　量	
人工	综合工日	工日	140.00	0.467
材料	防火隔板	m²	—	(1.080)
	钢锯条	条	0.34	2.000
	其他材料费占材料费	%	—	1.800

301

工作内容：清扫、堵洞、安装防火槽盒(隔板)、防火涂料、防火包、防火带、清理现场等。

计量单位：10m

定　额　编　号				A4-9-249	A4-9-250
项　目　名　称				防火槽安装	防火带安装
基　　　价（元）				32.48	14.56
其中	人　工　费（元）			32.48	14.56
	材　料　费（元）			—	—
	机　械　费（元）			—	—
名　　称		单位	单价（元）	消　　耗　　量	
人工	综合工日	工日	140.00	0.232	0.104
材料	防火带	m	—	—	(10.200)
	阻燃槽盒	m	—	(10.500)	—
	其他材料费占材料费	%	—	1.800	1.800

工作内容：清扫、堵洞、安装防火槽盒(隔板)、防火涂料、防火包、防火带、清理现场等。

计量单位：m²

定　额　编　号					A4-9-251
项　目　名　称					防火墙安装
基　　　价（元）					24.64
其中	人　工　费（元）				24.64
	材　料　费（元）				—
	机　械　费（元）				—
名　　　称		单位	单价(元)	消　耗　量	
人工	综合工日	工日	140.00	0.176	
材料	防火墙	m²	—	(1.080)	
	其他材料费占材料费	%	—	1.800	

工作内容：清扫、堵洞、安装防火槽盒(隔板)、防火涂料、防火包、防火带、清理现场等。

计量单位：t

定　额　编　号				A4-9-252	A4-9-253
项　目　名　称				防火包安装	防火堵料
基　　　价（元）				1056.16	3480.91
其中	人　工　费（元）			1056.16	3182.62
	材　料　费（元）			—	298.29
	机　械　费（元）			—	—
名　　称		单位	单价（元）	消　耗　量	
人工	综合工日	工日	140.00	7.544	22.733
材料	防火包	t	—	(1.080)	—
	防火堵料	t	—	—	(1.080)
	板方材	m³	1800.00	—	0.150
	镀锌铁丝 16号	kg	3.57	—	6.000
	水	t	7.96	—	0.200
	其他材料费占材料费	%	—	1.800	1.800

304

工作内容：清扫、堵洞、安装防火槽盒(隔板)、防火涂料、防火包、防火带、清理现场等。

计量单位：kg

定　额　编　号				A4-9-254
项　目　名　称				防火涂料
基　　　价（元）				18.23
其中	人　工　费（元）			15.82
	材　料　费（元）			2.41
	机　械　费（元）			—
名　　称	单位	单价(元)	消　耗　量	
人工	综合工日	工日	140.00	0.113	
材料	防火涂料	kg	—	(1.080)	
	汽油	kg	6.77	0.350	
	其他材料费占材料费	%	—	1.800	

第十章 防雷及接地装置安装工程

说　　明

一、本章内容包括避雷针制作与安装、避雷引下线敷设、避雷网安装、接地极（板）制作与安装、接地母线敷设、接地跨接线安装、桩承台接地、设备防雷装置安装、阴极保护接地、等电位装置安装及接地系统测试等内容。

二、有关说明：

1. 本章定额适用于建筑物与构筑物的防雷接地、变配电系统接地、设备接地以及避雷针（塔）接地等装置安装。

2. 接地极安装与接地母线敷设定额不包括采用爆破法施工、接地电阻率高的土质换土、接地电阻测定工作。工程实际发生时，执行相关定额。

3. 避雷针制作、安装定额不包括避雷针底座及埋件的制作与安装。工程实际发生时，应根据设计划分，分别执行相关定额。

4. 避雷针安装定额综合考虑了高空作业因素，执行定额时不做调整。避雷针安装在木杆和水泥杆上时，包括了其避雷引下线安装。

5. 独立避雷针安装包括避雷针塔架、避雷引下线安装，不包括基础浇筑。塔架制作执行本册定额第七章"金属构件、穿墙套板安装工程"制作定额。

6. 利用建筑结构钢筋作为接地引下线安装定额是按照每根柱子内焊接两根主筋编制的，当焊接主筋超过两根时，可按照比例调整定额安装费。防雷均压环是利用建筑物梁内主筋作为防雷接地连接线考虑的，每一梁内按焊接两根主筋编制，当焊接主筋数超过两根时，可按比例调整定额安装费。如果采用单独扁钢或圆钢明敷设作为均压环时，可执行户内接地母线敷设相关定额。

7. 利用铜绞线作为接地引下线时，其配管、穿铜绞线执行同规格相关定额。

8. 高层建筑物屋顶防雷接地装置安装应执行避雷网安装定额。避雷网安装沿折板支架敷设定额包括了支架制作与安装，不得另行计算。电缆支架的接地线安装执行"户内接地母线敷设"定额。

9. 利用基础梁内两根主筋焊接连通作为接地母线时，执行"均压环敷设"定额。

10. 户外接地母线敷设定额是按照室外整平标高和一般土质综合编制的，包括地沟挖填土和夯实，执行定额时不再计算土方工程量。户外接地沟挖深 0.75m，每米沟长土方量 0.34 m³。如设计要求埋设深度与定额不同时，应按照实际土方量调整。如遇有石方、矿渣、积水、障碍物等情况时应另行计算。

11. 利用建（构）筑物梁、柱、桩承台等接地时，柱内主筋与梁、柱内主筋与桩承台跨接不另行计算，其工作量已经综合在相应项目中。

12. 阴极保护接地等定额适用于接地电阻率高的土质地区接地施工。包括挖接地井、安装接地电极、安装接地模块、换填降阻剂、安装电解质离子接地极等。

13. 本章定额不包括固定防雷接地设施所用的预制混凝土块制作（或购置混凝土块）与安装费用。工程实际发生时，执行《安徽省建筑工程计价定额》相应项目。

工程量计算规则

一、避雷针制作根据材质及针长，按照设计图示安装成品数量以"根"为计量单位。

二、避雷针、避雷小短针安装根据安装地点及针长，按照设计图示安装成品数量以"根"为计量单位。

三、独立避雷针安装根据安装高度，按照设计图示安装成品数量以"基"为计量单位。

四、避雷引下线敷设根据引下线采取的方式，按照设计图示敷设数量以"m"为计量单位。

五、断接卡予制作与安装按照设计规定装设的断接卡子数量以"套"为计量单位。检查井内接地的断接卡子安装按照每井一套计算。

六、均压环敷设长度按照设计需要作为均压接地梁的中心线长度以"m"为计量单位。

七、接地极制作与安装根据材质与土质，按照设计图示安装数量以"根"为计量单位。接地极长度按照设计长度计算，设计无规定时，每根按照 2.5m 计算。

八、避雷网、接地母线敷设按照设计图示敷设数量以"m"为计量单位。计算长度时，按照设计图示水平和垂直规定长度 3.9%计算附加长度（包括转弯、上下波动、避绕障碍物、搭接头等长度），当设计有规定时，按照设计规定计算。

九、接地跨接线安装根据跨接线位置，结合规范规定，按照设计图示跨接数量以"处"为计量单位。户外配电装置构架按照设计要求需要接地时，每组构架计算一处；钢窗、铝合金窗按照设计要求需要接地时，每一樘金属窗计算一处。

十、桩承台接地根据桩连接根数，按照设计图示数量以"基"为计量单位。

十一、电子设备防雷接地装置安装根据需要避雷的设备，按照个数计算工程量。

十二、阴极保护接地根据设计采取的措施，按照设计用量计算工程量。

十三、等电位装置安装根据接地系统布置，按照安装数量以"套"为计量单位。

十四、接地网测试：

1. 工程项目连成一个母网时，按照一个系统计算测试工程量；单项工程或单位工程自成母网不与工程项目母网相连的独立接地网，单独计算一个系统测试工程量。

2. 工厂、车间大型建筑群各自有独立的接地网（按照设计要求），在最后将各接地网连在一起时，需要根据具体的测试情况计算系统测试工程量。

一、避雷针制作与安装

1.避雷针制作

工作内容：下料、针尖及针体加工、挂锡、校正、组焊、刷漆等(不包括底座加工)。　　　计量单位：根

定　额　编　号				A4-10-1	A4-10-2	A4-10-3
项　目　名　称				钢管避雷针针长(m)		
				≤2	≤5	≤7
基　　价（元）				54.08	137.47	167.97
其中	人　工　费（元）			29.96	75.46	83.58
	材　料　费（元）			19.30	40.56	57.61
	机　械　费（元）			4.82	21.45	26.78
名　称		单位	单价（元）	消　耗　量		
人工	综合工日	工日	140.00	0.214	0.539	0.597
材料	避雷针	根	—	(1.000)	(1.000)	(1.000)
	酚醛银粉漆	kg	—	(0.010)	(0.030)	(0.040)
	低碳钢焊条	kg	6.84	0.170	0.230	0.290
	防锈漆	kg	5.62	0.010	0.030	0.040
	焊锡膏	kg	14.53	0.200	0.200	0.200
	焊锡丝	kg	54.10	0.200	0.200	0.200
	汽油	kg	6.77	0.230	0.230	0.250
	中厚钢板(综合)	kg	3.51	0.700	6.500	11.100
	其他材料费占材料费	%	—	1.800	1.800	1.800
机械	交流弧焊机 21kV·A	台班	57.35	0.084	0.374	0.467

工作内容：下料、针尖及针体加工、挂锡、校正、组焊、刷漆等(不包括底座加工)。　　　　　计量单位：根

定　额　编　号				A4-10-4	A4-10-5	A4-10-6
项　目　名　称				钢管避雷针针长(m)		
				≤10	≤12	≤14
基　　　　价（元）				235.84	291.48	374.68
其中	人　工　费（元）			95.62	108.50	122.64
	材　料　费（元）			108.05	145.47	200.02
	机　械　费（元）			32.17	37.51	52.02
名　　　称		单位	单价（元）	消　　耗　　量		
人工	综合工日	工日	140.00	0.683	0.775	0.876
材料	避雷针	根	—	(1.000)	(1.000)	(1.000)
	酚醛银粉漆	kg	—	(0.040)	(0.050)	(0.050)
	低碳钢焊条	kg	6.84	0.350	0.420	0.510
	防锈漆	kg	5.62	0.040	0.050	0.050
	焊锡膏	kg	14.53	0.200	0.200	0.200
	焊锡丝	kg	54.10	0.200	0.200	0.200
	汽油	kg	6.77	0.250	0.260	0.260
	型钢	kg	3.70	—	—	47.900
	中厚钢板(综合)	kg	3.51	25.100	35.400	—
	其他材料费占材料费	%	—	1.800	1.800	1.800
机械	交流弧焊机 21kV·A	台班	57.35	0.561	0.654	0.907

工作内容：下料、针尖及针体加工、挂锡、校正、组焊、刷漆等(不包括底座加工)。　　计量单位：根

定　额　编　号				A4-10-7	
项　目　名　称				圆钢避雷针针长(m)	
				≤2	
基　　　价（元）				59.27	
其中	人　工　费（元）			26.18	
	材　料　费（元）			33.09	
	机　械　费（元）			—	
名　　称		单位	单价（元）	消　耗　量	
人工	综合工日	工日	140.00	0.187	
材料	避雷针	根	—	(1.000)	
	焊锡膏	kg	14.53	0.200	
	焊锡丝	kg	54.10	0.200	
	型钢	kg	3.70	0.500	
	圆钢(综合)	kg	3.40	4.980	
	其他材料费占材料费	%	—	1.800	

2. 避雷针安装

工作内容：配合预埋铁件、螺栓或支架，安装固定、补漆等。 计量单位：根

定 额 编 号				A4-10-8	A4-10-9	A4-10-10
项 目 名 称				装在烟囱上安装高度(m)		
				≤25	≤50	≤75
基 价 （元）				58.57	128.17	171.33
其中	人 工 费（元）			52.22	119.14	160.30
	材 料 费（元）			1.53	2.09	2.43
	机 械 费（元）			4.82	6.94	8.60
	名 称	单位	单价(元)	消 耗 量		
人工	综合工日	工日	140.00	0.373	0.851	1.145
材料	低碳钢焊条	kg	6.84	0.170	0.250	0.300
	防锈漆	kg	5.62	0.020	0.020	0.020
	铅油(厚漆)	kg	6.45	0.020	0.020	0.020
	清油	kg	9.70	0.010	0.010	0.010
	其他材料费占材料费	%	—	1.800	1.800	1.800
机械	交流弧焊机 21kV·A	台班	57.35	0.084	0.121	0.150

316

工作内容：配合预埋铁件、螺栓或支架,安装固定、补漆等。 计量单位：根

定 额 编 号				A4-10-11	A4-10-12	A4-10-13
项 目 名 称				装在烟囱上安装高度(m)		
				≤100	≤150	≤250
基 价（元）				209.67	292.91	545.81
其中	人 工 费（元）			197.26	275.80	515.34
	材 料 费（元）			2.78	3.69	6.33
	机 械 费（元）			9.63	13.42	24.14
	名 称	单位	单价（元）	消 耗 量		
人工	综合工日	工日	140.00	1.409	1.970	3.681
材料	低碳钢焊条	kg	6.84	0.350	0.480	0.860
	防锈漆	kg	5.62	0.020	0.020	0.020
	铅油(厚漆)	kg	6.45	0.020	0.020	0.020
	清油	kg	9.70	0.010	0.010	0.010
	其他材料费占材料费	%	—	1.800	1.800	1.800
机械	交流弧焊机 21kV·A	台班	57.35	0.168	0.234	0.421

工作内容：配合预埋铁件、螺栓或支架，安装固定、补漆等。 计量单位：根

定 额 编 号			A4-10-14	A4-10-15	A4-10-16
项 目 名 称			装在平屋面上针长(m)		
			≤2	≤5	≤7
基 价（元）			108.52	113.28	125.32
其中	人 工 费（元）		31.64	36.40	48.44
	材 料 费（元）		61.85	61.85	61.85
	机 械 费（元）		15.03	15.03	15.03
名 称	单位	单价（元）	消 耗 量		
人工	综合工日	工日	140.00	0.226	0.260	0.346
材料	低碳钢焊条	kg	6.84	0.560	0.560	0.560
	地脚螺栓 M16×230	10套	24.50	0.410	0.410	0.410
	钢板底座 300×300×6	kg	5.98	4.500	4.500	4.500
	钢肋板 6	kg	4.80	4.160	4.160	4.160
	其他材料费占材料费	%	—	1.800	1.800	1.800
机械	交流弧焊机 21kV·A	台班	57.35	0.262	0.262	0.262

工作内容：配合预埋铁件、螺栓或支架，安装固定、补漆等。

计量单位：根

定 额 编 号				A4-10-17	A4-10-18	A4-10-19
项 目 名 称				装在平屋面上针长(m)		
				≤10	≤12	≤14
基 价 (元)				133.49	146.74	157.10
其中	人 工 费（元）			56.56	69.86	80.22
	材 料 费（元）			61.90	61.85	61.85
	机 械 费（元）			15.03	15.03	15.03
名 称		单位	单价(元)	消 耗 量		
人工	综合工日	工日	140.00	0.404	0.499	0.573
材料	低碳钢焊条	kg	6.84	0.560	0.560	0.560
	地脚螺栓 M16×230	10套	24.50	0.412	0.410	0.410
	钢板底座 300×300×6	kg	5.98	4.500	4.500	4.500
	钢肋板 6	kg	4.80	4.160	4.160	4.160
	其他材料费占材料费	%	—	1.800	1.800	1.800
机械	交流弧焊机 21kV·A	台班	57.35	0.262	0.262	0.262

工作内容：配合预埋铁件、螺栓或支架,安装固定、补漆等。　　　　　　　　　　　　　计量单位：根

定　额　编　号				A4-10-20	A4-10-21	A4-10-22
项　目　名　称				装在墙上针长(m)		
				≤2	≤5	≤7
基　　　　　价（元）				122.73	130.43	142.05
其中	人　工　费（元）			31.22	38.92	50.54
	材　料　费（元）			88.30	88.30	88.30
	机　械　费（元）			3.21	3.21	3.21
名　　称		单位	单价（元）	消　　耗　　量		
人工	综合工日	工日	140.00	0.223	0.278	0.361
材料	低碳钢焊条	kg	6.84	0.120	0.120	0.120
	角钢(综合)	kg	3.61	23.800	23.800	23.800
	其他材料费占材料费	%	—	1.800	1.800	1.800
机械	交流弧焊机 21kV·A	台班	57.35	0.056	0.056	0.056

工作内容：配合预埋铁件、螺栓或支架,安装固定、补漆等。 计量单位：根

定 额 编 号				A4-10-23	A4-10-24	A4-10-25
项 目 名 称				装在墙上针长(m)		
				≤10	≤12	≤14
基 价 （元）				152.41	163.89	178.17
其中	人 工 费 （元）			60.90	72.38	86.66
	材 料 费 （元）			88.30	88.30	88.30
	机 械 费 （元）			3.21	3.21	3.21
名 称		单位	单价(元)	消 耗 量		
人工	综合工日	工日	140.00	0.435	0.517	0.619
材料	低碳钢焊条	kg	6.84	0.120	0.120	0.120
	角钢(综合)	kg	3.61	23.800	23.800	23.800
	其他材料费占材料费	%	—	1.800	1.800	1.800
机械	交流弧焊机 21kV·A	台班	57.35	0.056	0.056	0.056

工作内容：配合预埋铁件、螺栓或支架,安装固定、补漆等。

计量单位：根

定 额 编 号				A4-10-26	A4-10-27	A4-10-28	A4-10-29
项 目 名 称				装在金属容器顶上		装在金属容器壁上	
				针长(m)			
				≤3	≤7	≤3	≤7
基 价（元）				76.39	93.89	38.33	55.55
其中	人 工 费（元）			52.36	69.86	31.22	48.44
	材 料 费（元）			19.21	19.21	2.29	2.29
	机 械 费（元）			4.82	4.82	4.82	4.82
名 称		单位	单价（元）	消 耗 量			
人工	综合工日	工日	140.00	0.374	0.499	0.223	0.346
材料	低碳钢焊条	kg	6.84	0.280	0.280	0.280	0.280
	防锈漆	kg	5.62	0.040	0.040	0.020	0.020
	钢板	kg	3.17	3.950	3.950	—	—
	铅油(厚漆)	kg	6.45	0.040	0.040	0.020	0.020
	清油	kg	9.70	0.020	0.020	0.010	0.010
	氧气	m³	3.63	0.460	0.460	—	—
	乙炔气	kg	10.45	0.200	0.200	—	—
	其他材料费占材料费	%	—	1.800	1.800	1.800	1.800
机械	交流弧焊机 21kV·A	台班	57.35	0.084	0.084	0.084	0.084

工作内容：配合预埋铁件、螺栓或支架，安装固定、补漆等。 计量单位：根

定 额 编 号				A4-10-30	A4-10-31	A4-10-32
项 目 名 称				装在构筑物上		
				木杆上	水泥杆上	金属构架上
基 价 （元）				76.89	183.96	30.35
其中	人 工 费 （元）			32.90	67.34	23.24
	材 料 费 （元）			40.26	99.99	2.29
	机 械 费 （元）			3.73	16.63	4.82
名 称		单位	单价（元）	消 耗 量		
人工	综合工日	工日	140.00	0.235	0.481	0.166
材料	低碳钢焊条	kg	6.84	0.130	0.134	0.280
	镀锌扁钢抱箍 -40×4	副	3.85	2.010	2.010	—
	镀锌铁丝 φ2.5～4.0	kg	3.57	1.300	—	—
	防锈漆	kg	5.62	0.020	0.060	0.020
	钢板	kg	3.17	—	17.010	—
	铅油(厚漆)	kg	6.45	0.020	0.060	0.020
	清油	kg	9.70	0.010	0.030	0.010
	热轧圆盘条 φ10 以内	kg	3.11	8.340	9.630	—
	氧气	m³	3.63	—	0.570	—
	乙炔气	kg	10.45	—	0.250	—
	其他材料费占材料费	%	—	1.800	1.800	1.800
机械	交流弧焊机 21kV·A	台班	57.35	0.065	0.290	0.084

工作内容：配合预埋铁件、螺栓或支架,安装固定、补漆等。

计量单位：组

定 额 编 号				A4-10-33
项 目 名 称				拉线安装(3根拉线)
基 价 （元）				99.54
其中	人 工 费 （元）			70.84
	材 料 费 （元）			28.70
	机 械 费 （元）			—
名 称	单位	单价(元)	消 耗 量	
人工	综合工日	工日	140.00	0.506	
材料	镀锌铁丝 φ2.5～4.0	kg	3.57	2.400	
	拉环	套	0.83	3.000	
	拉扣	只	0.77	3.000	
	索具螺旋扣 M14×150	套	4.94	3.000	
	其他材料费占材料费	%	—	1.800	

324

3.独立避雷针塔安装

工作内容：组装、焊接、吊装、找正、固定、补漆。

计量单位：基

定 额 编 号			A4-10-34	A4-10-35	A4-10-36	A4-10-37
项 目 名 称			安装高度(m)			
			≤18	≤24	≤30	≤40
基 价（元）			796.82	854.03	930.53	1079.78
其中	人 工 费（元）		330.12	372.54	410.34	466.06
	材 料 费（元）		145.55	154.95	162.14	171.07
	机 械 费（元）		321.15	326.54	358.05	442.65
名 称	单位	单价（元）	消 耗 量			
人工	综合工日	工日	140.00	2.358	2.661	2.931	3.329
材料	低碳钢焊条	kg	6.84	1.000	1.250	1.500	2.000
	镀锌铁丝 φ2.5～4.0	kg	3.57	2.500	3.500	5.000	6.500
	酚醛调和漆	kg	7.90	0.500	1.000	1.000	1.000
	钢垫板 δ1～2	kg	3.18	6.000	6.000	6.000	6.000
	热轧圆盘条 φ10 以内	kg	3.11	33.500	33.500	33.500	33.500
	其他材料费占材料费	%	—	1.800	1.800	1.800	1.800
机械	交流弧焊机 21kV·A	台班	57.35	0.467	0.561	0.654	0.935
	汽车式起重机 12t	台班	857.15	—	—	0.280	—
	汽车式起重机 16t	台班	958.70	—	—	—	0.280
	汽车式起重机 8t	台班	763.67	0.280	0.280	—	—
	载重汽车 5t	台班	430.70	0.187	0.187	0.187	0.280

4.避雷小短针制作与安装

工作内容：下料、针尖及针体加工、挂锡、校正、组焊、刷漆等,预埋铁件、螺栓或支架、安装固定、补漆等。

计量单位：根

定 额 编 号				A4-10-38	A4-10-39
项 目 名 称				避雷小短针	
				制作	在避雷网上安装
基 价 （元）				8.96	9.52
其中	人 工 费 （元）			5.32	4.34
	材 料 费 （元）			3.64	2.31
	机 械 费 （元）			—	2.87
名 称		单位	单价(元)	消 耗 量	
人工	综合工日	工日	140.00	0.038	0.031
材料	低碳钢焊条	kg	6.84	—	0.138
	镀锌圆钢	kg	3.33	0.250	—
	防锈漆	kg	5.62	—	0.006
	钢锯条	条	0.34	—	0.100
	焊锡膏	kg	14.53	0.040	—
	焊锡丝	kg	54.10	0.040	—
	铅油(厚漆)	kg	6.45	—	0.003
	清油	kg	9.70	—	0.003
	热轧圆盘条 φ10 以内	kg	3.11	—	0.389
	其他材料费占材料费	%	—	1.800	1.800
机械	交流弧焊机 21kV•A	台班	57.35	—	0.050

二、避雷引下线敷设

工作内容：平直、下料、测位、打眼、埋卡子、焊接、固定、刷漆。

计量单位：m

定 额 编 号			A4-10-40	A4-10-41	A4-10-42
项 目 名 称			利用金属构件引下	沿建筑物、构筑物引下	利用建筑结构钢筋引下
基 价（元）			1.48	6.50	7.69
其中	人 工 费（元）		0.70	3.92	3.50
	材 料 费（元）		0.38	1.26	0.81
	机 械 费（元）		0.40	1.32	3.38
名 称		单位	单价（元）	消 耗 量	
人工	综合工日	工日	140.00	0.005	0.028	0.025
材料	避雷线	m	—	—	(1.050)	—
	低碳钢焊条	kg	6.84	0.015	0.050	0.070
	镀锌扁钢卡子 25×4	kg	4.30	0.052	0.052	—
	防锈漆	kg	5.62	0.005	0.014	—
	钢管 DN25	kg	5.04	—	0.103	—
	钢锯条	条	0.34	—	—	0.015
	铅油(厚漆)	kg	6.45	0.002	0.007	—
	清油	kg	9.70	0.001	0.003	—
	热轧圆盘条 φ10 以内	kg	3.11	—	—	0.100
	其他材料费占材料费	%	—	1.800	1.800	1.800
机械	交流弧焊机 21kV·A	台班	57.35	0.007	0.023	0.059

工作内容：平直、下料、测位、打眼、埋卡子、焊接、固定、刷漆。 计量单位：套

定　额　编　号				A4-10-43
项　目　名　称				断接卡子制作安装
基　　　　价（元）				17.29
其中	人　工　费（元）			15.40
	材　料　费（元）			1.88
	机　械　费（元）			0.01
	名　　称	单位	单价（元）	消　耗　量
人工	综合工日	工日	140.00	0.110
材料	镀锌扁钢(综合)	kg	3.85	0.470
	钢锯条	条	0.34	0.100
	其他材料费占材料费	%	—	1.800
机械	台式钻床 16mm	台班	4.07	0.002

三、避雷网安装

工作内容：平直、下料、测位、打眼、埋卡子、焊接、固定、刷漆。

计量单位：m

定 额 编 号			A4-10-44	A4-10-45	A4-10-46
项 目 名 称			沿混凝土块	沿折板支架	均压环敷设
			敷设		利用圈梁钢筋
基 价 （元）			7.46	15.36	3.29
其中	人 工 费 （元）		5.88	11.76	1.82
	材 料 费 （元）		0.89	2.22	0.55
	机 械 费 （元）		0.69	1.38	0.92
名 称	单位	单价（元）	消 耗 量		
人工	综合工日	工日	140.00	0.042	0.084	0.013
材料	镀锌圆钢	m	—	(1.050)	(1.050)	—
	扁钢卡子 25×4	kg	3.40	0.136	0.050	—
	低碳钢焊条	kg	6.84	0.025	0.100	0.033
	镀锌扁钢支架 40×3	kg	4.30	—	0.280	—
	防锈漆	kg	5.62	0.004	0.005	—
	钢锯条	条	0.34	—	0.200	—
	铅油(厚漆)	kg	6.45	0.002	0.003	—
	清油	kg	9.70	0.001	0.001	—
	热轧圆盘条 φ10 以内	kg	3.11	—	—	0.100
	水泥 32.5级	kg	0.29	0.078	—	—
	中(粗)砂	t	87.00	0.002	—	—
	其他材料费占材料费	%	—	1.800	1.800	1.800
机械	交流弧焊机 21kV·A	台班	57.35	0.012	0.024	0.016

工作内容：平直、下料、测位、打眼、埋卡子、焊接、固定、刷漆。 计量单位：处

定　额　编　号	A4-10-47
项　目　名　称	柱主筋与圈梁
	钢筋焊接
基　　　　价（元）	23.95

其中	人　工　费（元）	15.82
	材　料　费（元）	2.97
	机　械　费（元）	5.16

	名　　称	单位	单价(元)	消　　耗　　量
人工	综合工日	工日	140.00	0.113
材料	低碳钢焊条	kg	6.84	0.200
	钢锯条	条	0.34	0.200
	圆钢 φ10～14	kg	3.40	0.450
机械	交流弧焊机 21kV·A	台班	57.35	0.090

四、接地极(板)制作与安装

工作内容：尖端及加固帽加工、接地极打入地下及埋设、下料、加工、焊接。　　　　　　　计量单位：根

定　额　编　号				A4-10-48	A4-10-49	A4-10-50	A4-10-51
项　目　名　称				钢管接地极		角钢接地极	
				普通土	坚土	普通土	坚土
基　　　　　　价（元）				37.22	39.88	25.86	28.10
其中	人　工　费（元）			19.74	22.40	13.72	15.96
	材　料　费（元）			3.03	3.03	2.51	2.51
	机　械　费（元）			14.45	14.45	9.63	9.63
名　　称		单位	单价(元)	消　　耗　　量			
人工	综合工日	工日	140.00	0.141	0.160	0.098	0.114
材料	镀锌钢管 DN50	kg	—	(6.880)	(6.880)	—	—
	镀锌角钢(综合)	kg	—	—	—	(9.150)	(9.150)
	低碳钢焊条	kg	6.84	0.200	0.200	0.150	0.150
	镀锌扁钢(综合)	kg	3.85	0.260	0.260	0.260	0.260
	钢锯条	条	0.34	1.500	1.500	1.000	1.000
	沥青清漆	kg	4.88	0.020	0.020	0.020	0.020
	其他材料费占材料费	%	—	1.800	1.800	1.800	1.800
机械	交流弧焊机 21kV·A	台班	57.35	0.252	0.252	0.168	0.168

工作内容：尖端及加固帽加工、接地极打入地下及埋设、下料、加工、焊接。　　　　　　计量单位：见表

定　额　编　号			A4-10-52	A4-10-53	A4-10-54	A4-10-55
项　目　名　称			圆钢接地极		接地极板	
			普通土	坚土	铜板	钢板
单　位			根		块	
基　价（元）			19.70	28.24	178.76	131.39
其中	人　工　费（元）		9.94	18.48	107.24	114.38
	材　料　费（元）		1.73	1.73	71.52	8.98
	机　械　费（元）		8.03	8.03	—	8.03
名　　称	单位	单价（元）	消　耗　量			
人工 综合工日	工日	140.00	0.071	0.132	0.766	0.817
材料 镀锌圆钢	kg	—	(10.100)	(10.100)	—	—
接地钢板	块	—	—	—	—	(1.005)
接地铜板	块	—	—	—	(1.005)	—
低碳钢焊条	kg	6.84	0.160	0.160	—	0.300
镀锌扁钢(综合)	kg	3.85	0.130	0.130	—	—
钢锯条	条	0.34	0.170	0.170	—	—
沥青清漆	kg	4.88	0.010	0.010	—	—
汽油	kg	6.77	—	—	1.000	1.000
铜焊粉	kg	29.00	—	—	0.120	—
氧气	m³	3.63	—	—	4.200	—
乙炔气	kg	10.45	—	—	1.810	—
紫铜电焊条 T107 φ3.2	kg	61.54	—	—	0.420	—
其他材料费占材料费	%	—	1.800	1.800	1.800	1.800
机械 交流弧焊机 21kV·A	台班	57.35	0.140	0.140	—	0.140

五、接地母线敷设

工作内容：挖地沟、接地母线平直、下料、测位、打眼、埋卡子、煨弯(机)、敷设、焊接、回填土夯实、刷漆。

计量单位：m

定　额　编　号			A4-10-56	A4-10-57	A4-10-58
项　目　名　称			户内	户外	户外铜接地
			接地母线敷设		绞线敷设
基　　　价（元）			7.78	17.89	19.34
其中	人　工　费（元）		5.88	17.22	16.80
	材　料　费（元）		1.33	0.27	2.54
	机　械　费（元）		0.57	0.40	—
名　　　称	单位	单价（元）	消　　耗　　量		
人工　综合工日	工日	140.00	0.042	0.123	0.120
材料　镀锌扁钢	m	—	(1.050)	(1.050)	—
接地铜导线	m	—	—	—	(1.050)
低碳钢焊条	kg	6.84	0.021	0.030	—
酚醛调和漆	kg	7.90	0.005	—	—
钢管保护管 φ40×400	根	10.86	0.100	—	—
钢锯条	条	0.34	0.100	0.100	0.100
沥青清漆	kg	4.88	—	0.006	—
棉纱头	kg	6.00	0.001	—	—
铁砂布	张	0.85	—	—	0.100
铜焊粉	kg	29.00	—	—	0.002
氧气	m³	3.63	—	—	0.023
乙炔气	kg	10.45	—	—	0.090
紫铜电焊条 T107 φ3.2	kg	61.54	—	—	0.021
其他材料费占材料费	%	—	1.800	1.800	1.800
机械　交流弧焊机 21kV·A	台班	57.35	0.010	0.007	

六、接地跨接线安装

工作内容：下料、钻孔、煨弯(机)、敷设、挖填土、固定、刷漆。

计量单位：处

定 额 编 号			A4-10-59	A4-10-60	A4-10-61
项 目 名 称			接地网	构架接地	钢制、铝制窗接地
基 价（元）			8.01	136.44	14.06
其中	人 工 费（元）		4.76	98.98	9.94
	材 料 费（元）		2.16	33.73	2.17
	机 械 费（元）		1.09	3.73	1.95
名 称	单位	单价（元）	消 耗 量		
人工	综合工日	工日	140.00	0.034	0.707	0.071
材料	镀锌接地端子板 双孔	个	—	—	—	(1.015)
	低碳钢焊条	kg	6.84	0.040	0.130	0.071
	镀锌扁钢(综合)	kg	3.85	0.459	7.280	—
	镀锌接地线板 40×5×120	个	3.08	—	1.130	—
	防锈漆	kg	5.62	0.004	—	0.008
	酚醛调和漆	kg	7.90	—	0.050	—
	钢锯条	条	0.34	0.100	1.000	0.100
	铅油(厚漆)	kg	6.45	0.002	—	0.004
	清油	kg	9.70	0.001	—	0.002
	热轧圆盘条 φ10 以内	kg	3.11	—	—	0.488
	其他材料费占材料费	%	—	1.800	1.800	1.800
机械	交流弧焊机 21kV·A	台班	57.35	0.019	0.065	0.034

七、桩承台接地

工作内容：下料、煨弯(机)、固定、焊接、补漆。

计量单位：基

定　额　编　号				A4-10-62	A4-10-63	A4-10-64
项　目　名　称				≤3根桩	≤7根桩	≤10根桩
				连接		
基　　　价（元）				189.39	267.32	393.70
其中	人　工　费（元）			105.28	148.54	218.82
	材　料　费（元）			56.18	79.32	116.78
	机　械　费（元）			27.93	39.46	58.10
名　　　称		单位	单价(元)	消　　耗　　量		
人工	综合工日	工日	140.00	0.752	1.061	1.563
材料	低碳钢焊条	kg	6.84	1.043	1.472	2.168
	镀锌扁钢(综合)	kg	3.85	11.969	16.901	24.881
	防锈漆	kg	5.62	0.104	0.147	0.217
	钢锯条	条	0.34	2.234	3.155	4.645
	铅油(厚漆)	kg	6.45	0.052	0.074	0.108
	清油	kg	9.70	0.030	0.042	0.062
	其他材料费占材料费	%	—	1.800	1.800	1.800
机械	交流弧焊机 21kV·A	台班	57.35	0.487	0.688	1.013

八、设备防雷装置安装

工作内容：开箱、检查、划线、打孔、安装、固定、接线、检验。　　　　　　　　　计量单位：个

定　额　编　号			A4-10-65	A4-10-66	A4-10-67	A4-10-68
项　目　名　称			弱电装置	交流电源	分电源	直流电源
			避雷器			
基　　价（元）			8.57	23.48	23.01	14.43
其中	人　工　费（元）		8.26	22.12	22.12	13.72
	材　料　费（元）		0.31	1.36	0.89	0.71
	机　械　费（元）		—	—	—	—
名　　称	单位	单价（元）	消　　耗　　量			
人工	综合工日	工日	140.00	0.059	0.158	0.158	0.098
材料	避雷器	个	—	(1.000)	(1.000)	(1.000)	(1.000)
	棉纱头	kg	6.00	0.050	0.050	0.050	0.050
	膨胀螺栓 M6	套	0.17	—	4.080	2.040	1.020
	热缩管 Φ50	m	2.28	—	0.150	0.100	0.100
	其他材料费占材料费	%	—	1.800	1.800	1.800	1.800

九、阴极保护接地

工作内容：井壁钢管配制、焊接、配合钻井，塑料管配制、固定、钻孔，井盖制作、安装、防腐、土方施工等。

计量单位：口

定 额 编 号				A4-10-69
项 目 名 称				阴极保护井
基 价（元）				2931.37
其中	人 工 费（元）			2258.62
	材 料 费（元）			399.53
	机 械 费（元）			273.22
名 称	单位	单价（元）	消 耗 量	
人工	综合工日	工日	140.00	16.133
材料	钢板（综合）	kg	—	(87.600)
	焊接钢管（综合）	kg	—	(223.600)
	防偏撑条	副	2.19	1.100
	环氧富锌漆	kg	23.93	4.811
	环氧沥青漆	kg	15.38	8.280
	棉纱头	kg	6.00	1.980
	普低钢焊条 J507 φ3.2	kg	6.84	10.690
	汽油	kg	6.77	4.950
	砂轮片	片	8.55	0.495
	石英砂（综合）	kg	0.34	0.842
	氧气	m³	3.63	1.208
	乙炔气	kg	10.45	0.422
	硬塑料管 φ70	m	11.21	1.406
	其他材料费占材料费	%	—	1.800
机械	交流弧焊机 21kV·A	台班	57.35	4.764

工作内容：井壁钢管配制、焊接、配合钻井,塑料管配制、固定、钻孔,井盖制作、安装、防腐、土方施工等。

计量单位：套

定 额 编 号				A4-10-70	
项 目 名 称				阴极保护镁合金阳极安装	
基 价（元）				160.30	
其中	人 工 费（元）			111.72	
	材 料 费（元）			28.13	
	机 械 费（元）			20.45	
	名 称	单位	单价(元)	消 耗 量	
人工	综合工日	工日	140.00	0.798	
材料	环氧树脂	kg	32.08	0.720	
	铝焊粉	kg	31.21	0.135	
	液化气	kg	6.42	0.050	
	其他材料费占材料费	%	—	1.800	
机械	载重汽车 4t	台班	408.97	0.050	

定 额 编 号	A4-10-71
项 目 名 称	阴极保护测试桩及参比电级安装
基 价（元）	217.49

其中	人 工 费（元）	167.44
	材 料 费（元）	29.60
	机 械 费（元）	20.45

	名 称	单位	单价（元）	消 耗 量
人工	综合工日	工日	140.00	1.196
材料	环氧树脂	kg	32.08	0.765
	铝焊粉	kg	31.21	0.135
	液化气	kg	6.42	0.050
	其他材料费占材料费	%	—	1.800
机械	载重汽车 4t	台班	408.97	0.050

工作内容：下料、电缆安装、铜螺丝安装、电极安装。

计量单位：根

定 额 编 号				A4-10-72	
项 目 名 称				阴极保护井电极安装	
基 价（元）				323.96	
其中	人 工 费（元）			223.02	
	材 料 费（元）			89.77	
	机 械 费（元）			11.17	
名 称		单位	单价（元）	消 耗 量	
人工	综合工日	工日	140.00	1.593	
材料	白布	m	6.14	0.099	
	白纱布带 20mm×20m	卷	2.32	0.396	
	玻璃丝布	m²	2.48	3.168	
	酒精	kg	6.40	0.099	
	棉纱头	kg	6.00	0.198	
	尼龙绳 φ0.5～1	kg	8.08	0.099	
	热缩管 φ15	m	0.85	0.149	
	石油沥青 10号	kg	2.74	0.396	
	塑料带 20mm×40m	卷	2.40	0.297	
	终端填充剂环氧树脂冷浇剂	kg	30.00	2.475	
	其他材料费占材料费	%	—	1.800	
机械	普通车床 400×2000mm	台班	223.47	0.050	

工作内容：钻孔、开挖、高能回填料回填、连接线焊接。　　　　　　　　　　　　　　　　　计量单位：个

定　额　编　号	A4-10-73
项　目　名　称	接地模块
	安装
基　　　价（元）	133.14

其中	人　工　费（元）	119.14
	材　料　费（元）	14.00
	机　械　费（元）	—

	名　　　称	单位	单价(元)	消　　耗　　量
人工	综合工日	工日	140.00	0.851
材料	接地模块	块	—	(1.000)
	低碳钢焊条	kg	6.84	0.250
	镀锌角钢	kg	2.25	5.000
	沥青清漆	kg	4.88	0.100
	棉纱头	kg	6.00	0.050
	其他材料费占材料费	%	—	1.800

341

工作内容：钻孔、开挖、高能回填料回填、连接线焊接。 计量单位：kg

定 额 编 号				A4-10-74
项 目 名 称				化学降阻剂
				铺设
基 价（元）				2.30
其中	人 工 费（元）			0.98
	材 料 费（元）			0.46
	机 械 费（元）			0.86
名 称	单位	单价（元）	消 耗 量	
人工	综合工日	工日	140.00	0.007
材料	降阻剂	kg	—	(1.050)
	黏土	m³	11.50	0.011
	热轧薄钢板(综合)	kg	3.93	0.008
	水	t	7.96	0.003
	橡胶手套	副	13.50	0.020
	其他材料费占材料费	%	—	1.800
机械	载重汽车 5t	台班	430.70	0.002

定　额　编　号			A4-10-75	
项　目　名　称			电解质离子 接地极	
基　　　　价（元）			424.02	
其中	人　工　费（元）		297.78	
	材　料　费（元）		101.51	
	机　械　费（元）		24.73	
名　　　称	单位	单价（元）	消　耗　量	
人工	综合工日	工日	140.00	2.127
材料	电解质离子接地极	套	—	(1.000)
	棉纱头	kg	6.00	0.050
	水	t	7.96	0.030
	铜焊粉	kg	29.00	0.120
	氧气	m³	3.63	4.200
	乙炔气	kg	10.45	1.810
	紫铜电焊条 T107 φ3.2	kg	61.54	1.000
	其他材料费占材料费	%	—	1.800
机械	取芯钻孔设备	台班	115.00	0.215

十、等电位装置安装

工作内容：除锈、下料、焊接、压接线端子、接线、接地。 计量单位：处

定 额 编 号				A4-10-76
项 目 名 称				等电位末端金属体与绝缘导线连接
基 价（元）				5.19
其中	人 工 费（元）			2.66
	材 料 费（元）			2.53
	机 械 费（元）			—
名 称	单位	单价（元）	消 耗 量	
人工	综合工日	工日	140.00	0.019
材料	电力复合脂	kg	20.00	0.001
	镀锌自攻螺钉ST 4～6×10～16	10个	0.20	0.156
	焊锡	kg	57.50	0.005
	焊锡膏	kg	14.53	0.001
	汽油	kg	6.77	0.020
	铜线端子 20A	个	0.51	1.018
	铜芯塑料绝缘电线 BV-4mm²	m	1.97	0.750
	其他材料费占材料费	%	—	1.800

344

定 额 编 号				A4-10-77	
项 目 名 称				等电位端子盒安装	
基 价（元）				**6.82**	
其中	人 工 费（元）			5.32	
	材 料 费（元）			1.50	
	机 械 费（元）			—	
名 称	单位	单价（元）	消 耗 量		
人工	综合工日	工日	140.00	0.038	
材料	等电位端子盒安装	个	—	(1.005)	
	铜芯塑料绝缘电线 BV-4mm^2	m	1.97	0.750	
	其他材料费占材料费	%	—	1.800	

十一、接地系统测试

定 额 编 号	A4-10-78
项 目 名 称	独立接地装置
	≤6根接地极
基 价（元）	197.61

其中	人 工 费（元）	180.04
	材 料 费（元）	11.94
	机 械 费（元）	5.63

	名 称	单位	单价（元）	消 耗 量
人工	综合工日	工日	140.00	1.286
材料	白布	kg	6.67	0.280
	金属清洗剂	kg	8.66	0.650
	铜芯塑料绝缘电线 BV-4mm^2	m	1.97	2.150
	其他材料费占材料费	%	—	1.800
机械	接地电阻测试仪	台班	3.35	1.682

定 额 编 号			A4-10-79	
项 目 名 称			接地网	
基 价（元）			490.97	
其中	人 工 费（元）		450.10	
	材 料 费（元）		26.78	
	机 械 费（元）		14.09	
	名 称	单位	单价（元）	消 耗 量
人工	综合工日	工日	140.00	3.215
材料	白布	kg	6.67	0.540
	金属清洗剂	kg	8.66	1.380
	铜芯塑料绝缘电线 BV-4mm²	m	1.97	5.460
	其他材料费占材料费	%	—	1.800
机械	接地电阻测试仪	台班	3.35	4.206

第十一章
电压等级 10kV 及以下架空线路输电工程

说　　明

一、本章内容包括工地运输工程、杆及塔组立、横担与绝缘子安装、架线工程、杆上变配电设备安装等内容。定额中已包括需要搭拆脚手架的费用，执行定额时不做调整。

二、地形特征划分：

平地：指地形比较平坦、开阔，地面土质含水率小于或等于40%的地带。

丘陵：指地形有起伏的地貌，水平距离小于或等于1km，地形起伏小于或等于50m的地带。

一般山地：指一般山岭或沟谷地带、高原台地，水平距离小于或等于250m，地形起伏在50m～150m的地带。

泥沼地带：指经常积水的田地或泥水淤积的地带。

三、本章定额是按照平地施工条件考虑的，如在其他地形条件下施工时，其人工、机械按照下表规定地形系数调整。

地形系数调整表

地形类别	丘陵	一般山地、泥沼地带、沙漠
系数调整	1.2	1.6

四、地形系数根据工程设计条件和工程实际情况执行。

1.输电线路全线路径分几种地形时，可按照各种地形线路长度所占比例计算综合系数。

2.在确定运输地形时，应按照运输路径的实际地形划分。

3.在城市市区建设线路工程时，地形按照丘陵标准计算。城市市区界定按照相应标准执行。

五、有关说明

1.工地运输包括材料自存放仓库或集中堆放点运至沿线各杆或塔位的装卸、运输及空载回程等全部工作。定额包括人力运输、汽车运输。

（1）人力运输运距按照卸料点至各杆塔位的实际距离计算；杆上设备如发生人力运输时，参照相应的线材运输定额执行。计算人力运输运距时，结果保留两位小数。

（2）汽车运输定额综合考虑了车的性能与运载能力、路面级别以及一次装、分次卸等因素，执行定额时不做调整。计算汽车运输距离时，按照公里计算，运输距离小于1km时按照1km计算。

（3）汽车利用盘山公路行驶进行工地运输时，其运输地形按照一般山地考虑。

2.施工定位定额包括复测桩位、测定基坑与施工基面、厚度小于或等于±300mm杆（塔）基位及施工基面范围内土石方平整。

3.基坑土石方施工定额套用《安徽省建设工程计价定额（共用册）》相关项目。

4.塔组立定额包括木杆组立、混凝土杆组立、钢管杆组立、铁塔组立、拉线制作与安装、接地安装等。杆塔组立定额是按照工程施工电杆大于5基考虑的，如果工程施工电杆小于或等于5基时执行本章定额的人工、机械乘以系数1.30。

（1）定额中杆长包括埋入基础部分杆长。

（2）离心杆、钢管杆组立定额中，单基质量系指杆身自重加横担与螺栓等全部杆身组合构件的总质量。

（3）钢管杆组立定额是按照螺栓连接编制的，插入式钢管杆执行定额时人工、机械乘以系数0.9。

（4）铁塔组立定额中，单基质量系指铁塔总质量，包括铁塔本体型钢、连接板、螺栓、脚钉、爬梯、基座等质量。

（5）拉线制作与安装定额综合考虑了不同材质、规格，执行定额时不做调整。定额是按照单根拉线考虑，当工程实际采用V形、Y形或双拼型拉线时，按照两根计算。

（6）接地安装执行本册定额第十章"防雷及接地装置安装工程"相应定额。

5.横担与绝缘子安装定额包括横担安装、绝缘子安装、街码金具安装。

（1）横担安装定额包括本体、支撑、支座安装。定额是按照单杆安装横担编制的，工程实际采用双杆安装横担时，执行相应定额乘以系数2.0。

（2）10kV横担安装定额是按照单回路架线编制的，当工程实际为单杆双回路架线时，垂直排列挂线执行相应定额乘以系数2.0；水平排列挂线执行相应定额乘以系数1.6。

（3）街码金具安装定额适用于沿建（构）筑物外墙架设的输电线路工程。

6.架线工程定额包括裸铝绞线架设、钢芯铝绞线架设、绝缘铝绞线架设、绝缘铜绞线、钢绞线架设、集束导线架设、导线跨越、进户线架设。

（1）导线架设定额中导线是按照三相交流单回线路编制的，当工程实际为单杆双回路架线时，垂直排列同时挂线执行相关定额材料乘以系数2.0、人工与机械（仪器仪表）乘以系数1.8；垂直排列非同时挂线执行相关定额材料乘以系数 2.0、人工与机械（仪器仪表）乘以系数1.95，水平排列同时挂线执行相关定额材料乘以系数2.0、人工与机械（仪器仪表）乘以系数1.7，水平排列非同时挂线执行相关定额材料乘以系数2.0、人工与机械（仪器仪表）乘以系数1.9。

（2）导线架设定额综合考虑了耐张杆塔的数量以及耐张终端头制作和挂线、耐张（转角）杆塔的平衡挂线、跳线及跳线串的安装等工作。工程实际与定额不同时不做调整，金具材料费按设计用量加0.5%另行计算。

（3）钢绞线架设定额适用于架空电缆承力线架设。

（4）导线跨越定额的计量单位"处"系指在一个挡距内，对一种被跨越物所必须搭设的跨越设施而言。如同一挡距内跨越多种（或多次）跨越物时，应根据跨越物种类分别执行定额。

（5）导线跨越定额仅考虑因搭拆跨越设施而消耗的人工、材料和机械。在计算架线工程量时，其跨越挡的长度不予扣除。

（6）导线跨越定额不包括被跨越物产权部门提出的咨询、监护、路基占用等费用，如工程实际需要时，可按照政府或有关部门的规定另行计算。

（7）跨越电气化铁路时，执行跨越铁路定额乘以系数1.2。

（8）跨越电力线定额是按照停电跨越编制的。如工程实际需要带电跨越，按照下表规定另行计列待电跨越措施费。如被跨越电力线为双回路、多线（4线以上）时，措施费乘以系数1.5。带电跨越措施费以增加入工消耗量为计算基础，参加取费。

带电跨越措施费用表 单位：元/处

电压等级（kV）	10	6	0.38	0.22
增加工日数量 （普通/一般技工/高级技工）	7/12/4	6/11/3	3/4/0	3/3/0

（9）跨越河流定额仅适用于有水的河流、湖泊（水库）的一般跨越。在架线期间，凡属于人能涉水而过的河道，或处于干涸的河流、湖泊（水库）均不计算跨越河流费用。对于通航河道必须采取封航措施，或水流湍急施工难度较大的峡谷，其导线跨越可根据审定的施工组织设计采取的措施，另行计算。

（10）导线跨越定额是按照单回路线路建设编制的，若为同杆塔架设双回路线路时，执行相关定额人工、机械乘以系数1.5。

（11）进户线是指供电线路从杆线或分线箱接出至用户计量表箱间的线路。

7.杆上变配电设备安装定额包括变压器安装、配电设备安装、接地环安装、绝缘护罩安装。安装设备所需要的钢支架主材、连引线、线夹、金具等应另行计算。

（1）杆上变压器安装定额不包括变压器抽芯与干燥、检修平台与防护栏杆及设备接地装置安装。

（2）杆上配电箱安装定额不包括焊（压）接线端子、带电搭接头措施费。

（3）杆上设备安装包括设备单体调试、配合电气设备试验。

（4）"防鸟刺"、"防鸟占位器"安装执行驱鸟器定额。

工程量计算规则

一、工地运输根据运输距离与运输物品种类，区分人力、汽车、船舶运输方式，按照工程施工组织设计以"t·km"为计量单位。

1. 单位工程汽车运输材料质量不足 3t 时，按照 3t 计算。材料运输工程量计算公式如下：

材料运输工程量＝施工图用量×（1＋损耗率）＋包装物质量。

其中：

材料包括工程施工所用的自然材料、人工材料、构件成品、构件半成品、周转性材料、消耗性材料、线路工程设备等。

损耗量包括材料堆放保管损耗量、运输损耗量、加工损耗量、施工损耗量。

工程量转换成材料量时包括施工措施用材量、材料密实量、材料充盈量。

不需要包装的材料不计算包装物质量。

2. 主要材料运输质量按照下表计算

主要材料运输质量表

材料名称		单位	运输质量(kg)	备注
混凝土制品	人工浇制	m³	2600	包括钢筋
	离心浇筑	m³	2860	包括钢筋
线材	导线	kg	W×1.15	有线盘
	避雷线、拉线	kg	W×1.07	无线盘
木杆材料		m³	500	包括木横担
金具、绝缘子		kg	W×1.07	
螺栓、垫圈、脚钉		kg	W×1.01	
土方		m³	1500	实挖量
块石、碎石、卵石		m³	1600	
黄砂(干中砂)		m³	1550	自然砂 1200kg/m³
水		kg	W×1.2	

注：

1. W 为理论质量；

2. 未列入的其他材料，按照净重计算。

3. 塔材、钢管杆装卸与运输质量应计算螺栓、脚钉、垫圈等质量。

二、杆塔组立根据材质和杆长，区别杆塔组立形式，按照设计图示安装数量以"基"为计量单位。

三、拉线制作与安装根据拉线形式与截面面积，按照设计图示安装数量以"根"为计量单位。拉线长度按照设计全根长度计算，当设计无规定时，按照下表规定计算。

拉线长度计算表　　　　　　　　　　　　单位：m/根

项目		普通拉线	V(Y)行拉线	弓形拉线
杆高(m)	8	11.47	22.94	9.33
	9	12.61	25.22	10.1
	10	13.74	27.48	10.92
	11	15.1	30.2	11.82
	12	16.14	32.28	12.62
	13	18.69	37.38	13.42
	14	19.68	39.36	15.12
水平拉线		26.47		

四、接地安装根据接地组成部分，区分土质、接地线单根敷设长度、降阻接地方式，按照设计图示数量计算工程量。

五、横担安装根据材质、安装根数，区分电压等级、杆的位置、导线根数，按照设计图示安装数量以"组"为计量单位。

六、绝缘子安装根据绝缘子性质，按照设计图示安装数量以"片"或"只"为计量单位。

七、街码金具安装根据电压等级与配线方式，按照设计图示安装数量以"组"为计量单位。

八、架线工程按照设计图示单根架设数量以"km"为计量单位。计算架线长度时，应考虑弛度、弧垂、导线与设备连接、导线接头等必要的预留长度。预留长度按照设计规定计算，设计无规定时按照下表规定计算。计算主材费、运输质量时，应计算损耗量。

1．导线架设应区别导线材质与截面面积计算工程量。

2．电压等级小于或等于 1kV 电力电缆架设应区别电缆芯数与单芯截面面积计算工程量。

3．集束导线架设应区别导线芯数与单芯截面面积计算工程量。

导线、电缆、集束导线预留长度表　　　　　　　单位：m/根

项目名称		长度
高压	转角	2.5
	分支、终端	2
低压	分支、终端	0.5
	交叉跳线转角	1.5
与设备连线		0.5
进户线		2.5

九、导线跨越根据被跨越物的种类、规格，按照施工组织设计实际跨越的数量以"处"为

计量单位。定额中每个跨越距离按照小于或等于 50m 考虑，当跨越距离增加 50m 时，计算 1 处跨越，增加距离小于 50m 时按照 1 处计算。

十、杆上变配电设备安装根据安装设备的种类与规格，按照设计图示安装数量以"台、组、个"为计量单位。

十一、杆塔接地工程执行本册第十章相关定额。

十二、杆塔接地电阻测试执行第十章"独立接地装置"子目乘以系数 0.10。

一、工地运输

1. 人力运输工程

工作内容：线路器材外观检查,绑扎及运送卸至指定地点,运毕返回。

计量单位：t·km

定　额　编　号			A4-11-1	A4-11-2	A4-11-3
项　目　名　称			混凝土杆	混凝土预制品	木杆
基　　　价（元）			232.87	199.64	163.77
其中	人　工　费（元）		221.20	190.40	156.10
	材　料　费（元）		—	—	—
	机　械　费（元）		11.67	9.24	7.67
名　　称	单位	单价（元）	消　　耗　　量		
人工 综合工日	工日	140.00	1.580	1.360	1.115
机械 小型工程车	台班	174.25	0.067	0.053	0.044

工作内容：线路器材外观检查,绑扎及运送卸至指定地点,运毕返回。 计量单位：t·km

定　额　编　号				A4-11-4	A4-11-5	A4-11-6
项　目　名　称				钢管杆	塔材	线材
基　　　　价（元）				209.71	131.29	295.58
其中	人　工　费（元）			199.08	124.32	279.72
	材　料　费（元）			—	—	—
	机　械　费（元）			10.63	6.97	15.86
名　　　称		单位	单价（元）	消　　耗　　量		
人工	综合工日	工日	140.00	1.422	0.888	1.998
机械	小型工程车	台班	174.25	0.061	0.040	0.091

358

工作内容：线路器材外观检查,绑扎及运送卸至指定地点,运毕返回。　　　　　　　　　计量单位：t・km

定　额　编　号			A4-11-7	
项　目　名　称			金具、绝缘子、零星钢材	
基　　　　价（元）			**107.11**	
其中	人　工　费（元）		102.06	
	材　料　费（元）		—	
	机　械　费（元）		5.05	
名　　称	单位	单价（元）	消　耗　量	
人工 综合工日	工日	140.00	0.729	
机械 小型工程车	台班	174.25	0.029	

359

工作内容：线路器材外观检查,绑扎及运送卸至指定地点,运毕返回。 计量单位：t·km

定 额 编 号				A4-11-8
项 目 名 称				砂、石、石灰、水泥、砖、土、水
基 价（元）				89.02
其中	人 工 费（元）			84.84
	材 料 费（元）			—
	机 械 费（元）			4.18
名 称	单位	单价(元)	消 耗 量	
人工	综合工日	工日	140.00	0.606
机械	小型工程车	台班	174.25	0.024

360

2.汽车运输

工作内容：线路器材外观检查,材料在20m以内的短距离移运,装车支垫并绑扎稳固,运至指定地点卸车及返回。

计量单位：见表

定 额 编 号			A4-11-9	A4-11-10	A4-11-11	A4-11-12
项 目 名 称			混凝土杆		混凝土预制品	
			装卸	运输	装卸	运输
单 位			t	t·km	t	t·km
基 价 （元）			83.94	1.71	51.99	1.57
其中	人 工 费 （元）		8.68	0.42	11.20	0.28
	材 料 费 （元）		8.14	—	0.20	—
	机 械 费 （元）		67.12	1.29	40.59	1.29
名 称	单位	单价（元）	消 耗 量			
人工	综合工日	工日	140.00	0.062	0.003	0.080	0.002
材料	板方材	m³	1800.00	0.002	—	—	—
	草袋	条	0.85	0.040	—	0.230	—
	钢丝绳 φ14.1~15	kg	6.24	0.153	—	—	—
	钢支架、平台及连接件	kg	4.16	0.818	—	—	—
	其他材料费占材料费	%	—	1.800	1.800	1.800	1.800
机械	汽车式起重机 8t	台班	763.67	0.058	—	0.027	—
	小型工程车	台班	174.25	0.042	—	0.038	—
	载重汽车 5t	台班	430.70	0.036	0.003	0.031	0.003

361

工作内容：线路器材外观检查,材料在20m以内的短距离移运,装车支垫并绑扎稳固,运至指定地点卸车及返回。

计量单位：见表

定　额　编　号			A4-11-13	A4-11-14	A4-11-15	A4-11-16
项　目　名　称			木杆		钢管杆	
			装卸	运输	装卸	运输
单　　位			t	t·km	t	t·km
基　　价（元）			71.63	1.57	141.12	3.66
其中	人　工　费（元）		5.32	0.28	12.60	0.42
	材　料　费（元）		4.84	—	10.73	—
	机　械　费（元）		61.47	1.29	117.79	3.24
名　　称	单位	单价(元)	消　耗　量			
人工	综合工日	工日	140.00	0.038	0.002	0.090	0.003
材料	板方材	m³	1800.00	0.001	—	0.005	—
	草袋	条	0.85	0.028	—	0.090	—
	钢丝绳 φ14.1～15	kg	6.24	0.105	—	0.170	—
	钢支架、平台及连接件	kg	4.16	0.546	—	0.098	—
	其他材料费占材料费	%	—	1.800	1.800	1.800	1.800
机械	平板拖车组 20t	台班	1081.33	—	—	0.042	0.003
	汽车式起重机 20t	台班	1030.31	—	—	0.065	—
	汽车式起重机 8t	台班	763.67	0.060	—	—	—
	小型工程车	台班	174.25	0.028	—	0.031	—
	载重汽车 5t	台班	430.70	0.025	0.003	—	—

工作内容：线路器材外观检查,材料在20m以内的短距离移运,装车支垫并绑扎稳固,运至指定地点卸车及返回。

计量单位：见表

定　额　编　号				A4-11-17	A4-11-18	A4-11-19	A4-11-20
项　目　名　称				塔材		线材	
				装卸	运输	装卸	运输
单　位				t	t·km	t	t·km
基　　价（元）				51.16	1.71	84.84	1.71
其中	人　工　费（元）			9.94	0.42	9.66	0.42
	材　料　费（元）			2.47	—	1.91	—
	机　械　费（元）			38.75	1.29	73.27	1.29
名　　称		单位	单价（元）	消　耗　　量			
人工	综合工日	工日	140.00	0.071	0.003	0.069	0.003
材料	板方材	m³	1800.00	0.001	—	0.001	—
	草袋	条	0.85	—	—	0.090	—
	钢丝绳 φ14.1～15	kg	6.24	0.100	—	—	—
	其他材料费占材料费	%	—	1.800	1.800	1.800	1.800
机械	汽车式起重机 8t	台班	763.67	0.023	—	0.063	—
	小型工程车	台班	174.25	0.040	—	0.048	—
	载重汽车 5t	台班	430.70	0.033	0.003	0.039	0.003

工作内容：线路器材外观检查,材料在20m以内的短距离移运,装车支垫并绑扎稳固,运至指定地点卸车及返回。

计量单位：见表

定　额　编　号			A4-11-21	A4-11-22	A4-11-23	A4-11-24
项　目　名　称			金具、绝缘子、零星钢材		砂、石、石灰、水泥、砖、土、水	
			装卸	运输	装卸	运输
单　　位			t	t·km	t	t·km
基　　价（元）			42.52	1.71	32.64	1.57
其中	人　工　费（元）		9.94	0.42	7.42	0.28
	材　料　费（元）		—	—	—	—
	机　械　费（元）		32.58	1.29	25.22	1.29
名　　称	单位	单价（元）	消　耗　量			
人工	综合工日	工日	140.00	0.071	0.003	0.053	0.002
机械	小型工程车	台班	174.25	0.051	—	0.036	—
	载重汽车 5t	台班	430.70	0.055	0.003	0.044	0.003

364

二、杆、塔组立

1. 木杆组立

工作内容：立杆、找正、绑地横木、根部刷漆、工器具转移。

计量单位：基

定 额 编 号				A4-11-25	A4-11-26	A4-11-27
项 目 名 称				杆长(m)		
				≤9	≤11	≤13
基 价 （元）				34.77	46.39	61.12
其中	人 工 费 （元）			21.28	32.20	46.06
	材 料 费 （元）			5.30	5.30	5.30
	机 械 费 （元）			8.19	8.89	9.76
名 称		单位	单价(元)	消 耗 量		
人工	综合工日	工日	140.00	0.152	0.230	0.329
材料	木杆	根	—	(1.005)	(1.005)	(1.005)
	醇酸磁漆	kg	10.70	0.020	0.020	0.020
	镀锌铁丝 16号	kg	3.57	1.015	1.015	1.015
	石油沥青 10号	kg	2.74	0.500	0.500	0.500
	其他材料费占材料费	%	—	1.800	1.800	1.800
机械	小型工程车	台班	174.25	0.047	0.051	0.056

2.混凝土杆组立

工作内容：电杆排列支垫、立杆、找正、补刷油漆,装拆临时拉线,清场、工器具转移。　　计量单位：基

定　额　编　号			A4-11-28	A4-11-29
项　目　名　称			混凝土	
			整根式杆长(m)	
			≤13	＞13
基　　　价（元）			350.39	443.67
其中	人　工　费（元）		204.96	250.88
	材　料　费（元）		6.53	6.64
	机　械　费（元）		138.90	186.15
名　　称	单位	单价(元)	消　　耗　　量	
人工 综合工日	工日	140.00	1.464	1.792
材料 水泥电杆	根	—	(1.005)	(1.005)
板方材	m³	1800.00	0.003	0.003
镀锌铁丝 16号	kg	3.57	0.225	0.248
酚醛磁漆	kg	12.00	0.018	0.020
其他材料费占材料费	%		1.800	1.800
机械 机动绞磨 3t	台班	122.00	0.092	0.110
小型工程车	台班	174.25	0.092	0.110
载重汽车 4t	台班	408.97	0.273	—
载重汽车 8t	台班	501.85	—	0.306

定　额　编　号				A4-11-30	A4-11-31	A4-11-32
项　目　名　称				混凝土		
				分段式单基重量(t)		
				≤2.5	≤3.5	>3.5
基　　　　　价（元）				399.93	594.51	949.69
其中	人　工　费（元）			229.74	349.30	468.58
	材　料　费（元）			8.48	8.67	10.69
	机　械　费（元）			161.71	236.54	470.42
名　　称		单位	单价（元）	消　　耗　　量		
人工	综合工日	工日	140.00	1.641	2.495	3.347
材料	水泥电杆	根	—	(1.005)	(1.005)	(1.005)
	板方材	m³	1800.00	0.004	0.004	0.005
	镀锌铁丝 16号	kg	3.57	0.227	0.248	0.297
	酚醛磁漆	kg	12.00	0.027	0.036	0.037
	其他材料费占材料费	%	—	1.800	1.800	1.800
机械	机动绞磨 3t	台班	122.00	0.082	0.092	0.113
	小型工程车	台班	174.25	0.082	0.136	0.168
	载重汽车 4t	台班	408.97	0.336	0.493	0.521
	载重汽车 8t	台班	501.85	—	—	0.427

3. 钢管杆组立

工作内容: 地面排列、支垫、组合连接、零星补刷油漆, 立杆转备, 吊装和整理, 清场、工器具转移。

计量单位: 基

定　额　编　号				A4-11-33	A4-11-34	A4-11-35
项　目　名　称				单杆		
				整根式单基重量(t)		
				≤5	≤10	>10
基　　　　价（元）				1040.99	1660.07	2514.44
其中	人　工　费（元）			587.58	732.06	1025.78
	材　料　费（元）			32.26	34.42	40.25
	机　械　费（元）			421.15	893.59	1448.41
名　　　称		单位	单价（元）	消　　耗　　量		
人工	综合工日	工日	140.00	4.197	5.229	7.327
材料	钢管杆	根	—	(1.002)	(1.002)	(1.002)
	板方材	m³	1800.00	0.016	0.017	0.020
	镀锌铁丝 16号	kg	3.57	0.810	0.900	0.990
	其他材料费占材料费	%	—	1.800	1.800	1.800
机械	汽车式起重机 25t	台班	1084.16	0.294	—	—
	汽车式起重机 50t	台班	2464.07	—	0.309	0.512
	小型工程车	台班	174.25	0.353	0.477	0.720
	载重汽车 4t	台班	408.97	0.100	0.120	0.150

工作内容：地面排列、支垫、组合连接、零星补刷油漆,立杆转备,吊装和整理,清场、工器具转移。

计量单位：基

定 额 编 号				A4-11-36	A4-11-37	A4-11-38	A4-11-39
项 目 名 称				单杆			
				分段式单基重量(t)			
				≤5	≤10	≤15	>15
基 价 （元）				1147.99	1827.85	2756.24	3739.29
其中	人 工 费（元）			652.26	816.76	1130.36	1439.06
	材 料 费（元）			38.30	38.30	46.33	58.37
	机 械 费（元）			457.43	972.79	1579.55	2241.86
名 称		单位	单价（元）	消 耗 量			
人工	综合工日	工日	140.00	4.659	5.834	8.074	10.279
材料	钢管杆	根	—	(1.002)	(1.002)	(1.002)	(1.002)
	板方材	m³	1800.00	0.019	0.019	0.023	0.029
	镀锌铁丝 16号	kg	3.57	0.960	0.960	1.152	1.440
	其他材料费占材料费	%	—	1.800	1.800	1.800	1.800
机械	汽车式起重机 25t	台班	1084.16	0.322	—	—	—
	汽车式起重机 50t	台班	2464.07	—	0.341	0.566	0.818
	小型工程车	台班	174.25	0.387	0.479	0.709	0.829
	载重汽车 4t	台班	408.97	0.100	0.120	0.150	0.200

369

4.铁塔组立

工作内容：清点配料,地面支垫,组合,按施工技术措施进行现场布置,吊装,塔身调整,螺栓固定及防松防盗,零星补刷油漆,清场、工器具转移。

计量单位：基

定 额 编 号				A4-11-40	A4-11-41	A4-11-42
项 目 名 称				单基重量(t)		
				≤1.5	≤3	≤5
基 价（元）				1114.95	1580.05	2220.95
其中	人 工 费（元）			956.90	1358.70	1941.94
	材 料 费（元）			39.60	43.50	46.99
	机 械 费（元）			118.45	177.85	232.02
名 称		单位	单价(元)	消 耗 量		
人工	综合工日	工日	140.00	6.835	9.705	13.871
材料	铁塔	基	—	(1.005)	(1.005)	(1.005)
	板方材	m³	1800.00	0.015	0.016	0.017
	镀锌铁丝 16号	kg	3.57	0.462	0.540	0.604
	酚醛磁漆	kg	12.00	0.854	1.000	1.117
	其他材料费占材料费	%	—	1.800	1.800	1.800
机械	机动绞磨 3t	台班	122.00	0.285	0.368	0.578
	小型工程车	台班	174.25	0.280	0.501	0.566
	载重汽车 5t	台班	430.70	0.081	0.106	0.146

370

工作内容：清点配料,地面支垫,组合,按施工技术措施进行现场布置,吊装,塔身调整,螺栓固定及防松防盗,零星补刷油漆,清场、工器具转移。

计量单位：基

定 额 编 号				A4-11-43	A4-11-44
项 目 名 称				单基重量(t)	
				≤7	＞7
基 价 （元）				3029.21	3958.01
其中	人 工 费 （元）			2636.34	3483.06
	材 料 费 （元）			68.46	84.38
	机 械 费 （元）			324.41	390.57
名 称		单位	单价（元）	消 耗 量	
人工	综合工日	工日	140.00	18.831	24.879
材料	铁塔	基	—	(1.005)	(1.005)
	板方材	m³	1800.00	0.025	0.033
	镀锌铁丝 16号	kg	3.57	0.882	1.078
	酚醛磁漆	kg	12.00	1.592	1.637
	其他材料费占材料费	%	—	1.800	1.800
机械	机动绞磨 3t	台班	122.00	0.763	0.925
	小型工程车	台班	174.25	0.806	1.008
	载重汽车 5t	台班	430.70	0.211	0.237

5.撑杆、钢卷焊接、离心混凝土杆封顶

工作内容：木杆加工、根部刷油、立杆、装抱箍、焊缝间隙轻微调整、挖焊接操作坑、焊接及焊口清洗、钢圈防腐防锈处理、工器具转移。

计量单位：基

定 额 编 号				A4-11-45	A4-11-46	A4-11-47
项 目 名 称				木撑杆杆长(m)		
				≤9	≤11	≤13
基 价（元）				65.86	93.58	122.73
其中	人 工 费（元）			47.04	74.06	102.34
	材 料 费（元）			10.63	10.63	10.63
	机 械 费（元）			8.19	8.89	9.76
名 称		单位	单价(元)	消 耗 量		
人工	综合工日	工日	140.00	0.336	0.529	0.731
材料	木杆	根	—	(1.005)	(1.005)	(1.005)
	镀锌铁丝 16号	kg	3.57	2.540	2.540	2.540
	石油沥青 10号	kg	2.74	0.500	0.500	0.500
	其他材料费占材料费	%	—	1.800	1.800	1.800
机械	小型工程车	台班	174.25	0.047	0.051	0.056

工作内容：木杆加工、根部刷油、立杆、装抱箍、焊缝间隙轻微调整、挖焊接操作坑、焊接及焊口清洗、钢圈防腐防锈处理、工器具转移。

计量单位：基

定 额 编 号				A4-11-48	A4-11-49	A4-11-50
项 目 名 称				混凝土撑杆杆长(m)		
				≤9	≤11	≤13
基 价（元）				353.52	381.23	418.92
其中	人 工 费（元）			192.64	212.94	230.72
	材 料 费（元）			4.68	6.52	6.53
	机 械 费（元）			156.20	161.77	181.67
名 称		单位	单价（元）	消 耗 量		
人工	综合工日	工日	140.00	1.376	1.521	1.648
材料	水泥电杆	根	—	(1.005)	(1.005)	(1.005)
	板方材	m³	1800.00	0.002	0.003	0.003
	镀锌铁丝 16号	kg	3.57	0.225	0.225	0.225
	酚醛磁漆	kg	12.00	0.016	0.017	0.018
	其他材料费占材料费	%	—	1.800	1.800	1.800
机械	机动绞磨 3t	台班	122.00	0.084	0.089	0.092
	汽车式起重机 8t	台班	763.67	0.037	0.037	0.056
	小型工程车	台班	174.25	0.084	0.089	0.092
	载重汽车 4t	台班	408.97	0.252	0.262	0.273

工作内容：木杆加工、根部刷油、立杆、装抱箍、焊缝间隙轻微调整、挖焊接操作坑、焊接及焊口清洗、钢圈防腐防锈处理、工器具转移。

计量单位：个

定 额 编 号			A4-11-51	A4-11-52	A4-11-53	A4-11-54
项 目 名 称			电焊钢圈钢圈直径(mm)		气焊钢圈钢圈直径(mm)	
			≤300	>300	≤300	>300
基 价（元）			113.41	170.54	176.86	236.07
其中	人 工 费（元）		15.26	23.80	31.50	42.14
	材 料 费（元）		16.41	24.60	24.61	38.82
	机 械 费（元）		81.74	122.14	120.75	155.11
名 称		单位	单价(元)	消 耗 量		
人工	综合工日	工日	140.00	0.109	0.170	0.225	0.301
材料	低碳钢焊条	kg	6.84	1.915	2.901	—	—
	防锈漆	kg	5.62	0.290	0.348	0.290	0.348
	酚醛磁漆	kg	12.00	0.116	0.197	0.116	0.197
	碳钢气焊条	kg	9.06	—	—	0.928	1.392
	氧气	m³	3.63	—	—	1.740	2.901
	乙炔气	kg	10.45	—	—	0.615	1.021
	其他材料费占材料费	%	—	1.800	1.800	1.800	1.800
机械	交流弧焊机 21kV·A	台班	57.35	0.689	1.044	—	—
	小型工程车	台班	174.25	0.010	0.010	0.010	0.010
	载重汽车 4t	台班	408.97	0.099	0.148	0.291	0.375

计量单位：个

定　额　编　号				A4-11-55	A4-11-56
项　目　名　称				离心混凝土杆封顶顶直径(mm)	
				≤300	>300
基　　　价（元）				13.37	16.21
其中	人　工　费（元）			10.08	12.32
	材　料　费（元）			0.73	0.92
	机　械　费（元）			2.56	2.97
	名　　称	单位	单价(元)	消　耗　量	
人工	综合工日	工日	140.00	0.072	0.088
材料	镀锌铁丝 φ4.0	kg	3.57	0.202	0.252
	其他材料费占材料费	%	—	1.800	1.800
机械	小型工程车	台班	174.25	0.010	0.010
	载重汽车 4t	台班	408.97	0.002	0.003

6.拉线制作与安装

工作内容:拉线长度实测、丈量与截割,上下端头制作,安装及调整,工器具转移。

计量单位:根

定　额　编　号				A4-11-57	A4-11-58	A4-11-59
项　目　名　称				普通拉线截面(mm²)		
				≤35	≤70	≤120
基　　价(元)				31.57	36.96	42.59
其中	人　工　费(元)			22.96	27.86	33.46
	材　料　费(元)			1.29	1.78	1.81
	机　械　费(元)			7.32	7.32	7.32
名　　称		单位	单价(元)	消　　耗　　量		
人工	综合工日	工日	140.00	0.164	0.199	0.239
材料	拉线	根	—	(1.015)	(1.015)	(1.015)
	镀锌铁丝 16号	kg	3.57	0.230	0.284	0.230
	防锈漆	kg	5.62	0.050	0.070	0.080
	钢锯条	条	0.34	0.500	1.000	1.500
	其他材料费占材料费	%	—	1.800	1.800	1.800
机械	小型工程车	台班	174.25	0.042	0.042	0.042

工作内容：拉线长度实测、丈量与截割,上下端头制作,安装及调整,工器具转移。　　　　　　计量单位：根

定　额　编　号			A4-11-60	A4-11-61	A4-11-62	A4-11-63
项　目　名　称			水平及弓型拉线截面(mm²)			拉线
			≤35	≤70	≤120	保护管
基　　　　　价（元）			60.41	77.78	85.15	11.66
其中	人　工　费（元）		51.80	68.88	76.02	4.34
	材　料　费（元）		1.29	1.58	1.81	—
	机　械　费（元）		7.32	7.32	7.32	7.32
名　　　称	单位	单价（元）	消　　耗　　量			
人工	综合工日	工日	140.00	0.370	0.492	0.543	0.031
材料	拉线	根	—	(1.015)	(1.015)	(1.015)	—
	拉线保护管	根	—	—	—	—	(1.030)
	镀锌铁丝 16号	kg	3.57	0.230	0.230	0.230	—
	防锈漆	kg	5.62	0.050	0.070	0.080	—
	钢锯条	条	0.34	0.500	1.000	1.500	—
	其他材料费占材料费	%	—	1.800	1.800	1.800	1.800
机械	小型工程车	台班	174.25	0.042	0.042	0.042	0.042

三、横担与绝缘子安装

1. 横担安装

(1)10kV及以下横担安装

工作内容：量尺寸、定位、上抱箍、装横担、支撑及顶支座。

计量单位：组

定 额 编 号				A4-11-64	A4-11-65	A4-11-66	A4-11-67
项 目 名 称				铁、木横担		瓷横担	
				单根	双根	直线杆	耐张、转角杆
基 价 （元）				20.50	30.67	12.97	24.03
其中	人 工 费（元）			16.52	25.90	10.92	21.98
	材 料 费（元）			2.24	3.03	0.31	0.31
	机 械 费（元）			1.74	1.74	1.74	1.74
	名 称	单位	单价（元）	消 耗 量			
人工	综合工日	工日	140.00	0.118	0.185	0.078	0.157
材料	横担	根	—	(1.005)	(1.005)	(1.020)	(1.020)
	镀锌铁丝 16号	kg	3.57	0.500	0.700	—	—
	棉纱头	kg	6.00	0.050	0.050	0.050	0.050
	调和漆	kg	6.00	0.020	0.030	—	—
	其他材料费占材料费	%	—	1.800	1.800	1.800	1.800
机械	小型工程车	台班	174.25	0.010	0.010	0.010	0.010

定 额 编 号			A4-11-68	A4-11-69
项 目 名 称			复合型横担	
			直线杆	耐张、转角杆
基 价 （元）			12.97	24.03
其中	人 工 费（元）		10.92	21.98
	材 料 费（元）		0.31	0.31
	机 械 费（元）		1.74	1.74
名 称	单位	单价（元）	消 耗 量	
人工	综合工日	工日	140.00	0.078	0.157
材料	横担	根	—	(1.010)	(1.010)
	棉纱头	kg	6.00	0.050	0.050
	其他材料费占材料费	%	—	1.800	1.800
机械	小型工程车	台班	174.25	0.010	0.010

（2）1kV以及横担安装

工作内容：量尺寸、定位、上抱箍、装横担、支撑及顶支座。

计量单位：组

定 额 编 号				A4-11-70	A4-11-71	A4-11-72
项 目 名 称				铁、木横担		
				二线	四线单根	四线双根
基 价（元）				13.00	17.42	27.84
其中	人 工 费（元）			9.38	13.44	21.42
	材 料 费（元）			1.88	2.24	4.68
	机 械 费（元）			1.74	1.74	1.74
名 称		单位	单价（元）	消 耗 量		
人工	综合工日	工日	140.00	0.067	0.096	0.153
材料	横担	根	—	(1.005)	(1.005)	(1.005)
	镀锌铁丝 16号	kg	3.57	0.400	0.500	0.700
	棉纱头	kg	6.00	0.050	0.050	0.050
	调和漆	kg	6.00	0.020	0.020	0.300
	其他材料费占材料费	%	—	1.800	1.800	1.800
机械	小型工程车	台班	174.25	0.010	0.010	0.010

工作内容：量尺寸、定位、上抱箍、装横担、支撑及顶支座。 计量单位：组

定　额　编　号				A4-11-73	A4-11-74	A4-11-75	A4-11-76
项　目　名　称				铁、木横担		瓷横担	复合型横担
				六线单根	六线双根		
基　　　　价（元）				20.92	31.65	11.43	11.99
其中	人　工　费（元）			16.94	26.88	9.38	9.94
	材　料　费（元）			2.24	3.03	0.31	0.31
	机　械　费（元）			1.74	1.74	1.74	1.74
名　　　称		单位	单价（元）	消　　耗　　量			
人工	综合工日	工日	140.00	0.121	0.192	0.067	0.071
材料	横担	根	—	(1.005)	(1.005)	(1.020)	(1.010)
	镀锌铁丝 16号	kg	3.57	0.500	0.700	—	—
	棉纱头	kg	6.00	0.050	0.050	0.050	0.050
	调和漆	kg	6.00	0.020	0.030	—	—
	其他材料费占材料费	%	—	1.800	1.800	1.800	1.800
机械	小型工程车	台班	174.25	0.010	0.010	0.010	0.010

381

(3)进户线横担安装

工作内容:量尺寸、定位、上抱箍、装横担、支撑及顶支座。　　　　　　　　计量单位:组

定　额　编　号			A4-11-77	A4-11-78	A4-11-79
项　目　名　称			一端埋设式		
			二线	四线	六线
基　　　价（元）			25.02	41.81	53.95
其中	人　工　费（元）		12.04	18.48	20.44
	材　料　费（元）		11.24	21.59	31.77
	机　械　费（元）		1.74	1.74	1.74
名　　　称	单位	单价（元）	消　　耗　　量		
人工 综合工日	工日	140.00	0.086	0.132	0.146
材料 横担	根	—	(1.005)	(1.005)	(1.005)
地脚螺栓 M12×1070	kg	6.50	0.102	0.102	0.102
镀锌铁拉板 40×4×200～350	块	2.38	4.200	8.400	12.600
合金钢钻头	个	7.80	0.010	0.010	0.010
棉纱头	kg	6.00	0.030	0.050	0.050
调和漆	kg	6.00	0.020	0.030	0.030
其他材料费占材料费	%	—	1.800	1.800	1.800
机械 小型工程车	台班	174.25	0.010	0.010	0.010

工作内容：量尺寸、定位、上抱箍、装横担、支撑及顶支座。　　　　　　　　　　　计量单位：组

定 额 编 号			A4-11-80	A4-11-81	A4-11-82
项 目 名 称			两端埋设式		
			二线	四线	六线
基　　　价（元）			46.06	47.05	59.19
其中	人 工 费（元）		16.52	22.96	24.92
	材 料 费（元）		12.11	22.35	32.53
	机 械 费（元）		17.43	1.74	1.74
名　　　称	单位	单价（元）	消　　耗　　量		
人工 综合工日	工日	140.00	0.118	0.164	0.178
材料 横担	根	—	(1.005)	(1.005)	(1.005)
地脚螺栓 M12×1070	kg	6.50	0.204	0.204	0.204
镀锌铁拉板 40×4×200～350	块	2.38	4.200	8.400	12.600
合金钢钻头	个	7.80	0.020	0.020	0.020
棉纱头	kg	6.00	0.050	0.050	0.050
调和漆	kg	6.00	0.020	0.030	0.030
其他材料费占材料费	%	—	1.800	1.800	1.800
机械 小型工程车	台班	174.25	0.100	0.010	0.010

2.绝缘子安装

工作内容：清扫、检查、绝缘遥测、组合、安装。　　　　　　　　　　　　　　　计量单位：见表

定　额　编　号				A4-11-83	A4-11-84	A4-11-85
项　目　名　称				耐张	普通	箍位
				绝缘子		
单　　位				片	只	
基　　价（元）				3.26	3.26	3.26
其中	人　工　费（元）			2.66	2.66	2.66
	材　料　费（元）			0.06	0.06	0.06
	机　械　费（元）			0.54	0.54	0.54
名　　称		单位	单价（元）	消　　耗　　量		
人工	综合工日	工日	140.00	0.019	0.019	0.019
材料	绝缘子	个	—	(1.020)	(1.020)	(1.020)
	棉纱头	kg	6.00	0.010	0.010	0.010
	其他材料费占材料费	%	—	1.800	1.800	1.800
机械	高压试验变压器配套操作箱、调压器	台班	36.78	0.010	0.010	0.010
	小型工程车	台班	174.25	0.001	0.001	0.001

3.街码金具安装

工作内容：量尺寸、定位、上抱箍、装横担、支撑及顶支座。　　　　　　　　　　　计量单位：组

定　额　编　号			A4-11-86
项　目　名　称			≤10kV
			单基长度(m)
基　　　　价（元）			13.75
其中	人　工　费（元）		10.92
	材　料　费（元）		1.09
	机　械　费（元）		1.74
名　　称	单位	单价（元）	消　耗　量
人工	综合工日	工日	140.00	0.078
材料	金具	套	—	(1.010)
	镀锌铁丝 16号	kg	3.57	0.200
	棉纱头	kg	6.00	0.050
	调和漆	kg	6.00	0.010
	其他材料费占材料费	%	—	1.800
机械	小型工程车	台班	174.25	0.010

工作内容：量尺寸、定位、上抱箍、装横担、支撑及顶支座。 计量单位：组

定 额 编 号				A4-11-87	A4-11-88	A4-11-89
项 目 名 称				≤1kV		
				两线街码	四线街码	六线街码
基 价（元）				15.43	20.56	26.19
其中	人 工 费（元）			12.60	16.94	21.42
	材 料 费（元）			1.09	1.88	3.03
	机 械 费（元）			1.74	1.74	1.74
名 称		单位	单价（元）	消 耗 量		
人工	综合工日	工日	140.00	0.090	0.121	0.153
材料	金具	套	—	(1.010)	(1.010)	(1.010)
	镀锌铁丝 16号	kg	3.57	0.200	0.400	0.700
	棉纱头	kg	6.00	0.050	0.050	0.050
	调和漆	kg	6.00	0.010	0.020	0.030
	其他材料费占材料费	%	—	1.800	1.800	1.800
机械	小型工程车	台班	174.25	0.010	0.010	0.010

四、架线工程

1.裸铝绞线架设

工作内容：金具安装,挂卸滑车、放线、连接、架线、紧线、调整弧垂、绑扎。　　　　　　计量单位：km

定　额　编　号				A4-11-90	A4-11-91	A4-11-92
项　目　名　称				截面(mm²)		
				≤35	≤95	≤150
基　　　　价（元）				267.26	494.94	753.66
其中	人　工　费（元）			221.48	432.04	681.38
	材　料　费（元）			22.88	29.86	32.40
	机　械　费（元）			22.90	33.04	39.88
名　　称		单位	单价（元）	消　　耗　　量		
人工	综合工日	工日	140.00	1.582	3.086	4.867
材料	导线	m	—	(1013.000)	(1013.000)	(1013.000)
	电力复合脂	kg	20.00	0.020	0.050	0.080
	防锈漆	kg	5.62	0.050	0.050	0.050
	钢锯条	条	0.34	0.800	1.000	1.500
	铝绑线　φ2	m	0.25	80.230	—	—
	铝绑线　φ3.2	m	0.25	—	100.290	106.970
	铝包带 1×10	kg	27.68	0.030	0.070	0.070
	棉纱头	kg	6.00	0.050	0.060	0.070
	汽油	kg	6.77	0.050	0.050	0.050
	其他材料费占材料费	%	—	1.800	1.800	1.800
机械	小型工程车	台班	174.25	0.093	0.140	0.168
	液压压接机 100t	台班	102.97	0.065	0.084	0.103

工作内容：金具安装,挂卸滑车、放线、连接、架线、紧线、调整弧垂、绑扎。 计量单位：km

定 额 编 号				A4-11-93	A4-11-94
项 目 名 称				截面(mm²)	
				≤240	≤300
基 价（元）				1049.38	1451.93
其中	人 工 费（元）			965.30	1351.70
	材 料 费（元）			37.08	46.01
	机 械 费（元）			47.00	54.22
名 称		单位	单价（元）	消 耗 量	
人工	综合工日	工日	140.00	6.895	9.655
材料	导线	m	—	(1013.000)	(1013.000)
	电力复合脂	kg	20.00	0.100	0.120
	防锈漆	kg	5.62	0.050	0.050
	钢锯条	条	0.34	2.000	2.500
	铝绑线 Φ3.2	m	0.25	120.340	150.430
	铝包带 1×10	kg	27.68	0.090	0.110
	棉纱头	kg	6.00	0.080	0.090
	汽油	kg	6.77	0.060	0.070
	其他材料费占材料费	%	—	1.800	1.800
机械	小型工程车	台班	174.25	0.187	0.206
	液压压接机 100t	台班	102.97	0.140	0.178

2.钢芯铝绞线架设

工作内容：金具安装,挂卸滑车、放线、连接、架线、紧线、调整弧垂、绑扎。计量单位：km

定 额 编 号				A4-11-95	A4-11-96	A4-11-97
项 目 名 称				截面(mm²)		
				≤35	≤95	≤150
基 价（元）				290.29	552.27	808.94
其中	人 工 费（元）			244.44	489.30	738.22
	材 料 费（元）			22.95	29.93	30.84
	机 械 费（元）			22.90	33.04	39.88
	名 称	单位	单价（元）	消 耗 量		
人工	综合工日	工日	140.00	1.746	3.495	5.273
材 料	导线	m	—	(1013.000)	(1013.000)	(1013.000)
	电力复合脂	kg	20.00	0.020	0.050	—
	防锈漆	kg	5.62	0.050	0.050	0.050
	钢锯条	条	0.34	1.000	1.200	1.700
	铝绑线 φ2	m	0.25	80.230	—	—
	铝绑线 φ3.2	m	0.25	—	100.290	106.970
	铝包带 1×10	kg	27.68	0.030	0.070	0.070
	棉纱头	kg	6.00	0.050	0.060	0.070
	汽油	kg	6.77	0.050	0.050	0.050
	其他材料费占材料费	%	—	1.800	1.800	1.800
机械	小型工程车	台班	174.25	0.093	0.140	0.168
	液压压接机 100t	台班	102.97	0.065	0.084	0.103

工作内容：金具安装,挂卸滑车、放线、连接、架线、紧线、调整弧垂、绑扎。　　　　　　　　计量单位：km

定　额　编　号			A4-11-98	A4-11-99
项　目　名　称			截面(mm²)	
			≤240	≤300
基　　　　价（元）			1162.71	1609.57
其中	人　工　费（元）		1078.84	1510.32
	材　料　费（元）		36.87	45.03
	机　械　费（元）		47.00	54.22
名　　称	单位	单价(元)	消　　耗　　量	
人工	综合工日	工日	140.00	7.706	10.788
材料	导线	m	—	(1013.000)	(1013.000)
	电力复合脂	kg	20.00	0.100	0.110
	防锈漆	kg	5.62	0.050	0.050
	钢锯条	条	0.34	2.200	2.700
	铝绑线 φ3.2	m	0.25	120.340	150.430
	铝包带 1×10	kg	27.68	0.080	0.080
	棉纱头	kg	6.00	0.080	0.090
	汽油	kg	6.77	0.060	0.070
	其他材料费占材料费	%	—	1.800	1.800
机械	小型工程车	台班	174.25	0.187	0.206
	液压压接机 100t	台班	102.97	0.140	0.178

3.绝缘铝绞线架设

工作内容：金具安装,挂卸滑车、放线、连接、架线、紧线、调整弧垂、绑扎。　　　　　　计量单位：km

定　额　编　号			A4-11-100	A4-11-101	A4-11-102
项　目　名　称			截面(mm²)		
			≤35	≤95	≤150
基　　　价　（元）			323.76	618.64	893.98
其中	人　工　费（元）		244.44	489.30	738.22
	材　料　费（元）		56.42	96.30	115.88
	机　械　费（元）		22.90	33.04	39.88
名　　称		单位	单价(元)	消　　耗　　量	
人工	综合工日	工日	140.00	1.746	3.495	5.273
材料	导线	m	—	(1018.000)	(1018.000)	(1018.000)
	电力复合脂	kg	20.00	0.020	0.020	0.030
	防锈漆	kg	5.62	0.050	0.050	0.050
	钢锯条	条	0.34	0.800	1.000	1.500
	铝绑线　φ3.2	m	0.25	79.200	99.000	105.600
	棉纱头	kg	6.00	0.040	0.040	0.050
	汽油	kg	6.77	0.040	0.040	0.050
	自粘性塑料带　20mm×20m	卷	4.27	8.000	16.000	20.000
	其他材料费占材料费	%	—	1.800	1.800	1.800
机械	小型工程车	台班	174.25	0.093	0.140	0.168
	液压压接机　100t	台班	102.97	0.065	0.084	0.103

工作内容：金具安装，挂卸滑车、放线、连接、架线、紧线、调整弧垂、绑扎。　　　　　　　　计量单位：km

定　额　编　号			A4-11-103	A4-11-104
项　目　名　称			截面（mm²）	
			≤240	≤300
基　　　　　价（元）			1262.84	1739.41
其中	人　工　费（元）		1078.84	1510.32
	材　料　费（元）		137.00	173.94
	机　械　费（元）		47.00	55.15
名　　　称		单位	单价（元）	消　　耗　　量	
人工	综合工日	工日	140.00	7.706	10.788
材料	导线	m	—	(1018.000)	(1018.000)
	电力复合脂	kg	20.00	0.040	0.050
	防锈漆	kg	5.62	0.050	0.050
	钢锯条	条	0.34	2.000	2.500
	铝绑线 φ3.2	m	0.25	118.800	159.460
	棉纱头	kg	6.00	0.050	0.060
	汽油	kg	6.77	0.050	0.060
	自粘性塑料带 20mm×20m	卷	4.27	24.000	30.000
	其他材料费占材料费	%	—	1.800	1.800
机械	小型工程车	台班	174.25	0.187	0.206
	液压压接机 100t	台班	102.97	0.140	0.187

4.绝缘铜绞线架设

工作内容：金具安装,挂卸滑车、放线、连接、架线、紧线、调整弧垂、绑扎。　　　　　　计量单位：km

定　额　编　号				A4-11-105	A4-11-106	A4-11-107
项　目　名　称				截面(mm²)		
				≤35	≤95	≤150
基　　　价　（元）				371.80	716.45	1046.26
其中	人　工　费（元）			293.02	587.16	886.20
	材　料　费（元）			55.88	96.25	120.18
	机　械　费（元）			22.90	33.04	39.88
名　　　称		单位	单价(元)	消　　耗　　量		
人工	综合工日	工日	140.00	2.093	4.194	6.330
材料	导线	m	—	(1018.000)	(1018.000)	(1018.000)
	电力复合脂	kg	20.00	0.020	0.020	0.030
	防锈漆	kg	5.62	0.050	0.050	0.050
	钢锯条	条	0.34	0.800	1.000	1.500
	棉纱头	kg	6.00	0.040	0.040	0.050
	汽油	kg	6.77	0.040	0.040	0.050
	铜绑线 2	kg	4.94	3.900	5.000	6.200
	自粘性塑料带 20mm×20m	卷	4.27	8.000	16.000	20.000
	其他材料费占材料费	%	—	1.800	1.800	1.800
机械	小型工程车	台班	174.25	0.093	0.140	0.168
	液压压接机 100t	台班	102.97	0.065	0.084	0.103

工作内容：金具安装,挂卸滑车、放线、连接、架线、紧线、调整弧垂、绑扎。 计量单位：km

定 额 编 号				A4-11-108	A4-11-109
项 目 名 称				截面（mm²）	
				≤240	≤300
基 价 （元）				1485.84	2056.40
其中	人 工 费 （元）			1294.86	1812.58
	材 料 费 （元）			143.98	188.67
	机 械 费 （元）			47.00	55.15
	名 称	单位	单价（元）	消 耗 量	
人工	综合工日	工日	140.00	9.249	12.947
材料	导线	m	—	(1018.000)	(1018.000)
	电力复合脂	kg	20.00	0.040	0.050
	防锈漆	kg	5.62	0.050	0.050
	钢锯条	条	0.34	2.000	2.500
	棉纱头	kg	6.00	0.050	0.060
	汽油	kg	6.77	0.050	0.060
	铜绑线 2	kg	4.94	7.400	11.000
	自粘性塑料带 20mm×20m	卷	4.27	24.000	30.000
	其他材料费占材料费	%	—	1.800	1.800
机械	小型工程车	台班	174.25	0.187	0.206
	液压压接机 100t	台班	102.97	0.140	0.187

5.钢绞线架设

工作内容：放线、连接、架线、紧线、调整弧垂、绑扎。　　　　　　　　　　　　　计量单位：km

定　额　编　号				A4-11-110	A4-11-111
项　目　名　称				截面(mm²)	
				≤35	≤70
基　　　价（元）				273.00	497.87
其中	人　工　费（元）			228.06	447.30
	材　料　费（元）			22.04	23.33
	机　械　费（元）			22.90	27.24
名　　称		单位	单价(元)	消　耗　　量	
人工	综合工日	工日	140.00	1.629	3.195
材料	导线	m	—	(1013.000)	(1013.000)
	电力复合脂	kg	20.00	0.020	0.030
	防锈漆	kg	5.62	0.050	0.050
	钢锯条	条	0.34	1.000	1.200
	铝绑线 φ3.2	m	0.25	80.230	84.240
	棉纱头	kg	6.00	0.050	0.050
	汽油	kg	6.77	0.040	0.040
	其他材料费占材料费	%	—	1.800	1.800
机械	小型工程车	台班	174.25	0.093	0.112
	液压压接机 100t	台班	102.97	0.065	0.075

定　额　编　号			A4-11-112	A4-11-113
项　目　名　称			截面(mm²)	
			≤120	≤240
基　　　　价（元）			605.04	835.91
其中	人　工　费（元）		547.40	771.26
	材　料　费（元）		24.60	25.80
	机　械　费（元）		33.04	38.85
名　　称		单位	单价(元)	消　　耗　　量
人工	综合工日	工日	140.00	3.910	5.509
材料	导线	m	—	(1013.000)	(1013.000)
	电力复合脂	kg	20.00	0.030	0.030
	防锈漆	kg	5.62	0.050	0.050
	钢锯条	条	0.34	1.400	1.600
	铝绑线 φ3.2	m	0.25	88.450	92.880
	棉纱头	kg	6.00	0.060	0.060
	汽油	kg	6.77	0.050	0.050
	其他材料费占材料费	%	—	1.800	1.800
机械	小型工程车	台班	174.25	0.140	0.168
	液压压接机 100t	台班	102.97	0.084	0.093

6. 集束导线架设

工作内容：金具安装，挂卸滑车、放线、连接、架线、紧线、调整弧垂、绑扎。　　　计量单位：km

定　额　编　号				A4-11-114	A4-11-115	A4-11-116
项　目　名　称				二芯		
				单芯截面(mm²)		
				≤35	≤70	≤120
基　　　　价（元）				645.49	1279.05	1910.75
其中	人　工　费（元）			586.60	1174.18	1771.98
	材　料　费（元）			35.99	70.90	88.46
	机　械　费（元）			22.90	33.97	50.31
名　　称		单位	单价（元）	消　　耗　　量		
人工	综合工日	工日	140.00	4.190	8.387	12.657
材料	集束导线	m	—	(1018.000)	(1018.000)	(1018.000)
	防锈漆	kg	5.62	0.050	0.050	0.050
	钢锯条	条	0.34	0.800	1.000	1.500
	棉纱头	kg	6.00	0.050	0.050	0.050
	汽油	kg	6.77	0.050	0.060	0.060
	自粘性塑料带 20mm×20m	卷	4.27	8.000	16.000	20.000
	其他材料费占材料费	%	—	1.800	1.800	1.800
机械	小型工程车	台班	174.25	0.093	0.140	0.206
	液压压接机 100t	台班	102.97	0.065	0.093	0.140

工作内容：金具安装,挂卸滑车、放线、连接、架线、紧线、调整弧垂、绑扎。 计量单位：km

定 额 编 号			A4-11-117	A4-11-118	A4-11-119
项 目 名 称			四芯		
			单芯截面(mm²)		
			≤35	≤70	≤120
基 价 （元）			1143.25	2249.53	3358.70
其中	人 工 费（元）		1055.46	2113.72	3188.92
	材 料 费（元）		53.82	88.81	110.68
	机 械 费（元）		33.97	47.00	59.10
名 称	单位	单价(元)	消 耗 量		
人工	综合工日	工日	140.00	7.539	15.098	22.778
材料	集束导线	m	—	(1018.000)	(1018.000)	(1018.000)
	防锈漆	kg	5.62	0.060	0.060	0.060
	钢锯条	条	0.34	1.200	1.600	2.000
	棉纱头	kg	6.00	0.080	0.080	0.080
	汽油	kg	6.77	0.060	0.070	0.070
	自粘性塑料带 20mm×20m	卷	4.27	12.000	20.000	25.000
	其他材料费占材料费	%	—	1.800	1.800	1.800
机械	小型工程车	台班	174.25	0.140	0.187	0.234
	液压压接机 100t	台班	102.97	0.093	0.140	0.178

7.导线跨越

工作内容：跨越架与安全网搭设、拆除。

计量单位：处

定　额　编　号				A4-11-120	A4-11-121	A4-11-122
项　目　名　称				跨越公路、电力线、通信线	跨越房屋、经济作物	跨越铁路
基　　价（元）				495.53	396.50	643.21
其中	人　工　费（元）			447.16	357.70	575.96
	材　料　费（元）			32.16	25.73	37.98
	机　械　费（元）			16.21	13.07	29.27
名　　称		单位	单价（元）	消　　耗　　量		
人工	综合工日	工日	140.00	3.194	2.555	4.114
材料	脚手杆 φ100×6000杉木	根	—	(1.940)	(1.552)	(3.000)
	镀锌铁丝 16号	kg	3.57	8.850	7.080	10.450
	其他材料费占材料费	%	—	1.800	1.800	1.800
机械	小型工程车	台班	174.25	0.093	0.075	0.168

工作内容：跨越架与安全网搭设、拆除。

计量单位：处

定 额 编 号				A4-11-123	A4-11-124
项 目 名 称				跨越河流河宽≤50m	
				导线截面(mm²)	
				≤150	≤300
基 价 （元）				467.89	520.61
其中	人 工 费 （元）			273.70	324.52
	材 料 费 （元）			—	—
	机 械 费 （元）			194.19	196.09
名 称		单位	单价(元)	消 耗 量	
人工	综合工日	工日	140.00	1.955	2.318
机械	船舶(民船) 5t	台班	180.90	1.007	1.005
	小型工程车	台班	174.25	0.069	0.082

工作内容：跨越架与安全网搭设、拆除。 计量单位：处

定 额 编 号				A4-11-125	A4-11-126
项 目 名 称				跨越河流河宽≤150m	
				导线截面(mm²)	
				≤150	≤300
基 价 （元）				1057.10	1205.52
其中	人 工 费 （元）			664.02	805.98
	材 料 费 （元）			—	—
	机 械 费 （元）			393.08	399.54
名 称		单位	单价(元)	消 耗 量	
人工	综合工日	工日	140.00	4.743	5.757
机械	船舶(民船) 5t	台班	180.90	2.013	2.015
	小型工程车	台班	174.25	0.166	0.201

工作内容：跨越架与安全网搭设、拆除。

计量单位：处

定　额　编　号				A4-11-127	A4-11-128
项　目　名　称				跨越河流河宽＞150m	
				导线截面(mm²)	
				≤150	≤300
基　　　　　价（元）				1842.10	2128.20
其中	人　工　费（元）			1241.94	1520.54
	材　料　费（元）			—	—
	机　械　费（元）			600.16	607.66
名　　称		单位	单价(元)	消　耗　量	
人工	综合工日	工日	140.00	8.871	10.861
机械	船舶(民船) 5t	台班	180.90	3.020	2.995
	小型工程车	台班	174.25	0.309	0.378

8.进户线架设

工作内容：放线、紧线、压接包头。

计量单位：m

定 额 编 号				A4-11-129	A4-11-130	A4-11-131
项 目 名 称				截面(mm²)		
				≤35	≤95	>95
基 价（元）				**0.77**	**1.19**	**1.62**
其中	人 工 费（元）			0.42	0.84	1.26
	材 料 费（元）			0.07	0.07	0.08
	机 械 费（元）			0.28	0.28	0.28
名 称		单位	单价(元)	消 耗 量		
人工	综合工日	工日	140.00	0.003	0.006	0.009
材料	电缆	m	—	(1.018)	(1.018)	(1.018)
	电力复合脂	kg	20.00	0.001	0.001	0.001
	防锈漆	kg	5.62	0.001	0.001	0.001
	钢锯条	条	0.34	0.010	0.012	0.017
	铝绑线 φ3.2	m	0.25	0.096	0.120	0.128
	棉纱头	kg	6.00	0.001	0.001	0.001
	汽油	kg	6.77	0.001	0.001	0.001
	其他材料费占材料费	%	—	1.800	1.800	1.800
机械	小型工程车	台班	174.25	0.001	0.001	0.001
	液压压接机 100t	台班	102.97	0.001	0.001	0.001

五、杆上变配电设备安装

1.变压器安装

工作内容：支架、台架及撑铁安装,设备吊装、固定、安装、连引线安装,设备检查、调整、连接、接地、单体调试。

计量单位：台

定 额 编 号				A4-11-132	A4-11-133	A4-11-134
项 目 名 称				油浸式变压器容量(kV·A)		
				≤50	≤100	≤160
基 价 （元）				1115.82	1211.13	1327.04
其中	人 工 费 （元）			594.86	653.10	766.64
	材 料 费 （元）			54.30	55.48	57.85
	机 械 费 （元）			466.66	502.55	502.55
名 称		单位	单价（元）	消 耗 量		
人工	综合工日	工日	140.00	4.249	4.665	5.476
材料	电力复合脂	kg	20.00	0.100	0.100	0.100
	镀锌铁丝 16号	kg	3.57	4.000	4.000	4.000
	镀锌圆钢 φ10～25	kg	3.33	4.020	4.020	4.020
	防锈漆	kg	5.62	0.200	0.300	0.500
	钢垫板(综合)	kg	4.27	4.080	4.080	4.080
	钢锯条	条	0.34	1.500	1.500	1.500
	棉纱头	kg	6.00	0.100	0.100	0.100
	汽油	kg	6.77	0.150	0.150	0.150
	调和漆	kg	6.00	0.500	0.600	0.800
	其他材料费占材料费	%	—	1.800	1.800	1.800
机械	TPFRC电容分压器交直流高压测量系统	台班	113.18	0.330	0.330	0.330
	YDQ充气式试验变压器	台班	52.56	0.330	0.330	0.330
	变压器绕组变形测试仪	台班	49.23	0.330	0.330	0.330
	变压器直流电阻测试仪	台班	18.62	0.990	0.990	0.990
	高压绝缘电阻测试仪	台班	37.04	0.330	0.330	0.330
	高压试验变压器配套操作箱、调压器	台班	36.78	0.660	0.660	0.660
	汽车式起重机 8t	台班	763.67	0.280	0.327	0.327
	小型工程车	台班	174.25	0.467	0.467	0.467
	直流高压发生器	台班	102.07	0.330	0.330	0.330
	智能型光导抗干扰介损测量仪	台班	36.07	0.330	0.330	0.330

工作内容：支架、台架及撑铁安装,设备吊装、固定、安装、连引线安装,设备检查、调整、连接、接地、单体调试。

计量单位：台

定 额 编 号			A4-11-135	A4-11-136	A4-11-137
项 目 名 称			油浸式变压器容量(kV·A)		
			≤315	≤400	≤630
基 价（元）			1490.02	1583.66	1941.37
其中	人 工 费（元）		888.30	980.14	1261.40
	材 料 费（元）		63.27	65.07	70.50
	机 械 费（元）		538.45	538.45	609.47
名 称	单位	单价(元)	消 耗 量		
人工	综合工日	工日	140.00	6.345	7.001	9.010
材料	电力复合脂	kg	20.00	0.100	0.100	0.100
	镀锌铁丝 16号	kg	3.57	5.000	5.000	6.000
	镀锌圆钢 φ10～25	kg	3.33	4.020	4.020	4.020
	防锈漆	kg	5.62	0.600	0.700	0.800
	钢垫板(综合)	kg	4.27	4.080	4.080	4.080
	钢锯条	条	0.34	1.500	1.500	1.500
	棉纱头	kg	6.00	0.100	0.100	0.100
	汽油	kg	6.77	0.150	0.150	0.150
	调和漆	kg	6.00	1.000	1.200	1.400
	其他材料费占材料费	%	—	1.800	1.800	1.800
机械	TPFRC电容分压器交直流高压测量系统	台班	113.18	0.330	0.330	0.330
	YDQ充气式试验变压器	台班	52.56	0.330	0.330	0.330
	变压器绕组变形测试仪	台班	49.23	0.330	0.330	0.330
	变压器直流电阻测试仪	台班	18.62	0.990	0.990	0.990
	高压绝缘电阻测试仪	台班	37.04	0.330	0.330	0.330
	高压试验变压器配套操作箱、调压器	台班	36.78	0.660	0.660	0.660
	汽车式起重机 8t	台班	763.67	0.374	0.374	0.467
	小型工程车	台班	174.25	0.467	0.467	0.467
	直流高压发生器	台班	102.07	0.330	0.330	0.330
	智能型光导抗干扰介损测量仪	台班	36.07	0.330	0.330	0.330

405

2.配电设备安装

工作内容：支架、撑铁安装,设备、绝缘子清扫、检查、配线、接线、接地、单体调试等。　计量单位：组

定　额　编　号			A4-11-138	A4-11-139
项　目　名　称			跌落式熔断器	隔离开关
基　　　价（元）			87.35	350.75
其中	人　工　费（元）		62.30	250.88
	材　料　费（元）		20.17	21.97
	机　械　费（元）		4.88	77.90
名　称	单位	单价（元）	消　耗　量	
人工	综合工日	工日	140.00	0.445	1.792

	名　称	单位	单价（元）	消　耗　量	
人工	综合工日	工日	140.00	0.445	1.792
材料	电力复合脂	kg	20.00	0.050	0.050
	镀锌圆钢 φ10～25	kg	3.33	4.020	4.020
	防锈漆	kg	5.62	0.100	0.200
	钢锯条	条	0.34	1.000	1.000
	红丹防锈漆	kg	11.50	0.100	0.100
	铝绑线 φ3.2	m	0.25	3.600	3.600
	棉纱头	kg	6.00	0.100	0.100
	汽油	kg	6.77	0.100	0.100
	调和漆	kg	6.00	0.200	0.400
	其他材料费占材料费	%	—	1.800	1.800
机械	TPFRC电容分压器交直流高压测量系统	台班	113.18	—	0.270
	YDQ充气式试验变压器	台班	52.56	—	0.270
	高压绝缘电阻测试仪	台班	37.04	—	0.270
	高压试验变压器配套操作箱、调压器	台班	36.78	—	0.270
	回路电阻测试仪	台班	18.62	—	0.270
	小型工程车	台班	174.25	0.028	0.047

工作内容：支架、撑铁安装,设备、绝缘子清扫、检查、配线、接线、接地、单体调试等。　　计量单位：台

定　额　编　号				A4-11-140	A4-11-141
项　目　名　称				断路器	配电箱
基　　　价（元）				870.58	225.39
其中	人　工　费（元）			485.24	159.60
	材　料　费（元）			24.17	31.60
	机　械　费（元）			361.17	34.19
名　　　称		单位	单价（元）	消　　耗　　量	
人工	综合工日	工日	140.00	3.466	1.140
材料	电力复合脂	kg	20.00	0.100	0.100
	镀锌扁钢 40×4	kg	4.75	—	0.198
	镀锌圆钢 φ10～25	kg	3.33	4.020	4.020
	防锈漆	kg	5.62	0.300	0.200
	钢锯条	条	0.34	1.000	1.000
	红丹防锈漆	kg	11.50	0.100	0.100
	铝绑线 φ3.2	m	0.25	3.600	3.600
	棉纱头	kg	6.00	0.100	0.100
	汽油	kg	6.77	0.100	0.100
	塑料软管 φ8	m	0.43	—	17.500
	调和漆	kg	6.00	0.500	0.400
	其他材料费占材料费	%	—	1.800	1.800
机械	断路器动特性综合测试仪	台班	158.49	0.500	—
	高压试验变压器配套操作箱、调压器	台班	36.78	0.525	—
	交流弧焊机 21kV·A	台班	57.35	—	0.028
	汽车式起重机 8t	台班	763.67	0.280	—
	小型工程车	台班	174.25	0.280	0.187

工作内容：支架、撑铁安装,设备、绝缘子清扫、检查、配线、接线、接地、单体调试等。　计量单位：组

定　额　编　号				A4-11-142	A4-11-143
项　目　名　称				避雷器	
				10kV	1kV
基　　价（元）				328.06	103.60
其中	人　工　费（元）			188.02	56.14
	材　料　费（元）			21.13	9.75
	机　械　费（元）			118.91	37.71
名　　称		单位	单价（元）	消　　耗　　量	
人工	综合工日	工日	140.00	1.343	0.401
材料	电力复合脂	kg	20.00	0.050	0.050
	镀锌扁钢 40×4	kg	4.75	0.198	—
	镀锌接地线板 40×5×120	个	3.08	—	1.440
	镀锌圆钢 φ10～25	kg	3.33	4.020	—
	防锈漆	kg	5.62	0.100	0.080
	钢锯条	条	0.34	1.000	0.500
	红丹防锈漆	kg	11.50	0.100	0.100
	铝绑线 φ3.2	m	0.25	3.600	2.000
	棉纱头	kg	6.00	0.100	0.050
	汽油	kg	6.77	0.100	0.100
	调和漆	kg	6.00	0.200	0.150
	其他材料费占材料费	%	—	1.800	1.800
机械	TPFRC电容分压器交直流高压测量系统	台班	113.18	0.400	—
	高压绝缘电阻测试仪	台班	37.04	0.800	0.400
	交流弧焊机 21kV·A	台班	57.35	0.028	0.028
	小型工程车	台班	174.25	0.009	0.005
	直流高压发生器	台班	102.07	0.400	0.200

工作内容：支架、撑铁安装,设备、绝缘子清扫、检查、配线、接线、接地、单体调试等。　计量单位：台

定　额　编　号				A4-11-144	A4-11-145	A4-11-146
项　目　名　称				负荷开关	变压器	低压无功
					综合监测仪	补偿装置
基　　　价（元）				622.61	233.14	258.78
其中	人　工　费（元）			313.46	101.36	113.40
	材　料　费（元）			23.15	34.76	48.36
	机　械　费（元）			286.00	97.02	97.02
名　　　称		单位	单价（元）	消　　耗　　量		
人工	综合工日	工日	140.00	2.239	0.724	0.810
材料	电力复合脂	kg	20.00	0.050	0.100	0.060
	镀锌扁钢(综合)	kg	3.85	—	—	4.000
	镀锌接地线板 40×5×120	个	3.08	—	2.080	2.080
	镀锌圆钢 φ10～25	kg	3.33	4.020	4.020	4.020
	防锈漆	kg	5.62	0.300	0.200	0.100
	钢锯条	条	0.34	1.000	1.000	1.000
	红丹防锈漆	kg	11.50	0.100	0.100	0.100
	铝绑线 φ3.2	m	0.25	3.600	3.600	3.600
	棉纱头	kg	6.00	0.100	0.100	0.100
	平垫铁	kg	3.74	—	—	0.300
	汽油	kg	6.77	0.100	0.100	0.100
	塑料软管 φ8	m	0.43	—	12.000	12.000
	调和漆	kg	6.00	0.500	0.400	0.100
	其他材料费占材料费	%	—	1.800	1.800	1.800
机械	TPFRC电容分压器交直流高压测量系统	台班	113.18	0.270	—	—
	YDQ充气式试验变压器	台班	52.56	0.270	—	—
	高压绝缘电阻测试仪	台班	37.04	0.270	—	—
	高压试验变压器配套操作箱、调压器	台班	36.78	0.270	—	—
	回路电阻测试仪	台班	18.62	0.270	—	—
	交流弧焊机 21kV·A	台班	57.35	—	0.028	0.028
	汽车式起重机 8t	台班	763.67	0.262	0.093	0.093
	小型工程车	台班	174.25	0.093	0.140	0.140

工作内容：支架、撑铁安装,设备、绝缘子清扫、检查、配线、接线、接地、单体调试等。　计量单位：台

定　额　编　号			A4-11-147	A4-11-148
项　目　名　称			户外计量箱	
			10kV	1kV
基　　价（元）			344.95	64.65
其中	人　工　费（元）		126.70	32.90
	材　料　费（元）		41.25	5.49
	机　械　费（元）		177.00	26.26
名　　称	单位	单价（元）	消　耗　量	
人工	综合工日	工日	140.00	0.905	0.235
材料	电力复合脂	kg	20.00	0.060	0.050
	镀锌扁钢(综合)	kg	3.85	5.000	—
	镀锌接地线板 40×5×120	个	3.08	2.080	—
	防锈漆	kg	5.62	0.020	0.020
	钢锯条	条	0.34	1.000	1.000
	红丹防锈漆	kg	11.50	0.100	0.100
	铝绑线 φ3.2	m	0.25	3.600	1.800
	棉纱头	kg	6.00	0.200	0.100
	平垫铁	kg	3.74	0.300	—
	汽油	kg	6.77	0.100	0.080
	塑料软管 φ8	m	0.43	12.000	—
	调和漆	kg	6.00	0.500	0.200
	其他材料费占材料费	%	—	1.800	1.800
机械	交流弧焊机 21kV·A	台班	57.35	0.028	—
	汽车式起重机 8t	台班	763.67	0.187	0.028
	小型工程车	台班	174.25	0.187	0.028

工作内容：支架、撑铁安装,设备、绝缘子清扫、检查、配线、接线、接地、单体调试等。　计量单位：台

定　额　编　号				A4-11-149	A4-11-150
项　目　名　称				电压	电流
				互感器	
基　　　价（元）				277.70	302.28
其中	人　工　费（元）			159.74	177.38
	材　料　费（元）			22.35	21.59
	机　械　费（元）			95.61	103.31
名　　　称		单位	单价（元）	消　耗　量	
人工	综合工日	工日	140.00	1.141	1.267
材料	低碳钢焊条	kg	6.84	0.030	0.030
	电力复合脂	kg	20.00	0.060	0.060
	镀锌扁钢(综合)	kg	3.85	4.000	4.000
	防锈漆	kg	5.62	0.100	0.100
	钢锯条	条	0.34	1.000	1.000
	铝绑线 φ3.2	m	0.25	2.000	2.000
	棉纱头	kg	6.00	0.100	0.100
	平垫铁	kg	3.74	0.500	0.300
	汽油	kg	6.77	0.100	0.100
	调和漆	kg	6.00	0.100	0.100
	其他材料费占材料费	%	—	1.800	1.800
机械	2000A大电流发生器	台班	28.53	—	0.270
	TPFRC电容分压器交直流高压测量系统	台班	113.18	0.270	0.270
	YDQ充气式试验变压器	台班	52.56	0.270	0.270
	变压器直流电阻测试仪	台班	18.62	0.540	0.540
	伏安特性测试仪	台班	53.29	0.270	0.270
	高压绝缘电阻测试仪	台班	37.04	0.270	0.270
	高压试验变压器配套操作箱、调压器	台班	36.78	0.270	0.270
	交流弧焊机 21kV·A	台班	57.35	0.028	0.028
	小型工程车	台班	174.25	0.028	0.028

工作内容：支架、撑铁安装,设备、绝缘子清扫、检查、配线、接线、接地、单体调试等。　计量单位：只

定　额　编　号				A4-11-151	
项　目　名　称				线路故障指示器	
基　　　价（元）				4.88	
其中	人　工　费（元）			4.34	
	材　料　费（元）			0.37	
	机　械　费（元）			0.17	
名　　称		单位	单价（元）	消　耗　量	
人工	综合工日	工日	140.00	0.031	
材料	棉纱头	kg	6.00	0.060	
	其他材料费占材料费	%	—	1.800	
机械	小型工程车	台班	174.25	0.001	

3.接地环及绝缘护罩安装

工作内容：检查材料、剥绝缘、安装、恢复绝缘、调整等；检查材料、擦拭磁头、检查紧固接线端子、安装护罩、包裹绝缘、整理引线。

计量单位：组

定 额 编 号				A4-11-152
项 目 名 称				接地环
基 价（元）				11.56
其中	人 工 费（元）			10.08
	材 料 费（元）			0.61
	机 械 费（元）			0.87
	名 称	单位	单价（元）	消 耗 量
人工	综合工日	工日	140.00	0.072
材料	接地环、反光膜、驱鸟器、绝缘护套	组	—	(1.000)
	钢锯条	条	0.34	0.010
	棉纱头	kg	6.00	0.100
	其他材料费占材料费	%	—	1.800
机械	小型工程车	台班	174.25	0.005

工作内容：检查材料、剥绝缘、安装、恢复绝缘、调整等；检查材料、擦拭磁头、检查紧固接线端子、安装护罩、包裹绝缘、整理引线。

计量单位：套

定　额　编　号				A4-11-153
项　目　名　称				电杆反光膜
基　　　　价（元）				2.19
其中	人　工　费（元）			1.26
	材　料　费（元）			0.06
	机　械　费（元）			0.87
名　　　称		单位	单价(元)	消　耗　　量
人工	综合工日	工日	140.00	0.009
材料	棉纱头	kg	6.00	0.010
	其他材料费占材料费	%	—	1.800
机械	小型工程车	台班	174.25	0.005

414

工作内容：检查材料、剥绝缘、安装、恢复绝缘、调整等；检查材料、擦拭磁头、检查紧固接线端子、安装护罩、包裹绝缘、整理引线。

计量单位：个

定 额 编 号				A4-11-154	A4-11-155
项 目 名 称				驱鸟器	设备绝缘护套
基 价（元）				3.84	2.75
其中	人 工 费（元）			2.66	1.82
	材 料 费（元）			0.31	0.06
	机 械 费（元）			0.87	0.87
名 称		单位	单价（元）	消 耗 量	
人工	综合工日	工日	140.00	0.019	0.013
材料	棉纱头	kg	6.00	0.050	0.010
	其他材料费占材料费	%	—	1.800	1.800
机械	小型工程车	台班	174.25	0.005	0.005

六、施工定位

工作内容：复测桩位及挡距,测定坑位、坑界及施工基面,主桩或辅助桩遗失或变动后的恢复,平、断面的校核,工器具移运。

计量单位：基

定　额　编　号				A4-11-156	A4-11-157	A4-11-158
项　目　名　称				单杆	直线双杆	耐张、转角双杆
基　　　　价（元）				33.24	48.74	71.15
其中	人　工　费（元）			15.96	22.96	33.88
	材　料　费（元）			16.58	24.73	36.05
	机　械　费（元）			0.70	1.05	1.22
名　　称		单位	单价（元）	消　　耗　　量		
人工	综合工日	工日	140.00	0.114	0.164	0.242
材料	木桩	个	—	(5.000)	(8.000)	(9.000)
	酚醛磁漆	kg	12.00	0.020	0.020	0.030
	圆钉	kg	5.13	0.010	0.010	0.010
	竹桩	个	1.00	16.000	24.000	35.000
	其他材料费占材料费	%	—	1.800	1.800	1.800
机械	小型工程车	台班	174.25	0.004	0.006	0.007

工作内容：复测桩位及挡距,测定坑位、坑界及施工基面,主桩或辅助桩遗失或变动后的恢复,平、断面的
校核,工器具移运。

计量单位：基

定 额 编 号			A4-11-159	A4-11-160
项 目 名 称			直线自立塔	耐张、转角自立塔
基 价（元）			57.24	77.60
其中	人 工 费（元）		39.20	58.80
	材 料 费（元）		16.65	16.71
	机 械 费（元）		1.39	2.09
名 称	单位	单价（元）	消 耗 量	
人工	综合工日	工日	140.00	0.280	0.420
材料	木桩	个	—	(8.000)	(10.000)
	酚醛磁漆	kg	12.00	0.025	0.030
	圆钉	kg	5.13	0.010	0.010
	竹桩	个	1.00	16.000	16.000
	其他材料费占材料费	%	—	1.800	1.800
机械	小型工程车	台班	174.25	0.008	0.012

第十二章 配管工程

说　　明

一、本章内容包括套接紧定式镀锌钢导管（JDG）、镀锌钢管、防爆钢管、可挠金属套管、塑料管、金属软管、金属线槽的敷设等内容。

二、有关说明：

1. 配管定额中钢管材质是按照镀锌钢管考虑的，定额不包括采用焊接钢管刷油漆、刷防火漆或防火涂料、管外壁防腐保护以及接线箱、接线盒、支架的制作与安装。焊接钢管刷油漆、刷防火漆或涂防火涂料、管外壁防腐保护执行《刷油、防腐蚀、绝热工程》相应项目；接线箱、接线盒安装执行本册定额第十三章"配线工程"相关定额；支架的制作与安装执行本册定额第七章"金属构件、穿墙套板安装工程"相关定额。

2. 工程采用镀锌电线管时，执行镀锌钢管定额计算安装费；镀锌电线管主材费按照镀锌钢管用量另行计算。

3. 工程采用扣压式薄壁钢导管（KBG）时，执行套接紧定式镀锌钢导管（JDG）定额计算安装费；扣压式薄壁钢导管（KBG）主材费按照镀锌钢管用量另行计算。计算其管主材费时，应包括管件费用。

4. 定额中刚性阻燃管为刚性PVC难燃线管，管材长度一般为4m/根，管子连接采用专用接头插入法连接，接口密封；半硬质塑料管为阻燃聚乙烯软管，管子连接采用专用接头抹塑料胶后粘接。工程实际安装与定额不同时，执行定额不做调整。

5. 定额中可挠金属套管是指普利卡金属管（PULLKA），主要应用于混凝土内埋管及低压室外电气配线管。可挠金属套管规格见下表。

可挠金属套管规格表

规格	10#	12#	15#	17#	24#	30#	38#	50#	63#	76#	83#	101#
内径(mm)	9.2	11.4	14.1	16.6	23.8	29.3	37.1	49.1	62.6	76.0	81.0	100.2
外径(mm)	13.3	16.1	19.0	21.5	28.8	34.9	42.9	54.9	69.1	82.9	88.1	107.3

6. 配管定额是按照各专业间配合施工考虑的，定额中不考虑凿槽、刨沟、凿孔（洞）等费用。

7. 室外埋设配线管的土石方施工，执行《安徽省建设工程计价定额（共用册）》相关项目。室内埋设配线管的土石方不单独计算。

8. 吊顶天棚板内敷设电线管根据管材介质执行"砖、混凝土结构明配"相关定额。

9.钢索架设、钢索拉紧装置制作安装执行本册第十三章"配线工程"相关定额。

10.凿槽、刨沟、打孔、打洞及其恢复子目，适用于设计变更或其他非承包单位的责任造成的工程量增加。定额项目套用执行《给排水、采暖、燃气工程》相关子目。

工程量计算规则

一、配管敷设根据配管材质与直径，区别敷设位置、敷设方式，按照设计图示安装数量以"m"为计量单位。计算长度时，不计算安装损耗量，不扣除管路中间的接线箱、接线盒、灯头盒、开关盒、插座盒、管件等所占长度。

二、金属软管敷设根据金属管直径及每根长度，按照设计图示安装数量以"m"为计量单位。计算长度时，不计算安装损耗量。

三、线槽敷设根据线槽材质与规格，按照设计图示安装数量以"m"为计量单位。计算长度时，不计算安装损耗量，不扣除管路中间的接线箱、接线盒、灯头盒、开关盒、插座盒、管件等所占长度。

一、套接紧定式镀锌钢导管(JDG)敷设

1.砖、混凝土结构明配

工作内容：测位、划线、打眼、埋螺栓、锯管、配管、接地、穿引线。　　　　　　　　计量单位：10m

定　额　编　号			A4-12-1	A4-12-2	A4-12-3
项　目　名　称			外径(mm)		
			16	20	25
基　　　价　（元）			69.42	72.28	73.13
其中	人　工　费（元）		48.30	49.28	50.96
	材　料　费（元）		21.12	23.00	22.17
	机　械　费（元）		—	—	—
名　　称	单位	单价(元)	消　　耗　　量		
人工 综合工日	工日	140.00	0.345	0.352	0.364
材料 JDG管	m	—	(10.300)	(10.300)	(10.300)
冲击钻头 φ8	个	5.38	0.200	0.200	0.120
镀锌地线夹 15	套	0.85	8.248	—	—
镀锌地线夹 20	套	0.85	—	8.248	—
镀锌地线夹 25	套	1.03	—	—	8.248
镀锌电线管卡子 15	个	0.31	14.434	—	—
镀锌电线管卡子 20	个	0.38	—	14.434	—
镀锌电线管卡子 25	个	0.51	—	—	8.559
镀锌电线管塑料护口 DN15～20	个	0.06	4.124	4.124	—
镀锌电线管塑料护口 DN25～32	个	0.08	—	—	1.552
镀锌铁丝 φ1.2～2.2	kg	3.57	0.040	0.040	0.040
钢锯条	条	0.34	0.260	0.260	0.180
木螺钉 M4×65	10个	0.50	2.913	2.913	1.732
塑料胀管 φ6～8	个	0.07	30.831	30.831	18.278
铜芯塑料绝缘软电线 BVR-4mm²	m	2.22	1.842	2.222	2.613
其他材料费占材料费	%	—	1.800	1.800	1.800

工作内容：测位、划线、打眼、埋螺栓、锯管、配管、接地、穿引线。　　　　　　　　　计量单位：10m

定　额　编　号			A4-12-4	A4-12-5	A4-12-6
项　目　名　称			外径(mm)		
			32	40	50
基　　　价　（元）			78.72	86.17	90.37
其中	人　工　费（元）		53.20	55.72	59.22
	材　料　费（元）		25.52	30.45	31.15
	机　械　费（元）		—	—	—
名　　　　称	单位	单价（元）	消　　耗　　量		
人工 综合工日	工日	140.00	0.380	0.398	0.423
JDG管	m	—	(10.300)	(10.300)	(10.300)
冲击钻头　φ8	个	5.38	0.120	0.090	0.090
镀锌地线夹 32	套	1.11	8.248	—	—
镀锌地线夹 40	套	1.21	—	8.248	—
镀锌地线夹 50	套	1.35	—	—	8.248
镀锌电线管卡子 32	个	0.68	8.559	—	—
镀锌电线管卡子 40	个	1.20	—	6.797	—
镀锌电线管卡子 50	个	0.88	—	—	6.797
镀锌电线管塑料护口 DN25～32	个	0.08	1.552	—	—
镀锌电线管塑料护口 DN40～50	个	0.47	—	1.552	1.552
镀锌铁丝　φ1.2～2.2	kg	3.57	0.040	0.040	0.040
钢锯条	条	0.34	0.180	0.200	0.200
木螺钉 M4×65	10个	0.50	1.732	0.691	0.691
膨胀螺栓 M6	10套	1.70	—	0.671	0.671
塑料胀管　φ6～8	个	0.07	18.278	7.267	7.267
铜芯塑料绝缘软电线 BVR-4mm²	m	2.22	3.143	3.764	4.535
其他材料费占材料费	%	—	1.800	1.800	1.800

2.砖、混凝土结构暗配

工作内容：测位、划线、打眼、沟槽修整、锯管、配管、接地、穿引线。　　　　计量单位：10m

定　额　编　号			A4-12-7	A4-12-8	A4-12-9
项　目　名　称			外径(mm)		
			16	20	25
基　　　价（元）			33.84	35.68	47.82
其中	人　工　费（元）		21.98	22.96	32.90
	材　料　费（元）		11.86	12.72	14.92
	机　械　费（元）		—	—	—
名　　　称	单位	单价（元）	消　　耗　　量		
人工 综合工日	工日	140.00	0.157	0.164	0.235
材料 JDG管	m	—	(10.300)	(10.300)	(10.300)
镀锌地线夹 15	套	0.85	8.248	—	—
镀锌地线夹 20	套	0.85	—	8.248	—
镀锌地线夹 25	套	1.03	—	—	8.248
镀锌电线管塑料护口 DN15～20	个	0.06	4.124	4.124	—
镀锌电线管塑料护口 DN25～32	个	0.08	—	—	1.552
镀锌铁丝 φ1.2～2.2	kg	3.57	0.060	0.060	0.050
钢锯条	条	0.34	0.260	0.260	0.180
铜芯塑料绝缘软电线 BVR-4mm²	m	2.22	1.842	2.222	2.613
其他材料费占材料费	%	—	1.800	1.800	1.800

定　额　编　号				A4-12-10	A4-12-11	A4-12-12
项　目　名　称				外径(mm)		
				32	40	50
基　　　　　价（元）				51.65	65.16	70.91
其中	人　工　费（元）			34.86	45.50	48.30
	材　料　费（元）			16.79	19.66	22.61
	机　械　费（元）			—	—	—
名　　　称		单位	单价（元）	消　　耗　　量		
人工	综合工日	工日	140.00	0.249	0.325	0.345
材料	JDG管	m	—	(10.300)	(10.300)	(10.300)
	镀锌地线夹 32	套	1.11	8.248	—	—
	镀锌地线夹 40	套	1.21	—	8.248	—
	镀锌地线夹 50	套	1.35	—	—	8.248
	镀锌电线管塑料护口 DN25～32	个	0.08	1.552	—	—
	镀锌电线管塑料护口 DN40～50	个	0.47	—	1.552	1.552
	镀锌铁丝 φ1.2～2.2	kg	3.57	0.050	0.050	0.060
	钢锯条	条	0.34	0.180	0.200	0.200
	铜芯塑料绝缘软电线 BVR-4mm²	m	2.22	3.143	3.764	4.535
	其他材料费占材料费	%	—	1.800	1.800	1.800

3. 钢结构支架配管

工作内容：测位、划线、上卡子、安装支架、锯管、配管、接地、穿引线、固定。　　　　计量单位：10m

定　额　编　号			A4-12-13	A4-12-14	A4-12-15
项　目　名　称			外径(mm)		
			16	20	25
基　　　　价（元）			49.44	52.16	67.24
其中	人　工　费（元）		32.90	33.88	47.32
	材　料　费（元）		16.54	18.28	19.92
	机　械　费（元）		—	—	—
名　　称	单位	单价（元）	消　　耗　　量		
人工 综合工日	工日	140.00	0.235	0.242	0.338
材料 JDG管	m	—	(10.300)	(10.300)	(10.300)
半圆头螺钉 M6～8×12～30	10套	0.34	2.453	2.453	1.692
镀锌地线夹 15	套	0.85	8.248	—	—
镀锌地线夹 20	套	0.85	—	8.248	—
镀锌地线夹 25	套	1.03	—	—	8.248
镀锌电线管卡子 15	个	0.31	12.372	—	—
镀锌电线管卡子 20	个	0.38	—	12.372	—
镀锌电线管卡子 25	个	0.51	—	—	8.559
镀锌电线管塑料护口 DN15～20	个	0.06	4.124	4.124	—
镀锌电线管塑料护口 DN25～32	个	0.08	—	—	1.552
镀锌铁丝 φ1.2～2.2	kg	3.57	0.040	0.040	0.040
钢锯条	条	0.34	0.260	0.260	0.180
铜芯塑料绝缘软电线 BVR-4mm²	m	2.22	1.842	2.222	2.613
其他材料费占材料费	%	—	1.800	1.800	1.800

工作内容：测位、划线、上卡子、安装支架、锯管、配管、接地、穿引线、固定。　　　　　　计量单位：10m

定　额　编　号			A4-12-16	A4-12-17	A4-12-18
项　目　名　称			外径(mm)		
			32	40	50
基　　　　　价（元）			72.55	84.83	90.29
其中	人　工　费（元）		49.28	56.42	61.18
	材　料　费（元）		23.27	28.41	29.11
	机　械　费（元）		—	—	—
名　　　称	单位	单价（元）	消　　　耗　　　量		
人工	综合工日	工日	140.00	0.352	0.403	0.437
材料	JDG管	m	—	(10.300)	(10.300)	(10.300)
	半圆头螺钉 M6～8×12～30	10套	0.34	1.692	1.351	1.351
	镀锌地线夹 32	套	1.11	8.248	—	—
	镀锌地线夹 40	套	1.21	—	8.248	—
	镀锌地线夹 50	套	1.35	—	—	8.248
	镀锌电线管卡子 32	个	0.68	8.559	—	—
	镀锌电线管卡子 40	个	1.20	—	6.807	—
	镀锌电线管卡子 50	个	0.88	—	—	6.807
	镀锌电线管塑料护口 DN25～32	个	0.08	1.552	—	—
	镀锌电线管塑料护口 DN40～50	个	0.47	—	1.552	1.552
	镀锌铁丝 φ1.2～2.2	kg	3.57	0.040	0.040	0.040
	钢锯条	条	0.34	0.180	0.200	0.200
	铜芯塑料绝缘软电线 BVR-4mm²	m	2.22	3.143	3.764	4.535
	其他材料费占材料费	%	—	1.800	1.800	1.800

430

4.钢索配管

工作内容：测位、划线、上卡子、锯管、配管、接地、穿引线、固定。 计量单位：10m

定 额 编 号				A4-12-19	A4-12-20	A4-12-21	A4-12-22
项 目 名 称				外径(mm)			
				16	20	25	32
基 价（元）				61.16	67.46	76.31	84.45
其中	人 工 费（元）			44.80	49.28	55.72	60.20
	材 料 费（元）			16.36	18.18	20.59	24.25
	机 械 费（元）			—	—	—	—
名 称		单位	单价（元）	消 耗 量			
人工	综合工日	工日	140.00	0.320	0.352	0.398	0.430
材料	JDG管	m	—	(10.300)	(10.300)	(10.300)	(10.300)
	半圆头螺钉 M6～8×12～30	10套	0.34	1.331	1.331	1.021	1.021
	镀锌地线夹 15	套	0.85	8.248	—	—	—
	镀锌地线夹 20	套	0.85	—	8.248	—	—
	镀锌地线夹 25	套	1.03	—	—	8.248	—
	镀锌地线夹 32	套	1.11	—	—	—	8.248
	镀锌电线管卡子 15	个	0.31	13.403	—	—	—
	镀锌电线管卡子 20	个	0.38	—	13.403	—	—
	镀锌电线管卡子 25	个	0.51	—	—	10.310	—
	镀锌电线管卡子 32	个	0.68	—	—	—	10.310
	镀锌电线管塑料护口 DN15～20	个	0.06	2.252	2.252	—	—
	镀锌电线管塑料护口 DN25～32	个	0.08	—	—	1.552	1.552
	镀锌铁丝 φ1.2～2.2	kg	3.57	0.040	0.040	0.040	0.040
	钢锯条	条	0.34	0.260	0.260	0.180	0.180
	铜芯塑料绝缘软电线 BVR-4mm²	m	2.22	1.842	2.222	2.613	3.143
	其他材料费占材料费	%	—	1.800	1.800	1.800	1.800

二、镀锌钢管敷设

1. 砖、混凝土结构明配

工作内容：测位、划线、打眼、埋螺栓、锯管、套丝、煨弯(机)、配管、接地、穿引线、补漆。

计量单位：10m

定　额　编　号			A4-12-23	A4-12-24	A4-12-25
项　目　名　称			公称直径(DN)		
			≤15	≤20	≤25
基　　价（元）			86.61	89.75	94.79
其中	人　工　费（元）		59.08	60.90	67.06
	材　料　费（元）		27.53	28.85	27.73
	机　械　费（元）		—	—	—
名　　称	单位	单价(元)	消　　耗　　量		
人工 综合工日	工日	140.00	0.422	0.435	0.479
材料 镀锌钢管	m	—	(10.300)	(10.300)	(10.300)
冲击钻头 φ8	个	5.38	0.170	0.170	0.120
醇酸清漆	kg	18.80	0.030	0.030	0.040
镀锌地线夹 15	套	0.85	6.396	—	—
镀锌地线夹 20	套	0.85	—	6.396	—
镀锌地线夹 25	套	1.03	—	—	6.396
镀锌钢管接头 15×2.75	个	1.03	1.652	—	—
镀锌钢管接头 20×2.75	个	1.28	—	1.652	—
镀锌钢管接头 25×3.25	个	1.37	—	—	1.652
镀锌钢管卡子 DN15	个	0.85	12.372	—	—
镀锌钢管卡子 DN20	个	0.85	—	12.372	—
镀锌钢管卡子 DN25	个	0.94	—	—	8.559
镀锌钢管塑料护口 DN15~20	个	0.05	4.124	4.124	—
镀锌钢管塑料护口 DN25	个	0.08	—	—	1.552
镀锌锁紧螺母 DN15×1.5	个	0.12	4.124	—	—
镀锌锁紧螺母 DN20×1.5	个	0.15	—	4.124	—
镀锌锁紧螺母 DN25×3	个	0.60	—	—	1.602
镀锌铁丝 φ1.2~2.2	kg	3.57	0.080	0.080	0.080
钢锯条	条	0.34	0.300	0.300	0.200
木螺钉 M4×65	10个	0.50	2.503	2.503	1.732
铅油(厚漆)	kg	6.45	0.060	0.070	0.100
塑料胀管 φ6~8	个	0.07	26.426	26.426	18.278
铜芯塑料绝缘软电线 BVR-4mm²	m	2.22	1.441	1.742	2.042
油漆溶剂油	kg	2.62	0.050	0.060	0.070
其他材料费占材料费	%	—	1.800	1.800	1.800

工作内容：测位、划线、打眼、埋螺栓、锯管、套丝、煨弯(机)、配管、接地、穿引线、补漆。

计量单位：10m

定　额　编　号			A4-12-26	A4-12-27	A4-12-28
项　目　名　称			公称直径(DN)		
			≤32	≤40	≤50
基　　　　价（元）			106.87	130.88	146.65
其中	人　工　费（元）		73.78	92.40	93.52
	材　料　费（元）		33.09	38.48	52.22
	机　械　费（元）		—	—	0.91
名　　称		单位	单价（元）	消　耗　量	
人工	综合工日	工日	140.00	0.527	0.660	0.668
材料	镀锌钢管	m	—	(10.300)	(10.300)	(10.300)
	冲击钻头 φ8	个	5.38	0.120	0.090	0.100
	醇酸清漆	kg	18.80	0.050	0.060	0.100
	镀锌地线夹 32	套	1.11	6.396	—	—
	镀锌地线夹 40	套	1.21	—	6.396	—
	镀锌地线夹 50	套	1.35	—	—	6.406
	镀锌钢管接头 32×3.25	个	2.43	1.652	—	—
	镀锌钢管接头 40×3.5	个	2.83	—	1.652	—
	镀锌钢管接头 50×3.5	个	4.98	—	—	1.602
	镀锌钢管卡子 DN32	个	1.11	8.559	—	—
	镀锌钢管卡子 DN40	个	1.20	—	6.807	—
	镀锌钢管卡子 DN50	个	1.35	—	—	6.807
	镀锌钢管塑料护口 DN32	个	0.21	1.552	—	—
	镀锌钢管塑料护口 DN40	个	0.43	—	1.552	—
	镀锌钢管塑料护口 DN50	个	0.63	—	—	1.502
	镀锌锁紧螺母 DN32×3	个	0.60	1.602	—	—
	镀锌锁紧螺母 DN40×3	个	2.99	—	1.602	—
	镀锌锁紧螺母 DN50×3	个	5.13	—	—	2.002
	镀锌铁丝 φ1.2～2.2	kg	3.57	0.080	0.080	0.100
	钢锯条	条	0.34	0.200	0.300	0.300
	木螺钉 M4×65	10个	0.50	1.732	0.691	0.701
	膨胀螺栓 M6	10套	1.70	—	0.671	0.701
	铅油(厚漆)	kg	6.45	0.130	0.150	0.200
	塑料胀管 φ6～8	个	0.07	18.278	7.267	7.307
	铜芯塑料绝缘软电线 BVR-4mm²	m	2.22	2.453	2.933	3.504
	油漆溶剂油	kg	2.62	0.090	0.110	0.100
	其他材料费占材料费	%	—	1.800	1.800	1.800
机械	钢材电动煨弯机 500mm以内	台班	49.66	—	—	0.011
	管子切断机 150mm	台班	33.32	—	—	0.011

工作内容：测位、划线、打眼、埋螺栓、锯管、套丝、煨弯(机)、配管、接地、穿引线、补漆。

计量单位：10m

定 额 编 号			A4-12-29	A4-12-30
项 目 名 称			公称直径(DN)	
			≤65	≤80
基 价（元）			211.31	281.22
其 中	人 工 费（元）		149.94	205.80
	材 料 费（元）		60.46	73.46
	机 械 费（元）		0.91	1.96
名 称	单位	单价（元）	消 耗 量	
人 工 综合工日	工日	140.00	1.071	1.470
材 料 镀锌钢管	m	—	(10.300)	(10.300)
冲击钻头 φ8	个	5.38	0.100	0.100
醇酸清漆	kg	18.80	0.100	0.100
镀锌地线夹 65	套	1.52	6.206	—
镀锌地线夹 80	套	1.75	—	6.206
镀锌钢管接头 65×3.75	个	5.17	1.502	—
镀锌钢管接头 80×4	个	6.58	—	1.502
镀锌钢管卡子 DN65	个	1.56	5.205	—
镀锌钢管卡子 DN80	个	1.71	—	5.205
镀锌钢管塑料护口 DN65	个	1.07	1.502	—
镀锌钢管塑料护口 DN80	个	1.65	—	1.502
镀锌锁紧螺母 DN65×3	个	8.25	2.002	—
镀锌锁紧螺母 DN80×3	个	11.11	—	2.002
镀锌铁丝 φ1.2～2.2	kg	3.57	0.100	0.100
钢锯条	条	0.34	0.300	0.501
膨胀螺栓 M6	10套	1.70	1.001	1.001
铅油(厚漆)	kg	6.45	0.200	0.200
铜芯塑料绝缘软电线 BVR-4mm²	m	2.22	4.304	5.105
油漆溶剂油	kg	2.62	0.200	0.200
其他材料费占材料费	%	—	1.800	1.800
机 械 钢材电动煨弯机 500mm以内	台班	49.66	0.011	0.032
管子切断机 150mm	台班	33.32	0.011	0.011

工作内容：测位、划线、打眼、埋螺栓、锯管、套丝、煨弯(机)、配管、接地、穿引线、补漆。

计量单位：10m

定　额　编　号			A4-12-31	A4-12-32	A4-12-33
项　目　名　称			公称直径(DN)		
			≤100	≤125	≤150
基　　　　价（元）			313.16	337.75	441.17
其中	人　工　费（元）		212.38	297.22	389.48
	材　料　费（元）		98.82	38.57	44.71
	机　械　费（元）		1.96	1.96	6.98
名　　　称	单位	单价（元）	消　　耗　　量		
人工 综合工日	工日	140.00	1.517	2.123	2.782
材料 镀锌钢管	m	—	(10.300)	(10.300)	(10.300)
冲击钻头 φ8	个	5.38	0.100	0.100	0.100
醇酸清漆	kg	18.80	0.100	0.200	0.200
镀锌地线夹 100	套	2.42	6.206	—	—
镀锌地线夹 125	套	2.99	—	1.602	—
镀锌地线夹 150	套	3.59	—	—	1.652
镀锌钢管接头 100×4	个	11.54	1.502	—	—
镀锌钢管接头 125×4.5	个	15.21	—	0.801	—
镀锌钢管接头 150×4.5	个	17.95	—	—	0.821
镀锌钢管卡子 DN100	个	2.39	5.205	—	—
镀锌钢管卡子 DN125	个	2.56	—	2.903	—
镀锌钢管卡子 DN150	个	2.91	—	—	2.883
镀锌钢管塑料护口 DN100	个	1.71	1.502	—	—
镀锌锁紧螺母 DN100×3	个	14.16	2.002	—	—
镀锌铁丝 φ1.2～2.2	kg	3.57	0.100	0.100	0.100
钢锯条	条	0.34	0.501	—	—
膨胀螺栓 M6	10套	1.70	1.001	0.601	0.571
铅油(厚漆)	kg	6.45	0.300	0.400	0.440
铜芯塑料绝缘软电线 BVR-4mm²	m	2.22	6.306	2.002	2.432
油漆溶剂油	kg	2.62	0.300	0.300	0.380
其他材料费占材料费	%	—	1.800	1.800	1.800
机械 钢材电动煨弯机 500mm以内	台班	49.66	0.032	0.032	0.105
管子切断机 150mm	台班	33.32	0.011	0.011	0.053

2.砖、混凝土结构暗配

工作内容：测位、划线、套丝、煨弯(机)、沟坑修整、配管、接地、穿引线、补漆。　　　　　计量单位：10m

定　额　编　号			A4-12-34	A4-12-35	A4-12-36	A4-12-37
项　目　名　称			公称直径(DN)			
			≤15	≤20	≤25	≤32
基　　价（元）			43.87	45.08	53.57	57.84
其中	人　工　费（元）		31.64	31.64	37.66	37.66
	材　料　费（元）		12.23	13.44	15.91	20.18
	机　械　费（元）		—	—	—	—
名　　称	单位	单价(元)	消　　耗　　量			
人工 综合工日	工日	140.00	0.226	0.226	0.269	0.269
材料 镀锌钢管	m	—	(10.300)	(10.300)	(10.300)	(10.300)
醇酸清漆	kg	18.80	—	—	—	0.100
镀锌地线夹 15	套	0.85	6.406	—	—	—
镀锌地线夹 20	套	0.85	—	6.406	—	—
镀锌地线夹 25	套	1.03	—	—	6.406	—
镀锌地线夹 32	套	1.11	—	—	—	6.406
镀锌钢管接头 15×2.75	个	1.03	1.602	—	—	—
镀锌钢管接头 20×2.75	个	1.28	—	1.602	—	—
镀锌钢管接头 25×3.25	个	1.37	—	—	1.602	—
镀锌钢管接头 32×3.25	个	2.43	—	—	—	1.602
镀锌钢管塑料护口 DN15～20	个	0.05	4.124	4.124	—	—
镀锌钢管塑料护口 DN25	个	0.08	—	—	1.502	—
镀锌钢管塑料护口 DN32	个	0.21	—	—	—	1.502
镀锌锁紧螺母 DN15×1.5	个	0.12	4.124	—	—	—
镀锌锁紧螺母 DN20×1.5	个	0.15	—	4.124	—	—
镀锌锁紧螺母 DN25×3	个	0.60	—	—	2.002	—
镀锌铁丝 φ1.2～2.2	kg	3.57	0.100	0.100	0.100	0.100
钢锯条	条	0.34	0.300	0.300	0.200	0.200
铅油(厚漆)	kg	6.45	0.100	0.100	0.100	0.100
铜芯塑料绝缘软电线 BVR-4mm²	m	2.22	1.401	1.702	2.002	2.503
其他材料费占材料费	%	—	1.800	1.800	1.800	1.800

工作内容：测位、划线、套丝、煨弯(机)、沟坑修整、配管、接地、穿引线、补漆。　　计量单位：10m

定　额　编　号			A4-12-38	A4-12-39	A4-12-40	A4-12-41
项　目　名　称			公称直径(DN)			
			≤40	≤50	≤65	≤80
基　　　　　价（元）			91.14	107.71	159.13	210.14
其中	人　工　费（元）		62.02	69.16	101.22	149.94
	材　料　费（元）		29.12	37.64	55.95	58.24
	机　械　费（元）		—	0.91	1.96	1.96
名　　称	单位	单价(元)	消　　耗　　量			
人工 综合工日	工日	140.00	0.443	0.494	0.723	1.071
材料 镀锌钢管	m	—	(10.300)	(10.300)	(10.300)	(10.300)
醇酸清漆	kg	18.80	0.100	0.070	0.090	0.110
镀锌地线夹 40	套	1.21	6.406	—	—	—
镀锌地线夹 50	套	1.35	—	6.396	—	—
镀锌地线夹 65	套	1.52	—	—	12.372	—
镀锌地线夹 80	套	1.75	—	—	—	6.186
镀锌钢管接头 40×3.5	个	2.83	1.602	—	—	—
镀锌钢管接头 50×3.5	个	4.98	—	1.652	—	—
镀锌钢管接头 65×3.75	个	5.17	—	—	1.552	—
镀锌钢管接头 80×4	个	6.58	—	—	—	1.552
镀锌钢管塑料护口 DN40	个	0.43	1.502	—	—	—
镀锌钢管塑料护口 DN50	个	0.63	—	1.552	—	—
镀锌钢管塑料护口 DN65	个	1.07	—	—	1.552	—
镀锌钢管塑料护口 DN80	个	1.65	—	—	—	1.552
镀锌锁紧螺母 DN40×3	个	2.99	2.002	—	—	—
镀锌锁紧螺母 DN50×3	个	5.13	—	1.602	—	—
镀锌锁紧螺母 DN65×3	个	8.25	—	—	1.602	—
镀锌锁紧螺母 DN80×3	个	11.11	—	—	—	1.602
镀锌铁丝 φ1.2～2.2	kg	3.57	0.100	0.100	0.100	0.100
钢锯条	条	0.34	0.300	0.300	0.300	0.451
铅油(厚漆)	kg	6.45	0.100	0.180	0.210	0.240
铜芯塑料绝缘软电线 BVR-4mm²	m	2.22	2.903	3.524	4.284	5.145
油漆溶剂油	kg	2.62	0.100	0.060	0.090	0.100
其他材料费占材料费	%	—	1.800	1.800	1.800	1.800
机械 钢材电动煨弯机 500mm以内	台班	49.66	—	0.011	0.032	0.032
管子切断机 150mm	台班	33.32	—	0.011	0.011	0.011

工作内容：测位、划线、套丝、煨弯(机)、沟坑修整、配管、接地、穿引线、补漆。　　　　计量单位：10m

定　额　编　号			A4-12-42	A4-12-43	A4-12-44
项　目　名　称			公称直径(DN)		
			≤100	≤125	≤150
基　　　　　价（元）			239.24	235.69	325.03
其中	人　工　费（元）		158.20	199.78	283.92
	材　料　费（元）		79.08	28.93	34.13
	机　械　费（元）		1.96	6.98	6.98
名　　称		单位	单价(元)	消　　耗　　量	
人工	综合工日	工日	140.00	1.130	1.427	2.028
材料	镀锌钢管	m	—	(10.300)	(10.300)	(10.300)
	醇酸清漆	kg	18.80	0.140	0.170	0.200
	镀锌地线夹 100	套	2.42	6.186	—	—
	镀锌地线夹 125	套	2.99	—	1.652	—
	镀锌地线夹 150	套	3.59	—	—	1.652
	镀锌钢管接头 100×4	个	11.54	1.552	—	—
	镀锌钢管接头 125×4.5	个	15.21	—	0.821	—
	镀锌钢管接头 150×4.5	个	17.95	—	—	0.821
	镀锌钢管塑料护口 DN100	个	1.71	1.552	—	—
	镀锌锁紧螺母 DN100×3	个	14.16	1.602	—	—
	镀锌铁丝 φ1.2～2.2	kg	3.57	0.100	0.110	0.110
	钢锯条	条	0.34	0.451	—	—
	铅油(厚漆)	kg	6.45	0.310	0.380	0.440
	铜芯塑料绝缘软电线 BVR-4mm²	m	2.22	6.296	2.042	2.432
	油漆溶剂油	kg	2.62	0.130	0.160	0.180
	其他材料费占材料费	%	—	1.800	1.800	1.800
机械	钢材电动煨弯机 500mm以内	台班	49.66	0.032	0.105	0.105
	管子切断机 150mm	台班	33.32	0.011	0.053	0.053

3. 钢模板暗配

工作内容：测位、划线、锯管、套丝、煨弯(机)、配管、接地、穿引线、补漆。　　　　　计量单位：10m

定　额　编　号			A4-12-45	A4-12-46	A4-12-47
项　目　名　称			公称直径(DN)		
			≤15	≤20	≤25
基　　　价　(元)			44.55	49.18	61.03
其中	人　工　费　(元)		31.64	34.72	43.82
	材　料　费　(元)		12.91	14.46	16.66
	机　械　费　(元)		—	—	0.55
名　　称	单位	单价(元)	消　　耗　　量		
人工 综合工日	工日	140.00	0.226	0.248	0.313
材料 镀锌钢管	m	—	(10.300)	(10.300)	(10.300)
醇酸清漆	kg	18.80	0.030	0.030	0.040
镀锌地线夹 15	套	0.85	6.396	—	—
镀锌地线夹 20	套	0.85	—	6.396	—
镀锌地线夹 25	套	1.03	—	—	6.396
镀锌钢管接头 15×2.75	个	1.03	1.652	—	—
镀锌钢管接头 20×2.75	个	1.28	—	1.652	—
镀锌钢管接头 25×3.25	个	1.37	—	—	1.652
镀锌钢管塑料护口 DN15~20	个	0.05	2.252	2.252	—
镀锌钢管塑料护口 DN25	个	0.08	—	—	1.552
镀锌锁紧螺母 DN15×3	个	0.34	2.252	—	—
镀锌锁紧螺母 DN20×3	个	0.51	—	2.252	—
镀锌锁紧螺母 DN25×3	个	0.60	—	—	1.602
镀锌铁丝 φ1.2~2.2	kg	3.57	0.100	0.100	0.100
钢锯条	条	0.34	0.300	0.300	0.200
铅油(厚漆)	kg	6.45	0.060	0.070	0.100
铜芯塑料绝缘软电线 BVR-4mm²	m	2.22	1.441	1.742	2.042
油漆溶剂油	kg	2.62	0.020	0.020	0.030
其他材料费占材料费	%	—	1.800	1.800	1.800
机械 钢材电动煨弯机 500mm以内	台班	49.66	—	—	0.011

工作内容：测位、划线、锯管、套丝、煨弯(机)、配管、接地、穿引线、补漆。　　　　计量单位：10m

定　额　编　号			A4-12-48	A4-12-49	A4-12-50
项　目　名　称			公称直径(DN)		
			≤32	≤40	≤50
基　　　　价（元）			65.87	100.07	116.53
其中	人　工　费（元）		44.80	71.96	77.98
	材　料　费（元）		20.52	27.56	37.64
	机　械　费（元）		0.55	0.55	0.91
名　　称	单位	单价（元）	消　　耗　　量		
人工 综合工日	工日	140.00	0.320	0.514	0.557
材料 镀锌钢管	m	—	(10.300)	(10.300)	(10.300)
醇酸清漆	kg	18.80	0.050	0.060	0.070
镀锌地线夹 32	套	1.11	6.396	—	—
镀锌地线夹 40	套	1.21	—	6.396	—
镀锌地线夹 50	套	1.35	—	—	6.396
镀锌钢管接头 32×3.25	个	2.43	1.652	—	—
镀锌钢管接头 40×3.5	个	2.83	—	1.652	—
镀锌钢管接头 50×3.5	个	4.98	—	—	1.652
镀锌钢管塑料护口 DN32	个	0.21	1.552	—	—
镀锌钢管塑料护口 DN40	个	0.43	—	1.552	—
镀锌钢管塑料护口 DN50	个	0.63	—	—	1.552
镀锌锁紧螺母 DN32×3	个	0.60	1.602	—	—
镀锌锁紧螺母 DN40×3	个	2.99	—	1.602	—
镀锌锁紧螺母 DN50×3	个	5.13	—	—	1.602
镀锌铁丝 Φ1.2～2.2	kg	3.57	0.100	0.100	0.100
钢锯条	条	0.34	0.200	0.300	0.300
铅油(厚漆)	kg	6.45	0.130	0.150	0.180
铜芯塑料绝缘软电线 BVR-4mm²	m	2.22	2.453	2.933	3.524
油漆溶剂油	kg	2.62	0.040	0.050	0.060
其他材料费占材料费	%	—	1.800	1.800	1.800
机械 钢材电动煨弯机 500mm以内	台班	49.66	0.011	0.011	0.011
管子切断机 150mm	台班	33.32	—	—	0.011

4.钢结构支架配管

工作内容：测位、划线、打眼、上卡子、安装支架、锯管、套丝、煨弯(机)、配管、接地、穿引线、补漆。

计量单位：10m

定 额 编 号			A4-12-51	A4-12-52	A4-12-53	A4-12-54
项 目 名 称			公称直径(DN)			
			≤15	≤20	≤25	≤32
基 价（元）			66.09	70.94	77.97	86.27
其中	人 工 费（元）		40.88	43.82	52.50	54.88
	材 料 费（元）		25.21	27.12	25.47	30.84
	机 械 费（元）		—	—	—	0.55
名 称	单位	单价（元）	消 耗 量			
人工	综合工日	工日	140.00	0.292	0.313	0.375	0.392
材料	镀锌钢管	m	—	(10.300)	(10.300)	(10.300)	(10.300)
	半圆头螺钉 M6～8×12～30	10套	0.34	2.453	2.453	1.692	1.692
	醇酸清漆	kg	18.80	0.030	0.030	0.040	0.050
	镀锌地线夹 15	套	0.85	6.396	—	—	—
	镀锌地线夹 20	套	0.85	—	6.396	—	—
	镀锌地线夹 25	套	1.03	—	—	6.396	—
	镀锌地线夹 32	套	1.11	—	—	—	6.396
	镀锌钢管接头 15×2.75	个	1.03	1.652	—	—	—
	镀锌钢管接头 20×2.75	个	1.28	—	1.652	—	—
	镀锌钢管接头 25×3.25	个	1.37	—	—	1.652	—
	镀锌钢管接头 32×3.25	个	2.43	—	—	—	1.652
	镀锌钢管卡子 DN15	个	0.85	12.372	—	—	—
	镀锌钢管卡子 DN20	个	0.85	—	12.372	—	—
	镀锌钢管卡子 DN25	个	0.94	—	—	8.559	—
	镀锌钢管卡子 DN32	个	1.11	—	—	—	8.559
	镀锌钢管塑料护口 DN15～20	个	0.05	4.124	4.124	—	—
	镀锌钢管塑料护口 DN25	个	0.08	—	—	1.552	—
	镀锌钢管塑料护口 DN32	个	0.21	—	—	—	1.552
	镀锌锁紧螺母 DN15×3	个	0.34	4.124	—	—	—
	镀锌锁紧螺母 DN20×3	个	0.51	—	4.124	—	—
	镀锌锁紧螺母 DN25×3	个	0.60	—	—	1.602	—
	镀锌锁紧螺母 DN32×3	个	0.60	—	—	—	1.602
	镀锌铁丝 φ1.2～2.2	kg	3.57	0.080	0.080	0.080	0.080
	钢锯条	条	0.34	0.300	0.300	0.200	0.200
	铅油(厚漆)	kg	6.45	0.060	0.070	0.100	0.130
	铜芯塑料绝缘软电线 BVR-4mm²	m	2.22	1.441	1.742	2.042	2.453
	油漆溶剂油	kg	2.62	0.050	0.060	0.070	0.090
	其他材料费占材料费	%	—	1.800	1.800	1.800	1.800
机械	钢材电动煨弯机 500mm以内	台班	49.66	—	—	—	0.011

工作内容：测位、划线、打眼、上卡子、安装支架、锯管、套丝、煨弯(机)、配管、接地、穿引线、补漆。

计量单位：10m

定 额 编 号			A4-12-55	A4-12-56	A4-12-57	A4-12-58
项 目 名 称			公称直径(DN)			
			≤40	≤50	≤65	≤80
基 价（元）			117.90	128.55	193.12	254.12
其中	人 工 费（元）		80.92	87.50	136.08	184.38
	材 料 费（元）		36.43	40.14	55.08	67.78
	机 械 费（元）		0.55	0.91	1.96	1.96
名 称	单位	单价(元)	消 耗 量			
人工	综合工日	工日	140.00	0.578	0.625	0.972	1.317
材料	镀锌钢管	m	—	(10.300)	(10.300)	(10.300)	(10.300)
	半圆头螺钉 M6～8×12～30	10套	0.34	1.351	1.351	1.021	1.021
	醇酸清漆	kg	18.80	0.060	0.070	0.090	0.110
	镀锌地线夹 40	套	1.21	6.396	—	—	—
	镀锌地线夹 50	套	1.35	—	6.396	—	—
	镀锌地线夹 65	套	1.52	—	—	6.186	—
	镀锌地线夹 80	套	1.75	—	—	—	6.186
	镀锌钢管接头 40×3.5	个	2.83	1.652	—	—	—
	镀锌钢管接头 50×3.5	个	4.98	—	1.652	—	—
	镀锌钢管接头 65×3.75	个	5.17	—	—	1.552	—
	镀锌钢管接头 80×4	个	6.58	—	—	—	1.552
	镀锌钢管卡子 DN40	个	1.20	6.807	—	—	—
	镀锌钢管卡子 DN50	个	1.35	—	6.807	—	—
	镀锌钢管卡子 DN65	个	1.56	—	—	5.155	—
	镀锌钢管卡子 DN80	个	1.71	—	—	—	5.155
	镀锌钢管塑料护口 DN40	个	0.43	1.552	—	—	—
	镀锌钢管塑料护口 DN50	个	0.63	—	1.552	—	—
	镀锌钢管塑料护口 DN65	个	1.07	—	—	1.552	—
	镀锌钢管塑料护口 DN80	个	1.65	—	—	—	1.552
	镀锌锁紧螺母 DN40×3	个	2.99	1.602	—	—	—
	镀锌锁紧螺母 DN50×3	个	5.13	—	0.160	—	—
	镀锌锁紧螺母 DN65×3	个	8.25	—	—	1.602	—
	镀锌锁紧螺母 DN80×3	个	11.11	—	—	—	1.602
	镀锌铁丝 φ1.2～2.2	kg	3.57	0.080	0.080	0.080	0.080
	钢锯条	条	0.34	0.300	0.300	0.300	0.451
	铅油(厚漆)	kg	6.45	0.150	0.190	0.210	0.240
	铜芯塑料绝缘软电线 BVR-4mm²	m	2.22	2.933	3.524	4.284	5.145
	油漆溶剂油	kg	2.62	0.110	0.140	0.180	0.210
	其他材料费占材料费	%	—	1.800	1.800	1.800	1.800
机械	钢材电动煨弯机 500mm以内	台班	49.66	0.011	0.011	0.032	0.032
	管子切断机 150mm	台班	33.32	—	0.011	0.011	0.011

工作内容：测位、划线、打眼、上卡子、安装支架、锯管、套丝、煨弯(机)、配管、接地、穿引线、补漆。

计量单位：10m

定 额 编 号				A4-12-59	A4-12-60	A4-12-61
项 目 名 称				公称直径(DN)		
				≤100	≤125	≤150
基 价（元）				294.01	336.04	426.48
其中	人 工 费（元）			199.78	292.18	376.32
	材 料 费（元）			92.27	36.88	43.18
	机 械 费（元）			1.96	6.98	6.98
名 称		单位	单价（元）	消 耗 量		
人工	综合工日	工日	140.00	1.427	2.087	2.688
材料	镀锌钢管	m	—	(10.300)	(10.300)	(10.300)
	半圆头螺钉 M6～8×12～30	10套	0.34	1.021	0.571	0.571
	醇酸清漆	kg	18.80	0.140	0.170	0.200
	镀锌地线夹 100	套	2.42	6.186	—	—
	镀锌地线夹 125	套	2.99	—	1.652	—
	镀锌地线夹 150	套	3.59	—	—	1.652
	镀锌钢管接头 100×4	个	11.54	1.552	—	—
	镀锌钢管接头 125×4.5	个	15.21	—	0.821	—
	镀锌钢管接头 150×4.5	个	17.95	—	—	0.821
	镀锌钢管卡子 DN100	个	2.39	5.155	—	—
	镀锌钢管卡子 DN125	个	2.56	—	2.843	—
	镀锌钢管卡子 DN150	个	2.91	—	—	2.843
	镀锌钢管塑料护口 DN100	个	1.71	1.552	—	—
	镀锌锁紧螺母 DN100×3	个	14.16	1.602	—	—
	镀锌铁丝 Φ1.2～2.2	kg	3.57	0.080	0.080	0.080
	钢锯条	条	0.34	0.451	—	—
	铅油(厚漆)	kg	6.45	0.310	0.380	0.440
	铜芯塑料绝缘软电线 BVR-4mm²	m	2.22	6.296	2.042	2.432
	油漆溶剂油	kg	2.62	0.270	0.330	0.380
	其他材料费占材料费	%	—	1.800	1.800	1.800
机械	钢材电动煨弯机 500mm以内	台班	49.66	0.032	0.105	0.105
	管子切断机 150mm	台班	33.32	0.011	0.053	0.053

5.钢索配管

工作内容：测位、划线、锯管、套丝、煨弯(机)、上卡子、配管、接地、穿引线、补漆。　计量单位：10m

定　额　编　号			A4-12-62	A4-12-63	A4-12-64	A4-12-65
项　目　名　称			公称直径(DN)			
			≤15	≤20	≤25	≤32
基　　　价　（元）			79.66	85.77	96.08	108.26
其中	人　工　费（元）		54.88	59.08	69.16	75.32
	材　料　费（元）		24.78	26.69	26.92	32.39
	机　械　费（元）		—	—	—	0.55
名　　称	单位	单价(元)	消　　耗　　量			
人工	综合工日	工日	140.00	0.392	0.422	0.494	0.538
材料	镀锌钢管	m	—	(10.300)	(10.300)	(10.300)	(10.300)
	半圆头螺钉 M6～8×12～30	10套	0.34	1.221	1.221	1.021	1.021
	醇酸清漆	kg	18.80	0.030	0.030	0.040	0.040
	镀锌地线夹 15	套	0.85	6.396	—	—	—
	镀锌地线夹 20	套	0.85	—	6.396	—	—
	镀锌地线夹 25	套	1.03	—	—	6.396	—
	镀锌地线夹 32	套	1.11	—	—	—	6.396
	镀锌钢管接头 15×2.75	个	1.03	1.652	—	—	—
	镀锌钢管接头 20×2.75	个	1.28	—	1.652	—	—
	镀锌钢管接头 25×3.25	个	1.37	—	—	1.652	—
	镀锌钢管接头 32×3.25	个	2.43	—	—	—	1.652
	镀锌钢管卡子 DN15	个	0.85	12.372	—	—	—
	镀锌钢管卡子 DN20	个	0.85	—	12.372	—	—
	镀锌钢管卡子 DN25	个	0.94	—	—	10.310	—
	镀锌钢管卡子 DN32	个	1.11	—	—	—	10.310
	镀锌钢管塑料护口 DN15～20	个	0.05	4.124	4.124	—	—
	镀锌钢管塑料护口 DN25	个	0.08	—	—	1.552	—
	镀锌钢管塑料护口 DN32	个	0.21	—	—	—	1.552
	镀锌锁紧螺母 DN15×3	个	0.34	4.124	—	—	—
	镀锌锁紧螺母 DN20×3	个	0.51	—	4.124	—	—
	镀锌锁紧螺母 DN25×3	个	0.60	—	—	1.602	—
	镀锌锁紧螺母 DN32×3	个	0.60	—	—	—	1.602
	镀锌铁丝 φ1.2～2.2	kg	3.57	0.080	0.080	0.080	0.080
	钢锯条	条	0.34	0.300	0.300	0.200	0.200
	铅油(厚漆)	kg	6.45	0.060	0.070	0.100	0.130
	铜芯塑料绝缘软电线 BVR-4mm²	m	2.22	1.441	1.742	2.042	2.453
	油漆溶剂油	kg	2.62	0.050	0.060	0.070	0.090
	其他材料费占材料费	%	—	1.800	1.800	1.800	1.800
机械	钢材电动煨弯机 500mm以内	台班	49.66	—	—	—	0.011

三、防爆钢管敷设

1.砖、混凝土结构明配

工作内容：测位、划线、打眼、埋螺栓、锯管、套丝、煨弯(机)、配管、接地、气密性试验、穿引线、补漆。

计量单位：10m

定 额 编 号			A4-12-66	A4-12-67	A4-12-68
项 目 名 称			公称直径(DN)		
			≤15	≤20	≤25
基 价（元）			115.40	122.07	129.08
其中	人 工 费（元）		76.86	83.02	92.40
	材 料 费（元）		30.04	30.55	27.39
	机 械 费（元）		8.50	8.50	9.29
名 称	单位	单价（元）	消 耗 量		
人工	综合工日	工日	140.00	0.549	0.593	0.660
材料	镀锌钢管	m	—	(10.300)	(10.300)	(10.300)
	冲击钻头 φ8	个	5.38	0.170	0.170	0.120
	醇酸清漆	kg	18.80	0.030	0.030	0.040
	电力复合脂	kg	20.00	0.050	0.050	0.060
	镀锌钢管活接头 DN25	个	2.64	—	—	1.552
	镀锌钢管接头 15×2.75	个	1.03	1.652	—	—
	镀锌钢管接头 20×2.75	个	1.28	—	1.652	—
	镀锌钢管接头 25×3.25	个	1.37	—	—	1.652
	镀锌钢管卡子 DN15	个	0.85	12.372	—	—
	镀锌钢管卡子 DN20	个	0.85	—	12.372	—
	镀锌钢管卡子 DN25	个	0.94	—	—	8.559
	镀锌钢管塑料护口 DN15~20	个	0.05	2.252	2.252	—
	镀锌钢管塑料护口 DN25	个	0.08	—	—	1.552
	镀锌铁丝 φ1.2~2.2	kg	3.57	0.080	0.080	0.080
	防爆活接头	个	4.12	2.580	2.580	1.550
	钢锯条	条	0.34	0.300	0.300	0.200
	木螺钉 M4×65	10个	0.50	2.503	2.503	1.732
	铅油(厚漆)	kg	6.45	0.070	0.080	0.110
	塑料胀管 φ6~8	个	0.07	26.426	26.426	18.278
	油漆溶剂油	kg	2.62	0.050	0.060	0.070
	其他材料费占材料费	%	—	1.800	1.800	1.800
机械	电动空气压缩机 0.6m³/min	台班	37.30	0.228	0.228	0.228
	钢材电动煨弯机 500mm以内	台班	49.66	—	—	0.011
	管子切断套丝机 159mm	台班	21.31	—	—	0.011

工作内容：测位、划线、打眼、埋螺栓、锯管、套丝、煨弯(机)、配管、接地、气密性试验、穿引线、补漆。

计量单位：10m

定　额　编　号				A4-12-69	A4-12-70	A4-12-71
项　目　名　称				公称直径(DN)		
				≤32	≤40	≤50
基　　　　价（元）				138.57	144.22	156.81
其中	人　工　费（元）			96.32	108.50	117.88
	材　料　费（元）			32.96	22.89	26.10
	机　械　费（元）			9.29	12.83	12.83
名　　称		单位	单价（元）	消　　耗　　量		
人工	综合工日	工日	140.00	0.688	0.775	0.842
材料	镀锌钢管	m	—	(10.300)	(10.300)	(10.300)
	冲击钻头 φ8	个	5.38	0.120	0.120	0.090
	醇酸清漆	kg	18.80	0.050	0.060	0.070
	电力复合脂	kg	20.00	0.060	0.070	0.070
	镀锌钢管活接头 DN32	个	3.69	1.552	—	—
	镀锌钢管接头 32×3.25	个	2.43	1.652	—	—
	镀锌钢管接头 40×3.5	个	2.83	—	1.652	—
	镀锌钢管接头 50×3.5	个	4.98	—	—	1.652
	镀锌钢管卡子 DN32	个	1.11	8.559	—	—
	镀锌钢管卡子 DN40	个	1.20	—	8.559	—
	镀锌钢管卡子 DN50	个	1.35	—	—	6.807
	镀锌钢管塑料护口 DN32	个	0.21	1.552	—	—
	镀锌钢管塑料护口 DN40	个	0.43	—	1.552	—
	镀锌钢管塑料护口 DN50	个	0.63	—	—	1.552
	镀锌铁丝 φ1.2～2.2	kg	3.57	0.080	0.080	0.080
	防爆活接头	个	4.12	1.550	—	—
	钢锯条	条	0.34	0.200	0.300	0.300
	木螺钉 M4×65	10个	0.50	1.732	0.691	0.691
	膨胀螺栓 M6	10套	1.70	—	0.671	0.671
	铅油(厚漆)	kg	6.45	0.140	0.160	0.200
	塑料胀管 φ6～8	个	0.07	18.278	7.267	7.267
	油漆溶剂油	kg	2.62	0.090	0.110	0.140
	其他材料费占材料费	%	—	1.800	1.800	1.800
机械	电动空气压缩机 0.6m³/min	台班	37.30	0.228	0.323	0.323
	钢材电动煨弯机 500mm以内	台班	49.66	0.011	0.011	0.011
	管子切断套丝机 159mm	台班	21.31	0.011	0.011	0.011

工作内容：测位、划线、打眼、埋螺栓、锯管、套丝、煨弯(机)、配管、接地、气密性试验、穿引线、补漆。

计量单位：10m

定　额　编　号				A4-12-72	A4-12-73	A4-12-74
项　目　名　称				公称直径(DN)		
				≤65	≤80	≤100
基　　　价（元）				218.14	263.18	282.16
其中	人　工　费（元）			170.38	210.84	216.86
	材　料　费（元）			25.93	30.51	43.47
	机　械　费（元）			21.83	21.83	21.83
名　　　称		单位	单价（元）	消　　耗　　量		
人工	综合工日	工日	140.00	1.217	1.506	1.549
材料	镀锌钢管	m	—	(10.300)	(10.300)	(10.300)
	冲击钻头 φ8	个	5.38	0.070	0.070	0.070
	醇酸清漆	kg	18.80	0.090	0.110	0.140
	电力复合脂	kg	20.00	0.080	0.080	0.090
	镀锌钢管接头 100×4	个	11.54	—	—	1.552
	镀锌钢管接头 65×3.75	个	5.17	1.552	—	—
	镀锌钢管接头 80×4	个	6.58	—	1.552	—
	镀锌钢管卡子 DN100	个	2.39	—	—	5.155
	镀锌钢管卡子 DN65	个	1.56	5.155	—	—
	镀锌钢管卡子 DN80	个	1.71	—	5.155	—
	镀锌钢管塑料护口 DN100	个	1.71	—	—	1.552
	镀锌钢管塑料护口 DN65	个	1.07	1.552	—	—
	镀锌钢管塑料护口 DN80	个	1.65	—	1.552	—
	镀锌铁丝 φ1.2～2.2	kg	3.57	0.080	0.080	0.080
	钢锯条	条	0.34	0.300	0.451	0.451
	膨胀螺栓 M6	10套	1.70	1.021	1.021	1.021
	铅油(厚漆)	kg	6.45	0.230	0.250	0.330
	油漆溶剂油	kg	2.62	0.180	0.210	0.270
	其他材料费占材料费	%	—	1.800	1.800	1.800
机械	电动空气压缩机 0.6m³/min	台班	37.30	0.551	0.551	0.551
	钢材电动煨弯机 500mm以内	台班	49.66	0.021	0.021	0.021
	管子切断套丝机 159mm	台班	21.31	0.011	0.011	0.011

447

2.砖、混凝土结构暗配

工作内容：测位、划线、打眼、埋螺栓、锯管、套丝、煨弯(机)、配管、接地、气密性试验、穿引线、补漆。

计量单位：10m

定　额　编　号				A4-12-75	A4-12-76	A4-12-77
项　目　名　称				公称直径(DN)		
				≤15	≤20	≤25
基　　　　价（元）				72.03	76.65	75.88
其中	人　工　费（元）			42.70	46.90	55.86
	材　料　费（元）			20.83	21.25	10.73
	机　械　费（元）			8.50	8.50	9.29
名　　称		单位	单价（元）	消　　耗　　量		
人工	综合工日	工日	140.00	0.305	0.335	0.399
材料	镀锌钢管	m	—	(10.300)	(10.300)	(10.300)
	电力复合脂	kg	20.00	0.050	0.050	0.060
	镀锌钢管接头 15×2.75	个	1.03	1.652	—	—
	镀锌钢管接头 20×2.75	个	1.28	—	1.652	—
	镀锌钢管接头 25×3.25	个	1.37	—	—	1.652
	镀锌钢管塑料护口 DN15～20	个	0.05	4.124	4.124	—
	镀锌钢管塑料护口 DN25	个	0.08	—	—	1.552
	镀锌铁丝 φ1.2～2.2	kg	3.57	0.100	0.100	0.100
	防爆活接头	个	4.12	4.120	4.120	1.550
	钢锯条	条	0.34	0.300	0.300	0.200
	铅油(厚漆)	kg	6.45	0.010	0.010	0.010
	油漆溶剂油	kg	2.62	0.020	0.020	0.030
	其他材料费占材料费	%	—	1.800	1.800	1.800
机械	电动空气压缩机 0.6m³/min	台班	37.30	0.228	0.228	0.228
	钢材电动煨弯机 500mm以内	台班	49.66	—	—	0.011
	管子切断套丝机 159mm	台班	21.31	—	—	0.011

工作内容：测位、划线、打眼、埋螺栓、锯管、套丝、煨弯(机)、配管、接地、气密性试验、穿引线、补漆。

计量单位：10m

定　额　编　号			A4-12-78	A4-12-79	A4-12-80
项　目　名　称			公称直径(DN)		
			≤32	≤40	≤50
基　　　　价（元）			83.00	107.99	121.75
其中	人　工　费（元）		60.90	87.50	97.30
	材　料　费（元）		12.81	7.66	11.62
	机　械　费（元）		9.29	12.83	12.83
名　　称		单位	单价（元）	消　耗　量	
人工	综合工日	工日	140.00	0.435	0.625	0.695
材料	镀锌钢管	m	—	(10.300)	(10.300)	(10.300)
	电力复合脂	kg	20.00	0.060	0.070	0.070
	镀锌钢管接头 32×3.25	个	2.43	1.652	—	—
	镀锌钢管接头 40×3.5	个	2.83	—	1.652	—
	镀锌钢管接头 50×3.5	个	4.98	—	—	1.652
	镀锌钢管塑料护口 DN32	个	0.21	1.552	—	—
	镀锌钢管塑料护口 DN40	个	0.43	—	1.552	—
	镀锌钢管塑料护口 DN50	个	0.63	—	—	1.552
	镀锌铁丝 φ1.2～2.2	kg	3.57	0.100	0.100	0.100
	防爆活接头	个	4.12	1.550		
	钢锯条	条	0.34	0.200	0.300	0.300
	铅油(厚漆)	kg	6.45	0.020	0.030	0.030
	油漆溶剂油	kg	2.62	0.040	0.050	0.060
	其他材料费占材料费	%	—	1.800	1.800	1.800
机械	电动空气压缩机 0.6m³/min	台班	37.30	0.228	0.323	0.323
	钢材电动煨弯机 500mm以内	台班	49.66	0.011	0.011	0.011
	管子切断套丝机 159mm	台班	21.31	0.011	0.011	0.011

工作内容：测位、划线、打眼、埋螺栓、锯管、套丝、煨弯(机)、配管、接地、气密性试验、穿引线、补漆。

计量单位：10m

定 额 编 号				A4-12-81	A4-12-82	A4-12-83
项 目 名 称				公称直径(DN)		
				≤65	≤80	≤100
基 价（元）				162.66	219.94	234.38
其中	人 工 费（元）			127.82	181.44	187.60
	材 料 费（元）			12.46	15.68	23.96
	机 械 费（元）			22.38	22.82	22.82
名 称		单位	单价（元）	消 耗 量		
人工	综合工日	工日	140.00	0.913	1.296	1.340
材料	镀锌钢管	m	—	(10.300)	(10.300)	(10.300)
	电力复合脂	kg	20.00	0.080	0.080	0.090
	镀锌钢管接头 100×4	个	11.54	—	—	1.552
	镀锌钢管接头 65×3.75	个	5.17	1.552	—	—
	镀锌钢管接头 80×4	个	6.58	—	1.552	—
	镀锌钢管塑料护口 DN100	个	1.71	—	—	1.552
	镀锌钢管塑料护口 DN65	个	1.07	1.552	—	—
	镀锌钢管塑料护口 DN80	个	1.65	—	1.552	—
	镀锌铁丝 φ1.2～2.2	kg	3.57	0.100	0.100	0.100
	钢锯条	条	0.34	0.300	0.451	0.451
	铅油(厚漆)	kg	6.45	0.040	0.040	0.050
	油漆溶剂油	kg	2.62	0.090	0.100	0.130
	其他材料费占材料费	%	—	1.800	1.800	1.800
机械	电动空气压缩机 0.6m³/min	台班	37.30	0.551	0.551	0.551
	钢材电动煨弯机 500mm以内	台班	49.66	0.032	0.032	0.032
	管子切断套丝机 159mm	台班	21.31	0.011	0.032	0.032

3.钢结构支架配管

工作内容：测位、划线、打眼、埋螺栓、锯管、套丝、煨弯(机)、配管、接地、气密性试验、穿引线、补漆。

计量单位：10m

定 额 编 号				A4-12-84	A4-12-85	A4-12-86
项 目 名 称				公称直径(DN)		
				≤15	≤20	≤25
基 价（元）				102.76	108.59	101.09
其中	人 工 费（元）			60.90	66.22	70.84
	材 料 费（元）			33.36	33.87	20.96
	机 械 费（元）			8.50	8.50	9.29
名 称		单位	单价（元）	消 耗 量		
人工	综合工日	工日	140.00	0.435	0.473	0.506
材料	镀锌钢管	m	—	(10.300)	(10.300)	(10.300)
	半圆头螺钉 M6～8×12～30	10套	0.34	2.453	2.453	1.692
	醇酸清漆	kg	18.80	0.030	0.030	0.040
	电力复合脂	kg	20.00	0.050	0.050	0.060
	镀锌钢管接头 15×2.75	个	1.03	1.652	—	—
	镀锌钢管接头 20×2.75	个	1.28	—	1.652	—
	镀锌钢管接头 25×3.25	个	1.37	—	—	1.652
	镀锌钢管卡子 DN15	个	0.85	12.372	—	—
	镀锌钢管卡子 DN20	个	0.85	—	12.372	—
	镀锌钢管卡子 DN25	个	0.94	—	—	8.559
	镀锌钢管塑料护口 DN15～20	个	0.05	4.124	4.124	—
	镀锌钢管塑料护口 DN25	个	0.08	—	—	1.552
	镀锌铁丝 φ1.2～2.2	kg	3.57	0.080	0.080	0.080
	防爆活接头	个	4.12	4.120	4.120	1.550
	钢锯条	条	0.34	0.300	0.300	0.200
	铅油(厚漆)	kg	6.45	0.070	0.080	0.110
	油漆溶剂油	kg	2.62	0.050	0.060	0.070
	其他材料费占材料费	%	—	1.800	1.800	1.800
机械	电动空气压缩机 0.6m³/min	台班	37.30	0.228	0.228	0.228
	钢材电动煨弯机 500mm以内	台班	49.66	—	—	0.011
	管子切断套丝机 159mm	台班	21.31	—	—	0.011

工作内容：测位、划线、打眼、埋螺栓、锯管、套丝、煨弯(机)、配管、接地、气密性试验、穿引线、补漆。

计量单位：10m

定 额 编 号				A4-12-87	A4-12-88	A4-12-89
项 目 名 称				公称直径(DN)		
				≤32	≤40	≤50
基 价（元）				110.83	130.48	144.67
其中	人 工 费（元）			76.86	99.12	107.80
	材 料 费（元）			24.68	18.53	24.04
	机 械 费（元）			9.29	12.83	12.83
名 称		单位	单价(元)	消 耗 量		
人工	综合工日	工日	140.00	0.549	0.708	0.770
材料	镀锌钢管	m	—	(10.300)	(10.300)	(10.300)
	半圆头螺钉 M6～8×12～30	10套	0.34	1.692	1.351	1.351
	醇酸清漆	kg	18.80	0.040	0.060	0.070
	电力复合脂	kg	20.00	0.060	0.070	0.070
	镀锌钢管接头 32×3.25	个	2.43	1.652	—	—
	镀锌钢管接头 40×3.5	个	2.83	—	1.652	—
	镀锌钢管接头 50×3.5	个	4.98	—	—	1.652
	镀锌钢管卡子 DN32	个	1.11	8.559	—	—
	镀锌钢管卡子 DN40	个	1.20	—	6.807	—
	镀锌钢管卡子 DN50	个	1.35	—	—	6.807
	镀锌钢管塑料护口 DN32	个	0.21	1.552	—	—
	镀锌钢管塑料护口 DN40	个	0.43	—	1.552	—
	镀锌钢管塑料护口 DN50	个	0.63	—	—	1.552
	镀锌铁丝 φ1.2～2.2	kg	3.57	0.080	0.080	0.080
	防爆活接头	个	4.12	1.550	—	—
	钢锯条	条	0.34	0.200	0.300	0.300
	铅油(厚漆)	kg	6.45	0.140	0.160	0.200
	油漆溶剂油	kg	2.62	0.090	0.110	0.140
	其他材料费占材料费	%	—	1.800	1.800	1.800
机械	电动空气压缩机 0.6m³/min	台班	37.30	0.228	0.323	0.323
	钢材电动煨弯机 500mm以内	台班	49.66	0.011	0.011	0.011
	管子切断套丝机 159mm	台班	21.31	0.011	0.011	0.011

452

工作内容：测位、划线、打眼、埋螺栓、锯管、套丝、煨弯(机)、配管、接地、气密性试验、穿引线、补漆。

计量单位：10m

定 额 编 号			A4-12-90	A4-12-91	A4-12-92
项 目 名 称			公称直径(DN)		
			≤65	≤80	≤100
基 价 （元）			204.71	256.77	287.52
其中	人 工 费（元）		158.20	205.24	223.02
	材 料 费（元）		24.13	28.71	41.68
	机 械 费（元）		22.38	22.82	22.82
名 称	单位	单价(元)	消 耗 量		
人工	综合工日	工日	140.00	1.130	1.466	1.593
材料	镀锌钢管	m	—	(10.300)	(10.300)	(10.300)
	半圆头螺钉 M6～8×12～30	10套	0.34	1.021	1.021	1.021
	醇酸清漆	kg	18.80	0.090	0.110	0.140
	电力复合脂	kg	20.00	0.080	0.080	0.090
	镀锌钢管接头 100×4	个	11.54	—	—	1.552
	镀锌钢管接头 65×3.75	个	5.17	1.552	—	—
	镀锌钢管接头 80×4	个	6.58	—	1.552	—
	镀锌钢管卡子 DN100	个	2.39	—	—	5.155
	镀锌钢管卡子 DN65	个	1.56	5.155	—	—
	镀锌钢管卡子 DN80	个	1.71	—	5.155	—
	镀锌钢管塑料护口 DN100	个	1.71	—	—	1.552
	镀锌钢管塑料护口 DN65	个	1.07	1.552	—	—
	镀锌钢管塑料护口 DN80	个	1.65	—	1.552	—
	镀锌铁丝 φ1.2～2.2	kg	3.57	0.080	0.080	0.080
	钢锯条	条	0.34	0.300	0.451	0.451
	铅油(厚漆)	kg	6.45	0.230	0.250	0.330
	油漆溶剂油	kg	2.62	0.180	0.210	0.270
	其他材料费占材料费	%	—	1.800	1.800	1.800
机械	电动空气压缩机 0.6m³/min	台班	37.30	0.551	0.551	0.551
	钢材电动煨弯机 500mm以内	台班	49.66	0.032	0.032	0.032
	管子切断套丝机 159mm	台班	21.31	0.011	0.032	0.032

4.箱罐容器内照明配管

工作内容：测位、划线、锯管、套丝、煨弯(机)、配管、气密性试验、穿引线、补漆。　　计量单位：10m

定 额 编 号				A4-12-93	A4-12-94	A4-12-95
项 目 名 称				公称直径(DN)		
				≤15	≤20	≤25
基 价 （元）				100.06	103.11	106.08
其中	人 工 费 （元）			69.16	71.26	76.86
	材 料 费 （元）			29.50	30.45	27.58
	机 械 费 （元）			1.40	1.40	1.64
名 称		单位	单价（元）	消 耗 量		
人工	综合工日	工日	140.00	0.494	0.509	0.549
材料	镀锌钢管	m	—	(10.300)	(10.300)	(10.300)
	半圆头镀锌螺栓 M8～12×12～50	10个	1.50	2.453	2.453	1.692
	电力复合脂	kg	20.00	0.050	0.060	0.070
	镀锌钢管接头 15×2.75	个	1.03	0.821	—	—
	镀锌钢管接头 20×2.75	个	1.28	—	0.821	—
	镀锌钢管接头 25×3.25	个	1.37	—	—	0.821
	镀锌钢管卡子 DN15	个	0.85	12.372	—	—
	镀锌钢管卡子 DN20	个	0.85	—	12.372	—
	镀锌钢管卡子 DN25	个	0.94	—	—	8.559
	镀锌钢管塑料护口 DN15～20	个	0.05	2.252	2.252	—
	镀锌钢管塑料护口 DN25	个	0.08	—	—	1.582
	镀锌铁丝 φ1.2～2.2	kg	3.57	0.080	0.080	0.080
	防爆活接头	个	4.12	2.580	2.580	2.580
	防锈漆	kg	5.62	0.030	0.040	0.040
	酚醛调和漆	kg	7.90	0.030	0.040	0.050
	密封胶	kg	19.66	0.070	0.090	0.110
	油漆溶剂油	kg	2.62	0.050	0.050	0.060
	其他材料费占材料费	%	—	1.800	1.800	1.800
机械	电动空气压缩机 0.6m³/min	台班	37.30	0.023	0.023	0.023
	钢材电动煨弯机 500mm以内	台班	49.66	0.011	0.011	0.011
	管子切断套丝机 159mm	台班	21.31	—	—	0.011

四、可挠金属套管敷设

1.砖、混凝土结构暗配

工作内容：测位、划线、沟坑修整、断管、配管、固定、接地、清理、穿引线。　　　　　　　计量单位：10m

定　额　编　号			A4-12-96	A4-12-97	A4-12-98
项　目　名　称			规格		
			10#	12#	15#
基　　价（元）			36.94	38.51	39.15
其中	人　工　费（元）		23.66	25.06	25.48
	材　料　费（元）		13.28	13.45	13.67
	机　械　费（元）		—	—	—
名　称	单位	单价（元）	消　　耗　　量		
人工	综合工日	工日	140.00	0.169	0.179	0.182
材料	可挠性金属套管	m	—	(10.600)	(10.600)	(10.600)
	镀锌铁丝 φ1.2～2.2	kg	3.57	0.070	0.070	0.070
	钢锯条	条	0.34	0.110	0.110	0.110
	接地卡子(综合)	个	2.82	3.303	3.303	3.303
	可绕金属套管护口 BP-10	个	0.03	1.582	—	—
	可绕金属套管护口 BP-12	个	0.04	—	1.582	—
	可绕金属套管护口 BP-15	个	0.06	—	—	1.582
	可绕金属套管接头 KS-10	个	0.85	1.682	—	—
	可绕金属套管接头 KS-12	个	0.94	—	1.682	—
	可绕金属套管接头 KS-15	个	1.05	—	—	1.682
	铜芯塑料绝缘软电线 BVR-4mm²	m	2.22	0.400	0.400	0.400
	锡基钎料	kg	54.10	0.020	0.020	0.020
	其他材料费占材料费	%	—	1.800	1.800	1.800

工作内容：测位、划线、沟坑修整、断管、配管、固定、接地、清理、穿引线。　　　　　　　　计量单位：10m

定　额　编　号			A4-12-99	A4-12-100	A4-12-101
项　目　名　称			规格		
			17#	24#	30#
基　　　　价（元）			41.97	45.73	47.62
其中	人　工　费（元）		26.60	29.26	30.52
	材　料　费（元）		15.37	16.47	17.10
	机　械　费（元）		—	—	—
名　　　称		单位	单价（元）	消　　耗　　量	
人工	综合工日	工日	140.00	0.190	0.209	0.218
材料	可挠性金属套管	m	—	(10.600)	(10.600)	(10.600)
	镀锌铁丝 φ1.2～2.2	kg	3.57	0.060	0.070	0.070
	钢锯条	条	0.34	0.110	0.110	0.110
	焊锡膏	kg	14.53	—	—	0.010
	接地卡子(综合)	个	2.82	3.303	3.303	3.303
	可绕金属套管护口 BP-17	个	0.07	1.582	—	—
	可绕金属套管护口 BP-24	个	0.12	—	1.582	—
	可绕金属套管护口 BP-30	个	0.14	—	—	1.582
	可绕金属套管接头 KS-17	个	2.05	1.682	—	—
	可绕金属套管接头 KS-24	个	2.56	—	1.682	—
	可绕金属套管接头 KS-30	个	2.82	—	—	1.682
	铜芯塑料绝缘软电线 BVR-4mm²	m	2.22	0.400	0.451	0.451
	锡基钎料	kg	54.10	0.020	0.020	0.020
	其他材料费占材料费	%	—	1.800	1.800	1.800

工作内容：测位、划线、沟坑修整、断管、配管、固定、接地、清理、穿引线。　　　　　　计量单位：10m

定　额　编　号			A4-12-102	A4-12-103	A4-12-104
项　目　名　称			规格		
			38#	50#	63#
基　　　　价（元）			50.58	54.02	56.99
其中	人　工　费（元）		31.64	32.62	34.72
	材　料　费（元）		18.94	21.40	22.27
	机　械　费（元）		—	—	—
名　　　称	单位	单价（元）	消　　耗　　量		
人工	综合工日	工日	140.00	0.226	0.233	0.248
材料	可挠性金属套管	m	—	(10.600)	(10.600)	(10.600)
	镀锌铁丝 φ1.2~2.2	kg	3.57	0.070	0.070	0.070
	钢锯条	条	0.34	0.110	0.110	0.110
	焊锡膏	kg	14.53	0.010	0.010	0.010
	接地卡子(综合)	个	2.82	3.303	3.303	3.303
	可绕金属套管护口 BP-38	个	0.19	1.582	—	—
	可绕金属套管护口 BP-50	个	0.23	—	1.582	—
	可绕金属套管护口 BP-63	个	0.30	—	—	1.582
	可绕金属套管接头 KS-38	个	3.85	1.682	—	—
	可绕金属套管接头 KS-50	个	4.70	—	1.682	—
	可绕金属套管接头 KS-63	个	5.47	—	—	1.582
	铜芯塑料绝缘软电线 BVR-4mm^2	m	2.22	0.451	0.621	0.621
	锡基钎料	kg	54.10	0.020	0.030	0.030
	其他材料费占材料费	%	—	1.800	1.800	1.800

工作内容：测位、划线、沟坑修整、断管、配管、固定、接地、清理、穿引线。　　　　　　　　计量单位：10m

定　额　编　号			A4-12-105	A4-12-106	A4-12-107
项　目　名　称			规格		
			76#	83#	101#
基　　　　　价（元）			60.30	63.36	69.96
其中	人　工　费（元）		36.54	37.66	40.88
	材　料　费（元）		23.76	25.70	29.08
	机　械　费（元）		—	—	—
名　　　称	单位	单价（元）	消　　耗　　量		
人工	综合工日	工日	140.00	0.261	0.269	0.292
材料	可挠性金属套管	m	—	(10.600)	(10.600)	(10.600)
	镀锌铁丝　φ1.2～2.2	kg	3.57	0.080	0.080	0.080
	钢锯条	条	0.34	0.110	0.110	0.110
	焊锡膏	kg	14.53	0.010	0.010	0.010
	接地卡子(综合)	个	2.82	3.303	3.303	3.303
	可绕金属套管护口　BP-101	个	0.58	—	—	1.582
	可绕金属套管护口　BP-76	个	0.35	1.582	—	—
	可绕金属套管护口　BP-83	个	0.44	—	1.582	—
	可绕金属套管接头　KS-101	个	9.23	—	—	1.582
	可绕金属套管接头　KS-76	个	6.24	1.582	—	—
	可绕金属套管接头　KS-83	个	7.35	—	1.582	—
	铜芯塑料绝缘软电线　BVR-4mm²	m	2.22	0.681	0.681	0.741
	锡基钎料	kg	54.10	0.030	0.030	0.030
	其他材料费占材料费	%	—	1.800	1.800	1.800

2.吊顶内敷设

工作内容：测位、划线、断管、配管、固定、接地、穿引线。　　　　　　　　　　　计量单位：10m

定　额　编　号			A4-12-108	A4-12-109	A4-12-110
项　目　名　称			规格		
			10#	12#	15#
基　　价（元）			63.09	65.21	71.54
其中	人　工　费（元）		28.28	29.26	30.52
	材　料　费（元）		34.81	35.95	41.02
	机　械　费（元）		—	—	—
名　　称	单位	单价（元）	消　　耗　　量		
人工 综合工日	工日	140.00	0.202	0.209	0.218
材　　　　　　　料 可挠性金属套管	m	—	(10.800)	(10.800)	(10.800)
半圆头螺钉 M6～8×12～30	10套	0.34	0.791	0.791	0.791
冲击钻头 φ8	个	5.38	0.080	0.080	0.080
镀锌铁丝 φ1.2～2.2	kg	3.57	0.040	0.040	0.040
镀锌自攻螺钉ST 4～6×20～35	10个	2.60	0.340	0.340	0.340
钢锯条	条	0.34	—	0.110	0.110
焊锡膏	kg	14.53	0.010	0.010	0.010
接地卡子(综合)	个	2.82	3.303	3.303	3.303
可绕金属套管护口 BP-10	个	0.03	1.582	—	—
可绕金属套管护口 BP-12	个	0.04	—	1.582	—
可绕金属套管护口 BP-15	个	0.06	—	—	1.582
可绕金属套管接头 KS-10	个	0.85	1.682	—	—
可绕金属套管接头 KS-12	个	0.94	—	1.682	—
可绕金属套管接头 KS-15	个	1.05	—	—	1.682
可绕金属套管卡子 SP-10	个	0.80	22.683	—	—
可绕金属套管卡子 SP-12	个	0.84	—	22.683	—
可绕金属套管卡子 SP-15	个	1.05	—	—	22.683
木螺钉 M4×65	10个	0.50	1.141	1.141	1.141
塑料胀管 φ6～8	个	0.07	12.112	12.112	12.112
铜芯塑料绝缘软电线 BVR-4mm²	m	2.22	0.400	0.400	0.400
锡基钎料	kg	54.10	0.020	0.020	0.020
其他材料费占材料费	%	—	1.800	1.800	1.800

459

工作内容：测位、划线、断管、配管、固定、接地、穿引线。 计量单位：10m

定 额 编 号			A4-12-111	A4-12-112	A4-12-113
项 目 名 称			规格		
			17#	24#	30#
基 价（元）			80.72	74.79	82.47
其中	人 工 费（元）		32.20	34.30	35.42
	材 料 费（元）		48.52	40.49	47.05
	机 械 费（元）		—	—	—
名 称	单位	单价（元）	消 耗 量		
人工	综合工日	工日	140.00	0.230	0.245	0.253
材料	可挠性金属套管	m	—	(10.800)	(10.800)	(10.800)
	半圆头螺钉 M6～8×12～30	10套	0.34	0.791	0.841	0.841
	冲击钻头 φ8	个	5.38	0.080	0.040	0.040
	镀锌铁丝 φ1.2～2.2	kg	3.57	0.040	0.040	0.040
	镀锌自攻螺钉ST 4～6×20～35	10个	2.60	0.340	—	—
	钢锯条	条	0.34	0.110	0.110	0.110
	焊锡膏	kg	14.53	0.010	0.010	0.010
	接地卡子（综合）	个	2.82	3.303	3.303	3.303
	可绕金属套管护口 BP-17	个	0.07	1.582	—	—
	可绕金属套管护口 BP-24	个	0.12	—	1.582	—
	可绕金属套管护口 BP-30	个	0.14	—	—	1.582
	可绕金属套管接头 KS-17	个	2.05	1.682	—	—
	可绕金属套管接头 KS-24	个	2.56	—	1.682	—
	可绕金属套管接头 KS-30	个	2.82	—	—	1.682
	可绕金属套管卡子 SP-17	个	1.30	22.683	—	—
	可绕金属套管卡子 SP-24	个	1.57	—	14.224	—
	可绕金属套管卡子 SP-30	个	1.99	—	—	14.224
	木螺钉 M4×65	10个	0.50	1.141	0.581	0.581
	塑料胀管 φ6～8	个	0.07	12.112	6.166	6.166
	铜芯塑料绝缘软电线 BVR-4mm²	m	2.22	0.400	0.451	0.451
	锡基钎料	kg	54.10	0.020	0.020	0.020
	其他材料费占材料费	%	—	1.800	1.800	1.800

五、塑料管敷设

1.刚性阻燃管敷设

（1）砖、混凝土结构明配

工作内容：测位、划线、打眼、下胀管、连接管件、配管、上螺钉、穿引线。　　　　　　　　计量单位：10m

定　额　编　号			A4-12-114	A4-12-115	A4-12-116
项　目　名　称			外径(mm)		
			16	20	25
基　　　　价（元）			51.53	56.09	55.87
其中	人　工　费（元）		44.80	48.72	49.84
	材　料　费（元）		6.73	7.37	6.03
	机　械　费（元）		—	—	—
名　　称	单位	单价（元）	消　　耗　　量		
人工 综合工日	工日	140.00	0.320	0.348	0.356
刚性阻燃管	m	—	(10.600)	(10.600)	(10.600)
冲击钻头 φ8	个	5.38	0.230	0.230	0.160
镀锌铁丝 φ1.2～2.2	kg	3.57	0.040	0.040	0.040
钢锯条	条	0.34	0.100	0.100	0.100
木螺钉 M4×65	10个	0.50	3.333	3.333	2.412
难燃塑料管接头 15	个	0.11	2.102	—	—
难燃塑料管接头 20	个	0.13	—	2.102	—
难燃塑料管接头 25	个	0.18	—	—	2.102
难燃塑料管卡子 15	个	0.05	16.817	—	—
难燃塑料管卡子 20	个	0.08	—	16.817	—
难燃塑料管卡子 25	个	0.10	—	—	12.192
难燃塑料管三通 15	个	0.25	0.320	—	—
难燃塑料管三通 20	个	0.47	—	0.320	—
难燃塑料管三通 25	个	0.50	—	—	0.320
难燃塑料管伸缩接头 15	个	0.20	0.210	—	—
难燃塑料管伸缩接头 20	个	0.22	—	0.210	—
难燃塑料管伸缩接头 25	个	0.28	—	—	0.210
难燃塑料管弯头 15	个	0.15	0.210	—	—
难燃塑料管弯头 20	个	0.17	—	0.210	—
难燃塑料管弯头 25	个	0.20	—	—	0.210
塑料胀管 φ6～8	个	0.07	32.533	32.533	25.546
粘结剂	kg	2.88	0.010	0.010	0.010
其他材料费占材料费	%	—	1.800	1.800	1.800

工作内容：测位、划线、打眼、下胀管、连接管件、配管、上螺钉、穿引线。　　　　　　　　计量单位：10m

定　额　编　号			A4-12-117	A4-12-118
项　目　名　称			外径(mm)	
			32	40
基　　　　　价（元）			60.84	63.00
其中	人　工　费（元）		53.62	54.46
	材　料　费（元）		7.22	8.54
	机　械　费（元）		—	—
名　　　称	单位	单价（元）	消　耗　量	
人工	综合工日	工日	140.00	0.383	0.389
材料	刚性阻燃管	m	—	(10.600)	(10.600)
	冲击钻头 φ12	个	6.75	—	0.110
	冲击钻头 φ8	个	5.38	0.160	—
	镀锌铁丝 φ1.2～2.2	kg	3.57	0.040	0.040
	钢锯条	条	0.34	0.100	0.100
	木螺钉 M4×65	10个	0.50	2.412	1.692
	难燃塑料管接头 32	个	0.25	2.102	—
	难燃塑料管接头 40	个	0.77	—	2.102
	难燃塑料管卡子 32	个	0.18	12.192	—
	难燃塑料管卡子 40	个	0.35	—	8.519
	难燃塑料管三通 32	个	0.56	0.320	—
	难燃塑料管三通 40	个	1.05	—	0.320
	难燃塑料管伸缩接头 32	个	0.32	0.210	—
	难燃塑料管伸缩接头 40	个	0.85	—	0.210
	难燃塑料管弯头 32	个	0.29	0.210	—
	难燃塑料管弯头 40	个	0.97	—	0.210
	塑料胀管 φ6～8	个	0.07	25.546	17.838
	粘结剂	kg	2.88	0.010	0.020
	其他材料费占材料费	%	—	1.800	1.800

工作内容：测位、划线、打眼、下胀管、连接管件、配管、上螺钉、穿引线。 计量单位：10m

定 额 编 号			A4-12-119	A4-12-120
项 目 名 称			外径(mm)	
			50	65
基 价（元）			74.11	83.66
其中	人 工 费（元）		55.86	59.78
	材 料 费（元）		18.25	23.88
	机 械 费（元）		—	—
名 称		单位	单价(元)	消 耗 量	
人工	综合工日	工日	140.00	0.399	0.427
材料	刚性阻燃管	m	—	(10.600)	(10.600)
	冲击钻头 φ12	个	6.75	0.110	0.040
	镀锌铁丝 φ1.2～2.2	kg	3.57	0.040	0.040
	钢锯条	条	0.34	0.100	0.100
	木螺钉 M4×65	10个	0.50	1.692	1.271
	难燃塑料管接头 50	个	2.23	2.102	—
	难燃塑料管接头 65	个	4.15	—	2.102
	难燃塑料管卡子 50	个	0.86	8.519	—
	难燃塑料管卡子 65	个	1.45	—	6.416
	难燃塑料管三通 50	个	4.68	0.320	—
	难燃塑料管三通 65	个	5.58	—	0.320
	难燃塑料管伸缩接头 50	个	2.86	0.210	—
	难燃塑料管伸缩接头 65	个	4.95	—	0.210
	难燃塑料管弯头 50	个	3.56	0.210	—
	难燃塑料管弯头 65	个	2.50	—	0.210
	塑料胀管 φ6～8	个	0.07	17.838	13.433
	粘结剂	kg	2.88	0.020	0.020
	其他材料费占材料费	%	—	1.800	1.800

（2）砖、混凝土结构暗配

工作内容：测位、划线、接管、配管、固定、穿引线。

计量单位：10m

定　额　编　号				A4-12-121	A4-12-122	A4-12-123
项　目　名　称				外径(mm)		
				16	20	25
基　　价（元）				34.91	37.24	39.15
其中	人　工　费（元）			34.30	36.54	38.36
	材　料　费（元）			0.61	0.70	0.79
	机　械　费（元）			—	—	—
名　　称		单位	单价（元）	消　耗　　量		
人工	综合工日	工日	140.00	0.245	0.261	0.274
材料	刚性阻燃管	m	—	(10.600)	(10.600)	(10.600)
	镀锌铁丝 φ1.2～2.2	kg	3.57	0.070	0.080	0.070
	钢锯条	条	0.34	0.100	0.100	0.100
	难燃塑料管接头 15	个	0.11	2.583	—	—
	难燃塑料管接头 20	个	0.13	—	2.583	—
	难燃塑料管接头 25	个	0.18	—	—	2.583
	粘结剂	kg	2.88	0.010	0.010	0.010
	其他材料费占材料费	%	—	1.800	1.800	1.800

工作内容：测位、划线、接管、配管、固定、穿引线。计量单位：10m

定 额 编 号				A4-12-124	A4-12-125
项 目 名 称				外径(mm)	
				32	40
基 价（元）				42.42	46.16
其中	人 工 费（元）			41.44	43.82
	材 料 费（元）			0.98	2.34
	机 械 费（元）			—	—
名 称	单位	单价（元）		消 耗 量	
人工	综合工日	工日	140.00	0.296	0.313
材料	刚性阻燃管	m	—	(10.600)	(10.600)
	镀锌铁丝 φ1.2～2.2	kg	3.57	0.070	0.070
	钢锯条	条	0.34	0.100	0.100
	难燃塑料管接头 32	个	0.25	2.583	—
	难燃塑料管接头 40	个	0.77	—	2.583
	粘结剂	kg	2.88	0.010	0.010
	其他材料费占材料费	%	—	1.800	1.800

工作内容：测位、划线、接管、配管、固定、穿引线。 计量单位：10m

定 额 编 号				A4-12-126	A4-12-127
项 目 名 称				外径(mm)	
				50	65
基 价 (元)				50.98	58.88
其中	人 工 费（元）			44.80	47.60
	材 料 费（元）			6.18	11.28
	机 械 费（元）			—	—
名 称	单位	单价(元)		消 耗 量	
人工	综合工日	工日	140.00	0.320	0.340
材料	刚性阻燃管	m	—	(10.600)	(10.600)
	镀锌铁丝 φ1.2～2.2	kg	3.57	0.070	0.070
	钢锯条	条	0.34	0.100	0.150
	难燃塑料管接头 50	个	2.23	2.583	—
	难燃塑料管接头 65	个	4.15	—	2.583
	粘结剂	kg	2.88	0.010	0.020
	其他材料费占材料费	%	—	1.800	1.800

(3)埋地敷设

工作内容：测位、锯管、接管、配管、穿引线。

计量单位：10m

定　额　编　号			A4-12-128	A4-12-129	A4-12-130
项　目　名　称			外径(mm)		
			16	20	25
基　　　价（元）			27.04	29.74	32.23
其中	人　工　费（元）		26.60	29.26	31.64
	材　料　费（元）		0.44	0.48	0.59
	机　械　费（元）		—	—	—
名　　　称	单位	单价（元）	消　　耗　　量		
人工	综合工日	工日	140.00	0.190	0.209	0.226
材料	刚性阻燃管	m	—	(10.600)	(10.600)	(10.600)
	镀锌铁丝 φ1.2~2.2	kg	3.57	0.040	0.040	0.040
	钢锯条	条	0.34	0.100	0.100	0.100
	难燃塑料管接头 15	个	0.11	2.062	—	—
	难燃塑料管接头 20	个	0.13	—	2.062	—
	难燃塑料管接头 25	个	0.18	—	—	2.062
	粘结剂	kg	2.88	0.010	0.010	0.010
	其他材料费占材料费	%	—	1.800	1.800	1.800

工作内容：测位、锯管、接管、配管、穿引线。

计量单位：10m

定　额　编　号				A4-12-131	A4-12-132	A4-12-133
项　目　名　称				外径(mm)		
				32	40	50
基　　　　价（元）				33.35	37.25	41.43
其中	人　工　费（元）			32.62	35.42	36.54
	材　料　费（元）			0.73	1.83	4.89
	机　械　费（元）			—	—	—
名　　　称		单位	单价（元）	消　　耗　　量		
人工	综合工日	工日	140.00	0.233	0.253	0.261
材料	刚性阻燃管	m	—	(10.600)	(10.600)	(10.600)
	镀锌铁丝 φ1.2～2.2	kg	3.57	0.040	0.040	0.040
	钢锯条	条	0.34	0.100	0.100	0.100
	难燃塑料管接头 32	个	0.25	2.062	—	—
	难燃塑料管接头 40	个	0.77	—	2.062	—
	难燃塑料管接头 50	个	2.23	—	—	2.062
	粘结剂	kg	2.88	0.010	0.010	0.010
	其他材料费占材料费	%	—	1.800	1.800	1.800

468

工作内容：测位、锯管、接管、配管、穿引线。计量单位：10m

定 额 编 号				A4-12-134	A4-12-135
项 目 名 称				外径(mm)	
				65	80
基 价（元）				46.63	56.94
其中	人 工 费（元）			37.66	40.46
	材 料 费（元）			8.97	16.48
	机 械 费（元）			—	—
名 称		单位	单价（元）	消 耗 量	
人工	综合工日	工日	140.00	0.269	0.289
材料	刚性阻燃管	m	—	(10.600)	(10.600)
	镀锌铁丝 φ1.2~2.2	kg	3.57	0.040	0.040
	钢锯条	条	0.34	0.150	0.150
	难燃塑料管接头 65	个	4.15	2.062	—
	难燃塑料管接头 80	个	7.73	—	2.062
	粘结剂	kg	2.88	0.020	0.020
	其他材料费占材料费	%	—	1.800	1.800

469

2.半硬质塑料管敷设
(1)砖、混凝土结构暗配

工作内容：测位、划线、打眼、敷设、固定、穿引线。　　　　　　　　　　　计量单位：10m

定　额　编　号			A4-12-136	A4-12-137	A4-12-138
项　目　名　称			外径(mm)		
			16	20	25
基　　　　价（元）			29.88	34.99	43.42
其中	人　工　费（元）		29.26	34.30	42.70
	材　料　费（元）		0.62	0.69	0.72
	机　械　费（元）		—	—	—
名　　称	单位	单价（元）	消　　耗　　量		
人工 综合工日	工日	140.00	0.209	0.245	0.305
材料 半硬质塑料管	m	—	(10.600)	(10.600)	(10.600)
镀锌铁丝　φ1.2～2.2	kg	3.57	0.070	0.080	0.070
钢锯条	条	0.34	0.100	0.100	0.100
套接管　φ25～φ40	m	3.28	0.090	0.100	0.120
粘结剂	kg	2.88	0.010	0.010	0.010
其他材料费占材料费	%	—	1.800	1.800	1.800

470

工作内容：测位、划线、打眼、敷设、固定、穿引线。 计量单位：10m

定 额 编 号				A4-12-139	A4-12-140	A4-12-141
项 目 名 称				外径(mm)		
				32	40	50
基 价 （元）				50.56	57.75	66.65
其中	人 工 费 （元）			49.84	55.86	64.68
	材 料 费 （元）			0.72	1.89	1.97
	机 械 费 （元）			—	—	—
	名 称	单位	单价（元）	消 耗 量		
人工	综合工日	工日	140.00	0.356	0.399	0.462
材料	半硬质塑料管	m	—	(10.600)	(10.600)	(10.600)
	镀锌铁丝 φ1.2～2.2	kg	3.57	0.070	0.070	0.070
	钢锯条	条	0.34	0.100	0.100	0.100
	套接管 φ25～φ40	m	3.28	0.120	—	—
	套接管 φ50～φ65	m	7.73	—	0.200	0.210
	粘结剂	kg	2.88	0.010	0.010	0.010
	其他材料费占材料费	%	—	1.800	1.800	1.800

(2)埋地敷设

工作内容：测位、敷设、穿引线。

计量单位：10m

定　额　编　号				A4-12-142	A4-12-143	A4-12-144
项　目　名　称				外径(mm)		
				16	20	25
基　　　价（元）				18.52	22.30	28.46
其中	人　工　费（元）			18.34	22.12	28.28
	材　料　费（元）			0.18	0.18	0.18
	机　械　费（元）			—	—	—
名　　称		单位	单价（元）	消　　耗　　量		
人工	综合工日	工日	140.00	0.131	0.158	0.202
材料	半硬质塑料管	m	—	(10.600)	(10.600)	(10.600)
	镀锌铁丝　φ1.2～2.2	kg	3.57	0.040	0.040	0.040
	钢锯条	条	0.34	0.100	0.100	0.100
	其他材料费占材料费	%	—	1.800	1.800	1.800

472

定　额　编　号				A4-12-145	A4-12-146	A4-12-147
项　目　名　称				外径(mm)		
				32	40	50
基　　　　价（元）				32.38	36.72	41.62
其中	人　工　费（元）			32.20	36.54	41.44
	材　料　费（元）			0.18	0.18	0.18
	机　械　费（元）			—	—	—
名　　　称		单位	单价（元）	消　　耗　　量		
人工	综合工日	工日	140.00	0.230	0.261	0.296
材料	半硬质塑料管	m	—	(10.600)	(10.600)	(10.600)
	镀锌铁丝 φ1.2～2.2	kg	3.57	0.040	0.040	0.040
	钢锯条	条	0.34	0.100	0.100	0.100
	其他材料费占材料费	%	—	1.800	1.800	1.800

工作内容：测位、敷设、穿引线。 计量单位：10m

定　额　编　号					A4-12-148	A4-12-149
项　目　名　称					外径(mm)	
					65	80
基　　　　　价（元）					48.20	56.04
其中	人　工　费（元）				48.02	55.86
	材　料　费（元）				0.18	0.18
	机　械　费（元）				—	—
名　　　称		单位	单价（元）		消　耗　量	量
人工	综合工日	工日	140.00		0.343	0.399
材料	半硬质塑料管	m	—		(10.600)	(10.600)
	镀锌铁丝 φ1.2～2.2	kg	3.57		0.040	0.040
	钢锯条	条	0.34		0.100	0.100
	其他材料费占材料费	%	—		1.800	1.800

六、金属软管敷设

工作内容：量尺寸、断管、连接接头、钻孔、攻丝、固定、接地。计量单位：10m

定　额　编　号			A4-12-150	A4-12-151	A4-12-152
项　目　名　称			内径(mm)		
			≤16	≤20	≤25
			每根长≤0.5m		
基　　　价（元）			198.68	228.96	254.59
其中	人　工　费（元）		152.18	181.30	192.08
	材　料　费（元）		46.50	47.66	62.51
	机　械　费（元）		—	—	—
名　　称	单位	单价（元）	消　　耗		量
人工 综合工日	工日	140.00	1.087	1.295	1.372
材料 金属软管	m	—	(10.300)	(10.300)	(10.300)
半圆头螺钉 M6～12×12～50	10套	1.70	8.168	8.168	8.168
镀锌地线夹 15	套	0.85	30.931	—	—
镀锌地线夹 20	套	0.85	—	30.931	—
镀锌地线夹 25	套	1.03	—	—	30.931
金属软管接头 DN15	个	0.17	10.310	—	—
金属软管接头 DN20	个	0.26	—	10.310	—
金属软管接头 DN25	个	0.43	—	—	10.310
金属软管卡子 DN15	个	0.17	22.022	—	—
金属软管卡子 DN20	个	0.18	—	22.022	—
金属软管卡子 DN25	个	0.51	—	—	22.022
其他材料费占材料费	%	—	1.800	1.800	1.800

工作内容：量尺寸、断管、连接接头、钻孔、攻丝、固定、接地。计量单位：10m

定　额　编　号				A4-12-153	A4-12-154	A4-12-155
项　目　名　称				内径(mm)		
				≤32	≤40	≤50
				每根长≤0.5m		
基　　　价（元）				285.68	310.87	396.89
其中	人　工　费（元）			207.90	236.88	267.82
	材　料　费（元）			77.78	73.99	129.07
	机　械　费（元）			—	—	—
名　　　称		单位	单价（元）	消　　耗　　量		
人工	综合工日	工日	140.00	1.485	1.692	1.913
材料	金属软管	m	—	(10.300)	(10.300)	(10.300)
	半圆头螺钉 M6～12×12～50	10套	1.70	13.884	8.168	8.168
	镀锌地线夹 32	套	1.11	30.931	—	—
	镀锌地线夹 40	套	1.21	—	30.931	—
	镀锌地线夹 50	套	1.35	—	—	30.931
	金属软管接头 DN32	个	0.51	10.310	—	—
	金属软管接头 DN40	个	0.62	—	10.310	—
	金属软管接头 DN50	个	0.70	—	—	51.552
	金属软管卡子 DN32	个	0.60	22.022	—	—
	金属软管卡子 DN40	个	0.68	—	22.022	—
	金属软管卡子 DN50	个	0.85	—	—	41.241
	其他材料费占材料费	%	—	1.800	1.800	1.800

工作内容：量尺寸、断管、连接接头、钻孔、攻丝、固定、接地。 计量单位：10m

定 额 编 号				A4-12-156	A4-12-157	A4-12-158
项 目 名 称				内径(mm)		
				≤16	≤20	≤25
				每根长≤1m		
基 价 （元）				133.02	161.40	185.32
其中	人 工 费 （元）			101.50	127.12	133.98
	材 料 费 （元）			31.52	34.28	51.34
	机 械 费 （元）			—	—	—
名 称		单位	单价(元)	消 耗 量		
人工	综合工日	工日	140.00	0.725	0.908	0.957
材料	金属软管	m	—	(10.300)	(10.300)	(10.300)
	半圆头螺钉 M6～12×12～50	10套	1.70	5.716	5.716	5.716
	镀锌地线夹 15	套	0.85	13.744	—	—
	镀锌地线夹 20	套	0.85	—	13.744	—
	镀锌地线夹 25	套	1.03	—	—	13.744
	金属软管接头 DN15	个	0.17	26.807	—	—
	金属软管接头 DN20	个	0.26	—	26.807	—
	金属软管接头 DN25	个	0.43	—	—	26.807
	金属软管卡子 DN15	个	0.17	29.469	—	—
	金属软管卡子 DN20	个	0.18	—	29.469	—
	金属软管卡子 DN25	个	0.51	—	—	29.469
	其他材料费占材料费	%	—	1.800	1.800	1.800

工作内容：量尺寸、断管、连接接头、钻孔、攻丝、固定、接地。　　　　　　　　　　　计量单位：10m

定　额　编　号				A4-12-159	A4-12-160	A4-12-161
项　目　名　称				内径(mm)		
				≤32	≤40	≤50
				每根长≤1m		
基　　　　　价　（元）				200.14	229.62	261.54
其中	人　工　费（元）			142.80	165.48	188.16
	材　料　费（元）			57.34	64.14	73.38
	机　械　费（元）			—	—	—
名　　　称		单位	单价（元）	消　　耗　　量		
人工	综合工日	工日	140.00	1.020	1.182	1.344
材料	金属软管	m	—	(10.300)	(10.300)	(10.300)
	半圆头螺钉 M6～12×12～50	10套	1.70	5.716	5.716	5.716
	镀锌地线夹 32	套	1.11	13.744	—	—
	镀锌地线夹 40	套	1.21	—	13.744	—
	镀锌地线夹 50	套	1.35	—	—	13.744
	金属软管接头 DN32	个	0.51	26.807	—	—
	金属软管接头 DN40	个	0.62	—	26.807	—
	金属软管接头 DN50	个	0.70	—	—	26.807
	金属软管卡子 DN32	个	0.60	29.469	—	—
	金属软管卡子 DN40	个	0.68	—	29.469	—
	金属软管卡子 DN50	个	0.85	—	—	29.469
	其他材料费占材料费	%	—	1.800	1.800	1.800

工作内容：量尺寸、断管、连接接头、钻孔、攻丝、固定、接地。　　　　　　　　　计量单位：10m

定　额　编　号				A4-12-162	A4-12-163	A4-12-164
项　目　名　称				内径(mm)		
				≤16	≤20	≤25
				每根长>1m		
基　　　　价（元）				99.46	110.38	128.31
其中	人　工　费（元）			70.84	77.98	85.12
	材　料　费（元）			28.62	32.40	43.19
	机　械　费（元）			—	—	—
名　　称		单位	单价（元）	消　　耗　　量		
人工	综合工日	工日	140.00	0.506	0.557	0.608
材料	金属软管	m	—	(10.300)	(10.300)	(10.300)
	半圆头螺钉 M6～12×12～50	10套	1.70	2.503	2.503	2.503
	镀锌地线夹 15	套	0.85	7.928	—	—
	镀锌地线夹 20	套	0.85	—	7.928	—
	镀锌地线夹 25	套	1.03	—	—	7.928
	金属软管接头 DN15	个	0.17	18.559	—	—
	金属软管接头 DN20	个	0.26	—	18.559	—
	金属软管接头 DN25	个	0.43	—	—	18.559
	金属软管卡子 DN15	个	0.17	12.372	—	—
	金属软管卡子 DN20	个	0.18	—	12.372	—
	金属软管卡子 DN25	个	0.51	—	—	12.372
	铜芯塑料绝缘软电线 BVR-4mm²	m	2.22	5.345	6.206	7.077
	其他材料费占材料费	%	—	1.800	1.800	1.800

工作内容：量尺寸、断管、连接接头、钻孔、攻丝、固定、接地。计量单位：10m

定　额　编　号				A4-12-165	A4-12-166	A4-12-167
项　目　名　称				内径(mm)		
				≤32	≤40	≤50
				每根长＞1m		
基　　　价（元）				144.41	168.25	199.09
其中	人　工　费（元）			95.20	103.46	123.48
	材　料　费（元）			49.21	64.79	75.61
	机　械　费（元）			—	—	—
名　　称		单位	单价（元）	消　　耗　　量		
人工	综合工日	工日	140.00	0.680	0.739	0.882
材料	金属软管	m	—	(10.300)	(10.300)	(10.300)
	半圆头螺钉 M6～12×12～50	10套	1.70	2.503	2.503	2.503
	镀锌地线夹 32	套	1.11	7.928	—	—
	镀锌地线夹 40	套	1.21	—	7.928	—
	镀锌地线夹 50	套	1.35	—	—	7.928
	金属软管接头 DN32	个	0.51	18.559	—	—
	金属软管接头 DN40	个	0.62	—	18.559	—
	金属软管接头 DN50	个	0.70	—	—	18.559
	金属软管卡子 DN32	个	0.60	12.372	—	—
	金属软管卡子 DN40	个	0.68	—	24.745	—
	金属软管卡子 DN50	个	0.85	—	—	24.745
	铜芯塑料绝缘软电线 BVR-4mm²	m	2.22	8.288	9.670	11.391
	其他材料费占材料费	%	—	1.800	1.800	1.800

七、塑料线槽敷设

工作内容：测位、打眼、埋螺钉、线槽安装。

计量单位：10m

定 额 编 号				A4-12-168	A4-12-169
项 目 名 称				线槽断面周长(mm)	
				≤120	≤170
基 价 （元）				78.73	87.02
其中	人 工 费（元）			53.62	62.02
	材 料 费（元）			25.11	25.00
	机 械 费（元）			—	—
名 称		单位	单价（元）	消 耗 量	
人工	综合工日	工日	140.00	0.383	0.443
材料	塑料线槽	m	—	(10.500)	(10.500)
	塑料线槽配件线槽 断面周长120以内	个	3.52	7.007	—
	塑料线槽配件线槽 断面周长170以内	个	4.38	—	5.606
	其他材料费占材料费	%	—	1.800	1.800

工作内容：测位、打眼、埋螺钉、线槽安装。

计量单位：10m

定　额　编　号					A4-12-170	A4-12-171
项　目　名　称					线槽断面周长(mm)	
					≤260	≤360
基　　　价（元）					102.03	119.39
其中	人　工　费（元）				75.32	90.58
	材　料　费（元）				26.71	28.81
	机　械　费（元）				—	—
	名　　称	单位	单价（元）		消　耗　量	
人工	综合工日	工日	140.00		0.538	0.647
材料	塑料线槽	m	—		(10.500)	(10.500)
	塑料线槽配件线槽 断面周长260以内	个	6.24		4.204	—
	塑料线槽配件线槽 断面周长360以内	个	9.12		—	3.103
	其他材料费占材料费	%	—		1.800	1.800

482

第十三章 配 线 工 程

说　　明

一、本章内容包括管内穿线、绝缘子配线、线槽配线、塑料护套线明敷设、车间配线、接线箱安装、接线盒安装、盘（柜、箱、板）配线等内容。

二、有关说明：

1. 管内穿线定额包括扫管、穿线、焊接包头；绝缘子配线定额包括埋螺钉、钉木楞、埋穿墙管、安装绝缘子、配线、焊接包头；线槽配线定额包括清扫线槽、布线、焊接包头；导线明敷设定额包括埋穿墙管、安装瓷通、安装街码、上卡子、配线、焊接包头。

2. 照明线路中导线截面面积大于 $6mm^2$ 时，执行"穿动力线"相关定额。

3. 车间配线定额包括支架安装、绝缘子安装、母线平直与连接及架设、刷分相漆。定额不包括母线伸缩器制作与安装。

4. 接线箱、接线盒安装及盘柜配线定额适用于电压等级小于或等于 380V 电压等级用电系统。定额不包括接线箱、接线盒、导线等材料费。

5. 暗装接线箱、接线盒定额中槽孔按照事先预留考虑，不计算开槽、开孔费用。

6. 管内穿线如是铝芯线，按相应定额乘以系数 0.50。

工程量计算规则

一、管内穿线根据导线材质与截面面积，区别照明线与动力线，按照设计图示安装数量以"10m"为计量单位；管内穿多芯软导线根据软铜线芯数与单芯软导线截面面积，按照设计图示安装数量以"10m"为计量单位。管内穿线的线路分支接头线长度已综合考虑在定额中，不得另行计算。

二、绝缘子配线根据导线截面面积，区别绝缘子形式（针式、鼓形、碟式）、绝缘子配线位置（沿屋架、梁、柱、墙，跨屋架、梁、柱，木结构，顶棚内、砖、混凝土结构，沿钢支架及钢索），按照设计图示安装数量以"10m"为计量单位。当绝缘子暗配时，计算引下线工程量，其长度从线路支持点计算至天棚下缘距离。

三、线槽配线根据导线截面面积，按照设计图示安装数量以"10m"为计量单位。

四、塑料护套线明敷设根据导线芯数与单芯导线截面面积，区别导线敷设位置（砖、混凝土结构、沿钢索），按照设计图示安装数量以"10m"为计量单位。

五、车间带型母线安装根据母线材质与截面面积，区别母线安装位置（沿屋架、梁、柱、墙，跨屋架、梁、柱），按照设计图示安装数量以"单相10延长米"为计量单位。

六、车间配线钢索架设区别圆钢、钢索直径，按照设计图示墙（柱）内缘距离以"10m"为计量单位，不扣除拉紧装置所占长度。

七、车间配线母线与钢索拉紧装置制作与安装，根据母线截面面积、索具螺栓直径，按照设计图示安装数量以"套"为计量单位。

八、接线箱安装根据安装形式（明装、暗装）及接线箱半周长，按照设计图示安装数量以"个"为计量单位。

九、接线盒安装根据安装形式（明装、暗装）及接线盒类型，按照设计图示安装数量以"个"为计量单位。

十、盘、柜、箱、板配线根据导线截面面积，按照设计图示配线数量以"10m"为计量单位。配线进入盘、柜、箱、板时每根线的预留长度按照设计规定计算，设计无规定时按照下表规定计算。

配线进入盘、柜、箱、板的预留线长度表

序号	项目	预留长度	说明
1	各种开关、柜、板	宽+高	盘面尺寸
2	单独安装(无箱、盘)的铁壳开关、闸刀开关、启动器、母线槽进出线盒	0.3m	从安装对象中心算起
3	由地面管子出口引至动力接线箱	1.0m	从管口算起
4	电源与管内导线连接(管内穿线与软、硬母线接头)	1.5m	从管口算起
5	出互线	1.5m	从管口算起

十一、灯具、开关、插座、按钮等预留线，已分别综合在相应项目内，不另行计算。

一、管内穿线

1. 穿照明线

工作内容：扫管、涂滑石粉、穿线、编号、焊接包头。

计量单位：10m

定 额 编 号			A4-13-1	A4-13-2	A4-13-3	A4-13-4
项 目 名 称			铜芯导线截面(mm²)			
			≤1.5	≤2.5	≤4	≤6
基 价 （元）			6.73	7.57	5.66	6.37
其中	人 工 费 （元）		4.90	5.74	3.92	3.92
	材 料 费 （元）		1.83	1.83	1.74	2.45
	机 械 费 （元）		—	—	—	—
名 称	单位	单价（元）	消 耗 量			
人工	综合工日	工日	140.00	0.035	0.041	0.028	0.028
材料	绝缘电线	m	—	(11.600)	(11.600)	(11.000)	(11.000)
	电气绝缘胶带 18mm×10m×0.13mm	卷	8.55	0.030	0.030	0.020	0.030
	棉纱头	kg	6.00	0.020	0.020	0.020	0.020
	汽油	kg	6.77	0.050	0.050	0.050	0.060
	锡基钎料	kg	54.10	0.020	0.020	0.020	0.030
	其他材料费占材料费	%	—	1.800	1.800	1.800	1.800

2. 穿动力线

工作内容：扫管、涂滑石粉、穿线、编号、焊接包头。

计量单位：10m

定 额 编 号				A4-13-5	A4-13-6	A4-13-7	A4-13-8
项 目 名 称				铜芯导线截面（mm²）			
				≤0.8	≤1.5	≤2.5	≤4
基 价（元）				5.30	5.55	6.11	6.74
其中	人 工 费（元）			3.92	3.92	4.48	4.90
	材 料 费（元）			1.38	1.63	1.63	1.84
	机 械 费（元）			—	—	—	—
名 称		单位	单价（元）	消 耗 量			
人工	综合工日	工日	140.00	0.028	0.028	0.032	0.035
材料	绝缘电线	m	—	(10.500)	(10.500)	(10.500)	(10.500)
	电气绝缘胶带 18mm×10m×0.13mm	卷	8.55	0.050	0.070	0.070	0.080
	棉纱头	kg	6.00	0.020	0.020	0.020	0.030
	汽油	kg	6.77	0.040	0.050	0.050	0.060
	锡基钎料	kg	54.10	0.010	0.010	0.010	0.010
	其他材料费占材料费	%	—	1.800	1.800	1.800	1.800

490

工作内容：扫管、涂滑石粉、穿线、编号、焊接包头。 计量单位：10m

定 额 编 号				A4-13-9	A4-13-10	A4-13-11	A4-13-12
项 目 名 称				铜芯导线截面(mm²)			
				≤6	≤10	≤16	≤25
基 价（元）				6.83	7.89	7.97	9.17
其中	人 工 费（元）			4.90	5.74	5.74	6.72
	材 料 费（元）			1.93	2.15	2.23	2.45
	机 械 费（元）			—	—	—	—
名 称		单位	单价（元）	消 耗 量			
人工	综合工日	工日	140.00	0.035	0.041	0.041	0.048
材料	绝缘电线	m	—	(10.500)	(10.500)	(10.500)	(10.500)
	电气绝缘胶带 18mm×10m×0.13mm	卷	8.55	0.090	0.100	0.110	0.120
	棉纱头	kg	6.00	0.030	0.040	0.040	0.050
	汽油	kg	6.77	0.060	0.070	0.070	0.080
	锡基钎料	kg	54.10	0.010	0.010	0.010	0.010
	其他材料费占材料费	%	—	1.800	1.800	1.800	1.800

工作内容：扫管、涂滑石粉、穿线、编号、焊接包头。 计量单位：10m

定 额 编 号				A4-13-13	A4-13-14	A4-13-15	A4-13-16
项 目 名 称				铜芯导线截面(mm²)			
				≤35	≤50	≤70	≤95
基 价（元）				9.81	16.89	17.82	21.12
其中	人 工 费（元）			6.72	13.58	14.28	17.36
	材 料 费（元）			3.09	3.31	3.54	3.76
	机 械 费（元）			—	—	—	—
名 称		单位	单价(元)	消 耗 量			
人工	综合工日	工日	140.00	0.048	0.097	0.102	0.124
材料	绝缘电线	m	—	(10.500)	(10.500)	(10.500)	(10.500)
	电气绝缘胶带 18mm×10m×0.13mm	卷	8.55	0.130	0.140	0.150	0.160
	焊锡膏	kg	14.53	—	—	0.010	0.010
	棉纱头	kg	6.00	0.050	0.060	0.060	0.070
	汽油	kg	6.77	0.080	0.090	0.090	0.100
	锡基钎料	kg	54.10	0.020	0.020	0.020	0.020
	其他材料费占材料费	%	—	1.800	1.800	1.800	1.800

工作内容：扫管、涂滑石粉、穿线、编号、焊接包头。

计量单位：10m

定　额　编　号				A4-13-17	A4-13-18	A4-13-19	A4-13-20
项　目　名　称				铜芯导线截面（mm²）			
				≤120	≤150	≤185	≤240
基　　　　价（元）				21.91	34.58	36.41	62.59
其中	人　工　费（元）			18.06	30.52	32.20	57.54
	材　料　费（元）			3.85	4.06	4.21	5.05
	机　械　费（元）			—	—	—	—
	名　　称	单位	单价（元）	消　　耗　　量			
人工	综合工日	工日	140.00	0.129	0.218	0.230	0.411
材料	绝缘电线	m	—	(10.500)	(10.500)	(10.500)	(10.500)
	电气绝缘胶带 18mm×10m×0.13mm	卷	8.55	0.170	0.180	0.190	0.200
	焊锡膏	kg	14.53	0.010	0.010	0.010	0.010
	棉纱头	kg	6.00	0.070	0.080	0.090	0.100
	汽油	kg	6.77	0.100	0.110	0.110	0.130
	锡基钎料	kg	54.10	0.020	0.020	0.020	0.030
	其他材料费占材料费	%	—	1.800	1.800	1.800	1.800

3.穿多芯软导线

工作内容：扫管、涂滑石粉、穿线、编号、焊接包头。

计量单位：10m

定　额　编　号				A4-13-21	A4-13-22	A4-13-23
项　目　名　称				二芯单芯导线截面(mm²)		
				≤0.75	≤1	≤1.5
基　　价　（元）				5.63	6.77	6.86
其中	人　工　费（元）			3.92	4.90	4.90
	材　料　费（元）			1.71	1.87	1.96
	机　械　费（元）			—	—	—
名　　称		单位	单价(元)	消　　耗　　量		
人工	综合工日	工日	140.00	0.028	0.035	0.035
材料	铜芯多股绝缘电线	m	—	(10.800)	(10.800)	(10.800)
	电气绝缘胶带 18mm×10m×0.13mm	卷	8.55	0.080	0.090	0.100
	棉纱头	kg	6.00	0.020	0.020	0.020
	汽油	kg	6.77	0.050	0.060	0.060
	锡基钎料	kg	54.10	0.010	0.010	0.010
	其他材料费占材料费	%	—	1.800	1.800	1.800

工作内容：扫管、涂滑石粉、穿线、编号、焊接包头。 计量单位：10m

定 额 编 号				A4-13-24	A4-13-25
项 目 名 称				二芯单芯导线截面(mm²)	
				≤2.5	≤4
基 价（元）				**7.78**	**8.00**
其中	人 工 费（元）			5.74	5.74
	材 料 费（元）			2.04	2.26
	机 械 费（元）			—	—
名 称		单位	单价（元）	消 耗 量	
人工	综合工日	工日	140.00	0.041	0.041
材料	铜芯多股绝缘电线	m	—	(10.800)	(10.800)
	电气绝缘胶带 18mm×10m×0.13mm	卷	8.55	0.110	0.120
	棉纱头	kg	6.00	0.020	0.030
	汽油	kg	6.77	0.060	0.070
	锡基钎料	kg	54.10	0.010	0.010
	其他材料费占材料费	%	—	1.800	1.800

工作内容：扫管、涂滑石粉、穿线、编号、焊接包头。

计量单位：10m

定 额 编 号				A4-13-26	A4-13-27	A4-13-28
项 目 名 称				四芯单芯导线截面(mm²)		
				≤0.75	≤1	≤1.5
基 价（元）				7.78	8.11	9.18
其中	人 工 费（元）			5.74	5.74	6.72
	材 料 费（元）			2.04	2.37	2.46
	机 械 费（元）			—	—	—
名 称		单位	单价(元)	消 耗 量		
人工	综合工日	工日	140.00	0.041	0.041	0.048
材料	铜芯多股绝缘电线	m	—	(10.800)	(10.800)	(10.800)
	电气绝缘胶带 18mm×10m×0.13mm	卷	8.55	0.110	0.140	0.150
	棉纱头	kg	6.00	0.020	0.020	0.020
	汽油	kg	6.77	0.060	0.070	0.070
	锡基钎料	kg	54.10	0.010	0.010	0.010
	其他材料费占材料费	%	—	1.800	1.800	1.800

工作内容：扫管、涂滑石粉、穿线、编号、焊接包头。

计量单位：10m

定 额 编 号				A4-13-29	A4-13-30
项 目 名 称				四芯单芯导线截面(mm²)	
				≤2.5	≤4
基 价（元）				9.27	9.97
其中	人 工 费（元）			6.72	6.72
	材 料 费（元）			2.55	3.25
	机 械 费（元）			—	—
名 称	单位	单价（元）		消 耗 量	
人工	综合工日	工日	140.00	0.048	0.048
材料	铜芯多股绝缘电线	m	—	(10.800)	(10.800)
	电气绝缘胶带 18mm×10m×0.13mm	卷	8.55	0.160	0.170
	棉纱头	kg	6.00	0.020	0.020
	汽油	kg	6.77	0.070	0.080
	锡基钎料	kg	54.10	0.010	0.020
	其他材料费占材料费	%	—	1.800	1.800

工作内容：扫管、涂滑石粉、穿线、编号、焊接包头。

计量单位：10m

定　额　编　号				A4-13-31	A4-13-32	A4-13-33
项　目　名　称				八芯单芯导线截面(mm²)		
				≤0.75	≤1	≤1.5
基　　价（元）				9.86	10.93	11.61
其中	人　工　费（元）			7.42	7.42	7.84
	材　料　费（元）			2.44	3.51	3.77
	机　械　费（元）			—	—	—
	名　　称	单位	单价（元）	消　　耗　　量		
人工	综合工日	工日	140.00	0.053	0.053	0.056
材料	铜芯多股绝缘电线	m	—	(10.800)	(10.800)	(10.800)
	电气绝缘胶带 18mm×10m×0.13mm	卷	8.55	0.170	0.200	0.230
	棉纱头	kg	6.00	—	0.030	0.030
	汽油	kg	6.77	0.060	0.070	0.070
	锡基钎料	kg	54.10	0.010	0.020	0.020
	其他材料费占材料费	%	—	1.800	1.800	1.800

工作内容：扫管、涂滑石粉、穿线、编号、焊接包头。

计量单位：10m

定　额　编　号			A4-13-34	A4-13-35
项　目　名　称			八芯单芯导线截面(mm²)	
			≤2.5	≤4
基　　　　价（元）			11.84	13.31
其中	人　工　费（元）		7.84	8.54
	材　料　费（元）		4.00	4.77
	机　械　费（元）		—	—
名　　称	单位	单价(元)	消　　耗　　量	
人工	综合工日	工日	140.00	0.056	0.061
材料	铜芯多股绝缘电线	m	—	(10.800)	(10.800)
	电气绝缘胶带 18mm×10m×0.13mm	卷	8.55	0.240	0.250
	焊锡膏	kg	14.53	0.010	0.010
	棉纱头	kg	6.00	0.030	0.040
	汽油	kg	6.77	0.070	0.080
	锡基钎料	kg	54.10	0.020	0.030
	其他材料费占材料费	%	—	1.800	1.800

工作内容：扫管、涂滑石粉、穿线、编号、焊接包头。 计量单位：10m

定 额 编 号				A4-13-36	A4-13-37	A4-13-38	A4-13-39
项 目 名 称				十六芯单芯导线截面(mm²)			
				≤0.75	≤1	≤1.5	≤2.5
基 价（元）				12.66	13.14	15.16	15.93
其中	人 工 费（元）			8.54	8.54	10.22	10.64
	材 料 费（元）			4.12	4.60	4.94	5.29
	机 械 费（元）			—	—	—	—
名 称		单位	单价（元）	消 耗 量			
人工	综合工日	工日	140.00	0.061	0.061	0.073	0.076
材料	铜芯多股绝缘电线	m	—	(10.800)	(10.800)	(10.800)	(10.800)
	电气绝缘胶带 18mm×10m×0.13mm	卷	8.55	0.260	0.300	0.340	0.380
	焊锡膏	kg	14.53	0.010	0.010	0.010	0.010
	棉纱头	kg	6.00	0.020	0.030	0.030	0.030
	汽油	kg	6.77	0.070	0.080	0.080	0.080
	锡基钎料	kg	54.10	0.020	0.020	0.020	0.020
	其他材料费占材料费	%	—	1.800	1.800	1.800	1.800

二、绝缘子配线

1. 鼓形绝缘子配线

工作内容：测位、划线、打眼、埋螺钉、钉木、下过墙管、上绝缘子、配线、焊接包头。　计量单位：10m

定 额 编 号			A4-13-40	A4-13-41	A4-13-42	A4-13-43
项 目 名 称			木结构		顶棚内	
			导线截面(mm²)			
			≤2.5	≤6	≤2.5	≤6
基 价 （元）			15.57	17.02	18.87	19.26
其中	人 工 费（元）		8.40	10.22	9.10	10.22
	材 料 费（元）		7.17	6.80	9.77	9.04
	机 械 费（元）		—	—	—	—
名 称	单位	单价（元）	消 耗 量			
人工	综合工日	工日	140.00	0.060	0.073	0.065	0.073
材料	绝缘电线	m	—	(11.080)	(10.750)	(11.060)	(10.780)
	镀锌铁丝 φ1.0	m	0.11	3.804	3.544	4.855	4.244
	鼓形绝缘子 G38	个	0.43	10.761	—	13.944	—
	鼓形绝缘子 G50	个	0.51	—	8.989	—	10.721
	木螺钉 M4.5~6×15~100	10个	1.37	1.091	0.911	1.421	1.081
	塑料软管 φ10	m	0.85	—	—	0.100	0.100
	直瓷管 φ9~15×305	个	1.11	0.451	0.410	0.931	1.241
	其他材料费占材料费	%	—	1.800	1.800	1.800	1.800

工作内容：测位、划线、打眼、埋螺钉、钉木、下过墙管、上绝缘子、配线、焊接包头。　计量单位：10m

定　额　编　号			A4-13-44	A4-13-45	A4-13-46	A4-13-47
项　目　名　称			砖、混凝土结构导线截面（mm²）		沿钢支架导线截面（mm²）	
			≤2.5	≤6	≤2.5	≤6
基　　　价（元）			36.39	37.31	14.12	12.21
其中	人　工　费（元）		27.72	29.82	9.10	9.52
	材　料　费（元）		8.67	7.49	5.02	2.69
	机　械　费（元）		—	—	—	—
名　　　称	单位	单价（元）	消　　耗　　量			
人工	综合工日	工日	140.00	0.198	0.213	0.065	0.068

材料	名称	单位	单价（元）	消耗量			
	绝缘电线	m	—	(10.980)	(10.550)	(10.660)	(10.620)
	沉头螺钉 M6×55~65	10个	0.90	—	—	0.791	0.320
	冲击钻头 φ8	个	5.38	0.070	0.070	—	—
	镀锌铁丝 φ1.0	m	0.11	3.784	3.183	2.713	1.261
	鼓形绝缘子 G38	个	0.43	10.951	—	7.848	—
	鼓形绝缘子 G50	个	0.51	—	8.048	—	3.193
	木螺钉 M4.5~6×15~100	10个	1.37	1.101	0.891	—	—
	塑料胀管 φ6~8	个	0.07	11.141	8.198	—	—
	直瓷管 φ9~15×305	个	1.11	0.651	0.661	0.491	0.531
	其他材料费占材料费	%	—	1.800	1.800	1.800	1.800

工作内容：测位、划线、打眼、埋螺钉、钉木、下过墙管、上绝缘子、配线、焊接包头。　计量单位：10m

定　额　编　号				A4-13-48	A4-13-49
项　目　名　称				沿钢索导线截面（mm²）	
				≤2.5	≤6
基　　　　　价　（元）				15.63	14.87
其中	人　工　费（元）			8.40	9.52
	材　料　费（元）			7.23	5.35
	机　械　费（元）			—	—
	名　　　称	单位	单价（元）	消　　耗　　量	
人工	综合工日	工日	140.00	0.060	0.068
材料	绝缘电线	m	—	(10.480)	(10.420)
	半圆头镀锌螺栓 M2～5×15～50	10个	0.90	0.531	0.350
	吊架 角钢36×3×135	kg	2.75	0.611	0.400
	镀锌铁丝 Φ1.0	m	0.11	3.664	2.773
	鼓形绝缘子 G38	个	0.43	10.551	—
	鼓形绝缘子 G50	个	0.51	—	6.937
	其他材料费占材料费	%	—	1.800	1.800

2.针式绝缘子配线

工作内容：测位、划线、打眼、安装支架、下过墙管、上绝缘子、配线、焊接包头。　　　　计量单位：10m

定　额　编　号			A4-13-50	A4-13-51	A4-13-52	A4-13-53
项　目　名　称			沿屋架、梁、柱、墙导线截面(mm²)			
			≤6	≤16	≤35	≤70
基　　　　　　价（元）			28.75	30.96	31.99	43.05
其中	人　工　费（元）		16.38	20.30	24.08	34.30
	材　料　费（元）		12.37	10.66	7.91	8.75
	机　械　费（元）		—	—	—	—
名　　　称	单位	单价（元）	消　　耗　　量			
人工 综合工日	工日	140.00	0.117	0.145	0.172	0.245
材料 绝缘电线	m	—	(10.800)	(10.800)	(10.800)	(10.800)
蝶式绝缘子 ED-1	个	1.88	—	—	—	0.260
蝶式绝缘子 ED-2	个	1.98	—	—	0.260	—
镀锌垫圈 M14～20	10个	2.10	—	—	0.220	0.220
镀锌垫圈 M2～12	10个	0.30	0.451	0.390	—	—
镀锌铁拉板 40×4×200～350	块	2.38	—	—	0.521	—
镀锌铁拉板 50×6×650	块	3.10	—	—	—	0.521
镀锌铁丝 φ1.0	m	0.11	3.504	—	—	—
镀锌铁丝 φ1.6	m	0.15	—	3.003	2.002	2.302
钢线卡子 φ10～20	个	4.50	—	—	—	0.260
针式绝缘子 PD-1T	个	1.97	—	—	—	2.172
针式绝缘子 PD-2T	个	2.31	—	—	2.172	—
针式绝缘子 PD-3T	个	2.48	4.455	3.854	—	—
直瓷管 φ19～25×300	根	1.11	—	—	—	0.210
直瓷管 φ9～15×305	个	1.11	0.521	0.310	0.210	—
其他材料费占材料费	%	—	1.800	1.800	1.800	1.800

工作内容：测位、划线、打眼、安装支架、下过墙管、上绝缘子、配线、焊接包头。　　计量单位：10m

定　额　编　号			A4-13-54	A4-13-55	A4-13-56
项　目　名　称			沿屋架、梁、柱、墙导线截面(mm²)		
			≤120	≤185	≤240
基　　　　价（元）			51.06	61.19	69.14
其中	人　工　费（元）		42.28	50.68	59.08
	材　料　费（元）		8.78	10.51	10.06
	机　械　费（元）		—	—	—
名　　　称	单位	单价（元）	消　　耗　　量		
人工 综合工日	工日	140.00	0.302	0.362	0.422
材料 绝缘电线	m	—	(10.800)	(10.800)	(10.800)
蝶式绝缘子 ED-1	个	1.88	0.260	0.260	—
蝶式绝缘子 大号	个	2.90	—	—	0.260
镀锌垫圈 M14～20	10个	2.10	0.220	0.220	0.220
镀锌铁拉板 50×6×650	块	3.10	0.521	0.521	0.521
镀锌铁丝 φ1.6	m	0.15	2.503	2.803	3.203
钢线卡子 φ10～20	个	4.50	0.260	—	—
钢线卡子 φ25	个	10.86	—	0.260	0.260
针式绝缘子 PD-1T	个	1.97	2.172	2.172	—
针式绝缘子 大号	个	1.62	—	—	2.172
直瓷管 φ19～25×300	根	1.11	0.210	—	—
直瓷管 φ32×305	个	2.31	—	0.100	0.100
其他材料费占材料费	%	—	1.800	1.800	1.800

工作内容：测位、划线、打眼、安装支架、下过墙管、上绝缘子、配线、焊接包头。　　　计量单位：10m

定 额 编 号			A4-13-57	A4-13-58	A4-13-59	A4-13-60
项 目 名 称			跨屋架、梁、柱导线截面(mm²)			
			≤6	≤16	≤35	≤70
基 价（元）			16.01	19.55	20.38	28.97
其中	人 工 费（元）		9.52	11.90	13.02	20.72
	材 料 费（元）		6.49	7.65	7.36	8.25
	机 械 费（元）		—	—	—	—
名 称	单位	单价（元）	消 耗 量			
人工	综合工日	工日	140.00	0.068	0.085	0.093	0.148
材料	绝缘电线	m	—	(10.800)	(10.800)	(10.800)	(10.800)
	蝶式绝缘子 ED-1	个	1.88	—	—	—	0.260
	蝶式绝缘子 ED-2	个	1.98	—	—	0.260	—
	蝶式绝缘子 ED-3	个	2.82	—	0.260	—	—
	镀锌垫圈 M14～20	10个	2.10	—	—	0.200	0.200
	镀锌垫圈 M2～12	10个	0.30	0.220	0.200	—	—
	镀锌铁拉板 40×4×200～350	块	2.38	—	0.521	0.521	—
	镀锌铁拉板 50×6×650	块	3.10	—	—	—	0.521
	镀锌铁丝 φ1.0	m	0.11	1.802	—	—	—
	镀锌铁丝 φ1.6	m	0.15	—	1.802	1.902	2.102
	钢线卡子 φ10～20	个	4.50	—	—	—	0.260
	针式绝缘子 PD-1T	个	1.97	—	—	—	1.962
	针式绝缘子 PD-2T	个	2.31	—	—	1.962	—
	针式绝缘子 PD-3T	个	2.48	2.232	1.962	—	—
	直瓷管 φ19～25×300	根	1.11	—	—	—	0.210
	直瓷管 φ9～15×305	个	1.11	0.521	0.310	0.210	—
	其他材料费占材料费	%	—	1.800	1.800	1.800	1.800

506

工作内容：测位、划线、打眼、安装支架、下过墙管、上绝缘子、配线、焊接包头。　　计量单位：10m

定　额　编　号			A4-13-61	A4-13-62	A4-13-63
项　目　名　称			跨屋架、梁、柱导线截面(mm²)		
			≤120	≤185	≤240
基　　　价（元）			36.00	48.22	56.97
其中	人　工　费（元）		27.72	38.22	47.32
	材　料　费（元）		8.28	10.00	9.65
	机　械　费（元）		—	—	—
名　　称	单位	单价（元）	消　　耗　　量		
人工	综合工日	工日	140.00	0.198	0.273	0.338
材　　料	绝缘电线	m	—	(10.800)	(10.800)	(10.800)
	蝶式绝缘子 ED-1	个	1.88	0.260	0.260	—
	蝶式绝缘子　大号	个	2.90	—	—	0.260
	镀锌垫圈 M14～20	10个	2.10	0.200	0.200	0.200
	镀锌铁拉板 50×6×650	块	3.10	0.521	0.521	0.521
	镀锌铁丝 φ1.6	m	0.15	2.302	2.503	3.053
	钢线卡子 φ10～20	个	4.50	0.260	—	—
	钢线卡子 φ25	个	10.86	—	0.260	0.260
	针式绝缘子 PD-1T	个	1.97	1.962	1.962	—
	针式绝缘子　大号	个	1.62	—	—	1.962
	直瓷管 φ19～25×300	根	1.11	0.210	—	—
	直瓷管 φ32×305	个	2.31	—	0.100	0.100
	其他材料费占材料费	%	—	1.800	1.800	1.800

3.碟式绝缘子配线

工作内容：测位、划线、打眼、安装支架、下过墙管、上绝缘子、配线、焊接包头。　　　　　　计量单位：10m

定　额　编　号			A4-13-64	A4-13-65	A4-13-66	A4-13-67
项　目　名　称			沿屋架、梁、柱导线截面(mm²)			
			≤6	≤16	≤35	≤70
基　　　价（元）			30.15	32.17	30.85	42.44
其中	人　工　费（元）		16.38	20.30	24.08	34.30
	材　料　费（元）		13.77	11.87	6.77	8.14
	机　械　费（元）		—	—	—	—
名　　称	单位	单价（元）	消　　耗　　量			
人工	综合工日	工日	140.00	0.117	0.145	0.172	0.245
材料	绝缘电线	m	—	(10.800)	(10.800)	(10.800)	(10.800)
	蝶式绝缘子 ED-1	个	1.88	—	—	—	2.432
	蝶式绝缘子 ED-2	个	1.98	—	—	2.432	—
	蝶式绝缘子 ED-3	个	2.82	4.455	3.854	—	—
	镀锌铁拉板 40×4×200~350	块	2.38	—	—	0.521	—
	镀锌铁拉板 50×6×650	块	3.10	—	—	—	0.521
	镀锌铁丝 φ1.0	m	0.11	3.504	—	—	—
	镀锌铁丝 φ1.6	m	0.15	—	3.003	2.402	2.703
	钢线卡子 φ10~20	个	4.50	—	—	—	0.260
	直瓷管 φ19~25×300	根	1.11	—	—	—	0.210
	直瓷管 φ9~15×305	个	1.11	0.521	0.310	0.210	—
	其他材料费占材料费	%	—	1.800	1.800	1.800	1.800

工作内容：测位、划线、打眼、安装支架、下过墙管、上绝缘子、配线、焊接包头。　　　　　计量单位：10m

定　额　编　号				A4-13-68	A4-13-69	A4-13-70
项　目　名　称				沿屋架、梁、柱导线截面(mm²)		
				≤120	≤185	≤240
基　　　价（元）				50.47	60.58	71.55
其中	人　工　费（元）			42.28	50.68	59.08
	材　料　费（元）			8.19	9.90	12.47
	机　械　费（元）			—	—	—
名　　　称		单位	单价（元）	消　　耗　　量		
人工	综合工日	工日	140.00	0.302	0.362	0.422
材料	绝缘电线	m	—	(10.800)	(10.800)	(10.800)
	蝶式绝缘子 ED-1	个	1.88	2.432	2.432	—
	蝶式绝缘子 大号	个	2.90	—	—	2.432
	镀锌铁拉板 50×6×650	块	3.10	0.521	0.521	0.521
	镀锌铁丝 φ1.6	m	0.15	3.003	3.203	3.504
	钢线卡子 φ10～20	个	4.50	0.260	—	—
	钢线卡子 φ25	个	10.86	—	0.260	0.260
	直瓷管 φ19～25×300	根	1.11	0.210	—	—
	直瓷管 φ32×305	个	2.31	—	0.100	0.100
	其他材料费占材料费	%	—	1.800	1.800	1.800

工作内容：测位、划线、打眼、安装支架、下过墙管、上绝缘子、配线、焊接包头。　　　计量单位：10m

定　额　编　号			A4-13-71	A4-13-72	A4-13-73	A4-13-74
项　目　名　称			跨屋架、梁、柱导线截面(mm²)			
			≤6	≤16	≤35	≤70
基　　　价（元）			16.72	20.20	20.71	28.39
其中	人　工　费（元）		9.52	11.90	14.42	20.72
	材　料　费（元）		7.20	8.30	6.29	7.67
	机　械　费（元）		—	—	—	—
名　　称	单位	单价（元）	消　　耗　　量			
人工	综合工日	工日	140.00	0.068	0.085	0.103	0.148
材料	绝缘电线	m	—	(10.800)	(10.800)	(10.800)	(10.800)
	蝶式绝缘子 ED-1	个	1.88	—	—	—	2.232
	蝶式绝缘子 ED-2	个	1.98	—	—	2.232	—
	蝶式绝缘子 ED-3	个	2.82	2.232	2.232	—	—
	镀锌铁拉板 40×4×200～350	块	2.38	—	0.521	0.521	—
	镀锌铁拉板 50×6×650	块	3.10	—	—	—	0.521
	镀锌铁丝 φ1.0	m	0.11	1.802	—	—	—
	镀锌铁丝 φ1.6	m	0.15	—	1.802	1.902	2.102
	钢线卡子 φ10～20	个	4.50	—	—	—	0.260
	直瓷管 φ19～25×300	根	1.11	—	—	—	0.210
	直瓷管 φ9～15×305	个	1.11	0.521	0.310	0.210	—
	其他材料费占材料费	%	—	1.800	1.800	1.800	1.800

工作内容：测位、划线、打眼、安装支架、下过墙管、上绝缘子、配线、焊接包头。　　　计量单位：10m

定　额　编　号			A4-13-75	A4-13-76	A4-13-77
项　目　名　称			跨屋架、梁、柱导线截面(mm²)		
			≤120	≤185	≤240
基　　　价（元）			35.42	47.89	59.35
其中	人　工　费（元）		27.72	38.22	47.32
	材　料　费（元）		7.70	9.67	12.03
	机　械　费（元）		—	—	—
	名　　　称	单位	单价（元）	消　　耗　　量	
人工	综合工日	工日	140.00	0.198	0.273	0.338
材料	绝缘电线	m	—	(10.800)	(10.800)	(10.800)
	蝶式绝缘子 ED-1	个	1.88	2.232	2.232	—
	蝶式绝缘子 大号	个	2.90	—	—	2.232
	镀锌铁拉板 50×6×650	块	3.10	0.521	0.521	0.521
	镀锌铁丝 φ1.6	m	0.15	2.302	2.503	2.803
	钢线卡子 φ10～20	个	4.50	0.260	—	—
	钢线卡子 φ25	个	10.86	—	0.260	0.260
	直瓷管 φ19～25×300	根	1.11	0.210	—	—
	直瓷管 φ32×305	个	2.31	—	0.210	0.210
	其他材料费占材料费	%	—	1.800	1.800	1.800

三、线槽配线

工作内容：清扫线槽、放线、编号、对号、接焊包头。

计量单位：10m

定　额　编　号				A4-13-78	A4-13-79	A4-13-80	A4-13-81
项　目　名　称				导线截面(mm²)			
				≤2.5	≤6	≤16	≤35
基　　　价（元）				6.58	7.14	8.68	10.56
其中	人　工　费（元）			5.18	5.74	7.28	9.10
	材　料　费（元）			1.40	1.40	1.40	1.46
	机　械　费（元）			—	—	—	—
名　　称		单位	单价（元）	消　　耗　　量			
人工	综合工日	工日	140.00	0.037	0.041	0.052	0.065
材料	绝缘电线	m	—	(10.500)	(10.500)	(10.500)	(10.500)
	扁形塑料绑带	m	0.68	0.541	0.541	0.541	0.541
	标志牌	个	1.37	0.601	0.601	0.601	0.601
	棉纱头	kg	6.00	0.030	0.030	0.030	0.040
	其他材料费占材料费	%	—	1.800	1.800	1.800	1.800

工作内容：清扫线槽、放线、编号、对号、接焊包头。

计量单位：10m

定 额 编 号				A4-13-82	A4-13-83	A4-13-84	A4-13-85
项 目 名 称				导线截面(mm²)			
				≤70	≤120	≤185	≤240
基 价（元）				13.36	26.72	36.58	63.60
其中	人 工 费（元）			11.90	25.20	35.00	62.02
	材 料 费（元）			1.46	1.52	1.58	1.58
	机 械 费（元）			—	—	—	—
名 称		单位	单价（元）	消 耗 量			
人工	综合工日	工日	140.00	0.085	0.180	0.250	0.443
材料	绝缘电线	m	—	(10.500)	(10.500)	(10.500)	(10.500)
	扁形塑料绑带	m	0.68	0.541	0.541	0.541	0.541
	标志牌	个	1.37	0.601	0.601	0.601	0.601
	棉纱头	kg	6.00	0.040	0.050	0.060	0.060
	其他材料费占材料费	%	—	1.800	1.800	1.800	1.800

四、塑料护套线明敷设

1.砖、混凝土结构

工作内容：测位、划线、打眼、埋螺钉、下过墙管、上卡子、配线、接焊包头。　　　　　计量单位：10m

定　额　编　号			A4-13-86	A4-13-87	A4-13-88
项　目　名　称			二芯单芯导线截面(mm²)		
			≤2.5	≤6	≤10
基　　　　　价（元）			49.70	50.04	58.44
其中	人　工　费（元）		46.06	46.76	55.16
	材　料　费（元）		3.64	3.28	3.28
	机　械　费（元）		—	—	—
名　　　称	单位	单价（元）	消　　耗　　量		
人工	综合工日	工日	140.00	0.329	0.334	0.394
材料	塑料绝缘导线	m	—	(11.100)	(10.490)	(10.490)
	钢精扎头 1~5号	包	2.19	0.731	0.731	0.731
	水泥 32.5级	kg	0.29	0.501	0.501	0.501
	鞋钉 20	kg	5.13	0.020	0.020	0.020
	直瓷管 Φ9~15×305	个	1.11	1.552	1.241	1.241
	其他材料费占材料费	%	—	1.800	1.800	1.800

514

工作内容：测位、划线、打眼、埋螺钉、下过墙管、上卡子、配线、接焊包头。　　　　　　　计量单位：10m

定　额　编　号			A4-13-89	A4-13-90	A4-13-91
项　目　名　称			三芯单芯导线截面(mm²)		
			≤2.5	≤6	≤10
基　　　　价（元）			53.42	53.29	60.29
其中	人　工　费（元）		49.42	49.98	56.98
	材　料　费（元）		4.00	3.31	3.31
	机　械　费（元）		—	—	—
名　　　称	单位	单价（元）	消　　耗　　量		
人工	综合工日	工日	140.00	0.353	0.357	0.407
材料	塑料绝缘导线	m	—	(11.100)	(10.490)	(10.490)
	钢精扎头 1～5号	包	2.19	0.731	0.731	0.731
	水泥 32.5级	kg	0.29	0.601	0.601	0.601
	鞋钉 20	kg	5.13	0.020	0.020	0.020
	直瓷管 φ19～25×300	根	1.11	—	1.241	1.241
	直瓷管 φ9～15×305	个	1.11	1.852	—	—
	其他材料费占材料费	%	—	1.800	1.800	1.800

2.沿钢索

工作内容：测位、划线、打眼、配线、接焊包头。

计量单位：10m

定 额 编 号				A4-13-92	A4-13-93	A4-13-94
项 目 名 称				二芯单芯导线截面(mm²)		
				≤2.5	≤6	≤10
基 价（元）				15.48	19.87	27.69
其中	人 工 费（元）			13.30	17.92	26.04
	材 料 费（元）			2.18	1.95	1.65
	机 械 费（元）			—	—	—
名 称		单位	单价（元）	消 耗 量		
人工	综合工日	工日	140.00	0.095	0.128	0.186
材料	塑料绝缘导线	m	—	(10.790)	(10.490)	(10.490)
	半圆头镀锌螺栓 M2～5×15～50	10个	0.90	0.370	0.290	0.180
	钢精扎头 1～5号	包	2.19	0.511	0.511	0.511
	热轧薄钢板 60×110×1.5	块	0.38	1.802	1.401	0.901
	其他材料费占材料费	%	—	1.800	1.800	1.800

工作内容：测位、划线、打眼、配线、接焊包头。　　　　　　　　　　　　　　　　　　　　　计量单位：10m

定　额　编　号			A4-13-95	A4-13-96	A4-13-97
项　目　名　称			三芯单芯导线截面（mm²）		
			≤2.5	≤6	≤10
基　　　　价（元）			20.10	25.47	35.81
其中	人　工　费（元）		17.92	23.52	34.16
	材　料　费（元）		2.18	1.95	1.65
	机　械　费（元）		—	—	—
名　　　称		单位	单价（元）	消　　耗　　量	
人工	综合工日	工日	140.00	0.128	0.168	0.244
材料	塑料绝缘导线	m	—	(10.790)	(10.490)	(10.490)
	半圆头镀锌螺栓 M2～5×15～50	10个	0.90	0.370	0.290	0.180
	钢精扎头 1～5号	包	2.19	0.511	0.511	0.511
	热轧薄钢板 60×110×1.5	块	0.38	1.802	1.401	0.901
	其他材料费占材料费	%	—	1.800	1.800	1.800

五、车间配线

1.带形母线安装

工作内容：打眼、支架安装、绝缘子灌注、安装、母线平直、煨弯(机)、钻孔、连接、架设、夹具、木夹板制作与安装、刷分相漆。

计量单位：10m

定 额 编 号			A4-13-98	A4-13-99
项 目 名 称			沿屋架、梁、柱、墙	
			铝母线截面(mm²)	
			≤250	≤500
基 价（元）			158.10	201.16
其中	人 工 费（元）		70.42	89.60
	材 料 费（元）		87.47	111.21
	机 械 费（元）		0.21	0.35
名 称	单位	单价（元）	消 耗 量	
人工 综合工日	工日	140.00	0.503	0.640
材料 铝母线	m	—	(10.230)	(10.230)
弹簧垫圈 M12～22	10个	0.66	0.250	0.370
酚醛磁漆	kg	12.00	0.230	0.340
钢锯条	条	0.34	0.120	0.140
矩形母线金具 JNP102	套	13.40	4.220	—
矩形母线金具 JNP103	套	18.08	—	4.220
绝缘子及灌注螺栓 WX-01	套	5.41	4.254	4.254
铝焊条 铝109	kg	87.70	0.010	0.030
汽油	kg	6.77	0.170	0.200
青壳纸 δ0.1～1.0	kg	20.84	0.040	0.040
氧气	m³	3.63	0.060	0.090
乙炔气	kg	10.45	0.030	0.040
其他材料费占材料费	%	—	1.800	1.800
机械 立式钻床 25mm	台班	6.58	0.032	0.053

工作内容：打眼、支架安装、绝缘子灌注、安装、母线平直、煨弯(机)、钻孔、连接、架设、夹具、木夹板制作与安装、刷分相漆。

计量单位：10m

定 额 编 号				A4-13-100	A4-13-101
项 目 名 称				沿屋架、梁、柱、墙	
				铝母线截面(mm²)	
				≤800	≤1200
基 价（元）				233.74	276.64
其中	人 工 费（元）			102.48	119.98
	材 料 费（元）			130.50	155.90
	机 械 费（元）			0.76	0.76
名 称		单位	单价（元）	消 耗 量	
人工	综合工日	工日	140.00	0.732	0.857
材料	铝母线	m	—	(10.230)	(10.230)
	弹簧垫圈 M12～22	10个	0.66	0.491	0.491
	酚醛磁漆	kg	12.00	0.440	0.561
	钢锯条	条	0.34	0.150	0.200
	矩形母线金具 JNP104	套	21.50	4.220	—
	矩形母线金具 JNP105	套	25.52	—	4.220
	绝缘子及灌注螺栓 WX-01	套	5.41	4.254	4.254
	铝焊条 铝109	kg	87.70	0.060	0.120
	汽油	kg	6.77	0.200	0.280
	青壳纸 δ0.1～1.0	kg	20.84	0.040	0.040
	氧气	m³	3.63	0.170	0.250
	乙炔气	kg	10.45	0.070	0.110
	其他材料费占材料费	%	—	1.800	1.800
机械	立式钻床 25mm	台班	6.58	0.116	0.116

工作内容：打眼、支架安装、绝缘子灌注、安装、母线平直、煨弯(机)、钻孔、连接、架设、夹具、木夹板制作与安装、刷分相漆。

计量单位：10m

定　额　编　号				A4-13-102	A4-13-103
项　目　名　称				沿屋架、梁、柱、墙	
				铜母线截面(mm²)	
				≤250	≤500
基　　　价　（元）				178.50	223.75
其中	人　工　费（元）			81.62	95.20
	材　料　费（元）			93.52	123.11
	机　械　费（元）			3.36	5.44
名　　称		单位	单价(元)	消　　耗　　量	
人工	综合工日	工日	140.00	0.583	0.680
材料	铝母线	m	—	(10.230)	(10.230)
	弹簧垫圈 M12~22	10个	0.66	0.250	0.370
	低碳钢焊条	kg	6.84	0.030	0.080
	防锈漆	kg	5.62	0.130	—
	钢锯条	条	0.34	0.120	0.140
	焊锡	kg	57.50	0.070	0.110
	矩形母线金具 JNP102	套	13.40	4.220	—
	矩形母线金具 JNP103	套	18.08	—	4.220
	绝缘子及灌注螺栓 WX-01	套	5.41	4.254	4.254
	硼砂	kg	2.68	0.010	0.010
	汽油	kg	6.77	0.050	0.050
	铅油(厚漆)	kg	6.45	0.070	0.190
	清油	kg	9.70	0.040	0.100
	铈钨棒	g	0.38	0.491	0.961
	铜焊丝(综合)	kg	41.88	0.060	0.120
	氩气	m³	19.59	0.150	0.300
	氧气	m³	3.63	0.030	0.050
	乙炔气	kg	10.45	0.010	0.020
	油漆溶剂油	kg	2.62	0.030	0.090
	其他材料费占材料费	%	—	1.800	1.800
机械	交流弧焊机 21kV·A	台班	57.35	0.021	0.021
	立式钻床 25mm	台班	6.58	0.032	0.053
	氩弧焊机 500A	台班	92.58	0.021	0.042

工作内容：打眼、支架安装、绝缘子灌注、安装、母线平直、煨弯(机)、钻孔、连接、架设、夹具、木夹
板制作与安装、刷分相漆。

计量单位：10m

定 额 编 号				A4-13-104	A4-13-105
项 目 名 称				沿屋架、梁、柱、墙	
				铜母线截面(mm²)	
				≤800	≤1200
基 价 （元）				268.57	322.66
其中	人 工 费（元）			115.50	134.12
	材 料 费（元）			144.60	176.36
	机 械 费（元）			8.47	12.18
名 称		单位	单价（元）	消 耗 量	
人工	综合工日	工日	140.00	0.825	0.958
材料	铝母线	m	—	(10.230)	(10.230)
	弹簧垫圈 M12~22	10个	0.66	0.491	0.741
	低碳钢焊条	kg	6.84	0.080	0.120
	钢锯条	条	0.34	0.150	0.200
	焊锡	kg	57.50	0.110	0.160
	矩形母线金具 JNP104	套	21.50	4.220	—
	矩形母线金具 JNP105	套	25.52	—	4.220
	绝缘子及灌注螺栓 WX-01	套	5.41	4.254	4.254
	硼砂	kg	2.68	0.020	0.030
	汽油	kg	6.77	0.050	0.190
	铅油(厚漆)	kg	6.45	0.190	0.200
	清油	kg	9.70	0.100	0.150
	铈钨棒	g	0.38	1.682	2.523
	铜焊丝(综合)	kg	41.88	0.210	0.320
	氩气	m³	19.59	0.420	0.631
	氧气	m³	3.63	0.070	0.100
	乙炔气	kg	10.45	0.030	0.050
	油漆溶剂油	kg	2.62	0.090	0.090
	其他材料费占材料费	%	—	1.800	1.800
机械	交流弧焊机 21kV·A	台班	57.35	0.021	0.032
	立式钻床 25mm	台班	6.58	0.063	0.095
	氩弧焊机 500A	台班	92.58	0.074	0.105

521

工作内容：打眼、支架安装、绝缘子灌注、安装、母线平直、煨弯(机)、钻孔、连接、架设、夹具、木夹板制作与安装、刷分相漆。

计量单位：10m

定 额 编 号				A4-13-106	A4-13-107	A4-13-108
项 目 名 称				沿屋架、梁、柱、墙		
				钢母线截面(mm²)		
				≤100	≤250	≤500
基 价（元）				67.80	80.39	99.59
其中	人 工 费（元）			61.32	72.10	84.98
	材 料 费（元）			5.64	6.88	13.06
	机 械 费（元）			0.84	1.41	1.55
	名 称	单位	单价(元)	消 耗 量		
人工	综合工日	工日	140.00	0.438	0.515	0.607
材料	铝母线	m	—	(10.230)	(10.230)	(10.230)
	醇酸清漆	kg	18.80	0.040	0.040	0.100
	弹簧垫圈 M12～22	10个	0.66	—	0.250	0.370
	弹簧垫圈 M2～10	10个	0.38	0.250	—	—
	低碳钢焊条	kg	6.84	0.020	0.030	0.080
	防锈漆	kg	5.62	0.130	0.130	0.350
	钢锯条	条	0.34	0.100	0.120	0.140
	汽油	kg	6.77	0.050	0.050	0.050
	铅油(厚漆)	kg	6.45	0.070	0.070	0.190
	锡基钎料	kg	54.10	0.050	0.070	0.110
	氧气	m³	3.63	0.030	0.030	0.050
	乙炔气	kg	10.45	0.010	0.010	0.020
	油漆溶剂油	kg	2.62	0.030	0.030	0.090
	其他材料费占材料费	%	—	1.800	1.800	1.800
机械	交流弧焊机 21kV·A	台班	57.35	0.011	0.021	0.021
	立式钻床 25mm	台班	6.58	0.032	0.032	0.053

工作内容：打眼、支架安装、绝缘子灌注、安装、母线平直、煨弯(机)、钻孔、连接、架设、夹具、木夹板制作与安装、刷分相漆。

计量单位：10m

定 额 编 号			A4-13-109	A4-13-110
项 目 名 称			跨屋架、梁、柱	
			铝母线截面(mm²)	
			≤250	≤500
基 价 （元）			142.39	174.95
其中	人 工 费 （元）		64.82	84.98
	材 料 费 （元）		77.36	89.62
	机 械 费 （元）		0.21	0.35
名 称		单位	单价(元)	消 耗 量	
人工	综合工日	工日	140.00	0.463	0.607
材料	铝母线	m	—	(10.230)	(10.230)
	弹簧垫圈 M12～22	10个	0.66	0.250	0.370
	酚醛磁漆	kg	12.00	0.230	0.340
	钢锯条	条	0.34	0.120	0.140
	矩形母线金具 JNP102	套	13.40	1.810	—
	矩形母线金具 JNP103	套	18.08	—	1.810
	绝缘子及灌注螺栓 WX-01	套	5.41	1.822	1.822
	铝焊条 铝109	kg	87.70	0.010	0.030
	母线拉紧装置 500mm²以下	套	34.50	0.601	0.601
	汽油	kg	6.77	0.170	0.200
	青壳纸 δ0.1～1.0	kg	20.84	0.020	0.020
	四线木夹板 500mm²以下	套	25.30	0.601	0.601
	氧气	m³	3.63	0.060	0.090
	乙炔气	kg	10.45	0.030	0.040
	其他材料费占材料费	%	—	1.800	1.800
机械	立式钻床 25mm	台班	6.58	0.032	0.053

工作内容：打眼、支架安装、绝缘子灌注、安装、母线平直、煨弯(机)、钻孔、连接、架设、夹具、木夹板制作与安装、刷分相漆。

计量单位：10m

定　额　编　号				A4-13-111	A4-13-112
项　目　名　称				跨屋架、梁、柱	
				铝母线截面(mm²)	
				≤800	≤1200
基　　　　　价（元）				224.78	257.81
其中	人　工　费（元）			102.90	120.40
	材　料　费（元）			121.12	136.65
	机　械　费（元）			0.76	0.76
名　　称		单位	单价（元）	消　　耗　　量	
人工	综合工日	工日	140.00	0.735	0.860
材料	铝母线	m	—	(10.230)	(10.230)
	弹簧垫圈 M12~22	10个	0.66	0.491	0.491
	酚醛磁漆	kg	12.00	0.440	0.561
	钢锯条	条	0.34	0.150	0.200
	矩形母线金具 JNP104	套	21.50	1.810	—
	矩形母线金具 JNP105	套	25.52	—	1.810
	绝缘子及灌注螺栓 WX-01	套	5.41	1.822	1.822
	铝焊条 铝109	kg	87.70	0.060	0.120
	母线拉紧装置 1200mm²以下	套	66.02	0.601	0.601
	汽油	kg	6.77	0.200	0.280
	青壳纸 δ0.1~1.0	kg	20.84	0.020	0.020
	四线木夹板 1200mm²以下	套	27.44	0.601	0.601
	氧气	m³	3.63	0.170	0.250
	乙炔气	kg	10.45	0.070	0.110
	其他材料费占材料费	%	—	1.800	1.800
机械	立式钻床 25mm	台班	6.58	0.116	0.116

工作内容：打眼、支架安装、绝缘子灌注、安装、母线平直、煨弯(机)、钻孔、连接、架设、夹具、木夹板制作与安装、刷分相漆。

计量单位：10m

定 额 编 号			A4-13-113	A4-13-114
项 目 名 称			跨屋架、梁、柱	
			铜母线截面(mm²)	
			≤250	≤500
基 价（元）			117.43	140.84
其中	人 工 费（元）		64.82	84.98
	材 料 费（元）		52.40	55.51
	机 械 费（元）		0.21	0.35
名 称	单位	单价（元）	消 耗 量	
人工 综合工日	工日	140.00	0.463	0.607
材料 矩形母线金具	套	—	(1.810)	(1.810)
铝母线	m	—	(10.230)	(10.230)
弹簧垫圈 M12～22	10个	0.66	0.250	0.370
酚醛磁漆	kg	12.00	0.230	0.340
钢锯条	条	0.34	0.120	0.140
绝缘子及灌注螺栓 WX-01	套	5.41	1.822	1.822
母线拉紧装置 500mm²以下	套	34.50	0.601	0.601
汽油	kg	6.77	0.170	0.200
青壳纸 δ0.1～1.0	kg	20.84	0.020	0.020
四线木夹板 500mm²以下	套	25.30	0.601	0.601
氧气	m³	3.63	0.060	0.090
乙炔气	kg	10.45	0.030	0.040
紫铜电焊条 T107 φ3.2	kg	61.54	0.010	0.030
其他材料费占材料费	%	—	1.800	1.800
机械 立式钻床 25mm	台班	6.58	0.032	0.053

工作内容：打眼、支架安装、绝缘子灌注、安装、母线平直、煨弯(机)、钻孔、连接、架设、夹具、木夹板制作与安装、刷分相漆。

计量单位：10m

定　额　编　号				A4-13-115	A4-13-116
项　目　名　称				跨屋架、梁、柱	
				铜母线截面(mm²)	
				≤800	≤1200
基　　价（元）				183.57	207.59
其中	人　工　费（元）			102.90	120.40
	材　料　费（元）			79.91	86.43
	机　械　费（元）			0.76	0.76
名　　称		单位	单价（元）	消　耗　　量	
人工	综合工日	工日	140.00	0.735	0.860
材料	矩形母线金具	套	—	(1.810)	(1.810)
	铝母线	m	—	(10.230)	(10.230)
	弹簧垫圈 M12～22	10个	0.66	0.491	0.491
	酚醛磁漆	kg	12.00	0.440	0.561
	钢锯条	条	0.34	0.150	0.200
	绝缘子及灌注螺栓 WX-01	套	5.41	1.822	1.822
	母线拉紧装置 1200mm²以下	套	66.02	0.601	0.601
	汽油	kg	6.77	0.200	0.280
	青壳纸 δ0.1～1.0	kg	20.84	0.020	0.020
	四线木夹板 1200mm²以下	套	27.44	0.601	0.601
	氧气	m³	3.63	0.170	0.250
	乙炔气	kg	10.45	0.070	0.110
	紫铜电焊条 T107 φ3.2	kg	61.54	0.060	0.120
	其他材料费占材料费	%	—	1.800	1.800
机械	立式钻床 25mm	台班	6.58	0.116	0.116

工作内容：打眼、支架安装、绝缘子灌注、安装、母线平直、煨弯(机)、钻孔、连接、架设、夹具、木夹板制作与安装、刷分相漆。

计量单位：10m

定　额　编　号			A4-13-117	A4-13-118	A4-13-119
项　目　名　称			跨屋架、梁、柱		
			钢母线截面(mm²)		
			≤100	≤250	≤500
基　　　价　（元）			88.97	104.30	122.94
其中	人　工　费（元）		61.32	74.90	87.22
	材　料　费（元）		26.81	27.99	34.17
	机　械　费（元）		0.84	1.41	1.55
名　　称		单位	单价（元）	消　　耗　　量		
人工	综合工日	工日	140.00	0.438	0.535	0.623
材料	铝母线	m	—	(10.230)	(10.230)	(10.230)
	醇酸清漆	kg	18.80	0.040	0.040	0.100
	弹簧垫圈 M12～22	10个	0.66	0.250	0.250	0.370
	低碳钢焊条	kg	6.84	0.020	0.030	0.080
	防锈漆	kg	5.62	0.130	0.130	0.350
	钢锯条	条	0.34	0.100	0.120	0.140
	母线拉紧装置 500mm²以下	套	34.50	0.601	0.601	0.601
	汽油	kg	6.77	0.050	0.050	0.050
	铅油(厚漆)	kg	6.45	0.070	0.070	0.190
	锡基钎料	kg	54.10	0.050	0.070	0.110
	氧气	m³	3.63	0.030	0.030	0.050
	乙炔气	kg	10.45	0.010	0.010	0.020
	油漆溶剂油	kg	2.62	0.030	0.030	0.090
	其他材料费占材料费	%	—	1.800	1.800	1.800
机械	交流弧焊机 21kV·A	台班	57.35	0.011	0.021	0.021
	立式钻床 25mm	台班	6.58	0.032	0.032	0.053

2.配线钢索架设

工作内容：测位、断料、调直、架设、绑扎、拉紧、刷漆。

计量单位：10m

定 额 编 号				A4-13-120	A4-13-121
项 目 名 称				圆钢直径(mm)	
				≤6	≤10
基 价（元）				19.04	24.31
其中	人 工 费（元）			13.58	15.82
	材 料 费（元）			5.46	8.49
	机 械 费（元）			—	—
名 称		单位	单价（元）	消 耗 量	
人工	综合工日	工日	140.00	0.097	0.113
材料	钢索	m	—	(10.500)	(10.500)
	醇酸清漆	kg	18.80	0.030	0.040
	钢锯条	条	0.34	0.050	0.050
	钢线卡子 φ10～20	个	4.50	—	1.021
	钢线卡子 φ6	个	2.87	1.021	—
	铅油(厚漆)	kg	6.45	0.060	0.090
	铁件	kg	4.19	0.350	0.571
	其他材料费占材料费	%	—	1.800	1.800

528

工作内容：测位、断料、调直、架设、绑扎、拉紧、刷漆。

计量单位：10m

定　额　编　号				A4-13-122	A4-13-123
项　目　名　称				钢丝绳直径(mm)	
				≤6	≤9
基　　　价（元）				13.73	17.48
其中	人　工　费（元）			8.40	9.52
	材　料　费（元）			5.33	7.96
	机　械　费（元）			—	—
名　　　称		单位	单价（元）	消　　耗　　量	
人工	综合工日	工日	140.00	0.060	0.068
材料	钢索	m	—	(10.500)	(10.500)
	钢锯条	条	0.34	0.050	0.050
	钢线卡子　φ10～20	个	4.50	—	1.021
	钢线卡子　φ6	个	2.87	1.021	—
	汽油	kg	6.77	0.050	0.050
	铁件	kg	4.19	0.350	0.571
	心形环	个	0.94	0.511	0.511
	其他材料费占材料费	%	—	1.800	1.800

3.拉紧装置制作与安装

工作内容：下料、钻孔、煨弯(机)、组装、测位、打眼、埋螺栓、连接、固定、刷漆。　　计量单位：套

定　额　编　号			A4-13-124	A4-13-125
项　目　名　称			母线拉紧装置	
			母线截面(mm²)	
			≤500	≤1200
基　　　　　　价（元）			66.45	77.50
其中	人　工　费（元）		27.58	35.56
	材　料　费（元）		37.63	40.70
	机　械　费（元）		1.24	1.24
名　　称		单位	单价（元）	消　　耗　　量	
人工	综合工日	工日	140.00	0.197	0.254
材料	钢板	kg	3.17	4.215	5.165
	拉紧绝缘子 J-2	个	10.60	2.020	2.020
	双头螺栓 M16×340	10套	21.50	0.102	0.102
	其他材料费占材料费	%	—	1.800	1.800
机械	交流弧焊机 21kV·A	台班	57.35	0.019	0.019
	台式钻床 16mm	台班	4.07	0.037	0.037

工作内容：下料、钻孔、煨弯(机)、组装、测位、打眼、埋螺栓、连接、固定、刷漆。　　计量单位：套

定　额　编　号				A4-13-126	A4-13-127
项　目　名　称				钢索拉紧装置	
				索具螺栓直径(mm)	
				≤16	≤20
基　　　　价（元）				49.49	55.50
其中	人　工　费（元）			29.82	35.28
	材　料　费（元）			19.67	20.22
	机　械　费（元）			—	—
名　　　称		单位	单价（元）	消　　耗　　量	
人工	综合工日	工日	140.00	0.213	0.252
材料	索具螺旋扣 M20×200	套	15.66	1.020	1.020
	铁件	kg	4.19	0.799	0.929
	其他材料费占材料费	%	—	1.800	1.800

531

六、接线箱、接线盒安装

1.接线箱安装

工作内容：测位、打眼、埋螺栓、箱子开孔、补漆、固定。

计量单位：个

定　额　编　号				A4-13-128	A4-13-129
项　目　名　称				接线箱明装	
				半周长(mm)	
				≤700	≤1500
基　　　　价（元）				48.32	65.75
其中	人　工　费（元）			47.46	64.54
	材　料　费（元）			0.86	1.21
	机　械　费（元）			—	—
名　称		单位	单价(元)	消　耗　量	
人工	综合工日	工日	140.00	0.339	0.461
材料	接线箱	个	—	(1.000)	(1.000)
	冲击钻头　φ10	个	5.98	—	0.028
	冲击钻头　φ8	个	5.38	0.028	—
	膨胀螺栓 M6	10套	1.70	0.408	—
	膨胀螺栓 M8	10套	2.50	—	0.408
	其他材料费占材料费	%	—	1.800	1.800

定 额 编 号				A4-13-130	A4-13-131
项 目 名 称				接线箱明装	
				半周长(mm)	
				≤2000	≤2500
基 价（元）				77.09	88.43
其中	人 工 费（元）			75.88	87.22
	材 料 费（元）			1.21	1.21
	机 械 费（元）			—	—
名 称		单位	单价（元）	消 耗 量	
人工	综合工日	工日	140.00	0.542	0.623
材料	接线箱	个	—	(1.000)	(1.000)
	冲击钻头 φ10	个	5.98	0.028	0.028
	膨胀螺栓 M8	10套	2.50	0.408	0.408
	其他材料费占材料费	%	—	1.800	1.800

工作内容：测位、打眼、埋螺栓、箱子开孔、补漆、固定。　　　　　　　　　　　　　　　　　　　计量单位：个

定　额　编　号				A4-13-132	A4-13-133
项　目　名　称				接线箱暗装	
				半周长(mm)	
				≤700	≤1500
基　　　　价（元）				53.06	81.63
其中	人　工　费（元）			53.06	81.06
	材　料　费（元）			—	0.57
	机　械　费（元）			—	—
	名　　　称	单位	单价(元)	消　耗　量	
人工	综合工日	工日	140.00	0.379	0.579
材料	接线箱	个	—	(1.000)	(1.000)
	水泥砂浆 1:2	m³	281.46	—	0.002
	其他材料费占材料费	%	—	1.800	1.800

定　额　编　号				A4-13-134	A4-13-135
项　目　名　称				接线箱暗装	
				半周长(mm)	
				≤2000	≤2500
基　　　　价（元）				102.91	124.62
其中	人　工　费（元）			102.34	123.76
	材　料　费（元）			0.57	0.86
	机　械　费（元）			—	—
名　　称		单位	单价(元)	消　　耗　　量	
人工	综合工日	工日	140.00	0.731	0.884
材料	接线箱	个	—	(1.000)	(1.000)
	水泥砂浆 1∶2	m³	281.46	0.002	0.003
	其他材料费占材料费	%	—	1.800	1.800

2.接线盒安装

工作内容：测位、固定、修孔。

计量单位：个

定 额 编 号				A4-13-136	A4-13-137
项 目 名 称				暗装	
				开关(插座)盒	接线盒
基 价 （元）				2.79	3.51
其中	人 工 费（元）			2.38	2.24
	材 料 费（元）			0.41	1.27
	机 械 费（元）			—	—
名 称		单位	单价(元)	消 耗 量	
人工	综合工日	工日	140.00	0.017	0.016
材料	接线盒	个	—	(1.020)	(1.020)
	镀锌钢管塑料护口 DN15～20	个	0.05	1.030	2.225
	镀锌锁紧螺母 DN15×3	10个	3.40	0.103	—
	镀锌锁紧螺母 DN20×3	10个	5.10	—	0.223
	其他材料费占材料费	%	—	1.800	1.800

工作内容：测位、固定、修孔。 计量单位：个

定　额　编　号			A4-13-138	A4-13-139	A4-13-140
项　目　名　称			明装		钢索上安装接线盒
			普通接线盒	防爆接线盒	
基　　　价（元）			4.26	6.50	1.45
其中	人　工　费（元）		3.92	6.16	1.26
	材　料　费（元）		0.34	0.34	0.19
	机　械　费（元）		—	—	—
名　　　称	单位	单价（元）	消　　耗　　量		
人工	综合工日	工日	140.00	0.028	0.044	0.009
材料	接线盒	个	—	(1.020)	(1.020)	(1.020)
	半圆头镀锌螺栓 M2～5×15～50	10个	0.90	—	—	0.204
	冲击钻头 φ8	个	5.38	0.014	0.014	—
	木螺钉 M4×65	10个	0.50	0.208	0.208	—
	塑料胀管 φ6～8	个	0.07	2.200	2.200	—
	其他材料费占材料费	%	—	1.800	1.800	1.800

七、盘、柜、箱、板配线

工作内容：放线、下料、包绝缘带、排线、卡线、校线、接线。

计量单位：10m

定　额　编　号			A4-13-141	A4-13-142	A4-13-143
项　目　名　称			导线截面（mm²）		
			≤2.5	≤6	≤10
基　　　价（元）			43.55	48.73	56.70
其中	人　工　费（元）		25.90	31.08	35.42
	材　料　费（元）		17.65	17.65	21.28
	机　械　费（元）		—	—	—
名　　称	单位	单价（元）	消　　耗		量
人工	综合工日	工日	140.00	0.185	0.222	0.253
材料	导线	m	—	(10.200)	(10.200)	(10.200)
	电力复合脂	kg	20.00	0.010	0.010	0.010
	电气绝缘胶带 18mm×10m×0.13mm	卷	8.55	0.400	0.400	0.400
	钢精扎头 1～5号	包	2.19	0.330	0.330	0.330
	焊锡膏	kg	14.53	0.010	0.010	0.010
	焊锡丝	kg	54.10	0.100	0.100	0.150
	黄腊带 20mm×10m	卷	7.69	0.240	0.240	0.240
	棉纱头	kg	6.00	0.050	0.050	0.080
	尼龙扎带(综合)	根	0.07	16.016	16.016	16.016
	汽油	kg	6.77	0.200	0.200	0.220
	塑料软管(综合)	kg	11.97	0.020	0.020	0.030
	铁砂布	张	0.85	2.002	2.002	2.503
	异型塑料管 φ2.5～5	m	2.19	0.400	0.400	0.400
	其他材料费占材料费	%	—	1.800	1.800	1.800

工作内容：放线、下料、包绝缘带、排线、卡线、校线、接线。 计量单位：10m

定 额 编 号			A4-13-144	A4-13-145	A4-13-146
项 目 名 称			导线截面（mm²）		
			≤25	≤50	≤95
基 价 （元）			78.54	120.40	186.62
其中	人 工 费 （元）		51.80	67.62	102.90
	材 料 费 （元）		26.74	52.78	83.72
	机 械 费 （元）		—	—	—
名 称	单位	单价（元）	消 耗 量		
人工 综合工日	工日	140.00	0.370	0.483	0.735
材料 导线	m	—	(10.200)	(10.200)	(10.200)
电力复合脂	kg	20.00	0.020	0.030	0.040
电气绝缘胶带 18mm×10m×0.13mm	卷	8.55	0.501	0.561	0.881
钢锯条	条	0.34	0.501	0.801	1.001
焊锡膏	kg	14.53	0.020	0.060	0.100
焊锡丝	kg	54.10	0.220	0.601	1.001
黄腊带 20mm×10m	卷	7.69	0.521	0.601	0.921
棉纱头	kg	6.00	0.080	0.100	0.100
尼龙扎带(综合)	根	0.07	16.016	16.016	16.016
汽油	kg	6.77	0.220	0.601	1.001
铁砂布	张	0.85	2.503	2.803	2.803
其他材料费占材料费	%	—	1.800	1.800	1.800

工作内容：放线、下料、包绝缘带、排线、卡线、校线、接线。 计量单位：10m

定 额 编 号			A4-13-147	A4-13-148	A4-13-149
项 目 名 称			导线截面(mm²)		
			≤150	≤240	300
基 价（元）			257.40	316.66	378.96
其中	人 工 费（元）		134.12	150.92	165.62
	材 料 费（元）		123.28	165.74	213.34
	机 械 费（元）		—	—	—
名 称	单位	单价（元）	消 耗 量		
人工 综合工日	工日	140.00	0.958	1.078	1.183
材料 导线	m	—	(10.200)	(10.200)	(10.200)
电力复合脂	kg	20.00	0.050	0.060	0.070
电气绝缘胶带 18mm×10m×0.13mm	卷	8.55	1.341	1.962	2.042
钢锯条	条	0.34	1.001	1.201	1.502
焊锡膏	kg	14.53	0.150	0.200	0.260
焊锡丝	kg	54.10	1.502	2.002	2.603
黄腊带 20mm×10m	卷	7.69	1.361	1.962	3.043
棉纱头	kg	6.00	0.120	0.150	0.150
尼龙扎带(综合)	根	0.07	16.016	16.016	16.016
汽油	kg	6.77	1.502	2.002	2.603
铁砂布	张	0.85	2.803	3.003	3.003
其他材料费占材料费	%	—	1.800	1.800	1.800

第十四章 照明器具安装工程

说　　明

一、本章内容包括普通灯具、装饰灯具、荧光灯具、嵌入式地灯、工厂灯、医院灯具、霓虹灯、小区路灯、景观灯的安装，开关、按钮、插座的安装，艺术喷泉照明系统的安装等内容。

二、有关说明：

1. 灯具引导线是指灯具吸盘到灯头的连线，除注明者外，均按照灯具自备考虑。如引导线需要另行配置时，其安装费不变，主材费另行计算。

2. 小区路灯、投光灯、氙气灯、烟囱或水塔指示灯的安装定额，考虑了超高安装（操作超高）因素，其他照明器具的安装高度大于5m时，按照册说明中的规定另行计算超高安装增加费。

3. 装饰灯具安装定额考虑了超高安装因素，并包括脚手架搭拆费用。

4. 吊式艺术装饰灯具的灯体直径为装饰灯具的最大外径直径，灯体垂吊长度为灯座底部到灯梢之间的总长度。

5. 吸顶式艺术装饰灯具的灯体直径为吸盘最大外缘直径，灯体半周长为矩形吸盘的半周长，灯体垂吊长度为吸盘到灯梢之间的总长度。

6. 照明灯具安装除特殊说明外，均不包括支架制作与安装。工程实际发生时执行本册定额第七章"金属构件、穿墙套板安装工程"相关定额。

7. 定额包括灯具组装、安装、利用摇表测量绝缘及一般灯具的试亮工作。

8. 小区路灯安装定额包括灯柱、灯架、灯具安装；成品小区路灯基础安装包括基础土方施工，现浇混凝土小区路灯基础及土方施工执行《安徽省建筑工程计价定额》相应项目。

9. 普通灯具安装定额适用范围见下表。

普通灯具安装定额适用范围表

定额名称	灯具种类
圆球吸顶灯	材质为玻璃的独立的半圆球吸顶灯、扁圆罩吸顶灯、平圆形吸顶灯
方形吸顶灯	材质为玻璃的独立的矩形罩吸顶灯、方形罩吸顶灯、大口方罩吸顶灯
软线吊灯	利用软线为垂吊材料、独立的，材质为玻璃、塑料罩等各式吊链灯
吊链灯	利用吊链作辅助悬吊材料、独立的，材质为玻璃、塑料罩的各式吊链灯
防水吊灯	一般防水吊灯
一般弯脖灯	圆球弯脖灯、风雨壁灯
一般墙壁灯	各种材质的一般壁灯、镜前灯
软线吊灯头	一般吊灯头
声光控座灯头	一般声控、光控座灯头
座头灯	一般塑料、瓷质座灯头

10. 组合荧光灯带、内藏组合式灯、发光棚荧光灯、立体广告灯箱、天棚荧光灯带的灯设计用量与定额不同时，成套灯具根据设计数量加损耗量计算主材费，安装费不做调整。

11. 装饰灯具安装定额适用范围见下表。

装饰灯具安装定额适用范围表

定额名称	灯具种类(形式)
吊式艺术装饰灯具	不同材质、不同灯体垂吊长度、不同灯体直径的蜡烛灯、挂片灯、串珠（穗）、串棒灯、吊杆式组合灯、玻璃罩（带装饰）灯
吸顶式艺术装饰灯具	不同材质、不同灯体垂吊长度、不同灯体几何形状的串珠（穗）、串棒灯、挂片、挂碗、挂吊蝶灯、玻璃（带装饰）灯
荧光艺术装饰灯具	不同安装形式、不同灯管数量的组合荧光灯光带不同几何组合形式的内藏组合式灯，不同几何尺寸、不同灯具形式的发光棚，不同形式的立体广告灯箱、荧光灯光沿
几何形状组合艺术灯具	不同固定形式、不同灯具形式的繁星灯、钻石星灯、礼花灯、玻璃罩钢架组合灯、凸片灯、反射挂灯、筒形钢架灯、U形组合灯、弧形管组合灯
标志、诱导装饰灯具	不同安装形式的标志灯、诱导灯
水下艺术装饰灯具	简易形彩灯、密封形彩灯、喷水池灯、幻光型灯
点光源艺术装饰灯具	不同安装形式、不同灯体直径的筒灯、牛眼灯、射灯、轨道射灯
草坪灯具	各种立柱式、墙壁式的草坪灯
歌舞厅灯具	各种安装形式的变色转盘灯、雷达射灯、幻影转彩灯、维纳斯旋转灯、卫星旋转效果灯、飞碟旋转效果灯、多头转灯、滚筒灯、频闪灯、太阳灯、雨灯、歌星灯、边界灯、射灯、泡泡发生器、迷你满天星彩灯、迷你灯（盘彩灯）、多头宇宙灯、镜面球灯、蛇光灯

12. 荧光灯具安装定额按照成套型荧光灯考虑，工程实际采用组合式荧光灯时，执行相应的成套型荧光灯安装定额乘以系数1.1。荧光灯具安装定额适用范围见下表。

荧光灯具安装定额适用范围表

定额名称	灯具种类
成套型荧光灯	单管、双管、三管、四管、吊链式、吊管式、吸顶式、嵌入式、成套独立荧光灯

13. 工厂灯及防尘防水灯安装定额适用范围见下表。

工厂灯及防尘防水灯安装定额适用范围表

定额名称	灯具种类
直杆工厂吊灯	配照（GC1-A）、广照（GC3-A）、深照（GC5-A）、圆球（GC17-A）、双照（GC19-A）
吊链式工厂灯	配照（GC1-B）、深照（GC3-A）、斜照（GC5-C）、圆球（GC7-A）、双照（GC19-A）
吸顶灯	配照（GC1-A）、广照（GC3-A）、深照（GC5-A）、斜照（GC7-C）、圆球、双照（GC19-A）
弯杆式工厂灯	配照（GC1-D/E）、广照（GC3-D/E）、深照（GC5-D/E）、斜照（G（7-D/E）、双照（GC19-C）、局部深照（GC26-F/H）
悬挂式工厂灯	配照（GC21-2）、深照（GC23-2）

防水防尘灯	广照（GC9-A、B、C）、广照保护网（GC11-A、B、C）、散照（GC15-A、B、C、D、E）

14. 工厂其他灯具安装定额适用范围见下表。

工厂其他灯具安装定额适用范围表

定额名称	灯具种类
防潮灯	扁形防潮灯（GC-31）、防潮灯（GC-33）
腰形舱顶灯	腰形舱顶灯 CCD-1
管形氙气灯	自然冷却式220V／380V功率<20kW
投光灯	TG 型室外投光灯

15. 医院灯具安装定额适用范围见下表。

医院灯具安装定额适用范围表

定额名称	灯具种类
病房指示灯	病房指示灯
病房暗角灯	病房暗角灯
无影灯	3～12孔管式无影灯

16. 工厂厂区内、住宅小区内路灯的安装执行本册定额。小区路灯安装定额适用范围见下表。小区路灯安装定额中不包括小区路灯杆接地。接地参照本册相关定额执行。

小区路灯安装定额适用范围表

定额名称		灯具种类
单臂挑灯		单抱箍臂长≤1200mm、臂长≤3000mm
		双抱箍臂长≤3000mm、臂长≤5000mm、臂长>5000mm
		双拉梗臂长≤3000mm、臂长≤5000mm、臂长>5000mm
		成套型臂长≤3000mm、臂长≤5000mm、臂长>5000mm
		组装型臂长≤3000mm、臂长≤5000mm、臂长>5000mm
双臂挑灯	成套型	组装型臂长≤3000mm、臂长≤5000mm、臂长>5000mm
		非对称式臂长≤2500mm、臂长≤5000mm、臂长>5000mm
	组装型	组装型臂长≤3000mm、臂长≤5000mm、臂长>5000mm
		非对称式臂长≤2500mm、臂长≤5000mm、臂长>5000mm
高杆灯架	成套型	灯高≤11m、灯高≤20m、灯高>20m
	组装型	灯高≤11m、灯高<20m、灯高>20m
大马路弯灯		臂长≤1200mm、臂长>1200mm
庭院小区路灯		光源≤五火、光源>七火
桥栏杆灯		嵌入式、明装式

17. 艺术喷泉照明系统安装定额包括程序控制柜、程序控制箱、音乐喷泉控制设备、喷泉特技效果控制设备、喷泉防水配件、艺术喷泉照明等系统安装。

18. LED灯安装根据其结构、形式、安装地点，执行相应的灯具安装定额。

19. 并列安装一套光源双罩吸顶灯时，按照两个单罩周长或半周长之和执行相应的定额；

并列安装两套光源双罩吸顶灯时，按照两套灯具各自灯罩周长或半周长执行相关定额。

20. 灯具安装定额中灯槽、灯孔按照事先预留考虑，不计算开孔费用。

21. 楼宇亮化灯具控制器、小区路灯集中控制器安装执行"艺术喷泉照明系统安装"相关定额。

工程量计算规则

一、普通灯具安装根据灯具种类、规格，按照设计图示安装数量以"套"为计量单位。

二、吊式艺术装饰灯具安装根据装饰灯具示意图所示，区别不同装饰物以及灯体直径和灯体垂吊长度，按照设计图示安装数量以"套"为计量单位。

三、吸顶式艺术装饰灯具安装根据装饰灯具示意图所示，区别不同装饰物、吸盘几何形状、灯体直径、灯体周长和灯体垂吊长度，按照设计图示安装数量以"套"为计量单位。

四、荧光艺术装饰灯具安装根据装饰灯具示意图所示，区别不同安装形式和计量单位计算。

1.组合荧光灯带安装根据灯管数量，按照设计图示安装数量以灯带"m"为计量单位。

2.内藏组合式灯安装根据灯具组合形式，按照设计图示安装数量以"m"为计量单位。

3.发光棚荧光灯安装按照设计图示发光棚数量以"m²"为计量单位。灯具主材根据实际安装数量加损耗量以"套"另行计算。

4.立体广告灯箱、天棚荧光灯带安装按照设计图示安装数量以"m"为计量单位。

五、几何形状组合艺术灯具安装根据装饰灯具示意图所示，区别不同安装形式及灯具形式，按照设计图示安装数量以"套"为计量单位。

六、标志、诱导装饰灯具安装根据装饰灯具示意图所示，区别不同的安装形式，按照设计图示安装数量以"套"为计量单位。

七、水下艺术装饰灯具安装根据装饰灯具示意图所示，区别不同安装形式，按照设计图示安装数量以"套"为计量单位。

八、点光源艺术装饰灯具安装根据装饰灯具示意图所示，区别不同安装形式、不同灯具直径，按照设计图示安装数量以"套"为计量单位。

九、草坪灯具安装根据装饰灯具示意图所示，区别不同安装形式，按照设计图示安装数量以"套"为计量单位。

十、歌舞厅灯具安装根据装饰灯具示意图所示，区别不同安装形式，按照设计图示安装数量以"套"或"m"或"台"为计量单位。

十一、荧光灯具安装根据灯具安装形式、灯具种类、灯管数量，按照设计图示安装数量以"套"为计量单位。

十二、嵌入式地灯安装根据灯具安装形式，按照设计图示安装数量以"套"为计量单位。

十三、工厂灯及防水防尘灯安装根据灯具安装形式，按照设计图示安装数量以"套"为计量单位。

十四、工厂其他灯具安装根据灯具类型、安装形式、安装高度，按照设计图示安装数量以

547

"套"或"个"为计量单位。

十五、医院灯具安装根据灯具类型，按照设计图示安装数量以"套"为计量单位。

十六、霓虹灯管安装根据灯管直径，按照设计图示延长米数量以"m"为计量单位。

十七、霓虹灯变压器、控制器、继电器安装根据用途与容量及变化回路，按照设计图示安装数量以"台"为计量单位。

十八、小区路灯安装根据灯杆形式、臂长、灯数，按照设计图示安装数量以"套"为计量单位。

十九、楼宇亮化灯安装根据光源特点与安装形式，按照设计图示安装数量以"套"或"m"为计量单位。

二十、开关、按钮安装根据安装形式与种类、开关极数及单控与双控，按照设计图示安装数量以"套"为计量单位。

二十一、声控（红外线感应）延时开关、柜门触动开关安装，按照设计图示安装数量以"套"为计量单位。

二十二、插座安装根据电压、电流安培数、插座安装形式，按照设计图示安装数量以"套"为计量单位。

二十三、艺术喷泉照明系统程序控制柜、程序控制箱、音乐喷泉控制设备、喷泉特技效果控制设备安装根据安装位置方式及规格，按照设计图示安装数量以"台"为计量单位。

二十四、艺术喷泉照明系统喷泉防水配件安装根据玻璃钢电缆槽规格，按照设计图示安装长度以"m"为计量单位。

二十五、艺术喷泉照明系统喷泉水下管灯安装根据灯管直径，按照设计图示安装数量以"m"为计量单位。

二十六、艺术喷泉照明系统喷泉水上辅助照明安装根据灯具功能，按照设计图示安装数量以套为计量单位。

一、普通灯具安装

1.吸顶灯具安装

工作内容：测定、划线、打眼、埋塑料膨胀管、灯具安装、接线、焊接包头、接地等。　　　　计量单位：套

定　额　编　号			A4-14-1	A4-14-2	A4-14-3
项　目　名　称			灯罩周长(mm)		
			≤800	≤1100	>1100
基　　　价（元）			11.46	12.29	13.02
其中	人　工　费（元）		9.66	9.66	9.66
	材　料　费（元）		1.80	2.63	3.36
	机　械　费（元）		—	—	—
名　　称	单位	单价（元）	消　　　耗　　　量		
人工	综合工日	工日	140.00	0.069	0.069	0.069
材料	成套灯具	套	—	(1.010)	(1.010)	(1.010)
	冲击钻头 φ8	个	5.38	0.028	0.028	0.028
	木螺钉 M2～4×6～65	个	0.09	4.160	4.160	4.160
	塑料接线柱 双线	个	0.70	—	—	1.030
	塑料胀管 φ6～8	个	0.07	4.400	4.400	4.400
	铜接线端子 20A	个	0.33	1.015	1.015	1.015
	铜芯塑料绝缘电线 BV-2.5mm²	m	1.32	0.458	1.069	1.069
	其他材料费占材料费	%	—	1.800	1.800	1.800

2. 其他普通灯具安装

工作内容：测定、划线、打眼、埋塑料膨胀管、上塑料圆台、灯具组装、吊链加工、接线、焊接包头等。

计量单位：套

定 额 编 号				A4-14-4	A4-14-5	A4-14-6	A4-14-7
项 目 名 称				软线吊灯	吊链灯	防水吊灯	普通弯脖灯
基 价 （元）				13.27	14.75	8.92	12.99
其中	人 工 费 （元）			6.30	9.10	4.20	9.10
	材 料 费 （元）			6.97	5.65	4.72	3.89
	机 械 费 （元）			—	—	—	—
名 称		单位	单价（元）	消 耗 量			
人工	综合工日	工日	140.00	0.045	0.065	0.030	0.065
材料	成套灯具	套	—	(1.010)	(1.010)	(1.010)	(1.010)
	冲击钻头 φ8	个	5.38	0.007	0.007	0.007	0.021
	木螺钉 M2～4×6～65	个	0.09	3.120	3.120	3.120	6.240
	塑料吊线盒	个	0.20	1.050	1.050	1.050	—
	塑料圆台	块	0.60	1.050	1.050	1.050	1.050
	塑料胀管 φ6～8	个	0.07	1.100	1.100	1.100	3.300
	铜接线端子 20A	个	0.33	—	—	—	1.015
	铜芯塑料绝缘电线 BV-2.5mm²	m	1.32	0.305	0.305	0.305	1.476
	铜芯橡皮花线 BXH 2×23/0.15mm²	m	2.56	2.036	1.527	1.171	—
	其他材料费占材料费	%	—	1.800	1.800	1.800	1.800

工作内容：测定、划线、打眼、埋塑料膨胀管、上塑料圆台、灯具组装、吊链加工、接线、焊接包头等。

计量单位：套

定 额 编 号			A4-14-8	A4-14-9	A4-14-10
项 目 名 称			普通壁灯	防水灯头	座灯头
基 价（元）			10.90	8.56	6.91
其中	人 工 费（元）		9.10	3.92	5.46
	材 料 费（元）		1.80	4.64	1.45
	机 械 费（元）		—	—	—
名 称	单位	单价（元）	消	耗	量
人工 综合工日	工日	140.00	0.065	0.028	0.039
材料 成套灯具	套	—	(1.010)	(1.010)	(1.010)
冲击钻头 φ8	个	5.38	0.028	0.007	0.007
木螺钉 M2～4×6～65	个	0.09	4.160	3.120	3.120
塑料圆台	块	0.60	—	1.050	1.050
塑料胀管 φ6～8	个	0.07	4.400	1.100	1.100
铜接线端子 20A	个	0.33	1.015	—	—
铜芯塑料绝缘电线 BV-2.5mm²	m	1.32	0.458	0.305	0.305
铜芯橡皮花线 BXH 2×23/0.15mm²	m	2.56	—	1.222	—
其他材料费占材料费	%	—	1.800	1.800	1.800

二、装饰灯具安装

1.吊式艺术装饰灯具安装

工作内容：开箱清点、测定、划线、打眼、埋螺栓、灯具拼装固定、挂接饰部件、灯具安装、焊接包头等。

计量单位：套

定 额 编 号				A4-14-11	A4-14-12	A4-14-13
项 目 名 称				吊式蜡烛灯		
				灯体直径(mm)		
				≤300	≤400	≤500
				灯体垂吊长度(mm)		
				≤500		≤600
基 价（元）				195.39	234.59	285.55
其中	人 工 费（元）			192.92	232.12	283.08
	材 料 费（元）			2.47	2.47	2.47
	机 械 费（元）			—	—	—
	名 称	单位	单价（元）	消 耗 量		
人工	综合工日	工日	140.00	1.378	1.658	2.022
材料	成套灯具	套	—	(1.010)	(1.010)	(1.010)
	冲击钻头 φ12	个	6.75	0.018	0.018	0.018
	膨胀螺栓 M10	套	0.25	3.060	3.060	3.060
	铜接线端子 20A	个	0.33	1.015	1.015	1.015
	铜芯塑料绝缘电线 BV-2.5mm²	m	1.32	0.916	0.916	0.916
	其他材料费占材料费	%	—	1.800	1.800	1.800

工作内容：开箱清点、测定、划线、打眼、埋螺栓、灯具拼装固定、挂接饰部件、灯具安装、焊接包头等。

计量单位：套

定 额 编 号				A4-14-14	A4-14-15	A4-14-16
项 目 名 称				吊式蜡烛灯		
				灯体直径(mm)		
				≤600	≤900	≤1400
				灯体垂吊长度(mm)		
				≤600	≤700	≤1400
基 价（元）				330.49	438.52	524.20
其中	人 工 费（元）			328.02	433.44	519.12
	材 料 费（元）			2.47	5.08	5.08
	机 械 费（元）			—	—	—
名 称		单位	单价(元)	消 耗 量		
人工	综合工日	工日	140.00	2.343	3.096	3.708
材料	成套灯具	套	—	(1.010)	(1.010)	(1.010)
	冲击钻头 φ12	个	6.75	0.018	—	—
	冲击钻头 φ16	个	9.40	—	0.018	0.018
	膨胀螺栓 M10	套	0.25	3.060	—	—
	膨胀螺栓 M14	套	1.07	—	3.060	3.060
	铜接线端子 20A	个	0.33	1.015	1.015	1.015
	铜芯塑料绝缘电线 BV-2.5mm²	m	1.32	0.916	0.916	0.916
	其他材料费占材料费	%	—	1.800	1.800	1.800

工作内容：开箱清点、测定、划线、打眼、埋螺栓、灯具拼装固定、挂接饰部件、灯具安装、焊接包头等。

计量单位：套

定 额 编 号				A4-14-17	A4-14-18	A4-14-19
项 目 名 称				吊式挂片灯		
				灯体直径(mm)		
				≤350	≤450	≤550
				灯体垂吊长度(mm)		
				≤350	≤500	≤550
基 价 （元）				67.14	88.22	109.12
其中	人 工 费（元）			63.56	84.28	104.44
	材 料 费（元）			3.58	3.94	4.68
	机 械 费（元）			—	—	—
名 称		单位	单价（元）	消 耗 量		
人工	综合工日	工日	140.00	0.454	0.602	0.746
材料	成套灯具	套	—	(1.010)	(1.010)	(1.010)
	冲击钻头 φ12	个	6.75	0.018	0.018	0.018
	膨胀螺栓 M10	套	0.25	3.060	3.060	3.060
	塑料接线柱 双线	个	0.70	1.545	2.060	3.090
	铜接线端子 20A	个	0.33	1.015	1.015	1.015
	铜芯塑料绝缘电线 BV-2.5mm²	m	1.32	0.916	0.916	0.916
	其他材料费占材料费	%	—	1.800	1.800	1.800

554

工作内容：开箱清点、测定、划线、打眼、埋螺栓、灯具拼装固定、挂接饰部件、灯具安装、焊接包头等。

计量单位：套

定　额　编　号				A4-14-20	A4-14-21
项　目　名　称				吊式挂片灯	
				灯体直径(mm)	
				≤650	≤900
				灯体垂吊长度(mm)	
				≤600	≤1100
基　　　价（元）				122.28	132.57
其中	人　工　费（元）			117.60	127.12
	材　料　费（元）			4.68	5.45
	机　械　费（元）			—	—
名　　称		单位	单价（元）	消　耗　量	
人工	综合工日	工日	140.00	0.840	0.908
材料	成套灯具	套	—	(1.010)	(1.010)
	冲击钻头 φ12	个	6.75	0.018	0.018
	膨胀螺栓 M10	套	0.25	3.060	3.060
	塑料接线柱 双线	个	0.70	3.090	4.170
	铜接线端子 20A	个	0.33	1.015	1.015
	铜芯塑料绝缘电线 BV-2.5mm²	m	1.32	0.916	0.916
	其他材料费占材料费	%	—	1.800	1.800

工作内容：开箱清点、测定、划线、打眼、埋螺栓、灯具拼装固定、挂接饰部件、灯具安装、焊接包头等。

计量单位：套

定 额 编 号				A4-14-22	A4-14-23	A4-14-24
项 目 名 称				吊式串珠、穗、棒灯		
				灯体直径(mm)		
				≤600		
				灯体垂吊长度(mm)		
				≤650	≤800	≤1200
基 价（元）				186.40	216.50	251.78
其中	人 工 费（元）			181.72	211.82	247.10
	材 料 费（元）			4.68	4.68	4.68
	机 械 费（元）			—	—	—
	名 称	单位	单价(元)	消 耗 量		
人工	综合工日	工日	140.00	1.298	1.513	1.765
材料	成套灯具	套	—	(1.010)	(1.010)	(1.010)
	冲击钻头 φ12	个	6.75	0.018	0.018	0.018
	膨胀螺栓 M10	套	0.25	3.060	3.060	3.060
	塑料接线柱 双线	个	0.70	3.090	3.090	3.090
	铜接线端子 20A	个	0.33	1.015	1.015	1.015
	铜芯塑料绝缘电线 BV-2.5mm²	m	1.32	0.916	0.916	0.916
	其他材料费占材料费	%	—	1.800	1.800	1.800

工作内容：开箱清点、测定、划线、打眼、埋螺栓、灯具拼装固定、挂接饰部件、灯具安装、焊接包头等。

计量单位：套

定　额　编　号				A4-14-25	A4-14-26	A4-14-27
项　目　名　称				吊式串珠、穗、棒灯		
				灯体直径(mm)		
				≤1000		
				灯体垂吊长度(mm)		
				≤800	≤1000	≤1200
基　　　价（元）				264.83	279.00	293.24
其中	人　工　费（元）			259.42	271.04	286.30
	材　料　费（元）			5.41	7.96	6.94
	机　械　费（元）			—	—	—
名　　　称		单位	单价（元）	消　　耗　　量		
人工	综合工日	工日	140.00	1.853	1.936	2.045
材料	成套灯具	套	—	(1.010)	(1.010)	(1.010)
	冲击钻头 φ12	个	6.75	0.018	0.018	—
	冲击钻头 φ14	个	8.55	—	—	0.018
	膨胀螺栓 M10	套	0.25	3.060	—	—
	膨胀螺栓 M12	套	0.73	—	—	3.060
	膨胀螺栓 M14	套	1.07	—	3.060	—
	塑料接线柱 双线	个	0.70	4.120	4.120	4.120
	铜接线端子 20A	个	0.33	1.015	1.015	1.015
	铜芯塑料绝缘电线 BV-2.5mm²	m	1.32	0.916	0.916	0.916
	其他材料费占材料费	%	—	1.800	1.800	1.800

工作内容：开箱清点、测定、划线、打眼、埋螺栓、灯具拼装固定、挂接饰部件、灯具安装、焊接包头等。

计量单位：套

定　额　编　号				A4-14-28	A4-14-29	A4-14-30
项　目　名　称				吊式串珠、穗、棒灯		
				灯体直径(mm)		
				≤1200		
				灯体垂吊长度(mm)		
				≤1200	≤1600	≤2000
基　　　　价（元）				304.85	354.27	414.47
其中	人　工　费（元）			294.98	344.40	404.60
	材　料　费（元）			9.87	9.87	9.87
	机　械　费（元）			—	—	—
	名　　　称	单位	单价（元）	消　　耗　　量		
人工	综合工日	工日	140.00	2.107	2.460	2.890
材料	成套灯具	套	—	(1.010)	(1.010)	(1.010)
	冲击钻头 φ14	个	8.55	0.018	0.018	0.018
	膨胀螺栓 M12	套	0.73	3.060	3.060	3.060
	塑料接线柱 双线	个	0.70	8.240	8.240	8.240
	铜接线端子 20A	个	0.33	1.015	1.015	1.015
	铜芯塑料绝缘电线 BV-2.5mm²	m	1.32	0.916	0.916	0.916
	其他材料费占材料费	%	—	1.800	1.800	1.800

工作内容：开箱清点、测定、划线、打眼、埋螺栓、灯具拼装固定、挂接饰部件、灯具安装、焊接包头等。

计量单位：套

定 额 编 号				A4-14-31	A4-14-32	A4-14-33
项 目 名 称				吊式串珠、穗、棒灯		
				灯体直径(mm)		
				≤1500		
				灯体垂吊长度(mm)		
				≤1400	≤1700	≤2500
基 价 （元）				359.59	487.51	642.14
其中	人 工 费 （元）			349.72	476.56	629.72
	材 料 费 （元）			9.87	10.95	12.42
	机 械 费 （元）			—	—	—
名 称		单位	单价（元）	消 耗 量		
人工	综合工日	工日	140.00	2.498	3.404	4.498
材料	成套灯具	套	—	(1.010)	(1.010)	(1.010)
	冲击钻头 φ14	个	8.55	0.018	—	—
	冲击钻头 φ16	个	9.40	—	0.018	0.018
	膨胀螺栓 M12	套	0.73	3.060	—	—
	膨胀螺栓 M14	套	1.07	—	3.060	3.060
	塑料接线柱 双线	个	0.70	8.240	8.240	10.300
	铜接线端子 20A	个	0.33	1.015	1.015	1.015
	铜芯塑料绝缘电线 BV-2.5mm²	m	1.32	0.916	0.916	0.916
	其他材料费占材料费	%	—	1.800	1.800	1.800

工作内容：开箱清点、测定、划线、打眼、埋螺栓、灯具拼装固定、挂接饰部件、灯具安装、焊接包头等。

计量单位：套

定 额 编 号				A4-14-34	A4-14-35	A4-14-36
项 目 名 称				吊式串珠、穗、棒灯		
				灯体直径(mm)		
				≤1800		
				灯体垂吊长度(mm)		
				≤1000	≤1500	≤2500
基 价（元）				380.71	512.31	682.55
其中	人 工 费（元）			369.88	501.48	671.72
	材 料 费（元）			10.83	10.83	10.83
	机 械 费（元）			—	—	—
名 称	单位	单价(元)		消 耗 量		
人工	综合工日	工日	140.00	2.642	3.582	4.798
材料	成套灯具	套	—	(1.010)	(1.010)	(1.010)
	冲击钻头 φ16	个	9.40	0.018	0.018	0.018
	膨胀螺栓 M14	套	1.07	3.060	3.060	3.060
	塑料接线柱 双线	个	0.70	7.140	7.140	7.140
	铜接线端子 50A	个	0.39	1.015	1.015	1.015
	铜芯塑料绝缘电线 BV-4mm²	m	1.97	0.916	0.916	0.916
	其他材料费占材料费	%	—	1.800	1.800	1.800

工作内容：开箱清点、测定、划线、打眼、埋螺栓、灯具拼装固定、挂接饰部件、灯具安装、焊接包头等。

计量单位：套

定 额 编 号				A4-14-37	A4-14-38	A4-14-39
项 目 名 称				吊式串珠、穗、棒灯		
				灯体直径(mm)		
				≤2000		
				灯体垂吊长度(mm)		
				≤1000	≤2500	≤3500
基 价 （元）				464.02	821.44	1163.86
其中	人 工 费 （元）			449.82	798.42	1137.92
	材 料 费 （元）			14.20	23.02	25.94
	机 械 费 （元）			—	—	—
	名 称	单位	单价（元）	消 耗 量		
人工	综合工日	工日	140.00	3.213	5.703	8.128
材料	成套灯具	套	—	(1.010)	(1.010)	(1.010)
	冲击钻头 φ20	个	17.95	0.018	0.024	0.024
	膨胀螺栓 M18	套	2.10	3.060	4.080	4.080
	塑料接线柱 双线	个	0.70	7.140	16.300	20.400
	铜接线端子 50A	个	0.39	1.015	1.015	1.015
	铜芯塑料绝缘电线 BV-4mm²	m	1.97	0.916	0.916	0.916
	其他材料费占材料费	%	—	1.800	1.800	1.800

工作内容：开箱清点、测定、划线、打眼、埋螺栓、灯具拼装固定、挂接饰部件、灯具安装、焊接包头等。

计量单位：套

定 额 编 号			A4-14-40	A4-14-41	A4-14-42
项 目 名 称			吊杆式组合灯		
			灯体直径(mm)		
			≤500	≤700	≤900
			灯体垂吊长度(mm)		
			≤1750		
基 价（元）			158.08	194.34	267.14
其中	人 工 费（元）		143.78	180.04	252.84
	材 料 费（元）		14.30	14.30	14.30
	机 械 费（元）		—	—	—
名 称	单位	单价（元）	消 耗 量		
人工	综合工日	工日	140.00	1.027	1.286	1.806
材料	成套灯具	套	—	(1.010)	(1.010)	(1.010)
	冲击钻头 φ12	个	6.75	0.018	0.018	0.018
	膨胀螺栓 M10	套	0.25	3.060	3.060	3.060
	塑料接线柱 双线	个	0.70	8.240	8.240	8.240
	铜接线端子 20A	个	0.33	1.015	1.015	1.015
	铜芯塑料绝缘电线 BV-2.5mm²	m	1.32	5.345	5.345	5.345
	其他材料费占材料费	%	—	1.800	1.800	1.800

工作内容：开箱清点、测定、划线、打眼、埋螺栓、灯具拼装固定、挂接饰部件、灯具安装、焊接包头等。

计量单位：套

定　额　编　号				A4-14-43	A4-14-44	A4-14-45
项　目　名　称				吊杆式组合灯		
				灯体直径(mm)		
				≤1000	≤1800	≤3000
				灯体垂吊长度(mm)		
				≤4200		
基　　　价（元）				435.29	540.96	870.16
其中	人　工　费（元）			410.20	514.50	836.36
	材　料　费（元）			25.09	26.46	33.80
	机　械　费（元）			—	—	—
名　　　称		单位	单价(元)	消　　耗　　量		
人工	综合工日	工日	140.00	2.930	3.675	5.974
材料	成套灯具	套	—	(1.010)	(1.010)	(1.010)
	冲击钻头 φ12	个	6.75	0.018	0.024	0.024
	膨胀螺栓 M10	套	0.25	3.060	4.080	4.080
	塑料接线柱 双线	个	0.70	9.270	10.300	20.600
	铜接线端子 20A	个	0.33	1.015	2.030	2.030
	铜芯塑料绝缘电线 BV-2.5mm²	m	1.32	12.827	12.827	12.827
	其他材料费占材料费	%	—	1.800	1.800	1.800

工作内容：开箱清点、测定、划线、打眼、埋螺栓、灯具拼装固定、挂接饰部件、灯具安装、焊接包头等。

计量单位：套

定 额 编 号				A4-14-46	A4-14-47	A4-14-48	A4-14-49
项 目 名 称				吊式玻璃装饰罩灯			
				灯体直径(mm)			
				≤900	≤1100	≤1500	≤2000
				灯体垂吊长度(mm)			
				≤500	≤700	≤850	≤1100
基 价 （元）				43.08	57.22	72.56	96.01
其中	人 工 费 （元）			37.10	51.24	66.36	88.34
	材 料 费 （元）			5.98	5.98	6.20	7.67
	机 械 费 （元）			—	—	—	—
	名 称	单位	单价（元）	消 耗 量			
人工	综合工日	工日	140.00	0.265	0.366	0.474	0.631
材料	成套灯具	套	—	(1.010)	(1.010)	(1.010)	(1.010)
	冲击钻头 φ14	个	8.55	0.018	0.018	0.018	0.018
	膨胀螺栓 M12	套	0.73	3.060	3.060	3.060	3.060
	塑料接线柱 双线	个	0.70	2.781	2.781	3.090	5.150
	铜接线端子 20A	个	0.33	1.015	1.015	1.015	1.015
	铜芯塑料绝缘电线 BV-2.5mm²	m	1.32	0.916	0.916	0.916	0.916
	其他材料费占材料费	%	—	1.800	1.800	1.800	1.800

2.吸顶式艺术装饰灯具安装

工作内容：开箱清点、测定、划线、打眼、埋螺栓、灯具拼装固定、挂接饰部件、灯具安装、焊接包头等。

计量单位：套

定　额　编　号				A4-14-50	A4-14-51	A4-14-52	A4-14-53
项　目　名　称				圆形吸顶式串珠、穗、棒灯			
				灯体直径(mm)			
				≤400	≤600	≤800	≤1000
				灯体垂吊长度(mm)			
				≤800			
基　　　　价（元）				67.22	105.61	160.14	226.00
其中	人　工　费（元）			61.60	98.70	150.64	214.48
	材　料　费（元）			5.62	6.91	9.50	11.52
	机　械　费（元）			—	—	—	—
名　　称		单位	单价(元)	消　　耗　　量			
人工	综合工日	工日	140.00	0.440	0.705	1.076	1.532
材料	成套灯具	套	—	(1.010)	(1.010)	(1.010)	(1.010)
	冲击钻头 φ12	个	6.75	0.028	0.028	0.035	0.035
	膨胀螺栓 M10	套	0.25	4.080	4.080	6.120	6.120
	塑料接线柱 双线	个	0.70	2.060	2.060	3.090	4.120
	铜接线端子 20A	个	0.33	1.015	1.015	1.015	1.015
	铜芯塑料绝缘电线 BV-2.5mm²	m	1.32	1.919	2.878	3.838	4.797
	其他材料费占材料费	%	—	1.800	1.800	1.800	1.800

工作内容：开箱清点、测定、划线、打眼、埋螺栓、灯具拼装固定、挂接饰部件、灯具安装、焊接包头
等。

计量单位：套

定 额 编 号				A4-14-54	A4-14-55	A4-14-56
项 目 名 称				圆形吸顶式串珠、穗、棒灯		
				灯体直径(mm)		
				≤1500	≤2000	≤2500
				灯体垂吊长度(mm)		
				≤800		
基 价 （元）				302.83	404.07	449.18
其中	人 工 费 （元）			286.02	381.36	420.98
	材 料 费 （元）			16.81	22.71	28.20
	机 械 费 （元）			—	—	—
名 称		单位	单价（元）	消 耗 量		
人工	综合工日	工日	140.00	2.043	2.724	3.007
材料	成套灯具	套	—	(1.010)	(1.010)	(1.010)
	冲击钻头 φ12	个	6.75	0.047	0.071	0.094
	膨胀螺栓 M10	套	0.25	8.160	12.240	16.320
	塑料接线柱 双线	个	0.70	6.180	8.240	9.270
	铜接线端子 20A	个	0.33	1.015	1.015	2.030
	铜芯塑料绝缘电线 BV-2.5mm²	m	1.32	7.196	9.595	11.993
	其他材料费占材料费	%	—	1.800	1.800	1.800

工作内容：开箱清点、测定、划线、打眼、埋螺栓、灯具拼装固定、挂接饰部件、灯具安装、焊接包头等。

计量单位：套

定 额 编 号			A4-14-57	A4-14-58	A4-14-59
项 目 名 称			圆形吸顶式串珠、穗、棒灯		
			灯体直径(mm)		
			≤3000	≤4000	≤5000
			灯体垂吊长度(mm)		
			≤800		
基 价（元）			640.40	869.83	1115.31
其中	人 工 费 （元）		601.16	813.40	1039.50
	材 料 费 （元）		39.24	56.43	75.81
	机 械 费 （元）		—	—	—
名 称	单位	单价（元）	消 耗 量		
人工	综合工日	工日	140.00	4.294	5.810	7.425
材料	成套灯具	套	—	(1.010)	(1.010)	(1.010)
	冲击钻头 φ12	个	6.75	0.118	0.142	0.165
	膨胀螺栓 M10	套	0.25	20.400	24.480	28.560
	塑料接线柱 双线	个	0.70	18.540	31.930	48.410
	铜接线端子 20A	个	0.33	2.030	2.030	2.030
	铜芯塑料绝缘电线 BV-2.5mm²	m	1.32	14.392	19.189	23.986
	其他材料费占材料费	%	—	1.800	1.800	1.800

定　额　编　号				A4-14-60	A4-14-61	A4-14-62
项　目　名　称				圆形吸顶式串珠、穗、棒灯		
				灯体直径(mm)		
				≤400		
				灯体垂吊长度(mm)		
				≤1500	≤2000	≤2500
基　　　　价（元）				148.74	217.62	272.78
其中	人　工　费（元）			142.94	211.82	266.98
	材　料　费（元）			5.80	5.80	5.80
	机　械　费（元）			—	—	—
	名　　称	单位	单价（元）	消　　耗　　量		
人工	综合工日	工日	140.00	1.021	1.513	1.907
材　料	成套灯具	套	—	(1.010)	(1.010)	(1.010)
	冲击钻头 φ10	个	5.98	0.028	0.028	0.028
	膨胀螺栓 M8	套	0.25	4.080	4.080	4.080
	塑料接线柱 双线	个	0.70	3.090	3.090	3.090
	铜接线端子 20A	个	0.33	1.015	1.015	1.015
	铜芯塑料绝缘电线 BV-2.5mm²	m	1.32	1.527	1.527	1.527
	其他材料费占材料费	%	—	1.800	1.800	1.800

工作内容：开箱清点、测定、划线、打眼、埋螺栓、灯具拼装固定、挂接饰部件、灯具安装、焊接包头等。

计量单位：套

定　额　编　号				A4-14-63	A4-14-64	A4-14-65
项　目　名　称				圆形吸顶式串珠、穗、棒灯		
				灯体直径(mm)		
				≤600		
				灯体垂吊长度(mm)		
				≤2000	≤2500	≤3000
基　　　　价（元）				273.48	306.66	339.70
其中	人　工　费（元）			267.68	300.86	333.90
	材　料　费（元）			5.80	5.80	5.80
	机　械　费（元）			—	—	—
名　　称		单位	单价(元)	消　　耗　　量		
人工	综合工日	工日	140.00	1.912	2.149	2.385
材料	成套灯具	套	—	(1.010)	(1.010)	(1.010)
	冲击钻头 φ10	个	5.98	0.028	0.028	—
	冲击钻头 φ12	个	6.75	—	—	0.024
	膨胀螺栓 M10	套	0.25	—	—	4.080
	膨胀螺栓 M8	套	0.25	4.080	4.080	—
	塑料接线柱 双线	个	0.70	3.090	3.090	3.090
	铜接线端子 20A	个	0.33	1.015	1.015	1.015
	铜芯塑料绝缘电线 BV-2.5mm²	m	1.32	1.527	1.527	1.527
	其他材料费占材料费	%	—	1.800	1.800	1.800

工作内容：开箱清点、测定、划线、打眼、埋螺栓、灯具拼装固定、挂接饰部件、灯具安装、焊接包头
　　　　等。

计量单位：套

定　额　编　号				A4-14-66	A4-14-67	A4-14-68
项　目　名　称				圆形吸顶式串珠、穗、棒灯		
				灯体直径(mm)		
				≤800		
				灯体垂吊长度(mm)		
				≤2000	≤2500	≤3000
基　　　　　价（元）				330.01	425.49	540.13
其中	人　工　费（元）			319.48	414.96	529.62
	材　料　费（元）			10.53	10.53	10.51
	机　械　费（元）			—	—	—
	名　　　称	单位	单价(元)	消　　耗　　量		
人工	综合工日	工日	140.00	2.282	2.964	3.783
材料	成套灯具	套	—	(1.010)	(1.010)	(1.010)
	冲击钻头 φ10	个	5.98	0.064	0.064	—
	冲击钻头 φ12	个	6.75	—	—	0.053
	膨胀螺栓 M10	套	0.25	—	—	9.180
	膨胀螺栓 M8	套	0.25	9.180	9.180	—
	塑料接线柱 双线	个	0.70	6.180	6.180	6.180
	铜接线端子 20A	个	0.33	1.015	1.015	1.015
	铜芯塑料绝缘电线 BV-4mm²	m	1.97	1.527	1.527	1.527
	其他材料费占材料费	%	—	1.800	1.800	1.800

工作内容：开箱清点、测定、划线、打眼、埋螺栓、灯具拼装固定、挂接饰部件、灯具安装、焊接包头等。

计量单位：套

定 额 编 号				A4-14-69	A4-14-70	A4-14-71
项 目 名 称				圆形吸顶式串珠、穗、棒灯		
				灯体直径(mm)		
				≤1000		
				灯体垂吊长度(mm)		
				≤2000	≤2500	≤3000
基 价（元）				577.88	656.98	735.35
其中	人 工 费（元）			566.44	645.54	723.94
	材 料 费（元）			11.44	11.44	11.41
	机 械 费（元）			—	—	—
名 称		单位	单价（元）	消 耗 量		
人工	综合工日	工日	140.00	4.046	4.611	5.171
材料	成套灯具	套	—	(1.010)	(1.010)	(1.010)
	冲击钻头 φ10	个	5.98	0.085	0.085	—
	冲击钻头 φ12	个	6.75	—	—	0.071
	膨胀螺栓 M10	套	0.25	—	—	12.240
	膨胀螺栓 M8	套	0.25	12.240	12.240	—
	塑料接线柱 双线	个	0.70	6.180	6.180	6.180
	铜接线端子 20A	个	0.33	1.015	1.015	1.015
	铜芯塑料绝缘电线 BV-4mm²	m	1.97	1.527	1.527	1.527
	其他材料费占材料费	%	—	1.800	1.800	1.800

工作内容：开箱清点、测定、划线、打眼、埋螺栓、灯具拼装固定、挂接饰部件、灯具安装、焊接包头等。

计量单位：套

定　额　编　号				A4-14-72	A4-14-73	A4-14-74
项　目　名　称				圆形吸顶式串珠、穗、棒灯		
				灯体直径(mm)		
				≤1200		
				灯体垂吊长度(mm)		
				≤2000	≤2500	≤3000
基　　　价（元）				899.29	981.52	1060.63
其中	人　工　费（元）			887.88	959.70	1025.36
	材　料　费（元）			11.41	21.82	35.27
	机　械　费（元）			—	—	—
名　　　称		单位	单价(元)	消　　耗　　量		
人工	综合工日	工日	140.00	6.342	6.855	7.324
材　　　料	成套灯具	套	—	(1.010)	(1.010)	(1.010)
	冲击钻头　φ12	个	6.75	0.071	—	—
	冲击钻头　φ16	个	9.40	—	0.071	—
	冲击钻头　φ20	个	17.95	—	—	0.071
	膨胀螺栓　M10	套	0.25	12.240	—	—
	膨胀螺栓　M14	套	1.07	—	12.240	—
	膨胀螺栓　M18	套	2.10	—	—	12.240
	塑料接线柱　双线	个	0.70	6.180	6.180	6.180
	铜接线端子　20A	个	0.33	1.015	1.015	1.015
	铜芯塑料绝缘电线　BV-4mm²	m	1.97	1.527	1.527	1.527
	其他材料费占材料费	%	—	1.800	1.800	1.800

工作内容：开箱清点、测定、划线、打眼、埋螺栓、灯具拼装固定、挂接饰部件、灯具安装、焊接包头等。

计量单位：套

定 额 编 号				A4-14-75	A4-14-76	A4-14-77
项 目 名 称				圆形吸顶式串珠、穗、棒灯		
				灯体直径(mm)		
				≤1500		
				灯体垂吊长度(mm)		
				≤2000	≤2500	≤3000
基 价 （元）				1014.85	1227.66	1928.78
其中	人 工 费 （元）			1001.14	1184.12	1885.24
	材 料 费 （元）			13.71	43.54	43.54
	机 械 费 （元）			—	—	—
	名 称	单位	单价（元）	消 耗 量		
人工	综合工日	工日	140.00	7.151	8.458	13.466
材料	成套灯具	套	—	(1.010)	(1.010)	(1.010)
	冲击钻头 φ12	个	6.75	0.089	—	—
	冲击钻头 φ20	个	17.95	—	0.089	0.089
	膨胀螺栓 M10	套	0.25	15.300	—	—
	膨胀螺栓 M18	套	2.10	—	15.300	15.300
	塑料接线柱 双线	个	0.70	6.180	6.180	6.180
	铜接线端子 20A	个	0.33	1.015	1.015	1.015
	铜芯塑料绝缘电线 BV-4mm²	m	1.97	1.527	1.527	1.527
	铜芯塑料绝缘电线 BV-6mm²	m	2.99	0.458	0.458	0.458
	其他材料费占材料费	%	—	1.800	1.800	1.800

573

工作内容：开箱清点、测定、划线、打眼、埋螺栓、灯具拼装固定、挂接饰部件、灯具安装、焊接包头等。

计量单位：套

定　额　编　号			A4-14-78	A4-14-79	A4-14-80
项　目　名　称			圆形吸顶式挂片灯		
			灯体直径(mm)		
			≤400	≤600	≤800
			灯体垂吊长度(mm)		
			≤500		
基　　　价（元）			81.75	85.84	91.92
其中	人　工　费（元）		76.16	78.96	83.02
	材　料　费（元）		5.59	6.88	8.90
	机　械　费（元）		—	—	—
名　　称	单位	单价（元）	消　耗　量		
人工	综合工日	工日	140.00	0.544	0.564	0.593
材料	成套灯具	套	—	(1.010)	(1.010)	(1.010)
	冲击钻头　φ12	个	6.75	0.024	0.024	0.024
	膨胀螺栓　M10	套	0.25	4.080	4.080	4.080
	塑料接线柱　双线	个	0.70	2.060	2.060	3.090
	铜接线端子　20A	个	0.33	1.015	1.015	1.015
	铜芯塑料绝缘电线　BV-2.5mm²	m	1.32	1.919	2.878	3.838
	其他材料费占材料费	%	—	1.800	1.800	1.800

工作内容：开箱清点、测定、划线、打眼、埋螺栓、灯具拼装固定、挂接饰部件、灯具安装、焊接包头等。

计量单位：套

定 额 编 号				A4-14-81	A4-14-82	A4-14-83
项 目 名 称				圆形吸顶式挂碗、吊碟灯		
				灯体直径(mm)		
				≤300	≤600	≤800
				灯体垂吊长度(mm)		
				≤500		
基 价 （元）				89.93	93.40	109.98
其中	人 工 费 （元）			84.98	86.52	101.08
	材 料 费 （元）			4.95	6.88	8.90
	机 械 费 （元）			—	—	—
名 称		单位	单价（元）	消 耗 量		
人工	综合工日	工日	140.00	0.607	0.618	0.722
材料	成套灯具	套	—	(1.010)	(1.010)	(1.010)
	冲击钻头 φ12	个	6.75	0.024	0.024	0.024
	膨胀螺栓 M10	套	0.25	4.080	4.080	4.080
	塑料接线柱 双线	个	0.70	2.060	2.060	3.090
	铜接线端子 20A	个	0.33	1.015	1.015	1.015
	铜芯塑料绝缘电线 BV-2.5mm²	m	1.32	1.439	2.878	3.838
	其他材料费占材料费	%	—	1.800	1.800	1.800

工作内容：开箱清点、测定、划线、打眼、埋螺栓、灯具拼装固定、挂接饰部件、灯具安装、焊接包头等。

计量单位：套

定 额 编 号				A4-14-84	A4-14-85	A4-14-86
项 目 名 称				矩形吸顶式串珠、穗、棒灯		
				灯体直径(mm)		
				≤1600		
				灯体垂吊长度(mm)		
				≤1500	≤2000	≤2500
基 价 （元）				545.91	655.11	790.61
其中	人 工 费 （元）			533.54	642.74	773.78
	材 料 费 （元）			12.37	12.37	16.83
	机 械 费 （元）			—	—	—
名 称		单位	单价(元)	消 耗 量		
人工	综合工日	工日	140.00	3.811	4.591	5.527
材料	成套灯具	套	—	(1.010)	(1.010)	(1.010)
	冲击钻头 φ10	个	5.98	0.064	0.064	—
	冲击钻头 φ12	个	6.75	—	—	0.053
	膨胀螺栓 M10	套	0.25	9.180	9.180	—
	膨胀螺栓 M12	套	0.73	—	—	9.180
	塑料接线柱 双线	个	0.70	6.180	6.180	6.180
	铜接线端子 20A	个	0.33	1.015	1.015	1.015
	铜芯塑料绝缘电线 BV-4mm²	m	1.97	2.443	2.443	2.443
	其他材料费占材料费	%	—	1.800	1.800	1.800

工作内容：开箱清点、测定、划线、打眼、埋螺栓、灯具拼装固定、挂接饰部件、灯具安装、焊接包头等。

计量单位：套

定 额 编 号			A4-14-87	A4-14-88	A4-14-89
项 目 名 称			矩形吸顶式串珠、穗、棒灯		
			灯体直径(mm)		
			≤3000		
			灯体垂吊长度(mm)		
			≤2000	≤2500	≤3000
基 价（元）			949.26	1090.77	1253.45
其中	人 工 费（元）		931.70	1073.24	1235.92
	材 料 费（元）		17.56	17.53	17.53
	机 械 费（元）		—	—	—
名 称	单位	单价(元)	消 耗 量		
人工 综合工日	工日	140.00	6.655	7.666	8.828
材料 成套灯具	套	—	(1.010)	(1.010)	(1.010)
冲击钻头 φ10	个	5.98	0.085	—	—
冲击钻头 φ12	个	6.75	—	0.071	0.071
膨胀螺栓 M10	套	0.25	—	12.240	12.240
膨胀螺栓 M8	套	0.25	12.240	—	—
塑料接线柱 双线	个	0.70	6.180	6.180	6.180
铜接线端子 20A	个	0.33	1.015	1.015	1.015
铜芯塑料绝缘电线 BV-4mm²	m	1.97	4.581	4.581	4.581
其他材料费占材料费	%	—	1.800	1.800	1.800

工作内容：开箱清点、测定、划线、打眼、埋螺栓、灯具拼装固定、挂接饰部件、灯具安装、焊接包头
等。

计量单位：套

定　额　编　号				A4-14-90	A4-14-91	A4-14-92
项　目　名　称				矩形吸顶式串珠、穗、棒灯		
				灯体直径(mm)		
				≤4000		
				灯体垂吊长度(mm)		
				≤2000	≤2500	≤3000
基　　　　　价（元）				1494.00	1802.48	2168.17
其中	人　工　费（元）			1471.54	1770.86	2130.10
	材　料　费（元）			22.46	31.62	38.07
	机　械　费（元）			—	—	—
名　　称		单位	单价（元）	消　　耗　　量		
人工	综合工日	工日	140.00	10.511	12.649	15.215
材料	成套灯具	套	—	(1.010)	(1.010)	(1.010)
	冲击钻头 φ12	个	6.75	0.106	—	—
	冲击钻头 φ14	个	8.55	—	0.106	—
	冲击钻头 φ16	个	9.40	—	—	0.106
	膨胀螺栓 M10	套	0.25	18.360	—	—
	膨胀螺栓 M12	套	0.73	—	18.360	—
	膨胀螺栓 M14	套	1.07	—	—	18.360
	塑料接线柱 双线	个	0.70	6.180	6.180	6.180
	铜接线端子 50A	个	0.39	1.015	1.015	1.015
	铜芯塑料绝缘电线 BV-4mm²	m	1.97	6.108	6.108	6.108
	其他材料费占材料费	%	—	1.800	1.800	1.800

工作内容：开箱清点、测定、划线、打眼、埋螺栓、灯具拼装固定、挂接饰部件、灯具安装、焊接包头等。

计量单位：套

定 额 编 号				A4-14-93	A4-14-94	A4-14-95
项 目 名 称				矩形吸顶式串珠、穗、棒灯		
				灯体直径(mm)		
				≤1000	≤1500	≤2000
				灯体垂吊长度(mm)		
				≤800		
基 价（元）				94.10	115.43	141.69
其中	人 工 费（元）			89.04	109.34	133.84
	材 料 费（元）			5.06	6.09	7.85
	机 械 费（元）			—	—	—
名 称	单位	单价（元）		消 耗 量		
人工	综合工日	工日	140.00	0.636	0.781	0.956
材料	成套灯具	套	—	(1.010)	(1.010)	(1.010)
	冲击钻头 φ12	个	6.75	0.024	0.024	0.024
	膨胀螺栓 M10	套	0.25	4.080	4.080	4.080
	塑料接线柱 双线	个	0.70	2.060	2.060	3.090
	铜接线端子 20A	个	0.33	1.015	1.015	1.015
	铜芯塑料绝缘电线 BV-2.5mm²	m	1.32	1.527	2.291	3.054
	其他材料费占材料费	%	—	1.800	1.800	1.800

工作内容：开箱清点、测定、划线、打眼、埋螺栓、灯具拼装固定、挂接饰部件、灯具安装、焊接包头等。

计量单位：套

定 额 编 号				A4-14-96	A4-14-97	A4-14-98
项 目 名 称				矩形吸顶式串珠、穗、棒灯		
				灯体直径(mm)		
				≤2500	≤3000	≤3500
				灯体垂吊长度(mm)		
				≤800		
基 价 （元）				171.70	208.60	246.26
其中	人 工 费（元）			162.82	197.96	224.56
	材 料 费（元）			8.88	10.64	21.70
	机 械 费（元）			—	—	—
名 称		单位	单价(元)	消 耗 量		
人工	综合工日	工日	140.00	1.163	1.414	1.604
材料	成套灯具	套	—	(1.010)	(1.010)	(1.010)
	冲击钻头 φ12	个	6.75	0.024	0.024	—
	冲击钻头 φ16	个	9.40	—	—	0.047
	膨胀螺栓 M10	套	0.25	4.080	4.080	—
	膨胀螺栓 M14	套	1.07	—	—	8.160
	塑料接线柱 双线	个	0.70	3.090	4.120	4.120
	铜接线端子 20A	个	0.33	1.015	1.015	—
	铜接线端子 50A	个	0.39	—	—	1.015
	铜芯塑料绝缘电线 BV-2.5mm²	m	1.32	3.818	4.581	5.345
	铜芯塑料绝缘电线 BV-4mm²	m	1.97	—	—	0.916
	其他材料费占材料费	%	—	1.800	1.800	1.800

工作内容：开箱清点、测定、划线、打眼、埋螺栓、灯具拼装固定、挂接饰部件、灯具安装、焊接包头等。

计量单位：套

定 额 编 号				A4-14-99	A4-14-100
项 目 名 称				矩形吸顶式串珠、穗、棒灯	
				灯体直径(mm)	
				≤4000	≤4500
				灯体垂吊长度(mm)	
				≤800	
基 价（元）				325.54	429.38
其中	人 工 费（元）			299.88	398.02
	材 料 费（元）			25.66	31.36
	机 械 费（元）			—	—
名 称	单位	单价(元)		消 耗 量	
人工	综合工日	工日	140.00	2.142	2.843
材料	成套灯具	套	—	(1.010)	(1.010)
	冲击钻头 φ16	个	9.40	0.047	0.071
	膨胀螺栓 M14	套	1.07	8.160	12.240
	塑料接线柱 双线	个	0.70	8.240	8.240
	铜接线端子 50A	个	0.39	1.015	1.015
	铜芯塑料绝缘电线 BV-2.5mm²	m	1.32	6.108	6.872
	铜芯塑料绝缘电线 BV-4mm²	m	1.97	0.916	0.916
	其他材料费占材料费	%	—	1.800	1.800

工作内容：开箱清点、测定、划线、打眼、埋螺栓、灯具拼装固定、挂接饰部件、灯具安装、焊接包头等。

计量单位：套

定　额　编　号				A4-14-101	A4-14-102
项　目　名　称				矩形吸顶式串珠、穗、棒灯	
				灯体直径(mm)	
				≤5000	≤5500
				灯体垂吊长度(mm)	
				≤800	
基　　　　价（元）				564.57	738.02
其中	人　工　费（元）			525.98	692.16
	材　料　费（元）			38.59	45.86
	机　械　费（元）			—	—
名　　　称		单位	单价（元）	消　　耗　　量	
人工	综合工日	工日	140.00	3.757	4.944
材料	成套灯具	套	—	(1.010)	(1.010)
	冲击钻头　φ16	个	9.40	0.071	0.094
	膨胀螺栓　M16	套	1.45	12.240	16.320
	塑料接线柱　双线	个	0.70	10.300	10.300
	铜接线端子　50A	个	0.39	1.015	1.015
	铜芯塑料绝缘电线　BV-2.5mm²	m	1.32	7.635	8.399
	铜芯塑料绝缘电线　BV-4mm²	m	1.97	0.916	0.916
	其他材料费占材料费	%	—	1.800	1.800

工作内容：开箱清点、测定、划线、打眼、埋螺栓、灯具拼装固定、挂接饰部件、灯具安装、焊接包头等。

计量单位：套

定 额 编 号				A4-14-103	A4-14-104	A4-14-105
项 目 名 称				矩形吸顶式挂片灯		
				灯体直径(mm)		
				≤800	≤1200	≤1600
				灯体垂吊长度(mm)		
				≤500		
基 价 （元）				78.99	83.03	89.63
其中	人 工 费（元）			74.34	77.56	82.60
	材 料 费（元）			4.65	5.47	7.03
	机 械 费（元）			—	—	—
名 称		单位	单价（元）	消 耗 量		
人工	综合工日	工日	140.00	0.531	0.554	0.590
材料	成套灯具	套	—	(1.010)	(1.010)	(1.010)
	冲击钻头 φ12	个	6.75	0.024	0.024	0.024
	膨胀螺栓 M10	套	0.25	4.080	4.080	4.080
	塑料接线柱 双线	个	0.70	2.060	2.060	3.090
	铜接线端子 20A	个	0.33	1.015	1.015	1.015
	铜芯塑料绝缘电线 BV-2.5mm²	m	1.32	1.222	1.832	2.443
	其他材料费占材料费	%	—	1.800	1.800	1.800

工作内容：开箱清点、测定、划线、打眼、埋螺栓、灯具拼装固定、挂接饰部件、灯具安装、焊接包头、等。

计量单位：套

定　额　编　号				A4-14-106	A4-14-107
项　目　名　称				矩形吸顶式挂碗、吊碟灯	
				灯体直径(mm)	
				≤800	≤1200
				灯体垂吊长度(mm)	
				≤500	
基　　　　价（元）				79.69	91.01
其中	人　工　费（元）			75.04	85.54
	材　料　费（元）			4.65	5.47
	机　械　费（元）			—	—
名　　称		单位	单价(元)	消　耗　量	
人工	综合工日	工日	140.00	0.536	0.611
材料	成套灯具	套	—	(1.010)	(1.010)
	冲击钻头 φ12	个	6.75	0.024	0.024
	膨胀螺栓 M10	套	0.25	4.080	4.080
	塑料接线柱 双线	个	0.70	2.060	2.060
	铜接线端子 20A	个	0.33	1.015	1.015
	铜芯塑料绝缘电线 BV-2.5mm^2	m	1.32	1.222	1.832
	其他材料费占材料费	%	—	1.800	1.800

工作内容：开箱清点、测定、划线、打眼、埋螺栓、灯具拼装固定、挂接饰部件、灯具安装、焊接包头
等。

计量单位：套

定　额　编　号					A4-14-108	A4-14-109
项　目　名　称					矩形吸顶式挂碗、吊碟灯	
					灯体直径(mm)	
					≤1600	≤2000
					灯体垂吊长度(mm)	
					≤500	
基　　　价（元）					108.53	124.61
其中	人　工　费（元）				101.50	116.76
	材　料　费（元）				7.03	7.85
	机　械　费（元）				—	—
	名　　称	单位	单价（元）		消　耗　　量	
人工	综合工日	工日	140.00		0.725	0.834
材料	成套灯具	套	—		(1.010)	(1.010)
	冲击钻头 φ12	个	6.75		0.024	0.024
	膨胀螺栓 M10	套	0.25		4.080	4.080
	塑料接线柱 双线	个	0.70		3.090	3.090
	铜接线端子 20A	个	0.33		1.015	1.015
	铜芯塑料绝缘电线 BV-2.5mm²	m	1.32		2.443	3.054
	其他材料费占材料费	%	—		1.800	1.800

585

工作内容：开箱清点、测定、划线、打眼、埋螺栓、灯具拼装固定、挂接饰部件、灯具安装、焊接包头等。

计量单位：套

定　额　编　号				A4-14-110	A4-14-111	A4-14-112
项　目　名　称				矩形吸顶式玻璃装饰罩灯		
				灯体直径(mm)		
				≤1500	≤2000	≤2500
				灯体垂吊长度(mm)		
				≤400		
基　　　　价（元）				43.33	53.74	66.52
其中	人　工　费（元）			37.24	46.62	58.38
	材　料　费（元）			6.09	7.12	8.14
	机　械　费（元）			—	—	—
名　　　称		单位	单价(元)	消　　耗　　量		
人工	综合工日	工日	140.00	0.266	0.333	0.417
材料	成套灯具	套	—	(1.010)	(1.010)	(1.010)
	冲击钻头 φ12	个	6.75	0.024	0.024	0.024
	膨胀螺栓 M10	套	0.25	4.080	4.080	4.080
	塑料接线柱 双线	个	0.70	2.060	2.060	2.060
	铜接线端子 20A	个	0.33	1.015	1.015	1.015
	铜芯塑料绝缘电线 BV-2.5mm²	m	1.32	2.291	3.054	3.818
	其他材料费占材料费	%	—	1.800	1.800	1.800

工作内容：开箱清点、测定、划线、打眼、埋螺栓、灯具拼装固定、挂接饰部件、灯具安装、焊接包头等。

计量单位：套

定 额 编 号				A4-14-113	A4-14-114	A4-14-115
项 目 名 称				矩形吸顶式玻璃装饰罩灯		
				灯体直径(mm)		
				≤3000		
				灯体垂吊长度(mm)		
				≤400	≤700	≤1600
基 价（元）				80.04	111.37	247.63
其中	人 工 费（元）			70.14	84.00	219.52
	材 料 费（元）			9.90	27.37	28.11
	机 械 费（元）			—	—	—
名 称		单位	单价（元）	消 耗 量		
人工	综合工日	工日	140.00	0.501	0.600	1.568
材料	成套灯具	套	—	(1.010)	(1.010)	(1.010)
	冲击钻头 φ12	个	6.75	0.024	—	—
	冲击钻头 φ16	个	9.40	—	0.094	0.094
	膨胀螺栓 M10	套	0.25	4.080	—	—
	膨胀螺栓 M14	套	1.07	—	16.320	16.320
	塑料接线柱 双线	个	0.70	3.090	3.090	4.120
	铜接线端子 20A	个	0.33	1.015	1.015	1.015
	铜芯塑料绝缘电线 BV-2.5mm²	m	1.32	4.581	4.581	4.581
	其他材料费占材料费	%	—	1.800	1.800	1.800

3.荧光艺术装饰灯具安装

工作内容：开箱清点、测定、划线、打眼、埋螺栓、灯具拼装固定、挂接饰部件、灯具安装、焊接包头等。

计量单位：m

定　额　编　号			A4-14-116	A4-14-117
项　目　名　称			组合荧光灯带吊杆式	
			单管	双管
基　　　价（元）			25.08	30.01
其中	人　工　费（元）		19.88	23.94
	材　料　费（元）		5.20	6.07
	机　械　费（元）		—	—
名　　称	单位	单价（元）	消　耗　量	
人工	综合工日	工日	140.00	0.142	0.171
材料	成套灯具	套	—	(0.808)	(0.808)
	冲击钻头　φ8	个	5.38	0.019	0.019
	木螺钉　M2～4×6～65	个	0.09	2.810	2.810
	塑料胀管　φ6～8	个	0.07	2.970	2.970
	铜接线端子　20A	个	0.33	0.812	0.812
	铜芯塑料绝缘电线　BV-2.5mm²	m	1.32	3.237	3.885
	其他材料费占材料费	%	—	1.800	1.800

工作内容：开箱清点、测定、划线、打眼、埋螺栓、灯具拼装固定、挂接饰部件、灯具安装、焊接包头等。

计量单位：m

定 额 编 号			A4-14-118	A4-14-119
项 目 名 称			组合荧光灯带吊杆式	
			三管	四管
基 价 （元）			35.67	42.80
其中	人 工 费 （元）		28.56	34.44
	材 料 费 （元）		7.11	8.36
	机 械 费 （元）		—	—
名 称		单位	单价（元）	消 耗 量	
人工	综合工日	工日	140.00	0.204	0.246
材料	成套灯具	套	—	(0.808)	(0.808)
	冲击钻头 φ8	个	5.38	0.019	0.019
	木螺钉 M2~4×6~65	个	0.09	2.810	2.810
	塑料胀管 φ6~8	个	0.07	2.970	2.970
	铜接线端子 20A	个	0.33	0.812	0.812
	铜芯塑料绝缘电线 BV-2.5mm²	m	1.32	4.662	5.594
	其他材料费占材料费	%	—	1.800	1.800

工作内容：开箱清点、测定、划线、打眼、埋螺栓、灯具拼装固定、挂接饰部件、灯具安装、焊接包头
等。

计量单位：m

定　额　编　号				A4-14-120	A4-14-121
项　目　名　称				组合荧光灯带吸顶式	
				单管	双管
基　　　　价（元）				19.28	23.29
其中	人　工　费（元）			14.56	17.36
	材　料　费（元）			4.72	5.93
	机　械　费（元）			—	—
名　　称		单位	单价（元）	消　耗　　量	
人工	综合工日	工日	140.00	0.104	0.124
材料	成套灯具	套	—	(0.808)	(0.808)
	冲击钻头　Φ8	个	5.38	0.011	0.023
	木螺钉　M2～4×6～65	个	0.09	1.660	3.330
	塑料胀管　Φ6～8	个	0.07	1.760	3.520
	铜接线端子　20A	个	0.33	0.812	0.812
	铜芯塑料绝缘电线　BV-2.5mm²	m	1.32	3.057	3.705
	其他材料费占材料费	%	—	1.800	1.800

工作内容：开箱清点、测定、划线、打眼、埋螺栓、灯具拼装固定、挂接饰部件、灯具安装、焊接包头等。

计量单位：m

定 额 编 号				A4-14-122	A4-14-123
项 目 名 称				组合荧光灯带吸顶式	
				三管	四管
基 价 （元）				27.85	33.30
其中	人 工 费 （元）			20.86	25.06
	材 料 费 （元）			6.99	8.24
	机 械 费 （元）			—	—
名 称		单位	单价（元）	消 耗 量	
人工	综合工日	工日	140.00	0.149	0.179
材料	成套灯具	套	—	(0.808)	(0.808)
	冲击钻头 φ8	个	5.38	0.023	0.023
	膨胀螺栓 M6	套	0.17	3.260	3.260
	铜接线端子 20A	个	0.33	0.812	0.812
	铜芯塑料绝缘电线 BV-2.5mm²	m	1.32	4.482	5.414
	其他材料费占材料费	%	—	1.800	1.800

591

工作内容：开箱清点、测定、划线、打眼、埋螺栓、灯具拼装固定、挂接饰部件、灯具安装、焊接包头等。

计量单位：m

定 额 编 号			A4-14-124	A4-14-125
项 目 名 称			组合荧光灯带嵌入式	
			单管	双管
基 价（元）			23.22	27.31
其中	人 工 费（元）		16.10	19.32
	材 料 费（元）		7.12	7.99
	机 械 费（元）		—	—
名 称	单位	单价（元）	消 耗 量	
人工 综合工日	工日	140.00	0.115	0.138
材料 成套灯具	套	—	(0.808)	(0.808)
冲击钻头 φ10	个	5.98	0.011	0.011
镀锌槽型吊码 单边δ=3	个	0.51	1.648	1.648
镀锌自攻螺钉ST 4～6×20～35	个	0.26	5.300	5.300
膨胀螺栓 M8	套	0.25	1.630	1.630
铜接线端子 20A	个	0.33	0.812	0.812
铜芯塑料绝缘电线 BV-2.5mm²	m	1.32	3.057	3.705
其他材料费占材料费	%	—	1.800	1.800

工作内容：开箱清点、测定、划线、打眼、埋螺栓、灯具拼装固定、挂接饰部件、灯具安装、焊接包头等。

计量单位：m

定　额　编　号				A4-14-126	A4-14-127
项　目　名　称				组合荧光灯带嵌入式	
				三管	四管
基　　　　价（元）				31.76	37.77
其中	人　工　费（元）			23.24	28.00
	材　料　费（元）			8.52	9.77
	机　械　费（元）			—	—
	名　　　称	单位	单价（元）	消　耗　　量	
人工	综合工日	工日	140.00	0.166	0.200
材料	成套灯具	套	—	(0.808)	(0.808)
	冲击钻头　φ10	个	5.98	0.011	0.011
	镀锌槽型吊码　双边δ=3	个	0.22	1.648	1.648
	镀锌自攻螺钉ST 4～6×20～35	个	0.26	5.200	5.200
	膨胀螺栓　M8	套	0.25	1.630	1.630
	铜接线端子　20A	个	0.33	0.812	0.812
	铜芯塑料绝缘电线 BV-2.5mm²	m	1.32	4.482	5.413
	其他材料费占材料费	%	—	1.800	1.800

593

工作内容：开箱清点、测定、划线、打眼、埋螺栓、灯具拼装固定、挂接饰部件、灯具安装、焊接包头等。

计量单位：m

定　额　编　号				A4-14-128	A4-14-129	A4-14-130
项　目　名　称				内藏组合式荧光灯		
				方形组合	日形组合	田形组合
基　　　价（元）				15.67	16.22	17.94
其中	人　工　费（元）			13.86	14.56	16.10
	材　料　费（元）			1.81	1.66	1.84
	机　械　费（元）			—	—	—
	名　　　称	单位	单价（元）	消　　耗　　量		
人工	综合工日	工日	140.00	0.099	0.104	0.115
材料	成套灯具	套	—	(0.808)	(0.808)	(0.808)
	冲击钻头　Φ8	个	5.38	0.011	0.010	0.011
	膨胀螺栓 M6	套	0.17	1.630	1.630	1.630
	铜接线端子 20A	个	0.33	0.812	0.812	0.812
	铜芯塑料绝缘电线 BV-2.5mm²	m	1.32	0.891	0.779	0.915
	其他材料费占材料费	%	—	1.800	1.800	1.800

工作内容：开箱清点、测定、划线、打眼、埋螺栓、灯具拼装固定、挂接饰部件、灯具安装、焊接包头等。

计量单位：m

定 额 编 号				A4-14-131	A4-14-132
项 目 名 称				内藏组合式荧光灯	
				六边组合	单管锥体组合
基 价 （元）				23.54	21.30
其中	人 工 费 （元）			21.70	19.46
	材 料 费 （元）			1.84	1.84
	机 械 费 （元）			—	—
	名 称	单位	单价（元）	消 耗 量	
人工	综合工日	工日	140.00	0.155	0.139
材料	成套灯具	套	—	(0.808)	(0.808)
	冲击钻头 φ8	个	5.38	0.011	0.011
	膨胀螺栓 M6	套	0.17	1.630	1.630
	铜接线端子 20A	个	0.33	0.812	0.812
	铜芯塑料绝缘电线 BV-2.5mm²	m	1.32	0.915	0.915
	其他材料费占材料费	%	—	1.800	1.800

工作内容：开箱清点、测定、划线、打眼、埋螺栓、灯具拼装固定、挂接饰部件、灯具安装、焊接包头等。

计量单位：m

定　额　编　号				A4-14-133	A4-14-134
项　目　名　称				内藏组合式荧光灯	
				双管带形组合	圆管光带
基　　　　价（元）				19.90	18.89
其中	人　工　费（元）			18.06	17.08
	材　料　费（元）			1.84	1.81
	机　械　费（元）			—	—
名　　　称		单位	单价（元）	消　耗　量	
人工	综合工日	工日	140.00	0.129	0.122
材料	成套灯具	套	—	(0.808)	(0.808)
	冲击钻头　φ8	个	5.38	0.011	0.011
	膨胀螺栓　M6	套	0.17	1.630	1.630
	铜接线端子　20A	个	0.33	0.812	0.812
	铜芯塑料绝缘电线　BV-2.5mm^2	m	1.32	0.915	0.891
	其他材料费占材料费	%	—	1.800	1.800

工作内容：开箱清点、测定、划线、打眼、埋螺栓、灯具拼装固定、挂接饰部件、灯具安装、焊接包头等。

计量单位：m²

定　额　编　号			A4-14-135	
项　目　名　称			发光棚荧光灯	
基　　　　价（元）			56.47	
其中	人　工　费（元）		35.84	
	材　料　费（元）		20.63	
	机　械　费（元）		—	
名　　　称	单位	单价（元）	消　　耗　　量	
人工	综合工日	工日	140.00	0.256
材料	成套灯具	套	—	(0.408)
	冲击钻头 φ8	个	5.38	0.057
	金属软管 DN15	m	1.79	2.060
	金属软管接头 DN15	个	0.17	4.120
	木螺钉 M2～4×6～65	个	0.09	8.320
	塑料接线柱 双线	个	0.70	2.060
	塑料胀管 φ6～8	个	0.07	8.800
	铜接线端子 20A	个	0.33	2.030
	铜芯塑料绝缘电线 BV-2.5mm²	m	1.32	9.162
	其他材料费占材料费	%	—	1.800

工作内容：开箱清点、测定、划线、打眼、埋螺栓、灯具拼装固定、挂接饰部件、灯具安装、焊接包头等。

计量单位：m

定 额 编 号				A4-14-136	A4-14-137
项 目 名 称				立体广告灯箱	天棚荧光灯带
基 价 （元）				30.28	15.49
其中	人 工 费 （元）			20.30	9.52
	材 料 费 （元）			9.98	5.97
	机 械 费 （元）			—	—
名 称		单位	单价（元）	消 耗 量	
人工	综合工日	工日	140.00	0.145	0.068
材料	成套灯具	套	—	(0.808)	(0.808)
	冲击钻头 φ12	个	6.75	0.019	—
	镀锌膨胀螺栓带2螺母、2垫圈 M10	套	0.43	3.264	—
	镀锌自攻螺钉ST 4～6×10～16	个	0.02	1.660	1.660
	金属软管 DN15	m	1.79	0.824	0.206
	金属软管接头 DN15	个	0.17	1.648	1.030
	塑料接线柱 双线	个	0.70	0.824	0.824
	铜接线端子 20A	个	0.33	0.812	0.609
	铜芯塑料绝缘电线 BV-2.5mm²	m	1.32	4.275	3.420
	其他材料费占材料费	%	—	1.800	1.800

4. 几何形状组合艺术装饰灯具安装

工作内容：开箱清点、测定、划线、打眼、埋螺栓、灯具拼装固定、挂接饰部件、灯具安装、焊接包头等。

计量单位：套

定 额 编 号				A4-14-138	A4-14-139
项 目 名 称				单点固定灯具	
				繁星6火	繁星40火
基 价 （元）				15.28	18.08
其中	人 工 费 （元）			13.72	16.52
	材 料 费 （元）			1.56	1.56
	机 械 费 （元）			—	—
名 称	单位	单价（元）		消 耗 量	
人工	综合工日	工日	140.00	0.098	0.118
材料	成套灯具	套	—	(1.010)	(1.010)
	冲击钻头 φ10	个	5.98	0.014	0.014
	膨胀螺栓 M8	套	0.25	2.040	2.040
	铜接线端子 20A	个	0.33	1.015	1.015
	铜芯塑料绝缘电线 BV-2.5mm²	m	1.32	0.458	0.458
	其他材料费占材料费	%	—	1.800	1.800

工作内容：开箱清点、测定、划线、打眼、埋螺栓、灯具拼装固定、挂接饰部件、灯具安装、焊接包头等。

计量单位：套

定 额 编 号				A4-14-140	A4-14-141
项 目 名 称				四点固定灯具	
				繁星16火	繁星100火
基 价（元）				29.77	40.02
其中	人 工 费（元）			25.76	32.48
	材 料 费（元）			4.01	7.54
	机 械 费（元）			—	—
名 称	单位	单价(元)		消 耗 量	
人工	综合工日	工日	140.00	0.184	0.232
材料	成套灯具	套	—	(1.010)	(1.010)
	冲击钻头 φ10	个	5.98	0.028	0.408
	膨胀螺栓 M8	套	0.25	4.080	4.080
	铜接线端子 20A	个	0.33	1.015	1.015
	铜芯塑料绝缘电线 BV-2.5mm²	m	1.32	1.832	—
	铜芯塑料绝缘电线 BV-4mm²	m	1.97	—	1.832
	其他材料费占材料费	%	—	1.800	1.800

工作内容：开箱清点、测定、划线、打眼、埋螺栓、灯具拼装固定、挂接饰部件、灯具安装、焊接包头等。

计量单位：套

定　额　编　号			A4-14-142	A4-14-143
项　目　名　称			单点固定灯具	双点固定灯具
			钻石星5火	星形双火灯
基　　　价（元）			13.60	24.20
其中	人　工　费（元）		12.04	21.42
	材　料　费（元）		1.56	2.78
	机　械　费（元）		—	—
名　　称	单位	单价（元）	消　耗　　量	
人工	综合工日	工日	140.00	0.086	0.153
材料	成套灯具	套	—	(1.010)	(1.010)
	冲击钻头 φ10	个	5.98	0.014	0.028
	膨胀螺栓 M8	套	0.25	2.040	4.080
	铜接线端子 20A	个	0.33	1.015	1.015
	铜芯塑料绝缘电线 BV-2.5mm^2	m	1.32	0.458	0.916
	其他材料费占材料费	%	—	1.800	1.800

工作内容：开箱清点、测定、划线、打眼、埋螺栓、灯具拼装固定、挂接饰部件、灯具安装、焊接包头等。

计量单位：套

定　额　编　号				A4-14-144	A4-14-145
项　目　名　称				多点固定灯具	四点固定灯具
				礼花灯	玻璃罩
					钢架组合灯
基　　　　价（元）				20.82	15.84
其中	人　工　费（元）			19.74	14.28
	材　料　费（元）			1.08	1.56
	机　械　费（元）			—	—
名　　称		单位	单价(元)	消　耗　量	
人工	综合工日	工日	140.00	0.141	0.102
材料	成套灯具	套	—	(1.010)	(1.010)
	冲击钻头 φ10	个	5.98	0.009	0.014
	膨胀螺栓 M8	套	0.25	1.220	2.040
	铜接线端子 20A	个	0.33	1.015	1.015
	铜芯塑料绝缘电线 BV-2.5mm²	m	1.32	0.275	0.458
	其他材料费占材料费	%	—	1.800	1.800

工作内容：开箱清点、测定、划线、打眼、埋螺栓、灯具拼装固定、挂接饰部件、灯具安装、焊接包头等。

计量单位：套

定 额 编 号				A4-14-146	A4-14-147
项 目 名 称				钢架凸片火灯	
				1火	≤4火
基 价（元）				8.89	21.07
其中	人 工 费（元）			6.72	18.90
	材 料 费（元）			2.17	2.17
	机 械 费（元）			—	—
	名 称	单位	单价（元）	消 耗 量	
人工	综合工日	工日	140.00	0.048	0.135
材料	成套灯具	套	—	(1.010)	(1.010)
	冲击钻头 φ12	个	6.75	0.012	0.012
	膨胀螺栓 M10	套	0.25	2.040	2.040
	铜接线端子 20A	个	0.33	1.015	1.015
	铜芯塑料绝缘电线 BV-2.5mm²	m	1.32	0.916	0.916
	其他材料费占材料费	%	—	1.800	1.800

工作内容：开箱清点、测定、划线、打眼、埋螺栓、灯具拼装固定、挂接饰部件、灯具安装、焊接包头等。

计量单位：套

定 额 编 号				A4-14-148	A4-14-149
项 目 名 称				钢架凸片火灯	
				≤18火	≤28火
基 价 （元）				89.56	108.63
其中	人 工 费 （元）			76.02	88.34
	材 料 费 （元）			13.54	20.29
	机 械 费 （元）			—	—
名 称		单位	单价（元）	消 耗 量	
人工	综合工日	工日	140.00	0.543	0.631
材料	成套灯具	套	—	(1.010)	(1.010)
	冲击钻头 φ12	个	6.75	0.024	0.035
	膨胀螺栓 M10	套	0.25	4.080	6.120
	铜接线端子 20A	个	0.33	1.015	1.015
	铜芯塑料绝缘电线 BV-2.5mm²	m	1.32	8.246	12.827
	铜芯塑料绝缘电线 BV-4mm²	m	1.97	0.458	0.458
	其他材料费占材料费	%	—	1.800	1.800

工作内容：开箱清点、测定、划线、打眼、埋螺栓、灯具拼装固定、挂接饰部件、灯具安装、焊接包头等。

计量单位：套

定　额　编　号				A4-14-150	A4-14-151
项　目　名　称				反射柱灯	筒形
					钢架灯
基　　　价（元）				10.24	33.76
其中	人　工　费（元）			8.68	27.16
	材　料　费（元）			1.56	6.60
	机　械　费（元）			—	—
名　　　称		单位	单价（元）	消　　耗　　量	
人工	综合工日	工日	140.00	0.062	0.194
材料	成套灯具	套	—	(1.010)	(1.010)
	冲击钻头 φ12	个	6.75	0.012	0.012
	膨胀螺栓 M10	套	0.25	2.040	2.040
	塑料接线柱 双线	个	0.70	—	1.030
	铜接线端子 20A	个	0.33	1.015	1.015
	铜芯塑料绝缘电线 BV-2.5mm^2	m	1.32	0.458	3.665
	其他材料费占材料费	%	—	1.800	1.800

工作内容：开箱清点、测定、划线、打眼、埋螺栓、灯具拼装固定、挂接饰部件、灯具安装、焊接包头等。

计量单位：套

定 额 编 号				A4-14-152	A4-14-153
项 目 名 称				U性型	弧形管
				组合灯	
基 价（元）				58.41	22.73
其中	人 工 费（元）			51.66	17.64
	材 料 费（元）			6.75	5.09
	机 械 费（元）			—	—
	名 称	单位	单价（元）	消 耗 量	
人工	综合工日	工日	140.00	0.369	0.126
材料	成套灯具	套	—	(1.010)	(1.010)
	冲击钻头 φ8	个	5.38	0.071	0.071
	木螺钉 M2~4×6~65	个	0.09	10.400	—
	膨胀螺栓 M6	套	0.17	—	1.630
	塑料接线柱 双线	个	0.70	5.150	0.834
	塑料胀管 φ6~8	个	0.07	11.000	—
	铜接线端子 20A	个	0.33	1.015	1.015
	铜芯塑料绝缘电线 BV-2.5mm²	m	1.32	0.458	2.591
	其他材料费占材料费	%	—	1.800	1.800

5.标志、诱导装饰灯具安装

工作内容：开箱清点、测定、划线、打眼、埋螺栓、灯具拼装固定、挂接饰部件、灯具安装、焊接包头等。

计量单位：套

定　额　编　号				A4-14-154	A4-14-155
项　目　名　称				吸顶式	吊杆式
基　　　价（元）				14.01	17.88
其中	人　工　费（元）			11.90	13.86
	材　料　费（元）			2.11	4.02
	机　械　费（元）			—	—
名　　　称		单位	单价（元）	消　　耗　　量	
人工	综合工日	工日	140.00	0.085	0.099
材料	成套灯具	套	—	(1.010)	(1.010)
	冲击钻头　φ8	个	5.38	0.014	0.028
	木螺钉　M2～4×6～65	个	0.09	2.080	4.160
	塑料接线柱　双线	个	0.70	1.030	—
	塑料胀管　φ6～8	个	0.07	2.200	4.400
	铜接线端子　20A	个	0.33	1.015	1.015
	铜芯塑料绝缘电线　BV-2.5mm²	m	1.32	0.458	0.458
	铜芯橡皮绝缘电线　BX-3×2.5mm²	m	4.27	—	0.509
	其他材料费占材料费	%	—	1.800	1.800

工作内容：开箱清点、测定、划线、打眼、埋螺栓、灯具拼装固定、挂接饰部件、灯具安装、焊接包头等。

计量单位：套

定　　额　　编　　号				A4-14-156	A4-14-157
项　目　名　称				墙壁式	崁入式
基　　　价（元）				14.09	16.17
其中	人　工　费（元）			11.90	13.86
	材　料　费（元）			2.19	2.31
	机　械　费（元）			—	—
名　　　称		单位	单价（元）	消　　耗　　量	
人工	综合工日	工日	140.00	0.085	0.099
材料	成套灯具	套	—	(1.010)	(1.010)
	冲击钻头　φ8	个	5.38	0.028	—
	木螺钉　M2～4×6～65	个	0.09	2.080	—
	塑料接线柱　双线	个	0.70	1.030	1.030
	塑料胀管　φ6～8	个	0.07	2.200	—
	铜接线端子　20A	个	0.33	1.015	1.015
	铜芯塑料绝缘电线　BV-2.5mm²	m	1.32	0.458	0.916
	其他材料费占材料费	%	—	1.800	1.800

6. 水下艺术装饰灯具安装

工作内容：开箱清点、测定、划线、打眼、埋螺栓、灯具拼装固定、挂接饰部件、灯具安装、焊接包头等。

计量单位：套

定　额　编　号				A4-14-158	A4-14-159
项　目　名　称				简易型	密封型
				彩灯	
基　　　价（元）				15.71	16.31
其中	人　工　费（元）			11.20	11.20
	材　料　费（元）			4.51	5.11
	机　械　费（元）			—	—
名　　称		单位	单价（元）	消　耗　量	
人工	综合工日	工日	140.00	0.080	0.080
材料	成套灯具	套	—	(1.010)	(1.010)
	冲击钻头　φ12	个	6.75	0.012	0.024
	防水橡胶圈	个	2.56	1.500	1.500
	膨胀螺栓　M10	套	0.25	2.040	4.080
	其他材料费占材料费	%	—	1.800	1.800

609

工作内容：开箱清点、测定、划线、打眼、埋螺栓、灯具拼装固定、挂接饰部件、灯具安装、焊接包头等。

定　额　编　号			A4-14-160	A4-14-161
项　目　名　称			喷水池灯	幻光型灯
基　　价（元）			17.27	17.81
其中	人　工　费（元）		12.46	13.30
	材　料　费（元）		4.81	4.51
	机　械　费（元）		—	—
名　　称	单位	单价(元)	消　耗　量	
人工	综合工日	工日	140.00	0.089	0.095
材料	成套灯具	套	—	(1.010)	(1.010)
	冲击钻头 φ12	个	6.75	0.018	0.012
	防水橡胶圈	个	2.56	1.500	1.500
	膨胀螺栓 M10	套	0.25	3.060	2.040
	其他材料费占材料费	%	—	1.800	1.800

7.点光源艺术装饰灯具安装

工作内容：开箱清点、测定、划线、打眼、埋螺栓、灯具拼装固定、挂接饰部件、灯具安装、焊接包头等。

计量单位：套

定　额　编　号			A4-14-162
项　目　名　称			吸顶式
基　　　价（元）			10.20
其中	人　工　费（元）		8.82
	材　料　费（元）		1.38
	机　械　费（元）		—
名　　称	单位	单价（元）	消　耗　量
人工	综合工日	工日	140.00	0.063
材料	成套灯具	套	—	(1.010)
	冲击钻头　φ8	个	5.38	0.014
	木螺钉 M2～4×6～65	个	0.09	2.080
	塑料胀管　φ6～8	个	0.07	2.200
	铜接线端子 20A	个	0.33	1.015
	铜芯塑料绝缘电线 BV-2.5mm²	m	1.32	0.458
	其他材料费占材料费	%	—	1.800

工作内容：开箱清点、测定、划线、打眼、埋螺栓、灯具拼装固定、挂接饰部件、灯具安装、焊接包头等。

定 额 编 号				A4-14-163	A4-14-164	A4-14-165
项 目 名 称				嵌入式筒灯		
				反射杯口径(英寸)		
				≤3	≤6	≤10
基 价 （元）				10.62	11.04	11.74
其中	人 工 费 （元）			9.66	10.08	10.78
	材 料 费 （元）			0.96	0.96	0.96
	机 械 费 （元）			—	—	—
名 称		单位	单价(元)	消 耗 量		
人工	综合工日	工日	140.00	0.069	0.072	0.077
材料	成套灯具	套	—	(1.010)	(1.010)	(1.010)
	铜接线端子 20A	个	0.33	1.015	1.015	1.015
	铜芯塑料绝缘电线 BV-2.5mm^2	m	1.32	0.458	0.458	0.458
	其他材料费占材料费	%	—	1.800	1.800	1.800

工作内容：开箱清点、测定、划线、打眼、埋螺栓、灯具拼装固定、挂接饰部件、灯具安装、焊接包头等。

计量单位：套

定　额　编　号				A4-14-166	A4-14-167
项　目　名　称				嵌入式灯	
				单头斗胆灯	双头斗胆灯
基　　　　　价（元）				12.44	15.50
其中	人　工　费（元）			11.48	14.42
	材　料　费（元）			0.96	1.08
	机　械　费（元）			—	—
名　　　称		单位	单价（元）	消　　耗　　量	
人工	综合工日	工日	140.00	0.082	0.103
材料	成套灯具	套	—	(1.010)	(1.010)
	铜接线端子 20A	个	0.33	1.015	1.015
	铜芯塑料绝缘电线 BV-2.5mm²	m	1.32	0.458	0.550
	其他材料费占材料费	%	—	1.800	1.800

工作内容：开箱清点、测定、划线、打眼、埋螺栓、灯具拼装固定、挂接饰部件、灯具安装、焊接包头等。

计量单位：套

定　额　编　号				A4-14-168	A4-14-169
项　目　名　称				嵌入式灯	
				三头斗胆灯	四头斗胆灯
基　　　价（元）				17.24	18.56
其中	人　工　费（元）			16.10	17.36
	材　料　费（元）			1.14	1.20
	机　械　费（元）			—	—
名　　称		单位	单价（元）	消　耗　量	
人工	综合工日	工日	140.00	0.115	0.124
材料	成套灯具	套	—	(1.010)	(1.010)
	铜接线端子 20A	个	0.33	1.015	1.015
	铜芯塑料绝缘电线 BV-2.5mm²	m	1.32	0.595	0.641
	其他材料费占材料费	%	—	1.800	1.800

工作内容：开箱清点、测定、划线、打眼、埋螺栓、灯具拼装固定、挂接饰部件、灯具安装、焊接包头等。

计量单位：套

定 额 编 号				A4-14-170	A4-14-171
项 目 名 称				吸顶式射灯	滑轨式射灯
基 价（元）				6.70	3.92
其中	人 工 费（元）			5.32	3.92
	材 料 费（元）			1.38	—
	机 械 费（元）			—	—
名 称		单位	单价（元）	消 耗 量	
人工	综合工日	工日	140.00	0.038	0.028
材料	成套灯具	套	—	(1.010)	(1.010)
	冲击钻头 φ8	个	5.38	0.014	—
	木螺钉 M2～4×6～65	个	0.09	2.080	—
	塑料胀管 φ6～8	个	0.07	2.200	—
	铜接线端子 20A	个	0.33	1.015	—
	铜芯塑料绝缘电线 BV-2.5mm²	m	1.32	0.458	—
	其他材料费占材料费	%	—	1.800	1.800

工作内容：开箱清点、测定、划线、打眼、埋螺栓、灯具拼装固定、挂接饰部件、灯具安装、焊接包头等。

计量单位：m

定　额　编　号				A4-14-172
项　目　名　称				滑轨
基　　价（元）				7.28
其中	人　工　费（元）			5.32
	材　料　费（元）			1.96
	机　械　费（元）			—
名　　称	单位	单价（元）	消　　耗　　量	
人工	综合工日	工日	140.00	0.038
材料	射灯滑轨	m	—	(1.010)
	冲击钻头　φ8	个	5.38	0.014
	木螺钉　M2～4×6～65	个	0.09	2.080
	塑料胀管　φ6～8	个	0.07	2.200
	铜接线端子　20A	个	0.33	0.914
	铜芯塑料绝缘电线　BV-2.5mm²	m	1.32	0.916
	其他材料费占材料费	%	—	1.800

616

8.盆景花木装饰灯具安装

工作内容：开箱清点、测定、划线、打眼、埋螺栓、灯具拼装固定、挂接饰部件、灯具安装、焊接包头等。

计量单位：套

定 额 编 号			A4-14-173	A4-14-174
项 目 名 称			立柱式	墙壁式
基 价（元）			58.44	20.87
其中	人 工 费（元）		44.52	18.62
	材 料 费（元）		13.92	2.25
	机 械 费（元）		—	—
名 称	单位	单价（元）	消 耗 量	
人工	综合工日	工日	140.00	0.318	0.133
材料	成套灯具	套	—	(1.010)	(1.010)
	冲击钻头 φ10	个	5.98	—	0.014
	地脚螺栓 M12×160以下	套	0.32	4.080	—
	膨胀螺栓 M8	套	0.25	—	2.040
	塑料接线柱 双线	个	0.70	1.030	1.030
	铜接线端子 20A	个	0.33	1.015	1.015
	铜芯橡皮绝缘电线 BX-2.5mm²	m	1.23	—	0.458
	铜芯橡皮绝缘电线 BX-4mm²	m	2.22	4.581	—
	羊角熔断器 5A	个	1.11	1.030	—
	其他材料费占材料费	%	—	1.800	1.800

9.歌舞厅灯具安装

工作内容：开箱清点、测定、划线、打眼、埋螺栓、灯具拼装固定、挂接饰部件、灯具安装、焊接包头等。

计量单位：套

定　额　编　号			A4-14-175	A4-14-176
项　目　名　称			变换转盘灯	雷达射灯
基　　　价（元）			39.11	38.99
其中	人　工　费（元）		37.24	36.82
	材　料　费（元）		1.87	2.17
	机　械　费（元）		—	—
名　　　称	单位	单价（元）	消　　耗　　量	
人工	综合工日	工日	140.00	0.266	0.263
材料	成套灯具	套	—	(1.010)	(1.010)
	冲击钻头 φ12	个	6.75	0.006	0.012
	膨胀螺栓 M10	套	0.25	1.020	2.040
	铜接线端子 20A	个	0.33	1.015	1.015
	铜芯塑料绝缘电线 BV-2.5mm²	m	1.32	0.916	0.916
	其他材料费占材料费	%	—	1.800	1.800

工作内容：开箱清点、测定、划线、打眼、埋螺栓、灯具拼装固定、挂接饰部件、灯具安装、焊接包头等。

计量单位：套

定 额 编 号				A4-14-177	A4-14-178
项 目 名 称				12火	维纳斯
				幻影转彩灯	旋转彩灯
基 价（元）				40.72	30.36
其中	人 工 费（元）			37.94	27.58
	材 料 费（元）			2.78	2.78
	机 械 费（元）			—	—
	名 称	单位	单价（元）	消 耗 量	
人工	综合工日	工日	140.00	0.271	0.197
材料	成套灯具	套	—	(1.010)	(1.010)
	冲击钻头 φ12	个	6.75	0.024	0.024
	膨胀螺栓 M10	套	0.25	4.080	4.080
	铜接线端子 20A	个	0.33	1.015	1.015
	铜芯塑料绝缘电线 BV-2.5mm²	m	1.32	0.916	0.916
	其他材料费占材料费	%	—	1.800	1.800

工作内容：开箱清点、测定、划线、打眼、埋螺栓、灯具拼装固定、挂接饰部件、灯具安装、焊接包头等。

计量单位：套

定　额　编　号				A4-14-179	A4-14-180
项　目　名　称				卫星旋转	飞碟旋转
				效果灯	
基　　价（元）				55.05	82.95
其中	人　工　费（元）			53.48	80.78
	材　料　费（元）			1.57	2.17
	机　械　费（元）			—	—
名　　称		单位	单价（元）	消　耗　量	
人工	综合工日	工日	140.00	0.382	0.577
材料	成套灯具	套	—	(1.010)	(1.010)
	冲击钻头 φ12	个	6.75	—	0.012
	膨胀螺栓 M10	套	0.25	—	2.040
	铜接线端子 20A	个	0.33	1.015	1.015
	铜芯塑料绝缘电线 BV-2.5mm²	m	1.32	0.916	0.916
	其他材料费占材料费	%	—	1.800	1.800

工作内容：开箱清点、测定、划线、打眼、埋螺栓、灯具拼装固定、挂接饰部件、灯具安装、焊接包头等。

计量单位：套

定 额 编 号				A4-14-181	A4-14-182	A4-14-183
项 目 名 称				八头转灯	十八头转灯	滚筒灯
基 价（元）				32.41	52.97	45.46
其中	人 工 费（元）			30.24	49.00	43.26
	材 料 费（元）			2.17	3.97	2.20
	机 械 费（元）			—	—	—
	名 称	单位	单价（元）	消 耗 量		
人工	综合工日	工日	140.00	0.216	0.350	0.309
材料	成套灯具	套	—	(1.010)	(1.010)	(1.010)
	冲击钻头 φ12	个	6.75	0.012	0.047	0.012
	膨胀螺栓 M10	套	0.25	2.040	8.160	2.140
	铜接线端子 20A	个	0.33	1.015	1.015	1.015
	铜芯塑料绝缘电线 BV-2.5mm²	m	1.32	0.916	0.916	0.916
	其他材料费占材料费	%	—	1.800	1.800	1.800

工作内容：开箱清点、测定、划线、打眼、埋螺栓、灯具拼装固定、挂接饰部件、灯具安装、焊接包头等。

计量单位：套

定　额　编　号			A4-14-184	A4-14-185	A4-14-186
项　目　名　称			频闪灯	太阳灯	雨灯
基　　　价（元）			57.92	33.95	28.63
其中	人　工　费（元）		55.72	31.78	26.46
	材　料　费（元）		2.20	2.17	2.17
	机　械　费（元）		—	—	—
名　　称	单位	单价（元）	消　　耗　　量		
人工	综合工日	工日	140.00	0.398	0.227	0.189
材料	成套灯具	套	—	(1.010)	(1.010)	(1.010)
	冲击钻头 φ12	个	6.75	0.012	0.012	0.012
	膨胀螺栓 M10	套	0.25	2.140	2.040	2.040
	铜接线端子 20A	个	0.33	1.015	1.015	1.015
	铜芯塑料绝缘电线 BV-2.5mm²	m	1.32	0.916	0.916	0.916
	其他材料费占材料费	%	—	1.800	1.800	1.800

工作内容：开箱清点、测定、划线、打眼、埋螺栓、灯具拼装固定、挂接饰部件、灯具安装、焊接包头等。

计量单位：套

定　额　编　号				A4-14-187	A4-14-188	A4-14-189
项　目　名　称				歌星灯	边界灯	射灯
基　　　价（元）				31.29	53.27	11.81
其中	人　工　费（元）			29.12	51.10	9.94
	材　料　费（元）			2.17	2.17	1.87
	机　械　费（元）			—	—	—
	名　　称	单位	单价（元）	消	耗	量
人工	综合工日	工日	140.00	0.208	0.365	0.071
材料	成套灯具	套	—	(1.010)	(1.010)	(1.010)
	冲击钻头 φ12	个	6.75	0.012	0.012	0.006
	膨胀螺栓 M10	套	0.25	2.040	2.040	1.020
	铜接线端子 20A	个	0.33	1.015	1.015	1.015
	铜芯塑料绝缘电线 BV-2.5mm²	m	1.32	0.916	0.916	0.916
	其他材料费占材料费	%	—	1.800	1.800	1.800

工作内容：开箱清点、测定、划线、打眼、埋螺栓、灯具拼装固定、挂接饰部件、灯具安装、焊接包头等。

计量单位：套

定 额 编 号				A4-14-190	A4-14-191
项 目 名 称				迷你满天星	迷你单立盘
				彩灯	
基 价（元）				30.87	32.83
其中	人 工 费（元）			28.70	30.66
	材 料 费（元）			2.17	2.17
	机 械 费（元）			—	—
名 称		单位	单价（元）	消 耗 量	
人工	综合工日	工日	140.00	0.205	0.219
材料	成套灯具	套	—	(1.010)	(1.010)
	冲击钻头 φ12	个	6.75	0.012	0.012
	膨胀螺栓 M10	套	0.25	2.040	2.040
	铜接线端子 20A	个	0.33	1.015	1.015
	铜芯塑料绝缘电线 BV-2.5mm²	m	1.32	0.916	0.916
	其他材料费占材料费	%	—	1.800	1.800

工作内容：开箱清点、测定、划线、打眼、埋螺栓、灯具拼装固定、挂接饰部件、灯具安装、焊接包头
等。

计量单位：套

定　额　编　号				A4-14-192	A4-14-193	A4-14-194
项　目　名　称				单排20火	双排20火	镜面球灯
				宇宙灯		
基　　　价（元）				34.93	47.11	47.95
其中	人　工　费（元）			32.76	44.94	45.78
	材　料　费（元）			2.17	2.17	2.17 .
	机　械　费（元）			—	—	—
	名　　　称	单位	单价（元）	消　　耗　　量		
人工	综合工日	工日	140.00	0.234	0.321	0.327
材料	成套灯具	套	—	(1.010)	(1.010)	(1.010)
	冲击钻头 φ12	个	6.75	0.012	0.012	0.012
	膨胀螺栓 M10	套	0.25	2.040	2.040	2.040
	铜接线端子 20A	个	0.33	1.015	1.015	1.015
	铜芯塑料绝缘电线 BV-2.5mm²	m	1.32	0.916	0.916	0.916
	其他材料费占材料费	%	—	1.800	1.800	1.800

计量单位：m

定　额　编　号				A4-14-195	A4-14-196
项　目　名　称				蛇管灯	满天星彩灯
基　　　价（元）				4.66	4.46
其中	人　工　费（元）			4.48	3.92
	材　料　费（元）			0.18	0.54
	机　械　费（元）			—	—
名　　称		单位	单价（元）	消　　耗　　量	
人工	综合工日	工日	140.00	0.032	0.028
材料	成套灯具	套	—	(1.010)	(1.010)
	镀锌铁丝　φ2.5～4.0	kg	3.57	—	0.101
	尼龙卡带　D10	个	0.03	3.090	3.090
	铜芯塑料绝缘电线　BV-2.5mm²	m	1.32	0.061	0.061
	其他材料费占材料费	%	—	1.800	1.800

工作内容：开箱清点、测定、划线、打眼、埋螺栓、灯具拼装固定、挂接饰部件、灯具安装、焊接包头等。

计量单位：台

定　额　编　号				A4-14-197
项　目　名　称				彩控器
基　　价（元）				43.87
其中	人　工　费（元）			31.22
	材　料　费（元）			12.65
	机　械　费（元）			—
名　　称	单位	单价（元）	消　　耗　　量	
人工	综合工日	工日	140.00	0.223	
材料	彩控器	台	—	(1.010)	
	铜接线端子 20A	个	0.33	1.020	
	铜芯塑料绝缘电线 BV-2.5mm²	m	1.32	9.162	
	其他材料费占材料费	%	—	1.800	

627

三、荧光灯具安装

工作内容：测位、划线、打眼、埋塑料膨胀管、上塑料圆台(木台)、吊链、吊管加工、灯具组装、焊接包头等。

计量单位：套

定 额 编 号			A4-14-198	A4-14-199	A4-14-200
项 目 名 称			吊链式		
			单管	双管	三管
基 价（元）			24.42	26.94	28.62
其中	人 工 费（元）		10.36	12.88	14.56
	材 料 费（元）		14.06	14.06	14.06
	机 械 费（元）		—	—	—
名 称	单位	单价（元）	消 耗 量		
人工 综合工日	工日	140.00	0.074	0.092	0.104
材料 成套灯具	套	—	(1.010)	(1.010)	(1.010)
冲击钻头 φ8	个	5.38	0.014	0.014	0.014
吊盒	个	0.85	2.040	2.040	2.040
瓜子灯链 大号	m	1.71	3.030	3.030	3.030
木螺钉 M2～4×6～65	个	0.09	6.240	6.240	6.240
塑料圆台	块	0.60	2.100	2.100	2.100
塑料胀管 φ6～8	个	0.07	2.200	2.200	2.200
铜接线端子 20A	个	0.33	1.015	1.015	1.015
铜芯塑料绝缘电线 BV-2.5mm²	m	1.32	0.458	0.458	0.458
铜芯橡皮花线 BXH 2×23/0.15mm²	m	2.56	1.527	1.527	1.527
其他材料费占材料费	%	—	1.800	1.800	1.800

工作内容：测位、划线、打眼、埋塑料膨胀管、上塑料圆台(木台)、吊链、吊管加工、灯具组装、焊接包
头等。

计量单位：套

定 额 编 号				A4-14-201	A4-14-202	A4-14-203
项 目 名 称				吊管式		
				单管	双管	三管
基 价（元）				18.75	21.55	23.09
其中	人 工 费（元）			10.78	13.58	15.12
	材 料 费（元）			7.97	7.97	7.97
	机 械 费（元）			—	—	—
	名 称	单位	单价(元)	消 耗		量
人工	综合工日	工日	140.00	0.077	0.097	0.108
材料	成套灯具	套	—	(1.010)	(1.010)	(1.010)
	灯具吊杆 φ15	根	—	(2.040)	(2.040)	(2.040)
	冲击钻头 φ8	个	5.38	0.014	0.014	0.014
	木螺钉 M2～4×6～65	个	0.09	6.240	6.240	6.240
	塑料圆台	块	0.60	2.100	2.100	2.100
	塑料胀管 φ6～8	个	0.07	2.200	2.200	2.200
	铜接线端子 20A	个	0.33	1.015	1.015	1.015
	铜芯塑料绝缘电线 BV-2.5mm²	m	1.32	4.123	4.123	4.123
	其他材料费占材料费	%	—	1.800	1.800	1.800

工作内容：测位、划线、打眼、埋塑料膨胀管、上塑料圆台(木台)、吊链、吊管加工、灯具组装、焊接包头等。

计量单位：套

定　额　编　号				A4-14-204	A4-14-205	A4-14-206
项　目　名　称				吸顶式		
				单管	双管	三管
基　　　　价　（元）				12.00	14.52	16.06
其中	人　工　费（元）			9.80	12.32	13.86
	材　料　费（元）			2.20	2.20	2.20
	机　械　费（元）			—	—	—
	名　　　称	单位	单价（元）	消　　耗　　量		
人工	综合工日	工日	140.00	0.070	0.088	0.099
材料	成套灯具	套	—	(1.010)	(1.010)	(1.010)
	冲击钻头　φ8	个	5.38	0.014	0.014	0.014
	木螺钉　M2～4×6～65	个	0.09	2.080	2.080	2.080
	塑料胀管　φ6～8	个	0.07	2.200	2.200	2.200
	铜接线端子　20A	个	0.33	1.015	1.015	1.015
	铜芯塑料绝缘电线　BV-2.5mm²	m	1.32	1.069	1.069	1.069
	其他材料费占材料费	%	—	1.800	1.800	1.800

定 额 编 号			A4-14-207	A4-14-208
项 目 名 称			嵌入式	
			单管	双管
基 价（元）			20.42	27.42
其中	人 工 费（元）		11.34	18.34
	材 料 费（元）		9.08	9.08
	机 械 费（元）		—	—
名 称		单位	单价（元）	消 耗 量	

	名 称	单位	单价（元）	消 耗 量	
人工	综合工日	工日	140.00	0.081	0.131
材料	成套灯具	套	—	(1.010)	(1.010)
	冲击钻头 φ10	个	5.98	0.011	0.011
	镀锌槽型吊码 单边δ=3	个	0.51	2.060	2.060
	镀锌圆钢吊杆 带4个螺母4个垫圈 φ8	根	1.35	2.100	2.100
	铜接线端子 20A	个	0.33	1.015	1.015
	铜芯塑料绝缘电线 BV-2.5mm²	m	1.32	3.512	3.512
	其他材料费占材料费	%	—	1.800	1.800

工作内容：测位、划线、打眼、埋塑料膨胀管、上塑料圆台(木台)、吊链、吊管加工、灯具组装、焊接包头等。

计量单位：套

定　额　编　号				A4-14-209	A4-14-210
项　目　名　称				嵌入式	
				三管	四管
基　　　　价（元）				33.97	38.59
其中	人　工　费（元）			22.54	27.16
	材　料　费（元）			11.43	11.43
	机　械　费（元）			—	—
名　　称		单位	单价（元）	消　耗　量	
人工	综合工日	工日	140.00	0.161	0.194
材料	成套灯具	套	—	(1.010)	(1.010)
	冲击钻头 φ10	个	5.98	0.023	0.023
	镀锌槽型吊码 双边δ=3	个	0.22	2.060	2.060
	镀锌圆钢吊杆 带4个螺母4个垫圈 φ8	根	1.35	4.200	4.200
	铜接线端子 20A	个	0.33	1.015	1.015
	铜芯塑料绝缘电线 BV-2.5mm²	m	1.32	3.512	3.512
	其他材料费占材料费	%	—	1.800	1.800

四、嵌入式地灯安装

工作内容：测位、划线、打眼、埋螺栓、灯具安装、接线、焊接包头等。　　　　　　　　　计量单位：套

定　额　编　号			A4-14-211	A4-14-212
项　目　名　称			地板下	地坪下
基　　　价（元）			17.75	24.20
其中	人　工　费（元）		13.58	19.60
	材　料　费（元）		4.17	4.60
	机　械　费（元）		—	—
名　　称		单位	单价（元）	消　　耗　　量
人工	综合工日	工日	140.00	0.097	0.140
材料	成套灯具	套	—	(1.010)	(1.010)
	冲击钻头 φ8	个	5.38	0.014	0.028
	木螺钉 M2~4×6~65	个	0.09	2.080	—
	膨胀螺栓 M6	套	0.17	—	4.080
	塑料接线柱 双线	个	0.70	1.030	1.030
	塑料胀管 φ6~8	个	0.07	2.200	—
	铜接线端子 20A	个	0.33	1.015	1.015
	铜芯塑料绝缘电线 BV-2.5mm²	m	1.32	1.985	1.985
	其他材料费占材料费	%	—	1.800	1.800

五、工厂灯安装

1.工厂罩灯安装

工作内容：测位、划线、打眼、埋螺栓、灯具安装、接线、焊接包头等。

计量单位：套

定 额 编 号			A4-14-213	A4-14-214	A4-14-215
项 目 名 称			吸顶式	弯杆式	悬挂式
基 价（元）			12.35	14.48	18.79
其中	人 工 费（元）		9.52	9.52	9.94
	材 料 费（元）		2.83	4.96	8.85
	机 械 费（元）		—	—	—
名 称	单位	单价（元）	消	耗	量
人工	综合工日	工日	140.00	0.068	0.068	0.071
材料	成套灯具	套	—	(1.010)	(1.010)	(1.010)
	冲击钻头 φ10	个	5.98	—	—	0.014
	冲击钻头 φ8	个	5.38	0.028	0.036	—
	木螺钉 M2～4×6～65	个	0.09	4.160	5.200	—
	膨胀螺栓 M8	套	0.25	—	—	2.040
	塑料胀管 φ6～8	个	0.07	4.400	5.500	—
	铜接线端子 20A	个	0.33	1.015	1.015	1.015
	铜芯塑料绝缘电线 BV-2.5mm²	m	1.32	1.222	2.647	1.832
	圆镀锌挂钩底座 φ100	个	5.24	—	—	1.020
	其他材料费占材料费	%	—	1.800	1.800	1.800

工作内容：测位、划线、打眼、埋螺栓、灯具安装、接线、焊接包头等。 计量单位：套

定　额　编　号				A4-14-216	A4-14-217
项　目　名　称				吊管式	吊链式
基　　　价（元）				14.81	21.45
其中	人　工　费（元）			9.52	9.52
	材　料　费（元）			5.29	11.93
	机　械　费（元）			—	—
名　　称		单位	单价（元）	消　耗　量	
人工	综合工日	工日	140.00	0.068	0.068
材料	成套灯具	套	—	(1.010)	(1.010)
	冲击钻头 φ10	个	5.98	—	0.014
	冲击钻头 φ8	个	5.38	0.028	—
	木螺钉 M2～4×6～65	个	0.09	4.160	—
	膨胀螺栓 M8	套	0.25	—	2.040
	塑料胀管 φ6～8	个	0.07	4.400	—
	铜接线端子 20A	个	0.33	1.015	1.015
	铜芯塑料绝缘电线 BV-2.5mm^2	m	1.32	3.054	4.123
	圆镀锌挂钩底座 φ100	个	5.24	—	1.020
	其他材料费占材料费	%	—	1.800	1.800

2.防尘防水灯安装

工作内容：测位、划线、打眼、埋螺栓、灯具安装、接线、焊接包头等。

计量单位：套

定　额　编　号				A4-14-218	A4-14-219	A4-14-220
项　目　名　称				直杆式	弯杆式	吸顶式
基　　　价（元）				19.15	18.73	16.69
其中	人　工　费（元）			13.86	13.86	13.86
	材　料　费（元）			5.29	4.87	2.83
	机　械　费（元）			—	—	—
名　　称		单位	单价（元）	消　　耗　　量		
人工	综合工日	工日	140.00	0.099	0.099	0.099
材料	成套灯具	套	—	(1.010)	(1.010)	(1.010)
	冲击钻头 φ8	个	5.38	0.028	0.036	0.028
	木螺钉 M2～4×6～65	个	0.09	4.160	4.160	4.160
	塑料胀管 φ6～8	个	0.07	4.400	5.500	4.400
	铜接线端子 20A	个	0.33	1.015	1.015	1.015
	铜芯塑料绝缘电线 BV-2.5mm²	m	1.32	3.054	2.647	1.222
	其他材料费占材料费	%	—	1.800	1.800	1.800

3.工厂其他灯具安装

工作内容：测位、划线、打眼、埋螺栓、支架安装、灯具组装、接线、焊接包头等。　　　　计量单位：套

定　额　编　号				A4-14-221	A4-14-222
项　目　名　称				防潮灯	腰形船顶灯
基　　　价（元）				11.59	11.80
其中	人　工　费（元）			9.38	9.38
	材　料　费（元）			2.21	2.42
	机　械　费（元）			—	—
名　　称		单位	单价（元）	消　耗　量	
人工	综合工日	工日	140.00	0.067	0.067
材料	成套灯具	套	—	(1.010)	(1.010)
	冲击钻头　φ8	个	5.38	0.021	0.028
	木螺钉　M2～4×6～65	个	0.09	3.120	4.160
	塑料胀管　φ6～8	个	0.07	3.300	4.400
	铜接线端子　20A	个	0.33	1.015	1.015
	铜芯塑料绝缘电线　BV-2.5mm²	m	1.32	0.916	0.916
	其他材料费占材料费	%	—	1.800	1.800

工作内容：测位、划线、打眼、埋螺栓、支架安装、灯具组装、接线、焊接包头等。　　　　计量单位：套

定　额　编　号				A4-14-223	A4-14-224
项　目　名　称				管形氙气灯	投光灯
基　　　　　价（元）				32.51	23.70
其中	人　工　费（元）			16.38	14.42
	材　料　费（元）			12.92	6.07
	机　械　费（元）			3.21	3.21
名　　　　　称		单位	单价(元)	消　耗　　量	
人工	综合工日	工日	140.00	0.117	0.103
材料	成套灯具	套	—	(1.010)	(1.010)
	沉头螺钉 M10×35	套	0.11	4.080	—
	低碳钢焊条	kg	6.84	0.100	0.100
	钢板	kg	3.17	2.970	0.990
	铜接线端子 20A	个	0.33	1.015	1.015
	铜芯塑料绝缘电线 BV-4mm²	m	1.97	0.916	0.916
	其他材料费占材料费	%	—	1.800	1.800
机械	交流弧焊机 21kV·A	台班	57.35	0.056	0.056

4. 混光灯安装

工作内容：测位、划线、打眼、埋螺栓、支架制作与安装、灯具及镇流器箱组装、接线、接地、焊接包头等。

计量单位：套

定 额 编 号				A4-14-225	A4-14-226	A4-14-227
项 目 名 称				吊杆式	吊链式	崁入式
基 价 （元）				73.86	72.11	59.10
其中	人 工 费 （元）			57.96	55.44	50.40
	材 料 费 （元）			12.69	13.97	6.58
	机 械 费 （元）			3.21	2.70	2.12
名 称		单位	单价（元）	消 耗 量		
人工	综合工日	工日	140.00	0.414	0.396	0.360
材料	成套灯具	套	—	(1.010)	(1.010)	(1.010)
	冲击钻头 φ10	个	5.98	0.028	0.028	—
	低碳钢焊条	kg	6.84	0.123	0.098	0.076
	镀锌自攻螺钉ST 4～6×20～35	个	0.26	—	—	4.160
	角钢(综合)	kg	3.61	1.131	0.943	0.754
	膨胀螺栓 M8	套	0.25	4.080	4.080	—
	铜接线端子 20A	个	0.33	1.015	1.015	1.015
	铜芯塑料绝缘电线 BV-4mm²	m	1.97	3.054	4.123	0.916
	其他材料费占材料费	%	—	1.800	1.800	1.800
机械	交流弧焊机 21kV·A	台班	57.35	0.056	0.047	0.037

639

5.烟囱、冷却塔、独立塔架上标志灯安装

工作内容：测位、划线、打眼、埋螺栓、灯具安装、接线、焊接包头等。

计量单位：套

定　额　编　号			A4-14-228	A4-14-229	A4-14-230
项　目　名　称			安装高度(m)		
			≤30	≤50	≤80
基　　价（元）			33.77	53.93	132.19
其中	人　工　费（元）		32.20	52.36	130.62
	材　料　费（元）		1.57	1.57	1.57
	机　械　费（元）		—	—	—
名　　称	单位	单价（元）	消　耗　量		
人工	综合工日	工日	140.00	0.230	0.374	0.933
材料	成套灯具	套	—	(1.010)	(1.010)	(1.010)
	铜接线端子 20A	个	0.33	1.015	1.015	1.015
	铜芯塑料绝缘电线 BV-2.5mm²	m	1.32	0.916	0.916	0.916
	其他材料费占材料费	%	—	1.800	1.800	1.800

定　额　编　号				A4-14-231	A4-14-232	A4-14-233
项　目　名　称				安装高度(m)		
				≤120	≤150	≤200
基　　　价（元）				163.41	220.53	295.99
其中	人　工　费（元）			161.84	218.96	294.42
	材　料　费（元）			1.57	1.57	1.57
	机　械　费（元）			—	—	—
名　　　称		单位	单价（元）	消　　耗　　量		
人工	综合工日	工日	140.00	1.156	1.564	2.103
材料	成套灯具	套	—	(1.010)	(1.010)	(1.010)
	铜接线端子 20A	个	0.33	1.015	1.015	1.015
	铜芯塑料绝缘电线 BV-2.5mm²	m	1.32	0.916	0.916	0.916
	其他材料费占材料费	%	—	1.800	1.800	1.800

6. 密封灯具安装

工作内容：测位、划线、打眼、埋螺栓、上底台、支架安装、灯具安装、接线、焊接包头等。

计量单位：套

定　额　编　号			A4-14-234	A4-14-235
项　目　名　称			安全灯	
			直杆式	弯杆式
基　　价（元）			25.11	28.98
其中	人　工　费（元）		19.46	19.46
	材　料　费（元）		5.65	9.52
	机　械　费（元）		—	—
名　称		单位	单价（元）	消　耗　量	
人工	综合工日	工日	140.00	0.139	0.139
材料	成套灯具	套	—	(1.010)	(1.010)
	扁钢	kg	3.40	—	1.186
	冲击钻头　φ10	个	5.98	0.028	0.036
	膨胀螺栓 M8	套	0.25	4.080	5.100
	铜接线端子 20A	个	0.33	1.015	1.015
	铜芯塑料绝缘电线 BV-2.5mm²	m	1.32	3.054	2.647
	其他材料费占材料费	%	—	1.800	1.800

工作内容：测位、划线、打眼、埋螺栓、上底台、支架安装、灯具安装、接线、焊接包头等。

计量单位：套

定　额　编　号				A4-14-236	A4-14-237
项　目　名　称				防爆灯	
				直杆式	弯杆式
基　　　　　价（元）				25.25	29.12
其中	人　工　费（元）			19.60	19.60
	材　料　费（元）			5.65	9.52
	机　械　费（元）			—	—
名　　　称		单位	单价（元）	消　耗　量	
人工	综合工日	工日	140.00	0.140	0.140
材料	成套灯具	套	—	(1.010)	(1.010)
	扁钢	kg	3.40	—	1.186
	冲击钻头　φ10	个	5.98	0.028	0.036
	膨胀螺栓 M8	套	0.25	4.080	5.100
	铜接线端子 20A	个	0.33	1.015	1.015
	铜芯塑料绝缘电线 BV-2.5mm²	m	1.32	3.054	2.647
	其他材料费占材料费	%	—	1.800	1.800

工作内容：测位、划线、打眼、埋螺栓、上底台、支架安装、灯具安装、接线、焊接包头等。

定　额　编　号			A4-14-238	A4-14-239
项　目　名　称			高压水银防爆灯	
			弯杆式	直杆式
基　　　　　价（元）			28.28	27.65
其中	人　工　费（元）		22.54	22.54
	材　料　费（元）		5.74	5.11
	机　械　费（元）		—	—
名　　称	单位	单价（元）	消　耗　量	
人工	综合工日	工日	140.00	0.161	0.161
材料	成套灯具	套	—	(1.010)	(1.010)
	冲击钻头　φ10	个	5.98	0.043	0.028
	膨胀螺栓　M8	套	0.25	4.080	4.080
	铜接线端子　20A	个	0.33	1.015	1.015
	铜芯塑料绝缘电线　BV-2.5mm²	m	1.32	3.054	2.647
	其他材料费占材料费	%	—	1.800	1.800

工作内容：测位、划线、打眼、埋螺栓、上底台、支架安装、灯具安装、接线、焊接包头等。

计量单位：套

定　额　编　号				A4-14-240	A4-14-241
项　目　名　称				防爆荧光灯	应急灯
基　　　价（元）				25.11	17.21
其中	人　工　费（元）			19.46	14.56
	材　料　费（元）			5.65	2.65
	机　械　费（元）			—	—
名　　　称		单位	单价（元）	消　　耗　　量	
人工	综合工日	工日	140.00	0.139	0.104
材料	成套灯具	套	—	(1.010)	(1.010)
	冲击钻头　φ10	个	5.98	0.028	0.014
	木螺钉　M2～4×6～65	个	0.09	—	2.080
	膨胀螺栓　M8	套	0.25	4.080	—
	塑料胀管　φ6～8	个	0.07	—	2.200
	铜接线端子　20A	个	0.33	1.015	—
	铜芯塑料绝缘电线　BV-2.5mm²	m	1.32	3.054	—
	铜芯橡皮绝缘电线　BX-3×2.5mm²	m	4.27	—	0.509
	其他材料费占材料费	%	—	1.800	1.800

六、医院灯具安装

工作内容：测位、划线、打眼、埋螺栓、灯具安装、接线、焊接包头等。 　　　　　　　　　　　计量单位：套

定 额 编 号				A4-14-242	A4-14-243
项 目 名 称				病房指示灯	病房暗角灯
基 价（元）				18.36	16.35
其中	人 工 费（元）			15.82	13.86
	材 料 费（元）			2.54	2.49
	机 械 费（元）			—	—
名 称		单位	单价（元）	消 耗 量	
人工	综合工日	工日	140.00	0.113	0.099
材料	成套灯具	套	—	(1.010)	(1.010)
	冲击钻头 φ8	个	5.38	0.028	0.020
	木螺钉 M2～4×6～65	个	0.09	4.160	4.160
	塑料接线柱 双线	个	0.70	1.030	1.030
	塑料胀管 φ6～8	个	0.07	4.400	4.400
	铜接线端子 20A	个	0.33	1.015	1.015
	铜芯塑料绝缘电线 BV-2.5mm²	m	1.32	0.458	0.458
	其他材料费占材料费	%	—	1.800	1.800

工作内容：测位、划线、打眼、埋螺栓、灯具安装、接线、焊接包头等。 计量单位：套

定 额 编 号				A4-14-244	A4-14-245
项 目 名 称				紫外线杀菌灯	吊杆式无影灯
基 价（元）				13.03	159.38
其中	人 工 费（元）			10.64	145.04
	材 料 费（元）			2.39	14.34
	机 械 费（元）			—	—
名 称		单位	单价（元）	消 耗 量	
人工	综合工日	工日	140.00	0.076	1.036
材料	成套灯具	套	—	(1.010)	(1.010)
	镀锌薄钢板 360×360×5	块	—	—	(1.050)
	冲击钻头 φ18	个	13.25	—	0.024
	冲击钻头 φ8	个	5.38	0.014	—
	地脚螺栓 M16×120～300	套	2.82	—	4.080
	木螺钉 M2～4×6～65	个	0.09	4.160	—
	塑料接线柱 双线	个	0.70	—	1.030
	塑料胀管 φ6～8	个	0.07	2.200	—
	铜接线端子 20A	个	0.33	1.015	1.015
	铜芯塑料绝缘电线 BV-2.5mm²	m	1.32	1.069	0.916
	其他材料费占材料费	%	—	1.800	1.800

七、霓虹灯安装

工作内容：打眼、固定脚座、安装灯管、串联线路；变压器开箱检查、本体就位、垫铁安装、高压接线、接地、补漆、调试、配合电气试验。

计量单位：m

定 额 编 号				A4-14-246	A4-14-247
项 目 名 称				灯管直径(mm)	
				≤10	≤20
基 价（元）				12.04	14.28
其中	人 工 费（元）			12.04	14.28
	材 料 费（元）			—	—
	机 械 费（元）			—	—
	名 称	单位	单价（元）	消 耗 量	
人工	综合工日	工日	140.00	0.086	0.102
材料	霓虹灯管	m	—	(1.200)	(1.200)
	霓虹管支座(综合)	个	—	(3.030)	(3.030)
	其他材料费占材料费	%	—	1.800	1.800

648

工作内容：打眼、固定脚座、安装灯管、串联线路；变压器开箱检查、本体就位、垫铁安装、高压接线、接地、补漆、调试、配合电气试验。

计量单位：台

定 额 编 号				A4-14-248	A4-14-249
项 目 名 称				漏磁变压器	
				电压(kV)	
				≤9	≤18
基 价（元）				136.28	174.53
其中	人 工 费（元）			96.88	128.94
	材 料 费（元）			27.93	34.12
	机 械 费（元）			11.47	11.47
名 称		单位	单价（元）	消 耗 量	
人工	综合工日	工日	140.00	0.692	0.921
材料	漏磁变压器	台	—	(1.000)	(1.000)
	低碳钢焊条	kg	6.84	0.300	0.300
	镀锌扁钢(综合)	kg	3.85	2.500	3.800
	镀锌铁丝 φ2.5～4.0	kg	3.57	0.500	0.800
	防锈漆	kg	5.62	0.300	0.300
	酚醛调和漆	kg	7.90	0.800	0.800
	棉纱头	kg	6.00	0.300	0.300
	汽油	kg	6.77	0.300	0.300
	铜接线端子 20A	个	0.33	1.015	1.015
	铜芯塑料绝缘电线 BV-4mm²	m	1.97	0.916	0.916
	其他材料费占材料费	%	—	1.800	1.800
机械	交流弧焊机 21kV·A	台班	57.35	0.200	0.200

工作内容：打眼、固定脚座、安装灯管、串联线路；变压器开箱检查、本体就位、垫铁安装、高压接线、接地、补漆、调试、配合电气试验。

计量单位：台

定　额　编　号				A4-14-250	A4-14-251
项　目　名　称				电子变压器	
				功率(W)	
				≤60	≤100
基　　　价（元）				137.09	173.41
其中	人　工　费（元）			114.38	144.48
	材　料　费（元）			14.11	20.33
	机　械　费（元）			8.60	8.60
名　　称		单位	单价(元)	消　　耗　　量	
人工	综合工日	工日	140.00	0.817	1.032
材料	电子变压器	台	—	(1.000)	(1.000)
	低碳钢焊条	kg	6.84	0.200	0.200
	镀锌扁钢(综合)	kg	3.85	2.100	3.500
	镀锌铁丝 φ2.5～4.0	kg	3.57	0.300	0.500
	棉纱头	kg	6.00	0.200	0.200
	铜接线端子 20A	个	0.33	1.015	1.015
	铜芯塑料绝缘电线 BV-4mm²	m	1.97	0.916	0.916
	其他材料费占材料费	%	—	1.800	1.800
机械	交流弧焊机 21kV·A	台班	57.35	0.150	0.150

工作内容：打眼、固定脚座、安装灯管、串联线路；变压器开箱检查、本体就位、垫铁安装、高压接线、
接地、补漆、调试、配合电气试验。

计量单位：台

定 额 编 号				A4-14-252	A4-14-253	A4-14-254
项 目 名 称				控制器		
				两路变化	三路变化	四路变化
基 价（元）				183.20	255.72	364.78
其中	人 工 费（元）			181.02	253.54	362.60
	材 料 费（元）			2.18	2.18	2.18
	机 械 费（元）			—	—	—
名 称		单位	单价（元）	消 耗 量		
人工	综合工日	工日	140.00	1.293	1.811	2.590
材料	变化控制器	台	—	(1.000)	(1.000)	(1.000)
	铜接线端子 20A	个	0.33	1.015	1.015	1.015
	铜芯塑料绝缘电线 BV-4mm²	m	1.97	0.916	0.916	0.916
	其他材料费占材料费	%	—	1.800	1.800	1.800

651

工作内容：打眼、固定脚座、安装灯管、串联线路；变压器开箱检查、本体就位、垫铁安装、高压接线、
接地、补漆、调试、配合电气试验。

计量单位：台

定　额　编　号				A4-14-255	A4-14-256
项　目　名　称				控制器	
				五路变化	六路变化
基　　　　　价（元）				436.74	459.56
其中	人　工　费（元）			434.56	457.38
	材　料　费（元）			2.18	2.18
	机　械　费（元）			—	—
名　　　称		单位	单价（元）	消　耗　量	
人工	综合工日	工日	140.00	3.104	3.267
材料	变化控制器	台	—	(1.000)	(1.000)
	铜接线端子 20A	个	0.33	1.015	1.015
	铜芯塑料绝缘电线 BV-4mm^2	m	1.97	0.916	0.916
	其他材料费占材料费	%	—	1.800	1.800

工作内容：打眼、固定脚座、安装灯管、串联线路；变压器开箱检查、本体就位、垫铁安装、高压接线、接地、补漆、调试、配合电气试验。

计量单位：台

定　额　编　号				A4-14-257	A4-14-258
项　目　名　称				控制器	
				七路变化	八路变化
基　　　价（元）				509.26	545.94
其中	人　工　费（元）			507.08	543.76
	材　料　费（元）			2.18	2.18
	机　械　费（元）			—	—
名　　　称		单位	单价（元）	消　耗　　量	
人工	综合工日	工日	140.00	3.622	3.884
材料	变化控制器	台	—	(1.000)	(1.000)
	铜接线端子 20A	个	0.33	1.015	1.015
	铜芯塑料绝缘电线 BV-4mm²	m	1.97	0.916	0.916
	其他材料费占材料费	%	—	1.800	1.800

653

工作内容：打眼、固定脚座、安装灯管、串联线路；变压器开箱检查、本体就位、垫铁安装、高压接线、
接地、补漆、调试、配合电气试验。

计量单位：台

定　额　编　号				A4-14-259	A4-14-260	A4-14-261
项　目　名　称				防雨定时控制器		
				接触器电流(A)		
				≤20	≤40	≤60
基　　价（元）				99.62	109.28	120.34
其中	人　工　费（元）			97.44	107.10	118.16
	材　料　费（元）			2.18	2.18	2.18
	机　械　费（元）			—	—	—
名　　　称		单位	单价（元）	消　　耗　　量		
人工	综合工日	工日	140.00	0.696	0.765	0.844
材料	防雨定时控制器	台	—	(1.000)	(1.000)	(1.000)
	接触器	台	—	(1.000)	(1.000)	(1.000)
	铜接线端子 20A	个	0.33	1.015	1.015	1.015
	铜芯塑料绝缘电线 BV-4mm²	m	1.97	0.916	0.916	0.916
	其他材料费占材料费	%	—	1.800	1.800	1.800

工作内容：打眼、固定脚座、安装灯管、串联线路；变压器开箱检查、本体就位、垫铁安装、高压接线、
接地、补漆、调试、配合电气试验。

计量单位：台

定 额 编 号				A4-14-262	A4-14-263
项 目 名 称				防雨定时控制器	
				接触器电流(A)	
				≤80	≤100
基 价（元）				131.96	144.70
其中	人 工 费（元）			129.78	142.52
	材 料 费（元）			2.18	2.18
	机 械 费（元）			—	—
名 称		单位	单价（元）	消 耗 量	
人工	综合工日	工日	140.00	0.927	1.018
材料	防雨定时控制器	台	—	(1.000)	(1.000)
	接触器	台	—	(1.000)	(1.000)
	铜接线端子 20A	个	0.33	1.015	1.015
	铜芯塑料绝缘电线 BV-4mm^2	m	1.97	0.916	0.916
	其他材料费占材料费	%	—	1.800	1.800

工作内容：打眼、固定脚座、安装灯管、串联线路；变压器开箱检查、本体就位、垫铁安装、高压接线、
接地、补漆、调试、配合电气试验。

定　额　编　号				A4-14-264
项　目　名　称				霓虹灯继电器
基　　　价（元）				8.34
其中	人　工　费（元）			6.16
	材　料　费（元）			2.18
	机　械　费（元）			—
	名　　称	单位	单价（元）	消　耗　量
人工	综合工日	工日	140.00	0.044
材料	继电器	台	—	(1.000)
	铜接线端子 20A	个	0.33	1.015
	铜芯塑料绝缘电线 BV-4mm²	m	1.97	0.916
	其他材料费占材料费	%	—	1.800

八、小区路灯安装

1.单臂悬挑灯架路灯安装

工作内容：定位、抱箍、灯架及照明器件安装、接线、试灯。

计量单位：套

定 额 编 号			A4-14-265	A4-14-266
项 目 名 称			抱箍式单抱箍臂长(m)	
			≤1.2	≤3
基 价（元）			75.80	96.80
其中	人 工 费（元）		7.70	28.70
	材 料 费（元）		23.20	23.20
	机 械 费（元）		44.90	44.90
名 称		单位	单价（元）	消 耗 量	
人工	综合工日	工日	140.00	0.055	0.205
材料	灯架	套	—	(1.010)	(1.010)
	白布	kg	6.67	0.100	0.100
	镀锌大灯泡抱箍连压板	副	17.09	1.010	1.010
	金属清洗剂	kg	8.66	0.200	0.200
	扣件	个	0.71	2.060	2.060
	羊角熔断器 10A	个	1.62	1.030	1.030
	其他材料费占材料费	%	—	1.800	1.800
机械	汽车式高空作业车 18m	台班	643.75	0.045	0.045
	载重汽车 5t	台班	430.70	0.037	0.037

工作内容：定位、抱箍、灯架及照明器件安装、接线、试灯。 计量单位：套

定 额 编 号			A4-14-267	A4-14-268	A4-14-269
项 目 名 称			抱箍式双抱箍臂长(m)		
			≤3	≤5	>5
基 价（元）			133.51	139.95	146.95
其中	人 工 费（元）		37.94	44.38	51.38
	材 料 费（元）		50.67	50.67	50.67
	机 械 费（元）		44.90	44.90	44.90
名 称	单位	单价（元）	消 耗 量		
人工 综合工日	工日	140.00	0.271	0.317	0.367
材料 灯架	套	—	(1.010)	(1.010)	(1.010)
白布	kg	6.67	0.100	0.100	0.100
镀锌半挑 8×50×400	块	4.10	1.010	1.010	1.010
镀锌大灯泡抱箍连压板	副	17.09	2.020	2.020	2.020
金属清洗剂	kg	8.66	0.200	0.200	0.200
铁担针式瓷瓶 3号	个	3.42	2.060	2.060	2.060
羊角熔断器 10A	个	1.62	1.030	1.030	1.030
其他材料费占材料费	%	—	1.800	1.800	1.800
机械 汽车式高空作业车 18m	台班	643.75	0.045	0.045	0.045
载重汽车 5t	台班	430.70	0.037	0.037	0.037

工作内容：定位、抱箍、灯架及照明器件安装、接线、试灯。 计量单位：套

定 额 编 号				A4-14-270	A4-14-271	A4-14-272
项 目 名 称				抱箍式双拉梗臂长(m)		
				≤3	≤5	>5
基 价 （元）				164.28	179.63	196.37
其中	人 工 费（元）			52.78	61.04	70.70
	材 料 费（元）			66.60	66.60	66.60
	机 械 费（元）			44.90	51.99	59.07
名 称		单位	单价(元)	消 耗 量		
人工	综合工日	工日	140.00	0.377	0.436	0.505
材料	灯架	套	—	(1.010)	(1.010)	(1.010)
	白布	kg	6.67	0.100	0.100	0.100
	蝶式绝缘子 ED-3	个	2.82	2.060	2.060	2.060
	镀锌大灯抱箍压板	副	17.09	1.010	1.010	1.010
	镀锌横担抱箍	副	10.05	1.010	1.010	1.010
	镀锌拉线横担 ∠50×5×650	副	27.86	1.010	1.010	1.010
	金属清洗剂	kg	8.66	0.200	0.200	0.200
	羊角熔断器 10A	个	1.62	1.030	1.030	1.030
	其他材料费占材料费	%	—	1.800	1.800	1.800
机械	汽车式高空作业车 18m	台班	643.75	0.045	0.056	0.067
	载重汽车 5t	台班	430.70	0.037	0.037	0.037

工作内容：定位、抱箍、灯架及照明器件安装、接线、试灯。

计量单位：套

定　额　编　号				A4-14-273	A4-14-274
项　目　名　称				抱箍式双臂架臂长(m)	
				≤3	≤5
基　　　　价（元）				136.72	144.14
其中	人　工　费（元）			46.62	54.04
	材　料　费（元）			45.20	45.20
	机　械　费（元）			44.90	44.90
名　　称		单位	单价（元）	消　　耗　　量	
人工	综合工日	工日	140.00	0.333	0.386
材料	灯架	套	—	(1.010)	(1.010)
	白布	kg	6.67	0.100	0.100
	蝶式绝缘子 ED-3	个	2.82	2.060	2.060
	镀锌大灯抱箍压板	副	17.09	2.020	2.020
	金属清洗剂	kg	8.66	0.200	0.200
	羊角熔断器 10A	个	1.62	1.030	1.030
	其他材料费占材料费	%	—	1.800	1.800
机械	汽车式高空作业车 18m	台班	643.75	0.045	0.045
	载重汽车 5t	台班	430.70	0.037	0.037

工作内容：定位、抱箍、灯架及照明器件安装、接线、试灯。

计量单位：套

定　额　编　号				A4-14-275	A4-14-276	A4-14-277
项　目　名　称				顶套式成套型臂长(m)		
				≤3	≤5	>5
基　　　价（元）				67.25	77.47	82.65
其中	人　工　费（元）			25.06	35.28	40.46
	材　料　费（元）			2.44	2.44	2.44
	机　械　费（元）			39.75	39.75	39.75
名　　称		单位	单价（元）	消　　耗　　量		
人工	综合工日	工日	140.00	0.179	0.252	0.289
材料	灯架	套	—	(1.010)	(1.010)	(1.010)
	白布	kg	6.67	0.100	0.100	0.100
	金属清洗剂	kg	8.66	0.200	0.200	0.200
	其他材料费占材料费	%	—	1.800	1.800	1.800
机械	汽车式高空作业车 18m	台班	643.75	0.037	0.037	0.037
	载重汽车 5t	台班	430.70	0.037	0.037	0.037

定 额 编 号			A4-14-278	A4-14-279	A4-14-280
项 目 名 称			顶套式组装型臂长(m)		
			≤3	≤5	>5
基 价（元）			70.02	80.80	91.08
其中	人 工 费（元）		25.06	35.84	43.54
	材 料 费（元）		5.21	5.21	5.21
	机 械 费（元）		39.75	39.75	42.33
名 称	单位	单价（元）	消 耗 量		
人工	综合工日	工日	140.00	0.179	0.256	0.311
材料	灯架	套	—	(1.010)	(1.010)	(1.010)
	白布	kg	6.67	0.100	0.100	0.100
	顶套	个	2.69	1.010	1.010	1.010
	金属清洗剂	kg	8.66	0.200	0.200	0.200
	其他材料费占材料费	%	—	1.800	1.800	1.800
机械	汽车式高空作业车 18m	台班	643.75	0.037	0.037	0.041
	载重汽车 5t	台班	430.70	0.037	0.037	0.037

工作内容：定位、抱箍、灯架及照明器件安装、接线、试灯。   计量单位：套

定　额　编　号				A4-14-281	A4-14-282	A4-14-283
项　目　名　称				成套型臂长(m)		
				≤1.2	≤2.5	＞2.5
基　　　价　（元）				74.00	104.14	150.41
其中	人　工　费（元）			28.00	47.74	60.62
	材　料　费（元）			11.41	12.36	29.63
	机　械　费（元）			34.59	44.04	60.16
名　　　称		单位	单价(元)	消　　　耗　　　量		
人工	综合工日	工日	140.00	0.200	0.341	0.433
材料	成套灯具	套	—	(1.010)	(1.010)	(1.010)
	白布	kg	6.67	0.100	0.100	0.100
	半圆头镀锌螺栓 M2～5×15～50	10个	0.90	0.306	0.306	0.306
	抱箍U型	套	10.77	—	—	2.010
	沉头螺钉 M10×20	10个	1.03	0.204	0.306	0.408
	鼓形绝缘子 G38	个	0.43	2.091	4.030	6.273
	金属清洗剂	kg	8.66	0.200	0.200	0.200
	弯灯抱箍	套	5.98	1.050	1.050	—
	羊角熔断器 10A	个	1.62	—	—	1.030
	羊角熔断器 5A	个	1.11	1.030	1.030	—
	其他材料费占材料费	%	—	1.800	1.800	1.800
机械	汽车式高空作业车 18m	台班	643.75	0.035	0.045	0.060
	载重汽车 5t	台班	430.70	0.028	0.035	0.050

2. 双臂悬挑灯架路灯安装

工作内容：配件检查、灯架及照明器件安装、找正、接线、试灯。　　　　　　　　　计量单位：套

定　额　编　号				A4-14-284	A4-14-285	A4-14-286
项　目　名　称				成套型对称式臂长(m)		
				≤2.5	≤5	>5
基　　　价（元）				93.15	102.28	114.01
其中	人　工　费（元）			44.38	49.00	55.58
	材　料　费（元）			3.87	3.87	3.87
	机　械　费（元）			44.90	49.41	54.56
名　　称		单位	单价（元）	消　　耗　　量		
人工	综合工日	工日	140.00	0.317	0.350	0.397
材料	灯架	套	—	(1.010)	(1.010)	(1.010)
	白布	kg	6.67	0.180	0.180	0.180
	金属清洗剂	kg	8.66	0.300	0.300	0.300
	其他材料费占材料费	%	—	1.800	1.800	1.800
机械	汽车式高空作业车 18m	台班	643.75	0.045	0.052	0.060
	载重汽车 5t	台班	430.70	0.037	0.037	0.037

工作内容：配件检查、灯架及照明器件安装、找正、接线、试灯。 计量单位：套

定 额 编 号					A4-14-287	A4-14-288	A4-14-289
项 目 名 称					成套型非对称式臂长(m)		
					≤2.5	≤5	>5
基 价（元）					91.47	100.46	112.89
其中	人 工 费（元）				42.70	47.18	54.46
	材 料 费（元）				3.87	3.87	3.87
	机 械 费（元）				44.90	49.41	54.56
名 称		单位	单价（元）		消 耗 量		
人工	综合工日	工日	140.00		0.305	0.337	0.389
材 料	灯架	套	—		(1.010)	(1.010)	(1.010)
	白布	kg	6.67		0.180	0.180	0.180
	金属清洗剂	kg	8.66		0.300	0.300	0.300
	其他材料费占材料费	%	—		1.800	1.800	1.800
机 械	汽车式高空作业车 18m	台班	643.75		0.045	0.052	0.060
	载重汽车 5t	台班	430.70		0.037	0.037	0.037

工作内容：配件检查、灯架及照明器件安装、找正、接线、试灯。 计量单位：套

定 额 编 号			A4-14-290	A4-14-291	A4-14-292
项 目 名 称			组装型对称式臂长(m)		
			≤2.5	≤5	>5
基 价 （元）			107.00	118.03	130.24
其中	人 工 费 （元）		50.96	56.84	64.54
	材 料 费 （元）		6.63	6.63	6.63
	机 械 费 （元）		49.41	54.56	59.07
名 称	单位	单价(元)	消 耗 量		
人工	综合工日	工日	140.00	0.364	0.406	0.461
材料	灯架	套	—	(1.010)	(1.010)	(1.010)
	白布	kg	6.67	0.180	0.180	0.180
	顶套	个	2.69	1.010	1.010	1.010
	金属清洗剂	kg	8.66	0.300	0.300	0.300
	其他材料费占材料费	%	—	1.800	1.800	1.800
机械	汽车式高空作业车 18m	台班	643.75	0.052	0.060	0.067
	载重汽车 5t	台班	430.70	0.037	0.037	0.037

定 额 编 号				A4-14-293	A4-14-294	A4-14-295
项 目 名 称				组装型非对称式臂长(m)		
				≤2.5	≤5	>5
基 价 （元）				104.48	115.23	127.02
其中	人 工 费 （元）			48.44	54.04	61.32
	材 料 费 （元）			6.63	6.63	6.63
	机 械 费 （元）			49.41	54.56	59.07
	名 称	单位	单价（元）	消 耗 量		
人工	综合工日	工日	140.00	0.346	0.386	0.438
材料	灯架	套	—	(1.010)	(1.010)	(1.010)
	白布	kg	6.67	0.180	0.180	0.180
	顶套	个	2.69	1.010	1.010	1.010
	金属清洗剂	kg	8.66	0.300	0.300	0.300
	其他材料费占材料费	%	—	1.800	1.800	1.800
机械	汽车式高空作业车 18m	台班	643.75	0.052	0.060	0.067
	载重汽车 5t	台班	430.70	0.037	0.037	0.037

3.高杆灯架路灯安装

工作内容：灯架检查、灯具安装、螺栓紧固、灯具接线、包头、试灯。　　　　　　　　　计量单位：套

定　额　编　号				A4-14-296	A4-14-297	A4-14-298
项　目　名　称				成套型高杆灯架灯高		
				≤11m灯火数		
				≤7火	≤9火	≤12火
基　　　　价（元）				551.31	614.17	690.89
其中	人　工　费（元）			250.60	313.46	390.18
	材　料　费（元）			5.22	5.22	5.22
	机　械　费（元）			295.49	295.49	295.49
名　　称		单位	单价（元）	消　　耗　　量		
人工	综合工日	工日	140.00	1.790	2.239	2.787
材料	灯架	套	—	(1.010)	(1.010)	(1.010)
	白布	kg	6.67	0.250	0.250	0.250
	金属清洗剂	kg	8.66	0.400	0.400	0.400
	其他材料费占材料费	%	—	1.800	1.800	1.800
机械	汽车式高空作业车 18m	台班	643.75	0.187	0.187	0.187
	汽车式起重机 8t	台班	763.67	0.187	0.187	0.187
	载重汽车 5t	台班	430.70	0.075	0.075	0.075

工作内容：灯架检查、灯具安装、螺栓紧固、灯具接线、包头、试灯。

计量单位：套

定　额　编　号				A4-14-299	A4-14-300	A4-14-301
项　目　名　称				成套型高杆灯架灯高		
				≤11m灯火数		
				≤15火	≤20火	≤25火
基　　　　　价（元）				883.07	1008.49	1162.89
其中	人　工　费（元）			446.04	555.10	693.56
	材　料　费（元）			5.22	5.22	5.22
	机　械　费（元）			431.81	448.17	464.11
	名　　称	单位	单价（元）	消　　耗　　量		
人工	综合工日	工日	140.00	3.186	3.965	4.954
材料	灯架	套	—	(1.010)	(1.010)	(1.010)
	白布	kg	6.67	0.250	0.250	0.250
	金属清洗剂	kg	8.66	0.400	0.400	0.400
	其他材料费占材料费	%	—	1.800	1.800	1.800
机械	汽车式高空作业车 18m	台班	643.75	0.374	0.374	0.374
	汽车式起重机 8t	台班	763.67	0.187	0.187	0.187
	载重汽车 5t	台班	430.70	0.112	0.150	0.187

669

定 额 编 号				A4-14-302	A4-14-303	A4-14-304
项 目 名 称				成套型高杆灯架灯高		
				≤20m灯火数		
				≤7火	≤9火	≤12火
基 价（元）				608.16	686.98	800.08
其中	人 工 费（元）			305.34	384.16	481.32
	材 料 费（元）			7.33	7.33	7.33
	机 械 费（元）			295.49	295.49	311.43
名 称		单位	单价（元）	消 耗 量		
人工	综合工日	工日	140.00	2.181	2.744	3.438
材料	灯架	套	—	(1.010)	(1.010)	(1.010)
	白布	kg	6.67	0.300	0.300	0.300
	金属清洗剂	kg	8.66	0.600	0.600	0.600
	其他材料费占材料费	%	—	1.800	1.800	1.800
机械	汽车式高空作业车 18m	台班	643.75	0.187	0.187	0.187
	汽车式起重机 8t	台班	763.67	0.187	0.187	0.187
	载重汽车 5t	台班	430.70	0.075	0.075	0.112

定　额　编　号			A4-14-305	A4-14-306	A4-14-307
项　目　名　称			成套型高杆灯架灯高		
			≤20m灯火数		
			≤15火	≤20火	≤25火
基　　　　价（元）			942.44	1147.10	1339.02
其中	人　工　费（元）		503.30	691.60	867.58
	材　料　费（元）		7.33	7.33	7.33
	机　械　费（元）		431.81	448.17	464.11
名　　称	单位	单价（元）	消　　耗　　量		
人工 综合工日	工日	140.00	3.595	4.940	6.197
材料 灯架	套	—	(1.010)	(1.010)	(1.010)
白布	kg	6.67	0.300	0.300	0.300
金属清洗剂	kg	8.66	0.600	0.600	0.600
其他材料费占材料费	%	—	1.800	1.800	1.800
机械 汽车式高空作业车 18m	台班	643.75	0.374	0.374	0.374
汽车式起重机 8t	台班	763.67	0.187	0.187	0.187
载重汽车 5t	台班	430.70	0.112	0.150	0.187

工作内容：测位、划线、成套吊装、找正、螺栓紧固、焊压包头、灯具接线、试灯。　　　　计量单位：套

定　额　编　号				A4-14-308	A4-14-309	A4-14-310
项　目　名　称				成套型固定式灯盘灯高		
				>20m灯火数		
				≤12火	≤18火	≤24火
基　　　　　价（元）				1795.83	1883.61	1980.63
其中	人　工　费（元）			977.62	1065.40	1162.42
	材　料　费（元）			10.89	10.89	10.89
	机　械　费（元）			807.32	807.32	807.32
名　　　称		单位	单价（元）	消　　耗　　量		
人工	综合工日	工日	140.00	6.983	7.610	8.303
材料	灯架	套	—	(1.010)	(1.010)	(1.010)
	白布	kg	6.67	0.500	0.500	0.500
	金属清洗剂	kg	8.66	0.850	0.850	0.850
	其他材料费占材料费	%	—	1.800	1.800	1.800
机械	汽车式高空作业车 18m	台班	643.75	0.374	0.374	0.374
	汽车式起重机 25t	台班	1084.16	0.374	0.374	0.374
	载重汽车 5t	台班	430.70	0.374	0.374	0.374

工作内容：测位、划线、成套吊装、找正、螺栓紧固、焊压包头、灯具接线、试灯。　　　　计量单位：套

定　额　编　号				A4-14-311	A4-14-312	A4-14-313
项　目　名　称				成套型固定式灯盘灯高		
				>20m灯火数		
				≤36火	≤48火	≤60火
基　　　　价（元）				2715.63	2815.31	2928.85
其中	人　工　费（元）			1251.18	1350.86	1464.40
	材　料　费（元）			10.89	10.89	10.89
	机　械　费（元）			1453.56	1453.56	1453.56
名　　　称		单位	单价（元）	消　　耗　　量		
人工	综合工日	工日	140.00	8.937	9.649	10.460
材料	灯架	套	—	(1.010)	(1.010)	(1.010)
	白布	kg	6.67	0.500	0.500	0.500
	金属清洗剂	kg	8.66	0.850	0.850	0.850
	其他材料费占材料费	%	—	1.800	1.800	1.800
机械	汽车式高空作业车 18m	台班	643.75	0.748	0.748	0.748
	汽车式起重机 25t	台班	1084.16	0.748	0.748	0.748
	载重汽车 5t	台班	430.70	0.374	0.374	0.374

工作内容：测位、划线、成套吊装、找正、螺栓紧固、焊压包头、传动装置安装、清洗上油、灯具接线、
试灯。

计量单位：套

定　额　编　号				A4-14-314	A4-14-315	A4-14-316
项　目　名　称				成套型升降式灯盘灯高		
				>20m灯火数		
				≤12火	≤18火	≤24火
基　　　　　价（元）				1963.27	2066.31	2179.43
其中	人　工　费（元）			1131.62	1234.66	1347.78
	材　料　费（元）			24.33	24.33	24.33
	机　械　费（元）			807.32	807.32	807.32
名　　称		单位	单价（元）	消　　耗　　量		
人工	综合工日	工日	140.00	8.083	8.819	9.627
材料	灯架	套	—	(1.010)	(1.010)	(1.010)
	升降传动装置	套	—	(1.000)	(1.000)	(1.000)
	白布	kg	6.67	0.500	0.500	0.500
	肥皂	块	3.56	0.500	0.500	0.500
	黄干油	kg	5.15	1.000	1.000	1.000
	黄油	kg	16.58	0.300	0.300	0.300
	金属清洗剂	kg	8.66	1.000	1.000	1.000
	其他材料费占材料费	%	—	1.800	1.800	1.800
机械	汽车式高空作业车 18m	台班	643.75	0.374	0.374	0.374
	汽车式起重机 25t	台班	1084.16	0.374	0.374	0.374
	载重汽车 5t	台班	430.70	0.374	0.374	0.374

674

工作内容：测位、划线、成套吊装、找正、螺栓紧固、焊压包头、传动装置安装、清洗上油、灯具接线、试灯。

计量单位：套

定 额 编 号				A4-14-317	A4-14-318	A4-14-319
项 目 名 称				成套型升降式灯盘灯高		
				>20m灯火数		
				≤36火	≤48火	≤60火
基 价（元）				2938.96	3058.52	3195.02
其中	人 工 费（元）			1456.00	1575.56	1712.06
	材 料 费（元）			29.40	29.40	29.40
	机 械 费（元）			1453.56	1453.56	1453.56
名 称		单位	单价（元）	消 耗 量		
人工	综合工日	工日	140.00	10.400	11.254	12.229
材料	灯架	套	—	(1.010)	(1.010)	(1.010)
	升降传动装置	套	—	(1.000)	(1.000)	(1.000)
	白布	kg	6.67	0.750	0.750	0.750
	肥皂	块	3.56	0.500	0.500	0.500
	黄干油	kg	5.15	1.000	1.000	1.000
	黄油	kg	16.58	0.500	0.500	0.500
	金属清洗剂	kg	8.66	1.000	1.000	1.000
	其他材料费占材料费	%	—	1.800	1.800	1.800
机械	汽车式高空作业车 18m	台班	643.75	0.748	0.748	0.748
	汽车式起重机 25t	台班	1084.16	0.748	0.748	0.748
	载重汽车 5t	台班	430.70	0.374	0.374	0.374

工作内容：灯架检查、测试定位、灯具安装、螺栓紧固、灯具接线、包头、试灯。　　　　　　　计量单位：套

定　额　编　号				A4-14-320	A4-14-321	A4-14-322
项　目　名　称				组合型高杆灯架灯高		
				>11m灯火数		
				≤7火	≤9火	≤12火
基　　　　　价（元）				633.12	682.40	802.64
其中	人　工　费（元）			330.40	379.68	483.98
	材　料　费（元）			7.23	7.23	7.23
	机　械　费（元）			295.49	295.49	311.43
名　　称		单位	单价(元)	消　　耗　　量		
人工	综合工日	工日	140.00	2.360	2.712	3.457
材料	灯架	套	—	(1.010)	(1.010)	(1.010)
	白布	kg	6.67	0.350	0.350	0.350
	金属清洗剂	kg	8.66	0.550	0.550	0.550
	其他材料费占材料费	%	—	1.800	1.800	1.800
机械	汽车式高空作业车 18m	台班	643.75	0.187	0.187	0.187
	汽车式起重机 8t	台班	763.67	0.187	0.187	0.187
	载重汽车 5t	台班	430.70	0.075	0.075	0.112

工作内容：灯架检查、测试定位、灯具安装、螺栓紧固、灯具接线、包头、试灯。　　　　计量单位：套

定　额　编　号			A4-14-323	A4-14-324	A4-14-325
项　目　名　称			组合型高杆灯架灯高		
			>11m灯火数		
			≤15火	≤20火	˙≤25火
基　　　价（元）			980.28	1130.06	1314.00
其中	人　工　费（元）		541.24	674.66	842.66
	材　料　费（元）		7.23	7.23	7.23
	机　械　费（元）		431.81	448.17	464.11
名　　称	单位	单价（元）	消　　耗　　量		
人工 综合工日	工日	140.00	3.866	4.819	6.019
材料 灯架	套	—	(1.010)	(1.010)	(1.010)
白布	kg	6.67	0.350	0.350	0.350
金属清洗剂	kg	8.66	0.550	0.550	0.550
其他材料费占材料费	%	—	1.800	1.800	1.800
机械 汽车式高空作业车 18m	台班	643.75	0.374	0.374	0.374
汽车式起重机 8t	台班	763.67	0.187	0.187	0.187
载重汽车 5t	台班	430.70	0.112	0.150	0.187

定　额　编　号				A4-14-326	A4-14-327	A4-14-328
项　目　名　称				组合型高杆灯架灯高		
				>20m灯火数		
				≤7火	≤9火	≤12火
基　　　　　价（元）				710.98	817.66	907.80
其中	人　工　费（元）			404.60	511.28	585.48
	材　料　费（元）			10.89	10.89	10.89
	机　械　费（元）			295.49	295.49	311.43
名　　　称		单位	单价（元）	消　　耗　　量		
人工	综合工日	工日	140.00	2.890	3.652	4.182
材料	灯架	套	—	(1.010)	(1.010)	(1.010)
	白布	kg	6.67	0.500	0.500	0.500
	金属清洗剂	kg	8.66	0.850	0.850	0.850
	其他材料费占材料费	%	—	1.800	1.800	1.800
机械	汽车式高空作业车 18m	台班	643.75	0.187	0.187	0.187
	汽车式起重机 8t	台班	763.67	0.187	0.187	0.187
	载重汽车 5t	台班	430.70	0.075	0.075	0.112

工作内容：测位、划线、组合吊装、找正、螺栓紧固、焊压包头、灯具接线、试灯。 计量单位：套

定　额　编　号				A4-14-329	A4-14-330	A4-14-331
项　目　名　称				组合型高杆灯架灯高		
				>20m灯火数		
				≤15火	≤20火	≤25火
基　　　　　价（元）				1114.84	1300.18	1528.36
其中	人　工　费（元）			672.14	841.12	1053.36
	材　料　费（元）			10.89	10.89	10.89
	机　械　费（元）			431.81	448.17	464.11
名　　　称		单位	单价（元）	消　　耗　　量		
人工	综合工日	工日	140.00	4.801	6.008	7.524
材料	灯架	套	—	(1.010)	(1.010)	(1.010)
	白布	kg	6.67	0.500	0.500	0.500
	金属清洗剂	kg	8.66	0.850	0.850	0.850
	其他材料费占材料费	%	—	1.800	1.800	1.800
机械	汽车式高空作业车 18m	台班	643.75	0.374	0.374	0.374
	汽车式起重机 8t	台班	763.67	0.187	0.187	0.187
	载重汽车 5t	台班	430.70	0.112	0.150	0.187

工作内容：测位、划线、组合吊装、找正、螺栓紧固、焊压包头、灯具接线、试灯。 计量单位：套

定 额 编 号				A4-14-332	A4-14-333	A4-14-334
项 目 名 称				组合型固定式灯盘灯高		
				>20m灯火数		
				≤12火	≤18火	≤24火
基 价（元）				1847.07	1939.89	2042.51
其中	人 工 费（元）			1028.86	1121.68	1224.30
	材 料 费（元）			10.89	10.89	10.89
	机 械 费（元）			807.32	807.32	807.32
名 称		单位	单价（元）	消 耗 量		
人工	综合工日	工日	140.00	7.349	8.012	8.745
材料	灯架	套	—	(1.010)	(1.010)	(1.010)
	白布	kg	6.67	0.500	0.500	0.500
	金属清洗剂	kg	8.66	0.850	0.850	0.850
	其他材料费占材料费	%	—	1.800	1.800	1.800
机械	汽车式高空作业车 18m	台班	643.75	0.374	0.374	0.374
	汽车式起重机 25t	台班	1084.16	0.374	0.374	0.374
	载重汽车 5t	台班	430.70	0.374	0.374	0.374

工作内容：测位、划线、组合吊装、找正、螺栓紧固、焊压包头、灯具接线、试灯。　　　　计量单位：套

定　额　编　号				A4-14-335	A4-14-336	A4-14-337
项　目　名　称				组合型固定式灯盘灯高		
				>20m灯火数		
				≤36火	≤48火	≤60火
基　　　价　（元）				2783.95	2865.57	3011.59
其中	人　工　费（元）			1319.50	1401.12	1547.14
	材　料　费（元）			10.89	10.89	10.89
	机　械　费（元）			1453.56	1453.56	1453.56
名　　称		单位	单价（元）	消　　耗　　量		
人工	综合工日	工日	140.00	9.425	10.008	11.051
材料	灯架	套	—	(1.010)	(1.010)	(1.010)
	白布	kg	6.67	0.500	0.500	0.500
	金属清洗剂	kg	8.66	0.850	0.850	0.850
	其他材料费占材料费	%	—	1.800	1.800	1.800
机械	汽车式高空作业车 18m	台班	643.75	0.748	0.748	0.748
	汽车式起重机 25t	台班	1084.16	0.748	0.748	0.748
	载重汽车 5t	台班	430.70	0.374	0.374	0.374

681

工作内容：测位、划线、成套吊装、找正、螺栓紧固、焊压包头、传动装置安装、清洗上油、灯具接线、试灯。

计量单位：套

定 额 编 号				A4-14-338	A4-14-339	A4-14-340
项 目 名 称				组合型升降式灯盘灯高		
				>20m灯火数		
				≤12火	≤18火	≤24火
基 价 （元）				2022.07	2130.71	2251.25
其中	人 工 费 （元）			1190.42	1299.06	1419.60
	材 料 费 （元）			24.33	24.33	24.33
	机 械 费 （元）			807.32	807.32	807.32
名 称		单位	单价（元）	消 耗 量		
人工	综合工日	工日	140.00	8.503	9.279	10.140
材料	灯架	套	—	(1.010)	(1.010)	(1.010)
	升降传动装置	套	—	(1.000)	(1.000)	(1.000)
	白布	kg	6.67	0.500	0.500	0.500
	肥皂	块	3.56	0.500	0.500	0.500
	黄干油	kg	5.15	1.000	1.000	1.000
	黄油	kg	16.58	0.300	0.300	0.300
	金属清洗剂	kg	8.66	1.000	1.000	1.000
	其他材料费占材料费	%	—	1.800	1.800	1.800
机械	汽车式高空作业车 18m	台班	643.75	0.374	0.374	0.374
	汽车式起重机 25t	台班	1084.16	0.374	0.374	0.374
	载重汽车 5t	台班	430.70	0.374	0.374	0.374

工作内容：测位、划线、成套吊装、找正、螺栓紧固、焊压包头、传动装置安装、清洗上油、灯具接线、试灯。

计量单位：套

定　额　编　号				A4-14-341	A4-14-342	A4-14-343
项　目　名　称				组合型升降式灯盘灯高		
				>20m灯火数		
				≤36火	≤48火	≤60火
基　　　　　价（元）				3020.26	3147.80	3293.40
其中	人　工　费（元）			1534.68	1662.22	1807.82
	材　料　费（元）			32.02	32.02	32.02
	机　械　费（元）			1453.56	1453.56	1453.56
名　　　称		单位	单价（元）	消　　耗　　量		
人工	综合工日	工日	140.00	10.962	11.873	12.913
材料	灯架	套	—	(1.010)	(1.010)	(1.010)
	升降传动装置	套	—	(1.000)	(1.000)	(1.000)
	白布	kg	6.67	0.750	0.750	0.750
	肥皂	块	3.56	0.500	0.500	0.500
	黄干油	kg	5.15	1.500	1.500	1.500
	黄油	kg	16.58	0.500	0.500	0.500
	金属清洗剂	kg	8.66	1.000	1.000	1.000
	其他材料费占材料费	%	—	1.800	1.800	1.800
机械	汽车式高空作业车 18m	台班	643.75	0.748	0.748	0.748
	汽车式起重机 25t	台班	1084.16	0.748	0.748	0.748
	载重汽车 5t	台班	430.70	0.374	0.374	0.374

4.桥梁栏杆灯安装

工作内容：打眼、埋螺栓、灯具组装、配线、接线、焊接包头、校试。

计量单位：套

定 额 编 号				A4-14-344	A4-14-345
项 目 名 称				成套型	
				嵌入式	明装式
基 价 （元）				40.34	35.44
其中	人 工 费 （元）			26.46	21.14
	材 料 费 （元）			0.96	1.38
	机 械 费 （元）			12.92	12.92
名 称		单位	单价（元）	消 耗 量	
人工	综合工日	工日	140.00	0.189	0.151
材料	成套灯具	套	—	(1.010)	(1.010)
	冲击钻头 φ8	个	5.38	—	0.014
	膨胀螺栓 M6	套	0.17	—	2.040
	铜接线端子 20A	个	0.33	1.015	1.015
	铜芯塑料绝缘电线 BV-2.5mm²	m	1.32	0.458	0.452
	其他材料费占材料费	%	—	1.800	1.800
机械	载重汽车 5t	台班	430.70	0.030	0.030

684

工作内容：打眼、埋螺栓、灯具组装、配线、接线、焊接包头、校试。 计量单位：套

定 额 编 号			A4-14-346	A4-14-347
项 目 名 称			组装型	
			嵌入式	明装式
基 价 （元）			46.27	40.83
其中	人 工 费 （元）		31.78	25.48
	材 料 费 （元）		1.57	2.43
	机 械 费 （元）		12.92	12.92
名 称	单位	单价（元）	消 耗 量	
人工	综合工日	工日	140.00	0.227	0.182
材料	成套灯具	套	—	(1.010)	(1.010)
	冲击钻头 φ8	个	5.38	—	0.028
	膨胀螺栓 M6	套	0.17	—	4.080
	铜接线端子 20A	个	0.33	1.015	1.015
	铜芯塑料绝缘电线 BV-2.5mm²	m	1.32	0.916	0.916
	其他材料费占材料费	%	—	1.800	1.800
机械	载重汽车 5t	台班	430.70	0.030	0.030

685

5.路灯照明配件安装

工作内容：开箱检查、固定、配线、测位、划线、打眼、埋螺栓、安装。　　　　　　计量单位：套

定　额　编　号				A4-14-348	A4-14-349	A4-14-350
项　目　名　称				镇流器安装	触发器安装	电容器安装
基　　　　价（元）				6.00	4.04	4.46
其中	人　工　费（元）			5.32	3.36	3.78
	材　料　费（元）			0.68	0.68	0.68
	机　械　费（元）			—	—	—
名　　　称		单位	单价（元）	消　　耗　　量		
人工	综合工日	工日	140.00	0.038	0.024	0.027
材料	触发器	套	—	—	(1.010)	—
	电容器 400W	套	—	—	—	(1.010)
	镇流器	套	—	(1.010)	—	—
	铜芯塑料绝缘电线 BV-2.5mm²	m	1.32	0.509	0.509	0.509
	其他材料费占材料费	%	—	1.800	1.800	1.800

686

6.路灯杆座安装

工作内容：底箱部件检查、安装、找正、箱体接地、接点防水、绝缘处理。

计量单位：套

定 额 编 号				A4-14-351	A4-14-352
项 目 名 称				成套型	
				金属杆座	玻璃钢杆座
基 价（元）				29.58	27.42
其中	人 工 费（元）			12.60	10.78
	材 料 费（元）			0.41	0.07
	机 械 费（元）			16.57	16.57
名 称		单位	单价（元）	消 耗 量	
人工	综合工日	工日	140.00	0.090	0.077
材料	灯座箱	个	—	(1.010)	(1.010)
	弹簧垫片(综合)	10个	3.25	0.102	—
	低碳钢焊条	kg	6.84	0.010	0.010
	其他材料费占材料费	%	—	1.800	1.800
机械	交流弧焊机 21kV·A	台班	57.35	0.011	0.011
	载重汽车 5t	台班	430.70	0.037	0.037

687

定　额　编　号			A4-14-353	A4-14-354	A4-14-355
项　目　名　称			组合型		
			金属杆座	玻璃钢杆座	预制混凝土杆座
基　　　　　价　（元）			33.64	30.08	40.44
其中	人　工　费（元）		16.66	13.44	23.80
	材　料　费（元）		0.41	0.07	0.07
	机　械　费（元）		16.57	16.57	16.57
名　　　称	单位	单价（元）	消　　耗　　量		
人工	综合工日	工日	140.00	0.119	0.096	0.170
材料	灯座箱	个	—	(1.010)	(1.010)	(1.010)
	弹簧垫片(综合)	10个	3.25	0.102	—	—
	低碳钢焊条	kg	6.84	0.010	0.010	0.010
	其他材料费占材料费	%	—	1.800	1.800	1.800
机械	交流弧焊机 21kV·A	台班	57.35	0.011	0.011	0.011
	载重汽车 5t	台班	430.70	0.037	0.037	0.037

7.路灯金属杆安装

工作内容：灯柱柱基杂物清理、立杆、找正、紧固螺栓并上防锈油。 计量单位：根

定 额 编 号				A4-14-356	A4-14-357	A4-14-358
项 目 名 称				单杆杆长(m)		
				≤5	≤10	≤15
基 价（元）				72.64	96.88	137.96
其中	人 工 费（元）			12.04	18.62	27.44
	材 料 费（元）			10.20	12.58	15.06
	机 械 费（元）			50.40	65.68	95.46
名 称		单位	单价（元）	消 耗 量		
人工	综合工日	工日	140.00	0.086	0.133	0.196
材料	金属杆	根	—	(1.000)	(1.000)	(1.000)
	弹簧垫圈 M16～30	10个	4.10	0.610	0.820	0.820
	防锈漆	kg	5.62	0.200	0.250	0.300
	酚醛磁漆	kg	12.00	0.400	0.500	0.600
	钢垫板 δ2.5～5	kg	3.18	0.500	0.500	0.800
	其他材料费占材料费	%	—	1.800	1.800	1.800
机械	汽车式起重机 8t	台班	763.67	0.066	0.086	0.125

工作内容：灯柱柱基杂物清理、立杆、找正、紧固螺栓并上防锈油。　　　　　　计量单位：根

定　额　编　号				A4-14-359	A4-14-360
项　目　名　称				单杆杆长(m)	
				≤20	≤25
基　　　　价（元）				217.89	586.83
其中	人　工　费（元）			47.60	71.26
	材　料　费（元）			27.48	28.78
	机　械　费（元）			142.81	486.79
名　　称		单位	单价（元）	消　耗　量	
人工	综合工日	工日	140.00	0.340	0.509
材料	金属杆	根	—	(1.000)	(1.000)
	弹簧垫圈 M16～30	10个	4.10	1.630	1.630
	防锈漆	kg	5.62	0.600	0.600
	酚醛磁漆	kg	12.00	1.200	1.200
	钢垫板 δ2.5～5	kg	3.18	0.800	1.200
	其他材料费占材料费	%	—	1.800	1.800
机械	汽车式起重机 25t	台班	1084.16	—	0.449
	汽车式起重机 8t	台班	763.67	0.187	—

工作内容：灯柱柱基杂物清理、立杆、找正、紧固螺栓并上防锈油。　　　　　　　　　　计量单位：根

定　额　编　号				A4-14-361	A4-14-362
项　目　名　称				单杆杆长(m)	
				≤30	≤40
基　　　　　价（元）				878.74	1137.97
其中	人　工　费（元）			98.70	115.08
	材　料　费（元）			50.40	50.40
	机　械　费（元）			729.64	972.49
名　　称		单位	单价（元）	消　　耗　　量	
人工	综合工日	工日	140.00	0.705	0.822
材料	金属杆	根	—	(1.000)	(1.000)
	弹簧垫圈 M16～30	10个	4.10	2.860	2.860
	防锈漆	kg	5.62	1.050	1.050
	酚醛磁漆	kg	12.00	2.100	2.100
	钢垫板 δ2.5～5	kg	3.18	2.100	2.100
	其他材料费占材料费	%	—	1.800	1.800
机械	汽车式起重机 25t	台班	1084.16	0.673	0.897

九、景观灯安装

1.庭院灯安装

工作内容：测位、划线、灯具组装、接线。

计量单位：套

定 额 编 号			A4-14-363	A4-14-364
项 目 名 称			柱灯	
			≤3火	≤7火
基 价（元）			103.80	180.97
其中	人 工 费（元）		62.16	124.46
	材 料 费（元）		20.26	20.62
	机 械 费（元）		21.38	35.89
名 称	单位	单价（元）	消 耗 量	
人工 综合工日	工日	140.00	0.444	0.889
材料 成套灯具	套	—	(1.010)	(1.010)
瓷接头 1～3回路	个	0.34	—	1.030
地脚螺栓 M20×300	10个	47.01	0.408	0.408
塑料接线柱 双线	个	0.70	1.030	1.030
其他材料费占材料费	%	—	1.800	1.800
机械 汽车式起重机 8t	台班	763.67	0.028	0.047

定　额　编　号			A4-14-365	A4-14-366
项　目　名　称			草坪地灯	
			固定式	嵌入式
基　　　　价（元）			27.52	25.04
其中	人　工　费（元）		22.54	20.44
	材　料　费（元）		4.98	4.60
	机　械　费（元）		—	—
名　　称	单位	单价（元）	消　耗	量
人工	综合工日	工日	140.00	0.161	0.146
材料	成套灯具	套	—	(1.010)	(1.010)
	冲击钻头 φ8	个	5.38	0.033	0.028
	膨胀螺栓 M6	套	0.17	6.120	4.080
	塑料接线柱 双线	个	0.70	1.030	1.030
	铜接线端子 20A	个	0.33	1.015	1.015
	铜芯塑料绝缘电线 BV-2.5mm²	m	1.32	1.985	1.985
	其他材料费占材料费	%	—	1.800	1.800

工作内容：测位、划线、打眼、埋螺栓、灯具安装、接焊接线包头。　　　　　　　　　　　　计量单位：m²

定　额　编　号			A4-14-367	
项　目　名　称			树挂彩灯网灯型	
基　　　　价（元）			5.89	
其中	人　工　费（元）		5.04	
	材　料　费（元）		0.85	
	机　械　费（元）		—	
名　　称	单位	单价（元）	消　耗　量	
人工	综合工日	工日	140.00	0.036
材料	成套灯具	套	—	(1.010)
	镀锌铁丝 φ4.0	kg	3.57	0.103
	尼龙扎带(综合)	根	0.07	5.090
	铜芯塑料绝缘电线 BV-2.5mm²	m	1.32	0.086
	其他材料费占材料费	%	—	1.800

694

工作内容：测位、划线、打眼、埋螺栓、灯具安装、接焊接线包头。 计量单位：m

定 额 编 号				A4-14-368	A4-14-369
项 目 名 称				树挂彩灯	
				流星线型	串灯型
基 价 （元）				4.04	4.46
其中	人 工 费（元）			3.36	3.78
	材 料 费（元）			0.68	0.68
	机 械 费（元）			—	—
名 称		单位	单价(元)	消 耗 量	
人工	综合工日	工日	140.00	0.024	0.027
材料	成套灯具	套	—	(1.010)	(1.010)
	镀锌铁丝 φ4.0	kg	3.57	0.102	0.103
	尼龙扎带(综合)	根	0.07	3.080	3.090
	铜芯塑料绝缘电线 BV-2.5mm²	m	1.32	0.068	0.061
	其他材料费占材料费	%	—	1.800	1.800

695

2.楼宇亮化灯安装

工作内容：开箱清点、测定、划线、打眼、埋螺栓、灯具拼装固定、挂装饰部件、灯具安装、接焊线包头等。

计量单位：套

定 额 编 号				A4-14-370	A4-14-371
项 目 名 称				地面射灯	
				固定式	崁入式
基 价（元）				25.04	30.02
其中	人 工 费（元）			20.44	24.50
	材 料 费（元）			4.60	5.52
	机 械 费（元）			—	—
名 称		单位	单价（元）	消 耗 量	
人工	综合工日	工日	140.00	0.146	0.175
材料	成套灯具	套	—	(1.010)	(1.212)
	冲击钻头 φ8	个	5.38	0.028	0.034
	膨胀螺栓 M6	套	0.17	4.080	4.896
	塑料接线柱 双线	个	0.70	1.030	1.236
	铜接线端子 20A	个	0.33	1.015	1.218
	铜芯塑料绝缘电线 BV-2.5mm²	m	1.32	1.985	2.382
	其他材料费占材料费	%	—	1.800	1.800

工作内容：开箱清点、测定、划线、打眼、埋螺栓、灯具拼装固定、挂装饰部件、灯具安装、接焊线包头等。

计量单位：套

定 额 编 号				A4-14-372	A4-14-373	A4-14-374
项 目 名 称				立面点光源灯		
				灯具直径(mm)		
				≤150	≤250	≤350
基 价 （元）				10.62	11.74	12.30
其中	人 工 费 （元）			9.66	10.78	11.34
	材 料 费 （元）			0.96	0.96	0.96
	机 械 费 （元）			—	—	—
	名 称	单位	单价(元)	消 耗		量
人工	综合工日	工日	140.00	0.069	0.077	0.081
材料	成套灯具	套	—	(1.010)	(1.010)	(1.010)
	铜接线端子 20A	个	0.33	1.015	1.015	1.015
	铜芯塑料绝缘电线 BV-2.5mm²	m	1.32	0.458	0.458	0.458
	其他材料费占材料费	%	—	1.800	1.800	1.800

工作内容：开箱清点、测定、划线、打眼、埋螺栓、灯具拼装固定、挂装饰部件、灯具安装、接焊线包头等。

计量单位：套

定 额 编 号			A4-14-375	A4-14-376
项 目 名 称			立面轮廓灯	
			灯泡型	灯管型
基 价（元）			30.28	20.25
其中	人 工 费（元）		20.30	14.28
	材 料 费（元）		9.98	5.97
	机 械 费（元）		—	—
名 称	单位	单价（元）	消 耗 量	
人工	综合工日	工日	140.00	0.145	0.102
材料	成套灯具	套	—	(0.808)	(0.808)
	冲击钻头 φ12	个	6.75	0.019	—
	镀锌膨胀螺栓带2螺母、2垫圈 M10	套	0.43	3.264	—
	镀锌自攻螺钉ST 4～6×10～16	个	0.02	1.660	1.660
	金属软管 DN15	m	1.79	0.824	0.206
	金属软管接头 DN15	个	0.17	1.648	1.030
	塑料接线柱 双线	个	0.70	0.824	0.824
	铜接线端子 20A	个	0.33	0.812	0.609
	铜芯塑料绝缘电线 BV-2.5mm^2	m	1.32	4.275	3.420
	其他材料费占材料费	%	—	1.800	1.800

十、开关、按钮安装

1.普通开关、按钮安装

工作内容：测位、划线、打眼、清扫盒子、上溯料台、缠钢丝弹簧垫、装开关和按钮、接线、装盖、埋塑料胀管。

计量单位：套

定 额 编 号			A4-14-377	A4-14-378
项 目 名 称			拉线开关	跷板开关明装
基 价（元）			5.78	5.64
其中	人 工 费（元）		3.78	3.64
	材 料 费（元）		2.00	2.00
	机 械 费（元）		—	—
名 称	单位	单价（元）	消 耗 量	
人工	综合工日	工日	140.00	0.027	0.026
材料	照明开关	只	—	(1.020)	(1.020)
	冲击钻头 φ8	个	5.38	0.007	0.007
	木螺钉 M2～4×6～65	个	0.09	4.200	4.200
	塑料台	个	1.02	1.050	1.050
	塑料胀管 φ6～8	个	0.07	1.100	1.100
	铜芯塑料绝缘电线 BV-2.5mm²	m	1.32	0.305	0.305
	其他材料费占材料费	%	—	1.800	1.800

工作内容：测位、划线、打眼、清扫盒子、上溯料台、缠钢丝弹簧垫、装开关和按钮、接线、装盖、埋塑料胀管。

计量单位：套

定 额 编 号				A4-14-379	A4-14-380
项 目 名 称				跷板暗开关单控	
				≤3联	≤6联
基 价 （元）				4.73	6.37
其中	人 工 费（元）			3.92	4.90
	材 料 费（元）			0.81	1.47
	机 械 费（元）			—	—
名 称		单位	单价（元）	消 耗 量	
人工	综合工日	工日	140.00	0.028	0.035
材料	照明开关	只	—	(1.020)	(1.020)
	半圆头镀锌螺栓 M2～5×15～50	10个	0.90	0.208	0.208
	铜芯塑料绝缘电线 BV-2.5mm²	m	1.32	0.458	0.955
	其他材料费占材料费	%	—	1.800	1.800

工作内容：测位、划线、打眼、清扫盒子、上溯料台、缠钢丝弹簧垫、装开关和按钮、接线、装盖、埋塑料胀管。

计量单位：套

定 额 编 号				A4-14-381	A4-14-382
项 目 名 称				跷板暗开关双控	
				≤3联	≤6联
基 价（元）				5.16	6.52
其中	人 工 费（元）			4.20	4.90
	材 料 费（元）			0.96	1.62
	机 械 费（元）			—	—
名 称		单位	单价（元）	消 耗 量	
人工	综合工日	工日	140.00	0.030	0.035
材料	照明开关	只	—	(1.020)	(1.020)
	半圆头镀锌螺栓 M2～5×15～50	10个	0.90	0.208	0.208
	铜芯塑料绝缘电线 BV-2.5mm²	m	1.32	0.573	1.061
	其他材料费占材料费	%	—	1.800	1.800

工作内容：测位、划线、打眼、清扫盒子、上溯料台、缠钢丝弹簧垫、装开关和按钮、接线、装盖、埋塑料胀管。

计量单位：套

定　额　编　号				A4-14-383	A4-14-384
项　目　名　称				按钮	密封开关电流
					≤5A
基　　　　　价（元）				4.38	7.04
其中	人　工　费（元）			3.78	6.16
	材　料　费（元）			0.60	0.88
	机　械　费（元）			—	—
名　　　称		单位	单价（元）	消　耗　量	
人工	综合工日	工日	140.00	0.027	0.044
材料	成套按钮	套	—	(1.020)	—
	密封开关	套	—	—	(1.020)
	半圆头镀锌螺栓 M2～5×15～50	10个	0.90	0.208	—
	木螺钉 M2～4×6～65	个	0.09	—	2.080
	铜芯塑料绝缘电线 BV-2.5mm²	m	1.32	0.305	0.515
	其他材料费占材料费	%	—	1.800	1.800

2.带保险盒开关安装

工作内容：测位、划线、打洞眼、上木台、装开关、保险盒接线、装盖、塑料膨胀管等。　计量单位：套

定　额　编　号			A4-14-385	A4-14-386	A4-14-387
项　目　名　称			拉线开关		扳手开关
			明装	防水	明装
基　　　价（元）			5.36	7.88	5.08
其中	人　工　费（元）		4.48	7.00	4.20
	材　料　费（元）		0.88	0.88	0.88
	机　械　费（元）		—	—	—
名　　称	单位	单价（元）	消　　耗　　量		
人工	综合工日	工日	140.00	0.032	0.050	0.030
材料	瓷圆保险盒	个	—	(1.020)	(1.020)	(1.020)
	照明开关	只	—	(1.020)	(1.020)	(1.020)
	冲击钻头 φ8	个	5.38	0.014	0.014	0.014
	木螺钉 M2.5×20	10个	0.30	0.416	0.416	0.416
	木螺钉 M4×65	10个	0.50	0.208	0.208	0.208
	塑料胀管 φ6～8	个	0.07	2.200	2.200	2.200
	铜芯塑料绝缘电线 BV-2.5mm²	m	1.32	0.305	0.305	0.305
	其他材料费占材料费	%	—	1.800	1.800	1.800

3.声控延时开关、柜门触动开关安装

工作内容：测位、划线、打眼、埋螺栓、装开关、接线、调校。

计量单位：套

定 额 编 号				A4-14-388	A4-14-389
项 目 名 称				声控延时开关	柜门触动开关
基 价（元）				4.38	4.38
其中	人 工 费（元）			3.78	3.78
	材 料 费（元）			0.60	0.60
	机 械 费（元）			—	—
名 称		单位	单价（元）	消 耗 量	
人工	综合工日	工日	140.00	0.027	0.027
材料	柜门开关触动式	套	—	—	(1.020)
	声控延时开关(红外线感应)	个	—	(1.020)	—
	半圆头镀锌螺栓 M2～5×15～50	10个	0.90	0.208	—
	木螺钉 M2～4×6～65	个	0.09	—	2.100
	铜芯塑料绝缘电线 BV-2.5mm²	m	1.32	0.305	0.305
	其他材料费占材料费	%	—	1.800	1.800

十一、插座安装

1.普通插座安装

工作内容：测位、划线、打眼、埋塑料胀管、装插座、接线、装盖。　　　　　　　　　　　　计量单位：套

定　额　编　号			A4-14-390	A4-14-391
项　目　名　称			单相	
			明插座电流(A)	
			≤15	≤30
基　　　　　价（元）			4.94	5.85
其中	人　工　费（元）		3.92	4.62
	材　料　费（元）		1.02	1.23
	机　械　费（元）		—	—
名　　称	单位	单价（元）	消　耗　量	
人工 综合工日	工日	140.00	0.028	0.033
材料 成套插座	套	—	(1.020)	(1.020)
冲击钻头 φ8	个	5.38	0.014	0.014
木螺钉 M2～4×6～65	个	0.09	4.160	4.160
塑料胀管 φ6～8	个	0.07	2.200	2.200
铜芯塑料绝缘电线 BV-2.5mm²	m	1.32	0.305	—
铜芯塑料绝缘电线 BV-4mm²	m	1.97	—	0.305
其他材料费占材料费	%	—	1.800	1.800

工作内容：测位、划线、打眼、埋塑料胀管、装插座、接线、装盖。 计量单位：套

定 额 编 号				A4-14-392	A4-14-393
项 目 名 称				单相带接地	
				明插座电流(A)	
				≤15	≤30
基 价 （元）				5.99	6.71
其中	人 工 费（元）			4.76	5.18
	材 料 费（元）			1.23	1.53
	机 械 费（元）			—	—
名 称		单位	单价(元)	消 耗 量	
人工	综合工日	工日	140.00	0.034	0.037
材料	成套插座	套	—	(1.020)	(1.020)
	冲击钻头 φ8	个	5.38	0.014	0.014
	木螺钉 M2～4×6～65	个	0.09	4.160	4.160
	塑料胀管 φ6～8	个	0.07	2.200	2.200
	铜芯塑料绝缘电线 BV-2.5mm²	m	1.32	0.458	—
	铜芯塑料绝缘电线 BV-4mm²	m	1.97	—	0.458
	其他材料费占材料费	%	—	1.800	1.800

工作内容：测位、划线、打眼、埋塑料胀管、装插座、接线、装盖。计量单位：套

定 额 编 号				A4-14-394	A4-14-395
项 目 名 称				三相带接地	
				明插座电流(A)	
				≤15	≤30
基 价（元）				6.71	8.63
其中	人 工 费（元）			5.18	5.60
	材 料 费（元）			1.53	3.03
	机 械 费（元）			—	—
	名 称	单位	单价（元）	消 耗 量	
人工	综合工日	工日	140.00	0.037	0.040
材料	成套插座	套	—	(1.020)	(1.020)
	冲击钻头 φ8	个	5.38	0.014	0.014
	木螺钉 M2～4×6～65	个	0.09	2.080	2.080
	木螺钉 M4.5～6×15～100	10个	1.37	0.208	0.208
	塑料台	个	1.02	—	1.050
	塑料胀管 φ6～8	个	0.07	2.200	2.200
	铜芯塑料绝缘电线 BV-2.5mm²	m	1.32	0.610	—
	铜芯塑料绝缘电线 BV-4mm²	m	1.97	—	0.610
	其他材料费占材料费	%	—	1.800	1.800

工作内容：测位、划线、打眼、埋塑料胀管、装插座、接线、装盖。 计量单位：套

定 额 编 号				A4-14-396	A4-14-397
项 目 名 称				单相	
				暗插座电流(A)	
				≤15	≤30
基 价（元）				4.52	5.00
其中	人 工 费（元）			3.92	4.20
	材 料 费（元）			0.60	0.80
	机 械 费（元）			—	—
名 称		单位	单价(元)	消 耗 量	
人工	综合工日	工日	140.00	0.028	0.030
材料	成套插座	套	—	(1.020)	(1.020)
	半圆头镀锌螺栓 M2～5×15～50	10个	0.90	0.208	0.208
	铜芯塑料绝缘电线 BV-2.5mm²	m	1.32	0.305	—
	铜芯塑料绝缘电线 BV-4mm²	m	1.97	—	0.305
	其他材料费占材料费	%	—	1.800	1.800

工作内容：测位、划线、打眼、埋塑料胀管、装插座、接线、装盖。 计量单位：套

定　额　编　号				A4-14-398	A4-14-399
项　目　名　称				单相带接地	
				暗插座电流(A)	
				≤15	≤30
基　　价（元）				5.57	6.29
其中	人　工　费（元）			4.76	5.18
	材　料　费（元）			0.81	1.11
	机　械　费（元）			—	—
名　　称	单位	单价(元)		消　耗　量	
人工	综合工日	工日	140.00	0.034	0.037
材料	成套插座	套	—	(1.020)	(1.020)
	半圆头镀锌螺栓 M2～5×15～50	10个	0.90	0.208	0.208
	铜芯塑料绝缘电线 BV-2.5mm²	m	1.32	0.458	—
	铜芯塑料绝缘电线 BV-4mm²	m	1.97	—	0.458
	其他材料费占材料费	%	—	1.800	1.800

定　额　编　号				A4-14-400	A4-14-401
项　目　名　称				三相带接地	
				暗插座电流(A)	
				≤15	≤30
基　　　价（元）				6.19	7.01
其中	人　工　费（元）			5.18	5.60
	材　料　费（元）			1.01	1.41
	机　械　费（元）			—	—
名　　称		单位	单价（元）	消　　耗　　量	
人工	综合工日	工日	140.00	0.037	0.040
材料	成套插座	套	—	(1.020)	(1.020)
	半圆头镀锌螺栓 M2～5×15～50	10个	0.90	0.208	0.208
	铜芯塑料绝缘电线 BV-2.5mm²	m	1.32	0.610	—
	铜芯塑料绝缘电线 BV-4mm²	m	1.97	—	0.610
	其他材料费占材料费	%	—	1.800	1.800

710

2.防爆插座安装

工作内容：测位、划线、打眼、埋螺栓、清扫盒子、装插座、接线。

计量单位：套

定 额 编 号				A4-14-402	A4-14-403
项 目 名 称				单相	
				防爆插座电流(A)	
				≤15	≤60
基 价（元）				7.99	10.43
其中	人 工 费（元）			6.72	8.96
	材 料 费（元）			1.27	1.47
	机 械 费（元）			—	—
名 称		单位	单价（元）	消 耗 量	
人工	综合工日	工日	140.00	0.048	0.064
材料	防爆插座	个	—	(1.020)	(1.020)
	冲击钻头 φ8	个	5.38	0.028	0.028
	膨胀螺栓 M6	套	0.17	4.080	4.080
	铜芯塑料绝缘电线 BV-2.5mm^2	m	1.32	0.305	—
	铜芯塑料绝缘电线 BV-4mm^2	m	1.97	—	0.305
	其他材料费占材料费	%	—	1.800	1.800

工作内容：测位、划线、打眼、埋螺栓、清扫盒子、装插座、接线。 计量单位：套

定　额　编　号				A4-14-404	A4-14-405
项　目　名　称				单相带接地	
				防爆插座电流(A)	
				≤15	≤60
基　　　价（元）				8.19	10.74
其中	人　工　费（元）			6.72	8.96
	材　料　费（元）			1.47	1.78
	机　械　费（元）			—	—
	名　　　称	单位	单价（元）	消　耗　量	
人工	综合工日	工日	140.00	0.048	0.064
材料	防爆插座	个	—	(1.020)	(1.020)
	冲击钻头 φ8	个	5.38	0.028	0.028
	膨胀螺栓 M6	套	0.17	4.080	4.080
	铜芯塑料绝缘电线 BV-2.5mm²	m	1.32	0.458	—
	铜芯塑料绝缘电线 BV-4mm²	m	1.97	—	0.458
	其他材料费占材料费	%	—	1.800	1.800

712

工作内容：测位、划线、打眼、埋螺栓、清扫盒子、装插座、接线。 计量单位：套

定 额 编 号				A4-14-406	A4-14-407
项 目 名 称				三相带接地	
				防爆插座电流(A)	
				≤15	≤60
基 价 （元）				9.80	12.72
其中	人 工 费（元）			8.12	10.64
	材 料 费（元）			1.68	2.08
	机 械 费（元）			—	—
名 称		单位	单价(元)	消 耗 量	
人工	综合工日	工日	140.00	0.058	0.076
材料	防爆插座	个	—	(1.020)	(1.020)
	冲击钻头 φ8	个	5.38	0.028	0.028
	膨胀螺栓 M6	套	0.17	4.080	4.080
	铜芯塑料绝缘电线 BV-2.5mm²	m	1.32	0.610	—
	铜芯塑料绝缘电线 BV-4mm²	m	1.97	—	0.610
	其他材料费占材料费	%	—	1.800	1.800

3.带保险盒插座安装

工作内容：测位、划线、打眼、上木台、装开关、保险盒接线、装盖、塑料膨胀管。　　　　计量单位：套

定　额　编　号				A4-14-408	A4-14-409	A4-14-410
项　目　名　称				单相		
				带保险盒插座电流(A)		
				≤10	≤15	≤30
基　　　价（元）				5.28	14.20	16.58
其中	人　工　费（元）			4.20	9.52	11.90
	材　料　费（元）			1.08	4.68	4.68
	机　械　费（元）			—	—	—
	名　　称	单位	单价（元）	消　　耗　　量		
人工	综合工日	工日	140.00	0.030	0.068	0.085
材料	插座	个	—	(1.005)	(1.005)	(1.005)
	瓷圆保险盒	个	—	(1.020)	(1.020)	(1.020)
	冲击钻头 φ8	个	5.38	0.014	0.014	0.014
	瓷插式熔断器	个	3.50	—	1.010	1.010
	木螺钉 M2.5×25	10个	0.30	0.416	0.416	0.416
	木螺钉 M4×75	10个	0.50	0.208	0.208	0.208
	塑料胀管 φ6～8	个	0.07	2.200	2.200	2.200
	铜芯塑料绝缘电线 BV-2.5mm²	m	1.32	0.458	0.458	0.458
	其他材料费占材料费	%	—	1.800	1.800	1.800

4.须刨插座、钥匙取电器安装

工作内容：开箱、检查、测位、划线、清扫盒子、缠钢丝弹簧垫、接线、焊接包头、安装、调试等。

计量单位：套

定 额 编 号				A4-14-411	A4-14-412
项 目 名 称				须刨插座≤15A	钥匙取电器
基 价（元）				6.55	5.29
其中	人 工 费（元）			5.74	4.48
	材 料 费（元）			0.81	0.81
	机 械 费（元）			—	—
名 称	单位	单价（元）		消 耗 量	
人工	综合工日	工日	140.00	0.041	0.032
材料	须刨插座	个	—	（1.020）	—
	钥匙取电器	套	—	—	（1.020）
	半圆头镀锌螺栓 M2～5×15～50	10个	0.90	0.208	0.208
	铜芯塑料绝缘电线 BV-2.5mm²	m	1.32	0.458	0.458
	其他材料费占材料费	%	—	1.800	1.800

十二、艺术喷泉照明系统安装

1. 程序控制柜、控制箱安装

工作内容：开箱检验、定位、安装、接地、单体调试。

计量单位：台

定 额 编 号			A4-14-413	A4-14-414
项 目 名 称			程序控制柜	落地式程序
			安装	控制箱安装
基 价（元）			419.68	354.10
其中	人 工 费（元）		320.60	245.56
	材 料 费（元）		10.19	13.91
	机 械 费（元）		88.89	94.63
名 称	单位	单价（元）	消 耗 量	
人工	综合工日	工日	140.00	2.290	1.754
材料	白布	kg	6.67	—	0.100
	低碳钢焊条	kg	6.84	—	0.150
	电力复合脂	kg	20.00	—	0.100
	电气绝缘胶带 18mm×10m×0.13mm	卷	8.55	0.250	0.150
	镀锌扁钢(综合)	kg	3.85	—	1.500
	酚醛调和漆	kg	7.90	—	0.100
	钢垫板 δ1~2	kg	3.18	0.400	0.400
	棉纱头	kg	6.00	0.100	—
	塑料带 20mm×40m	kg	12.00	0.500	—
	铁砂布	张	0.85	—	1.000
	其他材料费占材料费	%	—	1.800	1.800
机械	交流弧焊机 21kV·A	台班	57.35	—	0.100
	汽车式起重机 8t	台班	763.67	0.060	0.060
	载重汽车 5t	台班	430.70	0.100	0.100

定 额 编 号			A4-14-415	A4-14-416	A4-14-417
项 目 名 称			悬挂嵌入式程序控制箱安装		
			半周长(m)		
			≤1	≤1.5	≤2.5
基 价（元）			145.84	181.28	223.86
其中	人 工 费（元）		121.80	155.54	189.42
	材 料 费（元）		24.04	25.74	29.11
	机 械 费（元）		—	—	5.33
名 称	单位	单价(元)	消 耗 量		
人工 综合工日	工日	140.00	0.870	1.111	1.353
材料 白布	kg	6.67	0.100	0.100	0.120
冲击钻头 Φ10	个	5.98	0.028	0.028	0.028
低碳钢焊条	kg	6.84	—	—	0.150
电力复合脂	kg	20.00	0.410	0.410	0.410
电气绝缘胶带 18mm×10m×0.13mm	卷	8.55	0.100	0.125	0.150
酚醛调和漆	kg	7.90	0.050	0.050	0.070
钢垫板 δ1~2	kg	3.18	0.150	0.150	0.200
膨胀螺栓 M8	套	0.25	4.080	4.080	6.120
铁砂布	张	0.85	1.000	1.200	1.500
铜接线端子 DT-10	个	1.20	2.030	2.030	2.030
硬铜绞线 TJ-10mm²	kg	42.74	0.200	0.230	0.250
其他材料费占材料费	%	—	1.800	1.800	1.800
机械 交流弧焊机 21kV·A	台班	57.35	—	—	0.093

2. 音乐喷泉控制设备安装

工作内容：开箱、检验、定位、安装、校线、接线、单体调试。　　　　　　　　　　　计量单位：台

定　额　编　号				A4-14-418	A4-14-419	A4-14-420
项　目　名　称				声画同步器	编程音乐	电脑音乐
				安装	控制器安装	
基　　　价（元）				417.89	676.57	933.86
其中	人　工　费（元）			331.24	515.90	700.28
	材　料　费（元）			15.63	17.86	19.75
	机　械　费（元）			71.02	142.81	213.83
名　　称		单位	单价（元）	消　　耗　　量		
人工	综合工日	工日	140.00	2.366	3.685	5.002
材料	白布	kg	6.67	0.100	0.150	0.150
	电力复合脂	kg	20.00	0.100	0.150	0.200
	电气绝缘胶带 18mm×10m×0.13mm	卷	8.55	0.100	0.150	0.250
	铁砂布	张	0.85	1.000	1.500	1.500
	铜接线端子 DT-10	个	1.20	2.030	2.030	2.030
	硬铜绞线 TJ-10mm²	kg	42.74	0.200	0.200	0.200
	其他材料费占材料费	%	—	1.800	1.800	1.800
机械	汽车式起重机 8t	台班	763.67	0.093	0.187	0.280

718

工作内容：开箱、检验、定位、安装、校线、接线、单体调试。 计量单位：台

定　额　编　号				A4-14-421	A4-14-422
项　目　名　称				音乐	变频
				控制器安装	
基　　　价（元）				360.64	298.45
其中	人　工　费（元）			239.12	218.82
	材　料　费（元）			14.61	8.61
	机　械　费（元）			106.91	71.02
名　　　称		单位	单价（元）	消　耗　量	
人工	综合工日	工日	140.00	1.708	1.563
材料	白布	kg	6.67	0.100	0.100
	电力复合脂	kg	20.00	0.050	0.050
	电气绝缘胶带 18mm×10m×0.13mm	卷	8.55	0.100	0.005
	铁砂布	张	0.85	1.000	0.050
	铜接线端子 DT-10	个	1.20	2.030	2.030
	硬铜绞线 TJ-10mm²	kg	42.74	0.200	0.100
	其他材料费占材料费	%	—	1.800	1.800
机械	汽车式起重机 8t	台班	763.67	0.140	0.093

3.喷泉特技效果控制设备安装

工作内容：开箱检验、定位、安装、接地、单体调试。　　　　　　　　　　　计量单位：台

定　额　编　号				A4-14-423	A4-14-424
项　目　名　称				摇摆传动器安装	
				单摇2.2kW	双摇2.2kW
基　　　价（元）				384.96	596.67
其中	人　工　费（元）			259.42	405.30
	材　料　费（元）			107.19	154.18
	机　械　费（元）			18.35	37.19
名　　称		单位	单价（元）	消　　耗　　量	
人工	综合工日	工日	140.00	1.853	2.895
材料	防水密封胶	支	8.55	0.500	1.000
	防雨罩	m²	83.76	1.000	1.500
	尼龙过滤网	m²	8.63	2.000	2.000
	其他材料费占材料费	%	—	1.800	1.800
机械	叉式起重机 3t	台班	495.91	0.037	0.075

720

工作内容：开箱检验、定位、安装、接地、单体调试。 计量单位：台

定 额 编 号				A4-14-425	A4-14-426
项 目 名 称				摇摆传动器安装	
				扇面摇1.0kW	纵向摇2.2kW
基 价（元）				241.76	783.34
其中	人 工 费（元）			120.68	638.96
	材 料 费（元）			107.19	107.19
	机 械 费（元）			13.89	37.19
名 称		单位	单价（元）	消 耗 量	
人工	综合工日	工日	140.00	0.862	4.564
材料	防水密封胶	支	8.55	0.500	0.500
	防雨罩	m²	83.76	1.000	1.000
	尼龙过滤网	m²	8.63	2.000	2.000
	其他材料费占材料费	%	—	1.800	1.800
机械	叉式起重机 3t	台班	495.91	0.028	0.075

4.喷泉防水配件安装

工作内容：开箱检验、清洁、搬运、划线、定位、安装、接线、封盖、接地。　　　　　　　计量单位：m

定　额　编　号			A4-14-427	A4-14-428	A4-14-429
项　目　名　称			玻璃钢电缆槽安装宽+高		
			≤50mm	≤80mm	≤120mm
基　　　价（元）			4.51	5.63	7.36
其中	人　工　费（元）		4.34	5.46	7.14
	材　料　费（元）		0.17	0.17	0.22
	机　械　费（元）		—	—	—
名　　称	单位	单价（元）	消　　耗　　量		
人工	综合工日	工日	140.00	0.031	0.039	0.051
材料	玻璃钢电缆槽	m	—	(1.010)	(1.010)	(1.010)
	密封玻璃钢电缆槽盖板	m	—	(1.010)	(1.010)	(1.010)
	防水密封胶	支	8.55	0.020	0.020	0.025
	其他材料费占材料费	%	—	1.800	1.800	1.800

工作内容：开箱检验、清洁、搬运、划线、定位、安装、接线、封盖、接地。　　　　　　　　　　　　计量单位：m

定　额　编　号					A4-14-430	A4-14-431
项　目　名　称					玻璃钢电缆槽安装宽+高	
					≤300mm	≤600mm
基　　　　价（元）					13.56	16.54
其中	人　工　费（元）				13.30	16.24
	材　料　费（元）				0.26	0.30
	机　械　费（元）				—	—
名　　　称		单位	单价（元）		消　　耗　　量	
人工	综合工日	工日	140.00		0.095	0.116
材料	玻璃钢电缆槽	m	—		(1.010)	(1.010)
	密封玻璃钢电缆槽盖板	m	—		(1.010)	(1.010)
	防水密封胶	支	8.55		0.030	0.035
	其他材料费占材料费	%	—		1.800	1.800

5.艺术喷泉照明安装

（1）喷泉水下彩色照明安装

工作内容：开箱清点、测定、划线、打眼、埋螺栓、灯具拼装固定、防水接线、接焊线包头、接地、调试等。

计量单位：m

定 额 编 号				A4-14-432	A4-14-433	A4-14-434
项 目 名 称				水下链灯管式	水下链灯可塑	水下灯柱穿管
				直径50～60mm	直径12～30mm	日光彩灯
基 价 （元）				76.16	53.59	67.87
其中	人 工 费 （元）			65.10	43.40	54.46
	材 料 费 （元）			11.06	10.19	13.41
	机 械 费 （元）			—	—	—
名 称		单位	单价（元）	消 耗 量		
人工	综合工日	工日	140.00	0.465	0.310	0.389
材料	成套灯具	套	—	(0.824)	(0.824)	(0.824)
	不锈钢防护网	m²	11.54	—	—	0.200
	撑脚卡箍(综合)	套	3.85	2.100	2.100	2.100
	防水密封胶	支	8.55	0.200	0.100	0.200
	防锈漆	kg	5.62	0.050	0.050	0.050
	酚醛调和漆	kg	7.90	0.100	0.100	0.100
	其他材料费占材料费	%	—	1.800	1.800	1.800

(2)喷泉水上辅助照明安装

工作内容：开箱检验、清洁搬运、铁件加工、接线、调试。 计量单位：套

定 额 编 号				A4-14-435	A4-14-436	A4-14-437
项 目 名 称				聚光灯	散光灯	追光灯
基 价（元）				13.29	11.19	17.63
其中	人 工 费（元）			13.02	10.92	17.36
	材 料 费（元）			0.27	0.27	0.27
	机 械 费（元）			—	—	—
名 称		单位	单价（元）	消 耗 量		
人工	综合工日	工日	140.00	0.093	0.078	0.124
材料	成套灯具	套	—	(1.010)	(1.010)	(1.010)
	彩色膜	m²	1.66	0.160	0.160	0.160
	其他材料费占材料费	%	—	1.800	1.800	1.800

工作内容：开箱检验、清洁搬运、铁件加工、接线、调试。

计量单位：套

定 额 编 号					A4-14-438	A4-14-439
项 目 名 称					投光灯	频闪器阵
基 价 （元）					21.97	131.89
其中	人 工 费（元）				21.70	130.20
	材 料 费（元）				0.27	1.69
	机 械 费（元）				—	—
	名 称	单位	单价（元）		消 耗 量	
人工	综合工日	工日	140.00		0.155	0.930
材料	成套灯具	套	—		(1.010)	(1.010)
	彩色膜	m²	1.66		0.160	1.000
	其他材料费占材料费	%	—		1.800	1.800

定 额 编 号			A4-14-440	A4-14-441	A4-14-442
项 目 名 称			彩灯阵	彩色日光灯阵	彩色链灯阵
基 价（元）			98.14	162.26	213.08
其中	人 工 费（元）		98.14	162.26	213.08
	材 料 费（元）		—	—	—
	机 械 费（元）		—	—	—
名 称	单位	单价（元）	消 耗 量		
人工	综合工日	工日	140.00	0.701	1.159	1.522
材料	成套灯具	套	—	(4.350)	(4.350)	(4.350)
	其他材料费占材料费	%	—	1.800	1.800	1.800

定　额　编　号	A4-14-443
项　目　名　称	雷达灯
	摇摆旋转式
基　　　　价（元）	352.68

其中	人　工　费（元）	325.64
	材　料　费（元）	1.84
	机　械　费（元）	25.20

	名　　称	单位	单价（元）	消　耗　量
人工	综合工日	工日	140.00	2.326
材料	成套灯具	套	—	(1.010)
	彩色膜	m²	1.66	0.160
	防水电缆	m	15.38	0.100
	其他材料费占材料费	%	—	1.800
机械	汽车式起重机 8t	台班	763.67	0.033

十三、太阳能电池板及蓄电池安装

1. 太阳能电池板安装

工作内容：搬运、开箱、检查、支架固定、整理检查、连接与接线。　　　　　　　计量单位：块

定　额　编　号			A4-14-444	A4-14-445	A4-14-446
项　目　名　称			路灯柱上安装		
			柱高5m以下	柱高12m以下	柱高20m以下
基　　　价（元）			80.22	94.16	119.41
其中	人　工　费（元）		12.32	18.48	24.78
	材　料　费（元）		5.42	5.42	5.42
	机　械　费（元）		62.48	70.26	89.21
名　　　称	单位	单价（元）	消　　耗　　量		
人工	综合工日	工日	140.00	0.088	0.132	0.177
材料	白布	kg	6.67	0.500	0.500	0.500
	电气绝缘胶带 18mm×10m×0.13mm	卷	8.55	0.200	0.200	0.200
	铜芯橡皮绝缘电线 BX-2.5mm²	m	1.23	0.220	0.220	0.220
	其他材料费占材料费	%	—	2.000	2.000	2.000
机械	汽车式高空作业车 21m	台班	863.71	0.047	0.056	0.075
	汽车式起重机 12t	台班	857.15	0.025	0.025	—
	汽车式起重机 16t	台班	958.70	—	—	0.025
	真有效值数据存储型万用表	台班	7.66	0.060	0.060	0.060

2.蓄电池安装

工作内容：搬运、开箱、检查、支架固定、蓄电池就位、整理检查、连接与接线、护罩安装、标志标号。

计量单位：组件

定　额　编　号				A4-14-447	A4-14-448	A4-14-449
项　目　名　称				蓄电池电压/容量		
				12V/100A·h	12V/200A·h	12V/290A·h
基　　　价（元）				63.40	64.66	65.92
其中	人　工　费（元）			27.58	28.84	30.10
	材　料　费（元）			2.38	2.38	2.38
	机　械　费（元）			33.44	33.44	33.44
名　　称		单位	单价（元）	消　　耗　　量		
人工	综合工日	工日	140.00	0.197	0.206	0.215
材料	白布	kg	6.67	0.030	0.030	0.030
	电力复合脂	kg	20.00	0.010	0.010	0.010
	肥皂水	kg	0.62	0.200	0.200	0.200
	钢锯条	条	0.34	0.300	0.300	0.300
	合金钢钻头 φ16	个	7.60	0.020	0.020	0.020
	膨胀螺栓 M14	10套	10.70	0.143	0.143	0.143
	三色塑料带 20mm×40m	m	0.26	0.110	0.110	0.110
	其他材料费占材料费	%	—	1.800	1.800	1.800
机械	汽车式起重机 8t	台班	763.67	0.028	0.028	0.028
	载重汽车 5t	台班	430.70	0.028	0.028	0.028

工作内容：搬运、开箱、检查、支架固定、蓄电池就位、整理检查、连接与接线、护罩安装、标志标号。

计量单位：组件

定 额 编 号				A4-14-450	A4-14-451
项 目 名 称				蓄电池电压/容量	
				12V/500A·h	12V/570A·h
基 价 （元）				70.54	75.44
其中	人 工 费（元）			34.72	39.62
	材 料 费（元）			2.38	2.38
	机 械 费（元）			33.44	33.44
名 称		单位	单价（元）	消 耗 量	
人工	综合工日	工日	140.00	0.248	0.283
材料	白布	kg	6.67	0.030	0.030
	电力复合脂	kg	20.00	0.010	0.010
	肥皂水	kg	0.62	0.200	0.200
	钢锯条	条	0.34	0.300	0.300
	合金钢钻头 φ16	个	7.60	0.020	0.020
	膨胀螺栓 M14	10套	10.70	0.143	0.143
	三色塑料带 20mm×40m	m	0.26	0.110	0.110
	其他材料费占材料费	%	—	1.800	1.800
机械	汽车式起重机 8t	台班	763.67	0.028	0.028
	载重汽车 5t	台班	430.70	0.028	0.028

731

第十五章 低压电器设备安装工程

说　　明

一、本章内容包括插接式空气开关箱、控制开关、DZ 自动空气断路器、熔断器、限位开关、用电控制装置、电阻器、变阻器、安全变压器、仪表、分流器、有载调压器、水位电气信号装置、民用电器安装、低压电器装置接线及穿刺线夹等内容。

二、有关说明：

1. 低压电器安装定额适用于工业低压用电装置、家用电器的控制装置及电器的安装。定额综合考虑了型号、功能，执行定额时不做调整。

2. 控制装置安装定额中，除限位开关及水位电气信号装置安装定额外，其他安装定额均未包括支架制作、安装。工程实际发生时，执行本册定额第七章"金属构件、穿墙套板安装工程"相关定额。

3. 本章定额包括电器安装、接线（除单独计算外）、接地。定额不包括接线端子、保护盒、接线盒、箱体等安装，工程实际发生时，执行相关定额。

工程量计算规则

一、控制开关安装根据开关形式与功能及电流量，按照设计图示安装数量以"个"为计量单位。

二、集中空调开关、请勿打扰装置、风扇调速开关安装，按照设计图示安装数量以"套"为计量单位。

三、熔断器、限位开关安装根据类型，按照设计图示安装数量以"个"为计量单位。

四、用电控制装置、安全变压器安装根据类型与容量，按照设计图示安装数量以"台"为计量单位。

五、仪表、分流器安装根据类型与容量，按照设计图示安装数量以"个"或"套"为计量单位。

六、民用电器安装根据类型与规模，按照设计图示安装数量以"台"或"个"或"套"为计量单位。

七、低压电器装置接线是指电器安装不含接线的电器接线，按照设计图示安装数量以"台"或"个"为计量单位。

八、小母线安装是指电器需要安装的母线，按照实际安装数量以"m"为计量单位。

九、穿刺线夹安装根据电缆主线截面以"个"为计量单位。

一、插接式空气开关箱安装

工作内容：开箱检查、触头检查及清洗处理、绝缘测试、开关安装、接线、接地。 计量单位：台

定　额　编　号				A4-15-1	A4-15-2
项　目　名　称				≤100A	≤250A
基　　　价（元）				60.39	82.98
其中	人　工　费（元）			43.54	65.38
	材　料　费（元）			16.85	17.60
	机　械　费（元）			—	—
名　　　称		单位	单价（元）	消　耗　量	
人工	综合工日	工日	140.00	0.311	0.467
材料	插接式空气开关箱	台	—	(1.000)	(1.000)
	电力复合脂	kg	20.00	0.050	0.070
	汽油	kg	6.77	0.100	0.150
	铜接线端子 DT-35	个	2.70	2.030	2.030
	铜芯塑料绝缘软电线 BVR-35mm²	m	15.38	0.611	0.611
	其他材料费占材料费	%	—	1.800	1.800

工作内容：开箱检查、触头检查及清洗处理、绝缘测试、开关安装、接线、接地。 计量单位：台

定 额 编 号				A4-15-3	A4-15-4
项 目 名 称				≤630A	≤1250A
基 价 （元）				149.40	215.87
其中	人 工 费（元）			131.04	196.56
	材 料 费（元）			18.36	19.31
	机 械 费（元）			—	—
名 称		单位	单价（元）	消 耗 量	
人工	综合工日	工日	140.00	0.936	1.404
材料	插接式空气开关箱	台	—	(1.000)	(1.000)
	电力复合脂	kg	20.00	0.090	0.120
	汽油	kg	6.77	0.200	0.250
	铜接线端子 DT-35	个	2.70	2.030	2.030
	铜芯塑料绝缘软电线 BVR-35mm²	m	15.38	0.611	0.611
	其他材料费占材料费	%	—	1.800	1.800

738

二、控制开关安装

1. 自动空气开关安装

工作内容：开箱、检查、安装、接线、接地。　　　　　　　　　　　　　　　　　　计量单位：个

定　额　编　号			A4-15-5	A4-15-6	A4-15-7
项　目　名　称			DW万能式	电动式	手动式
基　　　　价（元）			139.81	121.03	35.53
其中	人　工　费（元）		122.22	103.18	34.86
	材　料　费（元）		12.20	12.46	0.67
	机　械　费（元）		5.39	5.39	—
名　　　称	单位	单价（元）	消　　耗　　量		
人工 综合工日	工日	140.00	0.873	0.737	0.249
材料 自动空气开关 DW万能式	个	—	(1.000)	—	—
自动空气开关 电动	个	—	—	(1.000)	—
自动空气开关 手动	个	—	—	—	(1.000)
白布	kg	6.67	0.050	—	—
低碳钢焊条	kg	6.84	0.100	0.200	—
电力复合脂	kg	20.00	0.050	0.030	0.020
镀锌扁钢（综合）	kg	3.85	0.940	0.940	—
棉纱头	kg	6.00	—	0.050	—
汽油	kg	6.77	0.200	0.200	—
铁砂布	张	0.85	0.500	0.500	0.300
铜接线端子 DT-10	个	1.20	2.030	2.030	—
硬铜绞线 TJ-10mm^2	kg	42.74	0.050	0.050	—
其他材料费占材料费	%	—	1.800	1.800	1.800
机械 交流弧焊机 21kV·A	台班	57.35	0.094	0.094	—

2.刀型开关安装

工作内容：开箱、检查、安装、接线、接地。

计量单位：个

定　额　编　号			A4-15-8	A4-15-9	A4-15-10	A4-15-11
项　目　名　称			手柄式	操作机构式	带熔断器式	铁壳开关
基　　　　价（元）			69.58	90.21	69.00	41.62
其中	人　工　费（元）		64.12	85.54	62.44	25.76
	材　料　费（元）		5.46	4.67	6.56	13.16
	机　械　费（元）		—	—	—	2.70
名　　称	单位	单价（元）	消　　耗　　量			
人工 综合工日	工日	140.00	0.458	0.611	0.446	0.184
材料 刀型开关 操作机构式	个	—	—	(1.000)	—	—
刀型开关 带熔断器式	个	—	—	—	(1.000)	—
刀型开关 手柄式	个	—	(1.000)	—	—	—
铁壳开关	个	—	—	—	—	(1.010)
白布	kg	6.67	0.300	0.500	0.500	0.300
低碳钢焊条	kg	6.84	—	—	—	0.040
电力复合脂	kg	20.00	0.020	0.020	0.020	0.020
镀锌扁钢(综合)	kg	3.85	—	—	—	0.300
木螺钉 M4×65	个	0.05	—	—	—	4.160
熔丝 30~40A	条	0.68	—	—	—	3.000
铁砂布	张	0.85	0.800	1.000	0.500	—
铜接线端子 DT-10	个	1.20	—	—	—	2.030
橡胶护套圈 φ6~32	个	0.38	6.000	—	6.000	6.000
硬铜绞线 TJ-10mm²	kg	42.74	—	—	—	0.050
其他材料费占材料费	%	—	1.800	1.800	1.800	1.800
机械 交流弧焊机 21kV·A	台班	57.35	—	—	—	0.047

3.组合控制开关安装

工作内容：开箱、检查、安装、接线、接地。

计量单位：个

定 额 编 号				A4-15-12	A4-15-13	A4-15-14
项 目 名 称				普通型	防爆型	万能转换开关
基 价（元）				13.37	26.26	34.79
其中	人 工 费（元）			12.60	19.18	34.02
	材 料 费（元）			0.77	5.99	0.77
	机 械 费（元）			—	1.09	—
名 称		单位	单价（元）	消 耗 量		
人工	综合工日	工日	140.00	0.090	0.137	0.243
材料	万能转换开关	个	—	—	—	(1.000)
	组合控制开关 防爆型	个	—	—	(1.000)	—
	组合控制开关 普通型	个	—	(1.000)	—	—
	白布	kg	6.67	0.050	0.100	0.050
	低碳钢焊条	kg	6.84	—	0.050	—
	镀锌扁钢(综合)	kg	3.85	—	0.300	—
	铁砂布	张	0.85	0.500	0.500	0.500
	铜接线端子 DT-6	个	1.20	—	2.030	—
	硬铜绞线 TJ-6mm²	kg	42.74	—	0.020	—
	其他材料费占材料费	%	—	1.800	1.800	1.800
机械	交流弧焊机 21kV·A	台班	57.35	—	0.019	—

4.漏电保护开关安装

工作内容：开箱、检查、安装、接线、接地。　　　　　　　　　　　计量单位：个

定　额　编　号			A4-15-15	A4-15-16	A4-15-17
项　目　名　称			单式单极	单式三极	单式四极
基　　　价（元）			17.87	24.95	35.12
其中	人　工　费（元）		17.08	24.08	33.60
	材　料　费（元）		0.79	0.87	1.52
	机　械　费（元）		—	—	—
名　　　称	单位	单价（元）	消　　　耗　　　量		
人工	综合工日	工日	140.00	0.122	0.172	0.240
材料	漏电保护开关	个	—	(1.000)	(1.000)	(1.000)
	白布	kg	6.67	0.050	0.060	0.070
	钢锯条	条	0.34	0.050	0.080	1.000
	塑料软管 φ5	m	0.21	0.020	0.030	0.040
	铁砂布	张	0.85	0.500	0.500	0.800
	其他材料费占材料费	%	—	1.800	1.800	1.800

工作内容：开箱、检查、安装、接线、接地。

计量单位：个

定　额　编　号				A4-15-18	A4-15-19
项　目　名　称				组合式（回路个数）	
				≤10	≤20
基　　　价　（元）				73.87	98.02
其中	人　工　费（元）			72.10	96.04
	材　料　费（元）			1.77	1.98
	机　械　费（元）			—	—
	名　　　称	单位	单价（元）	消　耗　量	
人工	综合工日	工日	140.00	0.515	0.686
材料	漏电保护开关组合式 回路数10个以内	个	—	(1.000)	—
	漏电保护开关组合式 回路数20个以内	个	—	—	(1.000)
	白布	kg	6.67	0.080	0.100
	钢锯条	条	0.34	1.000	1.200
	塑料软管 φ5	m	0.21	0.070	0.100
	铁砂布	张	0.85	1.000	1.000
	其他材料费占材料费	%	—	1.800	1.800

工作内容：开箱、检查、安装、接线、接地。 计量单位：个

定　额　编　号				A4-15-20	A4-15-21
项　目　名　称				单相	三相
基　　　价（元）				9.87	19.95
其中	人　工　费（元）			8.26	17.50
	材　料　费（元）			1.61	2.45
	机　械　费（元）			—	—
名　　称		单位	单价(元)	消　耗	量
人工	综合工日	工日	140.00	0.059	0.125
材料	漏电保护开关	个	—	(1.000)	(1.000)
	半圆头镀锌螺栓 M5×40	个	0.03	2.040	4.080
	橡胶护套圈 φ6～32	个	0.38	4.000	6.000
	其他材料费占材料费	%	—	1.800	1.800

744

5.集中空调开关、请勿打扰装置安装

工作内容：开箱、检查、测位、划线、清扫盒子、缠钢丝弹簧垫、接线、焊接包头、安装、调试等。

计量单位：套

定　额　编　号				A4-15-22	A4-15-23	A4-15-24
项　目　名　称				集中空调开关	请勿打扰装置	风扇调速开关
基　　　价（元）				14.44	5.01	8.91
其中	人　工　费（元）			13.16	4.20	8.68
	材　料　费（元）			1.28	0.81	0.23
	机　械　费（元）			—	—	—
名　　称		单位	单价（元）	消　　耗　　量		
人工	综合工日	工日	140.00	0.094	0.030	0.062
材料	风扇调速开关	个	—	—	—	(1.010)
	集中空调开关	套	—	(1.010)	—	—
	请勿打扰装置	个	—	—	(1.010)	—
	半圆头镀锌螺栓 M2～5×15～50	套	0.09	2.080	2.080	—
	冲击钻头 φ8	个	5.38	—	—	0.014
	塑料软管 φ5	m	0.21	0.030	—	—
	塑料胀管 φ6～8	个	0.07	—	—	2.200
	铜芯塑料绝缘电线 BV-2.5mm²	m	1.32	0.764	0.458	—
	锡基钎料	kg	54.10	0.001	—	—
	其他材料费占材料费	%	—	1.800	1.800	1.800

三、DZ自动空气断路器安装

工作内容：开箱、清扫、检查、测位、装开关、接线、试闸等。　　　　　　　　　　　　　计量单位：个

定　额　编　号				A4-15-25	A4-15-26	A4-15-27
项　目　名　称				额定电流		
				≤30A	≤60A	≤100A
基　　　　　价（元）				8.32	22.04	25.46
其中	人　工　费（元）			8.26	21.98	25.34
	材　料　费（元）			0.06	0.06	0.12
	机　械　费（元）			—	—	—
名　　称		单位	单价(元)	消　　耗　　量		
人工	综合工日	工日	140.00	0.059	0.157	0.181
材料	自动空气断路器 DZ型	个	—	(1.000)	(1.000)	(1.000)
	半圆头镀锌螺栓 M5×40	个	0.03	2.040	2.040	4.080
	其他材料费占材料费	%	—	1.800	1.800	1.800

746

工作内容：开箱、清扫、检查、测位、装开关、接线、试闸等。 计量单位：个

定 额 编 号				A4-15-28	A4-15-29
项 目 名 称				额定电流	
				≤200A	≤400A
基 价（元）				28.00	40.18
其中	人 工 费（元）			28.00	40.18
	材 料 费（元）			—	—
	机 械 费（元）			—	—
	名 称	单位	单价（元）	消 耗 量	
人工	综合工日	工日	140.00	0.200	0.287
材料	自动空气断路器 DZ型	个	—	(1.000)	(1.000)
	其他材料费占材料费	%	—	1.800	1.800

四、熔断器、限位开关安装

工作内容：开箱、检查、安装、接线、接地。

计量单位：个

定 额 编 号			A4-15-30	A4-15-31	A4-15-32
项 目 名 称			瓷插螺旋式	熔断器	
				管式	防爆式
基 价（元）			10.05	34.11	20.41
其中	人 工 费（元）		6.58	30.10	12.60
	材 料 费（元）		3.47	4.01	7.29
	机 械 费（元）		—	—	0.52
名 称		单位	单价（元）	消 耗 量		
人工	综合工日	工日	140.00	0.047	0.215	0.090
材料	熔断器	组	—	(1.010)	(1.010)	(1.010)
	白布	kg	6.67	0.050	0.050	0.050
	保险丝 10A	轴	8.55	0.060	—	—
	低碳钢焊条	kg	6.84	—	—	0.040
	焊锡膏	kg	14.53	0.010	0.010	0.010
	焊锡丝	kg	54.10	0.030	0.050	0.040
	热轧圆盘条 φ10 以内	kg	3.11	—	—	0.170
	石棉橡胶板 δ1.5	m²	3.10	0.010	—	—
	铜接线端子 DT-6	个	1.20	—	—	2.030
	橡胶护套圈 φ6～32	个	0.38	2.000	2.000	—
	硬铜绞线 TJ-6mm²	kg	42.74	—	—	0.030
	其他材料费占材料费	%	—	1.800	1.800	1.800
机械	交流弧焊机 21kV·A	台班	57.35	—	—	0.009

工作内容：开箱、检查、安装、接线、接地。 计量单位：个

定 额 编 号				A4-15-33	A4-15-34
项 目 名 称				限位开关	
				普通式	防爆式
基 价 （元）				37.05	47.16
其中	人 工 费（元）			25.76	34.02
	材 料 费（元）			8.59	10.44
	机 械 费（元）			2.70	2.70
名 称		单位	单价(元)	消 耗 量	
人工	综合工日	工日	140.00	0.184	0.243
材料	限位开关	个	—	(1.000)	(1.000)
	白布	kg	6.67	0.150	0.150
	低碳钢焊条	kg	6.84	0.150	0.190
	镀锌扁钢(综合)	kg	3.85	0.700	1.100
	铜接线端子 DT-6	个	1.20	2.030	2.030
	硬铜绞线 TJ-6mm²	kg	42.74	0.030	0.030
	其他材料费占材料费	%	—	1.800	1.800
机械	交流弧焊机 21kV·A	台班	57.35	0.047	0.047

五、用电控制装置安装

工作内容：开箱、检查、安装、触头调整、注油、接线、接地。　　　　　　　　　　　　　计量单位：台

定　额　编　号			A4-15-35	A4-15-36	A4-15-37
项　目　名　称			控制器		接触器、磁力启动器
			主令	鼓型、凸轮型	
基　　　价（元）			96.26	93.94	97.45
其中	人　工　费（元）		85.54	85.54	85.54
	材　料　费（元）		8.60	7.31	11.91
	机　械　费（元）		2.12	1.09	—
名　　称	单位	单价（元）	消　　耗　　量		
人工 综合工日	工日	140.00	0.611	0.611	0.611
材料 接触器	台	—	—	—	(1.000)
控制器	个	—	(1.000)	(1.000)	—
白布	kg	6.67	—	0.150	0.170
低碳钢焊条	kg	6.84	0.100	0.100	—
电力复合脂	kg	20.00	0.030	0.050	0.020
镀锌扁钢（综合）	kg	3.85	0.670	0.200	—
焊锡膏	kg	14.53	—	—	0.020
焊锡丝	kg	54.10	—	—	0.090
塑料软管 φ5	m	0.21	0.050	0.050	0.050
铁砂布	张	0.85	—	—	0.500
铜接线端子 DT-10	个	1.20	2.030	—	2.030
铜接线端子 DT-6	个	1.20	—	2.030	—
硬铜绞线 TJ-10mm²	kg	42.74	0.050	—	0.050
硬铜绞线 TJ-6mm²	kg	42.74	—	0.030	—
其他材料费占材料费	%	—	1.800	1.800	1.800
机械 交流弧焊机 21kV·A	台班	57.35	0.037	0.019	—

定　额　编　号				A4-15-38	A4-15-39
项　目　名　称				Y-△自耦减压启动器	磁力控制器
基　　　　价（元）				113.81	34.66
其中	人　工　费（元）			102.48	25.76
	材　料　费（元）			9.21	6.20
	机　械　费（元）			2.12	2.70
名　　　称		单位	单价（元）	消　　耗　　量	
人工	综合工日	工日	140.00	0.732	0.184
材料	Y-△自耦减压启动器	台	—	(1.000)	—
	磁力控制器	个	—	—	(1.000)
	白布	kg	6.67	0.050	0.020
	低碳钢焊条	kg	6.84	0.100	0.050
	电力复合脂	kg	20.00	0.020	0.020
	镀锌扁钢(综合)	kg	3.85	0.790	1.200
	酚醛调和漆	kg	7.90	—	0.020
	塑料软管　φ5	m	0.21	0.050	0.050
	铁砂布	张	0.85	—	0.500
	铜接线端子　DT-10	个	1.20	2.030	—
	硬铜绞线　TJ-10mm²	kg	42.74	0.050	—
	其他材料费占材料费	%	—	1.800	1.800
机械	交流弧焊机　21kV·A	台班	57.35	0.037	0.047

定　额　编　号				A4-15-40	A4-15-41	A4-15-42
项　目　名　称				快速自动开关		
				≤1000A	≤2000A	≤4000A
基　　　价（元）				239.96	333.76	430.65
其中	人　工　费（元）			218.40	308.56	401.66
	材　料　费（元）			18.86	22.50	26.29
	机　械　费（元）			2.70	2.70	2.70
名　　　称		单位	单价（元）	消　　耗　　量		
人工	综合工日	工日	140.00	1.560	2.204	2.869
材料	快速自动开关	台	—	(1.000)	(1.000)	(1.000)
	白布	kg	6.67	0.020	0.030	0.040
	低碳钢焊条	kg	6.84	0.100	0.100	0.100
	电力复合脂	kg	20.00	0.060	0.100	0.140
	镀锌扁钢(综合)	kg	3.85	2.000	2.000	2.000
	酚醛调和漆	kg	7.90	0.050	0.050	0.050
	焊锡膏	kg	14.53	0.020	0.020	0.030
	焊锡丝	kg	54.10	0.150	0.200	0.250
	塑料软管 φ5	m	0.21	0.040	0.060	0.100
	其他材料费占材料费	%	—	1.800	1.800	1.800
机械	交流弧焊机 21kV·A	台班	57.35	0.047	0.047	0.047

工作内容：开箱、检查、安装、触头调整、注油、接线、接地。　　　　　　　　　　计量单位：个

定　额　编　号				A4-15-43	A4-15-44
项　目　名　称				按钮普通型	按钮防爆型
基　　　　价（元）				16.78	25.60
其中	人　工　费（元）			12.74	21.56
	材　料　费（元）			4.04	4.04
	机　械　费（元）			—	—
名　　称		单位	单价（元）	消　耗　　量	
人工	综合工日	工日	140.00	0.091	0.154
材料	按钮防爆型	个	—	—	(1.000)
	按钮普通型	个	—	(1.000)	—
	白布	kg	6.67	0.100	0.100
	塑料软管　φ5	m	0.21	0.050	0.050
	铜接线端子　DT-6	个	1.20	2.030	2.030
	硬铜绞线　TJ-6mm²	kg	42.74	0.020	0.020
	其他材料费占材料费	%	—	1.800	1.800

六、电阻器、变阻器安装

工作内容：开箱、检查、安装、触头调整、注油、接线、接地。　　　　　　　　　　计量单位：箱

定　额　编　号				A4-15-45	A4-15-46
项　目　名　称				电阻器	
				一箱	每增一箱
基　　　　价（元）				69.20	37.38
其中	人　工　费（元）			59.78	32.76
	材　料　费（元）			6.72	4.62
	机　械　费（元）			2.70	—
名　　　称		单位	单价（元）	消　耗　　量	
人工	综合工日	工日	140.00	0.427	0.234
材料	电阻器	箱	—	(1.000)	(1.000)
	白布	kg	6.67	0.080	0.060
	低碳钢焊条	kg	6.84	0.100	—
	电力复合脂	kg	20.00	0.020	0.020
	镀锌扁钢(综合)	kg	3.85	0.320	—
	塑料软管 φ5	m	0.21	0.150	0.080
	铜接线端子 DT-6	个	1.20	2.030	2.030
	硬铜绞线 TJ-6mm²	kg	42.74	0.030	0.030
	其他材料费占材料费	%	—	1.800	1.800
机械	交流弧焊机 21kV·A	台班	57.35	0.047	—

工作内容：开箱、检查、安装、触头调整、注油、接线、接地。　　　　　　　　　　　　计量单位：台

定　额　编　号				A4-15-47	
项　目　名　称				油浸频敏变阻器	
基　　　价（元）				130.74	
其中	人　工　费（元）			119.56	
	材　料　费（元）			9.06	
	机　械　费（元）			2.12	
名　　　称		单位	单价（元）	消　耗　量	
人工	综合工日	工日	140.00	0.854	
材料	油浸频敏变阻器	台	—	(1.000)	
	白布	kg	6.67	0.100	
	低碳钢焊条	kg	6.84	0.100	
	电力复合脂	kg	20.00	0.020	
	镀锌扁钢(综合)	kg	3.85	0.670	
	铜接线端子 DT-10	个	1.20	2.030	
	硬铜绞线 TJ-10mm²	kg	42.74	0.050	
	其他材料费占材料费	%	—	1.800	
机械	交流弧焊机 21kV·A	台班	57.35	0.037	

七、安全变压器、仪表安装

工作内容：开箱、清扫、检查、测位、划线、打眼、固定变压器、接线、接地、埋螺栓。　计量单位：台

定　额　编　号			A4-15-48	A4-15-49	A4-15-50
项　目　名　称			安全变压器容量		
			≤500VA	≤1000VA	≤3000VA
基　　价（元）			16.54	17.52	22.28
其中	人　工　费（元）		14.84	15.82	20.58
	材　料　费（元）		1.70	1.70	1.70
	机　械　费（元）		—	—	—
名　　称	单位	单价（元）	消　　耗　　量		
人工 综合工日	工日	140.00	0.106	0.113	0.147
材料 干式安全变压器	台	—	(1.000)	(1.000)	(1.000)
沉头螺钉 M6×55～65	个	0.09	4.080	4.080	4.080
硬铜绞线 TJ-2.5～4mm²	m	2.56	0.510	0.510	0.510
其他材料费占材料费	%	—	1.800	1.800	1.800

工作内容：开箱检查、盘上划线、钻孔、安装固定、写字编号、下料布线、上卡子。　　计量单位：个

定　额　编　号				A4-15-51	A4-15-52	A4-15-53
项　目　名　称				测量表计安装	继电器安装	辅助电压互感器安装
基　　　价（元）				22.30	28.64	38.12
其中	人　工　费（元）			19.60	26.18	35.84
	材　料　费（元）			2.70	2.46	2.28
	机　械　费（元）			—	—	—
名　　　称		单位	单价（元）	消　　耗　　量		
人工	综合工日	工日	140.00	0.140	0.187	0.256
材料	测量表计	个	—	(1.000)	—	—
	电压互感器	台	—	—	—	(1.000)
	继电器	台	—	—	(1.000)	—
	标志牌	个	1.37	—	—	1.000
	电力复合脂	kg	20.00	0.010	0.010	0.020
	钢锯条	条	0.34	—	—	0.500
	焊锡膏	kg	14.53	0.010	0.010	—
	焊锡丝	kg	54.10	0.030	0.030	—
	棉纱头	kg	6.00	0.050	—	0.050
	塑料软管 φ5	m	0.21	0.400	0.500	—
	铁砂布	张	0.85	0.100	0.020	—
	异型塑料管 φ2.5～5	m	2.19	0.100	0.150	—
	其他材料费占材料费	%	—	1.800	1.800	1.800

八、分流器、有载调压器安装

工作内容：接触面加工、钻孔、连接、固定。

计量单位：个

定　额　编　号				A4-15-54	A4-15-55	A4-15-56	A4-15-57
项　目　名　称				分流器安装			
				≤150A	≤750A	≤1500A	≤6000A
基　　价（元）				39.82	60.61	69.69	87.37
其中	人　工　费（元）			37.94	58.52	67.20	83.86
	材　料　费（元）			1.88	2.09	2.49	3.51
	机　械　费（元）			—	—	—	—
	名　称	单位	单价（元）	消　　耗　　量			
人工	综合工日	工日	140.00	0.271	0.418	0.480	0.599
材料	分流器 1500A以内	个	—	—	—	(1.000)	—
	分流器 150A以内	个	—	(1.000)	—	—	—
	分流器 6000A以内	个	—	—	—	—	(1.000)
	分流器 750A以内	个	—	—	(1.000)	—	—
	电力复合脂	kg	20.00	0.020	0.030	0.050	0.100
	棉纱头	kg	6.00	0.100	0.100	0.100	0.100
	铁砂布	张	0.85	1.000	1.000	1.000	1.000
	其他材料费占材料费	%	—	1.800	1.800	1.800	1.800

工作内容：开箱、清扫、仪表测量、测位、打眼、埋螺栓、信号装置、检查接线、焊接插头、多体组合等
。

定　额　编　号				A4-15-58
项　目　名　称				有载自动调压器安装
基　　　　　价（元）				168.11
其中	人　工　费（元）			166.74
	材　料　费（元）			1.37
	机　械　费（元）			—
名　　　　称	单位	单价（元）	消　　耗　　量	
人工	综合工日	工日	140.00	1.191
材料	有载自动调压器	台	—	(1.000)
	地脚螺栓 M12×150	个	0.33	4.080
	其他材料费占材料费	%	—	1.800

九、水位电气信号装置安装

工作内容：测位、划线、安装、配管、穿线、接线、刷油。

计量单位：套

定 额 编 号				A4-15-59	A4-15-60	A4-15-61
项 目 名 称				水位电气信号装置		
				安装机械式	安装电子式	安装液位式
基 价 （元）				299.68	185.03	236.38
其中	人 工 费（元）			176.82	134.40	164.64
	材 料 费（元）			80.72	49.23	70.34
	机 械 费（元）			42.14	1.40	1.40
名 称		单位	单价(元)	消 耗 量		
人工	综合工日	工日	140.00	1.263	0.960	1.176
材料	测量表计	个	—	(1.000)	(1.000)	(1.000)
	白布	kg	6.67	0.100	0.100	0.100
	半圆头螺钉 M10×100	套	0.56	20.000	—	—
	低碳钢焊条	kg	6.84	0.050	0.050	0.050
	地脚螺栓 M10×100	套	0.32	4.080	2.040	2.040
	镀锌扁钢（综合）	kg	3.85	1.300	—	—
	镀锌铁丝 φ1.2～2.2	kg	3.57	0.010	—	—
	镀锌圆钢 φ10～25	kg	3.33	1.700	—	—
	防锈漆	kg	5.62	0.100	0.100	0.100
	酚醛布板	kg	14.10	0.730	0.600	1.210
	酚醛调和漆	kg	7.90	0.100	0.100	0.100
	钢板	kg	3.17	3.110	0.660	2.100
	钢丝绳 φ4.5	m	1.35	15.000	—	—
	铝板（各种规格）	kg	3.88	0.210	—	—
	木板标尺 170×85×20	块	0.51	1.000	—	—
	木螺钉 M4.5～6×15～100	个	0.14	8.400	—	—
	铁砂布	张	0.85	0.500	0.500	0.500
	铜六角螺栓带螺母 M6×30	套	0.80	—	6.100	8.200
	铸铁坨 5kg	个	10.40	1.000	—	—
	紫铜板（综合）	kg	58.97	—	0.500	0.600
	其他材料费占材料费	%	—	1.800	1.800	1.800
机械	交流弧焊机 21kV·A	台班	57.35	0.037	0.019	0.019
	立式钻床 25mm	台班	6.58	0.093	0.047	0.047
	普通车床 400×1000mm	台班	210.71	0.187	—	—

十、民用电器安装

工作内容：测位、划线、打眼、埋塑料胀管、上木底板、电铃号牌箱安装、接焊线包头。　计量单位：个

定　额　编　号				A4-15-62
项　目　名　称				电铃
基　　　价（元）				30.00
其中	人　工　费（元）			19.88
	材　料　费（元）			10.12
	机　械　费（元）			—
名　　称	单位	单价（元）	消　耗　量	
人工	综合工日	工日	140.00	0.142
材料	电铃	个	—	(1.000)
	木配电板 350×450×25	块	—	(1.050)
	冲击钻头　φ8	个	5.38	0.021
	瓷管头　φ10～16×25	个	0.22	2.060
	焊锡膏	kg	14.53	0.010
	焊锡丝	kg	54.10	0.030
	木螺钉　M2～4×6～65	个	0.09	4.200
	木螺钉　M4.5～6×15～100	个	0.14	3.200
	塑料胀管　φ6～8	个	0.07	3.300
	铜芯塑料绝缘软电线　BVR-2.5mm²	m	1.43	4.581
	其他材料费占材料费	%	—	1.800

工作内容：测位、划线、打眼、埋塑料胀管、上木底板、电铃号牌箱安装、接焊线包头。　计量单位：套

定　额　编　号				A4-15-63
项　目　名　称				电铃号牌箱
基　　价（元）				29.66
其中	人　工　费（元）			24.50
	材　料　费（元）			5.16
	机　械　费（元）			—
名　　称	单位	单价（元）	消　耗　量	
人工	综合工日	工日	140.00	0.175
材料	电铃号牌箱	个	—	(1.000)
	木配电板 350×450×25	块	—	(1.050)
	扳把开关 5A	个	1.07	1.020
	瓷插式熔断器	个	3.50	1.030
	木螺钉 M2～4×6～65	个	0.09	4.160
	其他材料费占材料费	%	—	1.800

工作内容：测位、划线、打眼、埋塑料胀管、上木底板、电铃号牌箱安装、接焊线包头。　计量单位：个

定　额　编　号				A4-15-64	A4-15-65
项　目　名　称				门铃安装	
				明装	暗装
基　　　　价（元）				9.62	7.52
其中	人　工　费（元）			9.24	7.14
	材　料　费（元）			0.38	0.38
	机　械　费（元）			—	—
名　　称		单位	单价（元）	消　　耗　　量	
人工	综合工日	工日	140.00	0.066	0.051
材料	门铃	套	—	(1.000)	(1.000)
	木配电板 350×450×25	块	—	(1.050)	(1.050)
	木螺钉 M2～4×6～65	个	0.09	4.160	4.160
	其他材料费占材料费	%	—	1.800	1.800

工作内容：测位、打眼、埋塑料胀管、上螺钉、接线、安装。 计量单位：个

定　额　编　号				A4-15-66	A4-15-67
项　目　名　称				电笛安装	
				普通型	防爆型
基　　　价（元）				7.40	11.17
其中	人　工　费（元）			5.60	6.02
	材　料　费（元）			1.80	5.15
	机　械　费（元）			—	—
名　　称		单位	单价（元）	消　耗　　量	
人工	综合工日	工日	140.00	0.040	0.043
材料	电笛	个	—	(1.000)	(1.000)
	焊锡膏	kg	14.53	0.010	0.010
	焊锡丝	kg	54.10	0.030	0.030
	铜接线端子 DT-6	个	1.20	—	2.030
	硬铜绞线 TJ-6mm²	kg	42.74	—	0.020
	其他材料费占材料费	%	—	1.800	1.800

764

工作内容：开箱检查、测位、划线、打眼、固定吊钩、安装调速开关、接焊线包头、开关接线、调试。

计量单位：台

定 额 编 号				A4-15-68	A4-15-69	A4-15-70	A4-15-71
项 目 名 称				风扇安装			
				吊风扇	壁扇	排气扇	吊扇带灯
基 价 （元）				29.34	34.34	41.43	35.69
其中	人 工 费 （元）			26.60	32.90	39.76	32.90
	材 料 费 （元）			2.74	1.44	1.67	2.79
	机 械 费 （元）			—	—	—	—
	名 称	单位	单价（元）	消 耗 量			
人工	综合工日	工日	140.00	0.190	0.235	0.284	0.235
材料	壁扇	台	—	—	(1.000)	—	—
	吊风扇	台	—	(1.000)	—	—	—
	吊扇带灯	套	—	—	—	—	(1.000)
	排气扇	台	—	—	—	(1.000)	—
	冲击钻头 Φ10	个	5.98	0.021	0.021	—	0.021
	冲击钻头 Φ8	个	5.38	—	—	0.028	—
	风扇吊钩	个	1.28	1.020	—	—	1.020
	木螺钉 M2~4×6~65	个	0.09	—	—	4.200	—
	膨胀螺栓 M8	套	0.25	3.060	3.060	—	3.060
	塑料胀管 Φ6~8	个	0.07	—	—	4.400	—
	铜芯塑料绝缘电线 BV-2.5mm²	m	1.32	0.410	0.410	0.610	0.410
	其他材料费占材料费	%	—	0.109	0.382	1.800	1.800

765

定 额 编 号	A4-15-72
项 目 名 称	电磁锁安装
基 价（元）	27.41

其中	人 工 费（元）	26.60
	材 料 费（元）	0.81
	机 械 费（元）	—

	名 称	单位	单价（元）	消 耗 量
人工	综合工日	工日	140.00	0.190
材料	电磁锁	套	—	(1.000)
	钢锯条	条	0.34	0.090
	棉纱头	kg	6.00	0.050
	木螺钉 M2～4×6～65	个	0.09	4.200
	塑料软管 φ5	m	0.21	0.500

工作内容：开箱检查、测位、划线、打眼、固定吊钩、安装调速开关、接焊线包头、开关接线、调试。

计量单位：套

定 额 编 号			A4-15-73	A4-15-74
项 目 名 称			红外线浴霸安装	
			≤3灯	≤6灯
基 价 （元）			26.08	29.76
其中	人 工 费 （元）		25.20	27.16
	材 料 费 （元）		0.88	2.60
	机 械 费 （元）		—	—
名 称	单位	单价（元）	消 耗 量	
人工	综合工日	工日	140.00	0.180	0.194
材料	红外线浴霸	套	—	(1.000)	(1.000)
	冲击钻头 φ12	个	6.75	0.028	—
	冲击钻头 φ8	个	5.38	—	0.014
	木螺钉 M2.5×25	个	0.03	—	4.160
	木螺钉 M2～4×6～65	个	0.09	4.200	—
	木螺钉 M4×50	个	0.05	—	2.080
	木配电板 150×225×25	个	2.14	—	1.000
	塑料胀管 φ6～8	个	0.07	4.400	2.200
	其他材料费占材料费	%	—	—	0.140

工作内容：开箱检查、测位、划线、打眼、固定吊钩、安装调速开关、接焊线包头、开关接线、调试。

计量单位：套

定 额 编 号				A4-15-75	
项 目 名 称				碳纤维浴霸安装	
基 价（元）				28.02	
其中	人 工 费（元）			25.20	
	材 料 费（元）			2.82	
	机 械 费（元）			—	
名 称		单位	单价(元)	消 耗 量	
人工	综合工日	工日	140.00	0.180	
材料	碳纤维浴霸	套	—	(1.000)	
	冲击钻头 φ8	个	5.38	0.027	
	木螺钉 M4×50	个	0.05	3.850	
	木配电板 150×225×25	个	2.14	1.000	
	塑料胀管 φ6～8	个	0.07	4.210	
	其他材料费占材料费	%	—	1.800	

768

十一、低压电器装置接线

工作内容：检查、测位、校线、编号、套塑料管、绑扎测量、接地、接线动作试验等。　　　计量单位：台

定　额　编　号				A4-15-76	A4-15-77
项　目　名　称				自动冲洗感应器接线	风机盘管接线
基　　　　价（元）				12.71	15.92
其中	人　工　费（元）			6.58	8.68
	材　料　费（元）			6.13	7.24
	机　械　费（元）			—	—
名　　称		单位	单价（元）	消　耗　量	
人工	综合工日	工日	140.00	0.047	0.062
材料	电气绝缘胶带 18mm×10m×0.13mm	卷	8.55	0.040	0.060
	焊锡膏	kg	14.53	0.010	0.010
	焊锡丝	kg	54.10	0.030	0.030
	黄腊带 20mm×10m	卷	7.69	0.010	0.010
	棉纱头	kg	6.00	0.150	0.200
	汽油	kg	6.77	0.150	0.180
	塑料软管 φ6	m	0.34	0.500	0.500
	铁砂布	张	0.85	0.500	1.000
	铜芯塑料绝缘电线 BV-2.5mm²	m	1.32	1.000	1.000
	其他材料费占材料费	%	—	1.800	1.800

工作内容：检查、测位、校线、编号、套塑料管、绑扎测量、接地、接线动作试验等。　　　计量单位：m

定　额　编　号				A4-15-78
项　目　名　称				小母线安装
基　　　价（元）				17.83
其中	人　工　费（元）			10.92
	材　料　费（元）			6.91
	机　械　费（元）			—
	名　　　称	单位	单价（元）	消　　耗　　量
人工	综合工日	工日	140.00	0.078
材料	电气绝缘胶带 18mm×10m×0.13mm	卷	8.55	0.060
	焊锡膏	kg	14.53	0.020
	焊锡丝	kg	54.10	0.030
	黄腊带 20mm×10m	卷	7.69	0.010
	棉纱头	kg	6.00	0.200
	汽油	kg	6.77	0.200
	塑料软管 φ6	m	0.34	0.800
	铁砂布	张	0.85	1.000
	铜芯塑料绝缘电线 BV-2.5mm²	m	1.32	0.458
	其他材料费占材料费	%	—	1.800

十二、穿刺线夹安装

工作内容：定位、量尺寸、剥护套层、插支线、固定线夹、拧力距螺母。　　　　　计量单位：个

定　额　编　号				A4-15-79	A4-15-80
项　目　名　称				电气设备安装	
				穿刺线夹安装	
				主线截面≤35mm²	主线截面≤70mm²
基　　　　价（元）				8.22	11.30
其中	人　工　费（元）			6.72	7.70
	材　料　费（元）			—	—
	机　械　费（元）			1.50	3.60
名　　　称		单位	单价（元）	消　　耗　　量	
人工	综合工日	工日	140.00	0.048	0.055
材料	穿刺线夹 35mm²	个	—	(1.010)	(1.010)
机械	其他机械费	元	1.00	1.500	3.600

工作内容：定位、量尺寸、剥护套层、插支线、固定线夹、拧力距螺母。 计量单位：个

定 额 编 号				A4-15-81	A4-15-82
项 目 名 称				电气设备安装	
				穿刺线夹安装	
				主线截面≤120mm²	主线截面≤240mm²
基 价（元）				16.36	23.58
其中	人 工 费（元）			10.22	14.28
	材 料 费（元）			—	—
	机 械 费（元）			6.14	9.30
名 称		单位	单价(元)	消 耗 量	
人工	综合工日	工日	140.00	0.073	0.102
材料	穿刺线夹 35mm²	个	—	(1.010)	(1.010)
机械	其他机械费	元	1.00	6.140	9.300

第十六章 起重设备电气装置安装工程

说　　明

一、本章内容包括起重设备电气安装等内容。

二、有关说明：

1. 起重设备电气安装定额包括电气设备检查接线、电动机检查接线与安装、小车滑线安装、管线敷设、随设备供应的电缆敷设、校线、接线、设备本体灯具安装、接地、负荷试验、电气调试。不包括起重设备本体安装。

2. 定额不包括电源线路及控制开关的安装、电动发电机组安装、基础型钢和钢支架及轨道的制作与安装、接地极与接地干线敷设。

工程量计算规则

　　起重设备电气安装根据起重设备形式与起重量及控制地点,按照设计图示安装数量以"台"为计量单位。

起重设备电气安装

1.桥式起重机电气安装

工作内容:开箱、检查、清点、电气设备安装、管线敷设、挂电缆、接线、接地、摇测绝缘、电气调试、配合负荷试验。

计量单位:台

定　额　编　号			A4-16-1	A4-16-2	A4-16-3
项　目　名　称			起重量(t)		
			≤10	≤20	≤50
基　　　　价（元）			2839.62	3672.93	4548.95
其中	人　工　费（元）		2080.82	2711.66	3424.40
	材　料　费（元）		533.49	680.98	940.83
	机　械　费（元）		225.31	280.29	183.72
名　　称		单位	单价（元）	消　耗　量	
人工	综合工日	工日	140.00	14.863	19.369	24.460

名　　称	单位	单价（元）			
白布	kg	6.67	3.960	4.928	7.040
白纱布带 20mm×20m	卷	2.32	0.792	0.986	1.320
槽钢	kg	3.20	35.100	42.700	51.600
电力复合脂	kg	20.00	1.980	2.464	3.432
电气绝缘胶带 18mm×10m×0.13mm	卷	8.55	7.128	7.885	9.240
防锈漆	kg	5.62	2.810	3.490	4.840
钢管用塑料护口 φ32	个	0.47	26.136	29.040	25.520
钢管用塑料护口 φ50	个	0.97	6.336	7.885	13.200
红外线灯泡 220V 1000W	个	10.26	0.792	0.986	3.344
角钢 40～50	kg	3.61	4.277	4.752	4.752
锯条(各种规格)	根	0.62	3.168	3.942	4.400
普低钢焊条 J507 φ3.2	kg	6.84	1.624	2.020	3.256
汽油	kg	6.77	3.060	3.940	5.500
纱布	张	0.68	1.584	1.971	2.640
塑料带 20mm×40m	卷	2.40	2.059	2.563	2.640

续表

定 额 编 号			A4-16-1	A4-16-2	A4-16-3
项 目 名 称			起重量(t)		
			≤10	≤20	≤50
名 称	单位	单价(元)	消	耗	量
材 料	调和漆	kg	6.00	2.850	3.610	5.200
	铜接线端子 50A	个	0.39	—	12.000	52.800
	铜接线端子 DT-10	个	1.20	114.840	—	63.800
	铜接线端子 DT-16	个	1.70	9.900	127.600	58.300
	铜接线端子 DT-6	个	1.20	—	—	69.300
	铜接线端子 DT-70	个	5.00	—	—	11.000
	氧气	m³	3.63	1.584	1.971	2.640
	乙炔气	kg	10.45	0.554	0.690	0.924
	自粘性塑料带 20mm×20m	卷	4.27	0.485	0.986	0.638
	其他材料费占材料费	%	—	1.800	1.800	1.800
机 械	电动扭力扳手 27×30	台班	35.60	0.907	1.128	1.193
	电桥(导纳)	台班	11.64	0.907	1.128	1.193
	多功能交直流钳形测量仪	台班	3.99	0.243	0.302	0.638
	交流弧焊机 21kV·A	台班	57.35	0.217	0.270	0.436
	微机继电保护测试仪	台班	198.84	0.227	0.282	0.298
	直流弧焊机 40kV·A	台班	93.03	1.332	1.658	0.436

工作内容：开箱、检查、清点、电气设备安装、管线敷设、挂电缆、接线、接地、摇测绝缘、电气调试、配合负荷试验。

计量单位：台

定　额　编　号				A4-16-4	A4-16-5	A4-16-6
项　目　名　称				起重量(t)		
				≤100	≤200	≤400
基　　　　　价（元）				8428.07	15155.85	27128.49
其中	人　工　费（元）			7078.54	13131.72	24699.36
	材　料　费（元）			1128.99	1693.50	2032.18
	机　械　费（元）			220.54	330.63	396.95
名　　称		单位	单价（元）	消　　耗　　量		
人工	综合工日	工日	140.00	50.561	93.798	176.424
材料	白布	kg	6.67	8.448	12.672	15.206
	白纱布带 20mm×20m	卷	2.32	1.584	2.376	2.851
	槽钢	kg	3.20	61.920	92.880	111.456
	电力复合脂	kg	20.00	4.118	6.178	7.413
	电气绝缘胶带 18mm×10m×0.13mm	卷	8.55	11.088	16.632	19.958
	防锈漆	kg	5.62	5.808	8.712	10.454
	钢管用塑料护口 φ32	个	0.47	30.624	45.936	55.123
	钢管用塑料护口 φ50	个	0.97	15.840	23.760	28.512
	红外线灯泡 220V 1000W	个	10.26	4.013	6.019	7.223
	角钢 40～50	kg	3.61	5.702	8.554	10.264
	锯条(各种规格)	根	0.62	5.280	7.920	9.504
	普低钢焊条 J507 φ3.2	kg	6.84	3.907	5.861	7.033
	汽油	kg	6.77	6.600	9.900	11.880
	纱布	张	0.68	3.168	4.752	5.702
	塑料带 20mm×40m	卷	2.40	3.168	4.752	5.702
	调和漆	kg	6.00	6.240	9.360	11.232
	铜接线端子 50A	个	0.39	63.360	95.040	114.048
	铜接线端子 DT-10	个	1.20	76.560	114.840	137.808
	铜接线端子 DT-16	个	1.70	69.960	104.940	125.928
	铜接线端子 DT-6	个	1.20	83.160	124.740	149.688
	铜接线端子 DT-70	个	5.00	13.200	19.800	23.760
	氧气	m³	3.63	3.168	4.752	5.702
	乙炔气	kg	10.45	1.109	1.663	1.996
	自粘性塑料带 20mm×20m	卷	4.27	0.766	1.148	1.378
	其他材料费占材料费	%	—	1.800	1.800	1.800
机械	电动扭力扳手 27×30	台班	35.60	1.432	2.147	2.577
	电桥(导纳)	台班	11.64	1.432	2.147	2.577
	多功能交直流钳形测量仪	台班	3.99	0.766	1.148	1.378
	交流弧焊机 21kV·A	台班	57.35	0.523	0.785	0.942
	微机继电保护测试仪	台班	198.84	0.358	0.536	0.644
	直流弧焊机 40kV·A	台班	93.03	0.523	0.785	0.942

2.抓斗式起重机电气安装

工作内容：开箱、检查、清点、电气设备安装、管线敷设、挂电缆、接线、接地、摇测绝缘、电气调试、配合负荷试验。

计量单位：台

定　额　编　号			A4-16-7	A4-16-8	A4-16-9	A4-16-10
项　目　名　称			起重量(t)			
			≤5	≤10	≤15	≤20
基　　　　价（元）			4435.07	4437.77	5675.16	6161.53
其中	人　工　费（元）		2883.72	3334.10	4145.26	4661.30
	材　料　费（元）		1300.68	842.21	1236.75	1202.25
	机　械　费（元）		250.67	261.46	293.15	297.98
名　　称	单位	单价（元）	消　耗　量			
人工 综合工日	工日	140.00	20.598	23.815	29.609	33.295
材料 白布	kg	6.67	0.880	1.144	1.144	1.320
白纱布带 20mm×20m	卷	2.32	1.320	1.320	1.320	1.320
电力复合脂	kg	20.00	3.432	3.520	3.520	3.608
电气绝缘胶带 18mm×10m×0.13mm	卷	8.55	0.880	0.880	0.880	0.880
镀锌铁丝 φ4.0	kg	3.57	1.320	1.320	1.320	1.320
防锈漆	kg	5.62	4.100	4.300	4.800	5.800
钢管用塑料护口 φ100	个	1.88	—	1.760	1.760	1.760
钢管用塑料护口 φ20	个	0.24	30.800	29.040	20.240	29.040
钢管用塑料护口 φ32	个	0.47	16.400	8.800	12.320	12.320
钢管用塑料护口 φ50	个	0.97	13.200	22.000	24.640	24.640
锯条(各种规格)	根	0.62	4.400	4.400	4.400	4.400
普低钢焊条 J507 φ3.2	kg	6.84	5.280	5.280	5.280	5.280
汽油	kg	6.77	2.700	2.900	3.600	4.610
纱布	张	0.68	9.680	9.680	9.680	9.680
塑料带 20mm×40m	卷	2.40	0.704	0.792	0.880	0.968
塑料软管 φ10	m	0.85	106.100	70.400	38.720	56.320
塑料软管 φ12	m	1.11	—	24.640	—	—
塑料软管 φ14	m	1.88	8.800	—	132.000	92.400
塑料软管 φ16	m	3.76	5.280	5.280	5.280	5.280

定　额　编　号			A4-16-7	A4-16-8	A4-16-9	A4-16-10
项　目　名　称			起重量(t)			
			≤5	≤10	≤15	≤20
名　　称	单位	单价(元)	消　　耗　　量			
材料	塑料软管 φ20	m	4.02	—	5.280	5.280	5.280
	塑料软管 φ6	m	0.34	70.400	88.000	95.300	101.200
	塑料软管 φ8	m	0.43	70.400	56.320	19.360	19.360
	调和漆	kg	6.00	5.100	5.600	6.100	7.050
	铜接线端子 100A	个	6.54	112.100	8.800	8.800	8.800
	铜接线端子 50A	个	0.39	5.500	5.500	5.500	5.500
	铜接线端子 DT-25	个	2.10	—	93.500	—	—
	铜接线端子 DT-35	个	2.70	8.800	—	134.200	134.200
	铜接线端子 DT-6	个	1.20	64.900	68.200	91.300	91.300
	铜接线端子 DT-70	个	5.00	—	5.500	5.500	5.500
	氧气	m³	3.63	1.760	1.760	1.760	1.760
	乙炔气	kg	10.45	0.616	0.616	0.616	0.616
	异型塑料管 φ5	m	2.39	3.520	4.400	4.400	4.400
	自粘性塑料带 20mm×20m	卷	4.27	0.466	0.557	0.678	0.719
	其他材料费占材料费	%	—	1.800	1.800	1.800	1.800
机械	电动扭力扳手 27×30	台班	35.60	1.306	1.561	1.901	2.015
	电桥(导纳)	台班	11.64	0.436	0.521	0.634	0.672
	多功能交直流钳形测量仪	台班	3.99	0.931	1.113	1.356	1.437
	交流弧焊机 21kV·A	台班	57.35	0.706	0.706	0.706	0.706
	直流弧焊机 40kV·A	台班	93.03	1.665	1.665	1.851	1.851

3.单轨式起重机电气安装

工作内容：开箱、检查、清点、电气设备安装、管线敷设、挂电缆、接线、接地、摇测绝缘、电气调试、配合负荷试验。

计量单位：台

定　额　编　号			A4-16-11	A4-16-12	A4-16-13	A4-16-14
项　目　名　称			起重量(t)			
			≤5		≤10	
			地面控制	操作室控制	地面控制	操作室控制
基　　　价（元）			757.20	1088.56	903.47	1216.11
其中	人　工　费（元）		557.06	835.52	696.36	958.44
	材　料　费（元）		137.36	157.39	140.65	160.54
	机　械　费（元）		62.78	95.65	66.46	97.13
名　　称	单位	单价（元）	消　　耗　　量			
人工 综合工日	工日	140.00	3.979	5.968	4.974	6.846
白布	kg	6.67	0.440	0.440	0.440	0.440
白纱布带 20mm×20m	卷	2.32	0.880	0.880	0.880	0.880
电力复合脂	kg	20.00	0.264	0.264	0.352	0.352
电气绝缘胶带 18mm×10m×0.13mm	卷	8.55	1.320	3.080	1.320	3.080
钢丝绳	kg	6.00	8.716	8.716	8.716	8.716
钢索拉紧装置	套	21.47	1.100	1.100	1.100	1.100
锯条(各种规格)	根	0.62	1.760	2.640	1.760	2.640
螺纹钢筋 HRB400 φ10以内	kg	3.50	4.224	4.224	4.224	4.224
普低钢焊条 J507 φ3.2	kg	6.84	1.408	1.936	1.408	1.936
汽油	kg	6.77	0.880	0.880	1.056	1.056
纱布	张	0.68	1.760	1.760	1.760	1.760
塑料带 20mm×40m	卷	2.40	0.326	0.326	0.352	0.352
塑料软管 φ6	m	0.34	8.800	8.800	8.800	8.800
自粘性塑料带 20mm×20m	卷	4.27	0.243	0.354	0.294	0.374
其他材料费占材料费	%	—	1.800	1.800	1.800	1.800
电动扭力扳手 27×30	台班	35.60	0.454	0.662	0.549	0.700
电桥(导纳)	台班	11.64	0.113	0.165	0.137	0.175
多功能交直流钳形测量仪	台班	3.99	0.024	0.035	0.029	0.037
交流弧焊机 21kV·A	台班	57.35	0.188	0.259	0.188	0.259
直流弧焊机 40kV·A	台班	93.03	0.370	0.593	0.370	0.593

4.电动葫芦电气安装

工作内容：开箱、检查、清点、电气设备安装、管线敷设、挂电缆、接线、接地、摇测绝缘、电气调试、配合负荷试验。

计量单位：台

定 额 编 号				A4-16-15	A4-16-16	A4-16-17
项 目 名 称				起重量(t)		
				≤2	≤5	≤10
基 价（元）				370.85	418.73	640.91
其中	人 工 费（元）			238.14	286.02	508.20
	材 料 费（元）			117.62	117.62	117.62
	机 械 费（元）			15.09	15.09	15.09
名 称		单位	单价（元）	消 耗 量		
人工	综合工日	工日	140.00	1.701	2.043	3.630
材料	白布	kg	6.67	0.352	0.352	0.352
	白纱布带 20mm×20m	卷	2.32	0.440	0.440	0.440
	电力复合脂	kg	20.00	0.176	0.176	0.176
	电气绝缘胶带 18mm×10m×0.13mm	卷	8.55	0.704	0.704	0.704
	钢丝绳	kg	6.00	8.716	8.716	8.716
	钢索拉紧装置	套	21.47	1.100	1.100	1.100
	螺纹钢筋 HRB400 φ10以内	kg	3.50	4.224	4.224	4.224
	普低钢焊条 J507 φ3.2	kg	6.84	0.176	0.176	0.176
	汽油	kg	6.77	0.440	0.440	0.440
	纱布	张	0.68	0.880	0.880	0.880
	塑料带 20mm×40m	卷	2.40	0.176	0.176	0.176
	塑料软管 φ6	m	0.34	8.800	8.800	8.800
	铜接线端子 DT-16	个	1.70	2.200	2.200	2.200
	其他材料费占材料费	%	—	1.800	1.800	1.800
机械	交流弧焊机 21kV·A	台班	57.35	0.023	0.023	0.023
	直流弧焊机 40kV·A	台班	93.03	0.148	0.148	0.148

5.斗轮堆取料机电气安装

工作内容：开箱、检查、清点、电气设备安装、管线敷设、挂电缆、接线、接地、摇测绝缘、电气调试、配合负荷试验。

计量单位：台

定　额　编　号			A4-16-18	A4-16-19	A4-16-20	A4-16-21
项　目　名　称			斗轮堆取料机		门式滚轮堆取料机安装	
			≤DQ2010	≤DQ3025	MDQ100/100	MDQ200/200
基　　　　价（元）			15265.15	17491.37	16151.42	18009.10
其中	人　工　费（元）		10739.96	12874.26	11485.46	13252.96
	材　料　费（元）		2240.45	2286.52	2312.02	2356.29
	机　械　费（元）		2284.74	2330.59	2353.94	2399.85
名　　称	单位	单价（元）	消　　耗　　量			
人工 综合工日	工日	140.00	76.714	91.959	82.039	94.664
白布	kg	6.67	7.040	7.181	7.251	7.392
白纱布带 20mm×20m	卷	2.32	4.488	4.578	4.623	4.712
槽钢	kg	3.20	74.800	76.286	77.044	78.540
电力复合脂	kg	20.00	10.208	10.412	10.514	10.718
电气绝缘胶带 18mm×10m×0.13mm	卷	8.55	16.060	16.381	16.542	16.863
镀锌电缆卡子 2×35	套	2.26	48.400	49.368	49.852	50.820
镀锌电缆卡子 3×100	套	3.37	17.600	17.952	18.128	18.480
镀锌电缆卡子 3×50	套	2.26	74.800	76.296	77.044	78.540
镀锌铁丝 Φ4.0	kg	3.57	35.200	35.904	36.256	36.960
防锈漆	kg	5.62	9.240	9.425	9.517	9.702
钢锯条	条	0.34	13.200	13.464	13.596	13.860
钢索拉紧装置	套	21.47	4.400	4.488	4.532	4.620
红外线灯泡 220V 1000W	个	10.26	3.520	3.590	3.626	3.696
角钢 50×3	kg	3.61	47.200	48.500	49.800	50.600
普低钢焊条 J507 Φ3.2	kg	6.84	8.800	8.976	9.064	9.240
汽油	kg	6.77	14.080	14.362	14.502	14.784
纱布	张	0.68	8.800	8.976	9.064	9.240
塑料软管 Φ10	m	0.85	22.000	22.440	22.660	23.100
塑料软管 Φ20	m	4.02	3.520	3.590	3.626	3.696
塑料软管 Φ6	m	0.34	334.400	341.088	344.432	351.120

784

定 额 编 号			A4-16-18	A4-16-19	A4-16-20	A4-16-21
项 目 名 称			斗轮堆取料机		门式滚轮堆取料机安装	
			≤DQ2010	≤DQ3025	MDQ100/100	MDQ200/200
名 称	单位	单价（元）	消 耗 量			
材料	塑料软管 φ8	m	0.43	36.960	37.699	38.069	38.808
	铜接线端子 DT-10	个	1.20	6.600	6.732	6.798	6.930
	铜接线端子 DT-120	个	8.30	6.600	6.732	6.798	6.930
	铜接线端子 DT-16	个	1.70	35.200	35.904	36.256	36.960
	铜接线端子 DT-25	个	2.10	6.600	6.732	6.798	6.930
	铜接线端子 DT-35	个	2.70	6.600	6.732	6.798	6.930
	铜接线端子 DT-50	个	4.00	15.400	15.708	15.862	16.170
	铜接线端子 DT-6	个	1.20	15.400	15.708	15.862	16.170
	无光调和漆	kg	12.82	12.320	12.566	12.690	12.936
	氧气	m³	3.63	3.520	3.590	3.626	3.696
	乙炔气	kg	10.45	1.232	1.257	1.269	1.294
	其他材料费占材料费	%	—	1.800	1.800	1.800	1.800
机械	电动扳手(充电式起子机)	台班	3.60	2.837	2.894	2.922	2.979
	多功能交直流钳形测量仪	台班	3.99	4.048	4.129	4.169	4.250
	交流弧焊机 21kV·A	台班	57.35	1.176	1.199	1.211	1.235
	汽车式起重机 8t	台班	763.67	1.542	1.573	1.589	1.620
	数字电桥	台班	7.63	3.783	3.859	3.896	3.972
	微机继电保护测试仪	台班	198.84	1.892	1.929	1.949	1.986
	载重汽车 5t	台班	430.70	0.925	0.944	0.953	0.972
	直流弧焊机 10kV·A	台班	42.53	4.935	5.034	5.082	5.181

第十七章 电气设备调试工程

说　　明

一、本章内容包括发电、输电、配电、电动机、太阳能光伏电站、用电工程中电气设备的系统调试、特殊项目测试与性能验收试验内容。

二、有关说明：

1. 调试定额是按照现行的发电、输电、配电、用电工程启动试运及验收规程进行编制的，标准与规程未包括的调试项目和调试内容所发生的费用，应结合技术条件及相应的规定另行计算。

2. 调试定额中已经包括熟悉资料、编制调试方案、核对设备、现场调试、填写调试记录、整理调试报告等工作内容。

3. 本章定额所用到的电源是按照永久电源编制的，定额中不包括调试与试验所消耗的电量，其电费已包含在其他费用（甲方费用）中。当工程需要单独计算调试与试验电费时应按照实际表计电量计算。

4. 系统调试包括电气设备安装完毕后进行系统联动，对电气设备单体调试、校验与修正、电气一次设备与二次设备常规的试验等工作内容。非常规的调试与试验执行特殊项目测试与性能验收试验相应的定额子目。

5. 输配电装置系统调试中电压等级小于或等于 1kV 的定额适用于所有低压供电回路，如从低压配电装置至分配电箱的供电回路（包括照明供电回路）；从配电箱直接至电动机的供电回路已经包括在电动机的负载系统调试定额内。凡供电回路中带有仪表、继电器、电磁开关等调试元件的（不包括刀开关、保险器），均按照调试系统计算。移动电器和以插座连接的家电设备不计算调试费用。输配电设备系统调试包括系统内的电缆试验、绝缘耐压试验等调试工作。桥形接线回路中的断路器、母线分段接线回路中断路器均作为独立的供电系统计算。配电箱内只有开关、熔断器等不含调试元件的供电回路，则不再作为调试系统计算。

6. 根据电动机的形式及规格，计算电动机电气调试。

7. 移动式电器和以插座连接的家用电器设备及电量计量装置，不计算调试费用。

8. 定额不包括设备的干燥处理和设备本身缺陷造成的元件更换修理，亦未考虑因设备元件质量低劣或安装质量问题对调试工作造成的影响。发生时，按照有关的规定进行处理。

9. 定额是按照新的且合格的设备考虑的。当调试经更换修改的设备、拆迁的旧设备时，定额乘以系数 1.15。

10. 调试定额是按照现行国家标准《电气装置安装工程电气设备交接试验标准》 GB 50150 及相应电气装置安装工程施工及验收系列规范进行编制的，标准与规范未包括的调试项目和调试内容所发生的费用，应结合技术条件及相应的规定另行计算。发电机、变压器、母线、线路的系统调试中均包括了相应保护调试，"保护装置系统调试"定额适用于单独调试保护系统。

11. 调试定额中已经包括熟悉资料、核对设备、填写试验记录、保护整定值的整定、整理调试报告等工作内容。

12. 调试带负荷调压装置的电力变压器时，调试定额乘以系数1.12；三线圈变压器、整流变压器、电炉变压器调试按照同容量的电力变压器调试定额乘以系数1.2。

13. 3～10kV母线系统调试定额中包含一组电压互感器，电压等级小于或等于1kV母线系统调试定额中不包含电压互感器，定额适用于低压配电装置的各种母线（包括软母线）的调试。

14. 可控硅调速直流电动机电气调试内容包括可控硅整流装置系统和直流电动机控制回路系统两个部分的调试。

15. 直流、硅整流、可控硅整流装置系统调试定额中包括其单体调试。

16. 交流变频调速直流电动机电气调试内容包括变频装置系统和交流电动机控制回路系统两个部分的调试。

17. 其他材料费中包括调试消耗、校验消耗材料费。

工程量计算规则

一、电气调试系统根据电气布置系统图，结合调试定额的工作内容进行划分，按照定额计量单位计算工程量。

二、电气设备常规试验不单独计算工程量，特殊项目的测试与试验根据工程需要按照实际数量计算工程量。

三、供电桥回路的断路器、母线分段断路器，均按照独立的输配电设备系统计算调试费。

四、输配电设备系统调试是按照一侧有一台断路器考虑的，若两侧均有断路器时，则按照两个系统计算。

五、变压器系统调试是按照每个电压侧有一台断路器考虑的，若断路器多于一台时，则按照相应的电压等级另行计算输配电设备系统调试费。

六、保护装置系统调试以被保护的对象主体为一套。其工程量按照下列规定计算：

1. 发电机组保护调试按照发电机台数计算。

2. 变压器保护调试按照变压器的台数计算。

3. 母线保护调试按照设计规定所保护的母线条数计算。

4. 线路保护调试按照设计规定所保护的进出线回路数计算。

5. 小电流接地保护按照装设该保护装置的套数计算。

七、自动投入装置系统调试包括继电器、仪表等元件本身和二次回路的调整试验。其工程量按照下列规定计算：

1. 备用电源自动投入装置按照连锁机构的个数计算自动投入装置的系统工程量。一台备用厂用变压器作为三段厂用工作母线备用电源，按照三个系统计算工程量。设置自动投入的两条互为备用的线路或两台变压器，按照两个系统计算工程量。备用电动机自动投入装置亦按此规定计算。

2. 线路自动重合闸系统调试按照采用自动重合闸装置的线路自动断路器的台数计算系统工程量。综合重合闸亦按此规定计算。

3. 自动调频装置系统调试以一台发电机为一个系统计算工程量。

4. 同期装置系统调试按照设计构成一套能够完成同期并车行为的装置为一个系统计算工程量。

5. 用电切换系统调试按照设计能够完成交直流切换的一套装置为一个系统计算工程量。

八、测量与监视系统调试包括继电器、仪表等元件本身和二次回路的调整试验。其工程量按照下列规定计算：

1. 直流监视系统调试以蓄电池的组数为一个系统计算工程量。

2. 变送器屏系统调试按照设计图示数量以台数计算工程量。

3. 低压低周波减负荷装置系统调试按照设计装设低周低压减负荷装置屏数计算工程量。

九、保安电源系统调试按照安装的保安电源台数计算工程量。

十、事故照明、故障录波器系统调试根据设计标准，按照发电机组台数、独立变电站与配电室的座数计算工程量。

十一、电除尘器系统调试根据烟气进除尘器入口净面积以套计算工程量。按照一台升压变压器、一组整流器及附属设备为一套计算。

十二、硅整流装置系统调试按照一套装置为一个系统计算工程量。

十三、电动机电气调试是指电动机连带机械设备及装置一并进行调试。电动机电气调试根据电机的控制方式、功率按照电动机的台数计算工程量。

十四、一般民用建筑电气工程中，配电室内带有调试元件的盘、箱、柜和带有调试元件的照明配电箱，应按照供电方式计算输配电设备系统调试数量。用户所用的配电箱供电不计算系统调试费。电量计量表一般是由供应单位经有关检验校验后进行安装，不计算调试费。

十五、具有较高控制技术的电气工程（包括照明工程中由程控调光的装饰灯具），应按照控制方式计算系统调试工程量。

十六、特殊项目测试与性能验收试验根据技术标准与测试的工作内容，按照实际测试与试验的设备或装置数量计算工程量。

一、发电机、励磁机系统调试

1. 发电机系统调试

工作内容：发电机、隔离开关、断路器、保护装置和一、二次回路调整试验。　　　　　　计量单位：台

定　额　编　号			A4-17-1	A4-17-2	A4-17-3
项　目　名　称			单机容量（MW）		
			≤3	≤6	≤15
基　　　价（元）			10782.78	11947.98	14651.70
其中	人　工　费（元）		4396.84	5289.20	7087.08
	材　料　费（元）		21.05	30.08	60.14
	机　械　费（元）		6364.89	6628.70	7504.48
名　　　称	单位	单价（元）	消　　耗　　量		
人工	综合工日	工日	140.00	31.406	37.780	50.622
材料	铜芯橡皮绝缘电线 BX-2.5mm²	m	1.23	2.397	3.425	6.849
	自粘性橡胶带 25mm×20m	卷	14.79	1.196	1.709	3.417
	其他材料费占材料费	%	—	2.000	2.000	2.000
机械	笔记本电脑	台班	9.38	12.500	12.500	18.500
	电感电容测试仪	台班	5.08	3.364	3.925	5.047
	高压绝缘电阻测试仪	台班	37.04	5.888	6.168	6.729
	高压开关特性测试仪	台班	49.39	7.570	8.692	10.935
	计时/计频器/校准器	台班	157.56	10.935	11.495	12.617
	交流阻抗测试仪	台班	61.81	5.503	6.027	7.075
	手持式万用表	台班	4.07	9.800	9.800	11.200
	数据记录仪	台班	67.22	8.411	8.636	9.084
	数字电桥	台班	7.63	5.500	5.500	6.500
	数字电压表	台班	5.77	8.411	8.972	10.093
	数字频率计	台班	18.84	9.252	9.813	10.935
	数字示波器	台班	71.81	10.093	10.654	11.776
	微机继电保护测试仪	台班	198.84	9.800	9.800	11.200
	相位表	台班	9.52	3.364	3.925	5.047

工作内容：发电机、隔离开关、断路器、保护装置和一、二次回路调整试验。　　　　　　　计量单位：台

定　额　编　号			A4-17-4	A4-17-5
项　目　名　称			单机容量(MW)	
			≤25	≤35
基　　　　价（元）			17025.90	19767.50
其中	人　工　费（元）		8083.46	9151.80
	材　料　费（元）		85.93	107.40
	机　械　费（元）		8856.51	10508.30
名　　　称	单位	单价（元）	消　　耗　　量	
人工 综合工日	工日	140.00	57.739	65.370
材料 铜芯橡皮绝缘电线 BX-2.5mm²	m	1.23	9.785	12.231
自粘性橡胶带 25mm×20m	卷	14.79	4.882	6.102
其他材料费占材料费	%	—	2.000	2.000
机械 笔记本电脑	台班	9.38	18.500	24.500
电感电容测试仪	台班	5.08	6.729	8.411
高压绝缘电阻测试仪	台班	37.04	8.411	10.093
高压开关特性测试仪	台班	49.39	13.458	15.981
计时/计频器/校准器	台班	157.56	14.299	15.981
交流阻抗测试仪	台班	61.81	8.647	10.219
手持式万用表	台班	4.07	13.400	16.800
数据记录仪	台班	67.22	10.598	12.112
数字电桥	台班	7.63	7.500	8.500
数字电压表	台班	5.77	11.776	13.458
数字频率计	台班	18.84	12.617	14.299
数字示波器	台班	71.81	14.299	16.822
微机继电保护测试仪	台班	198.84	13.400	16.800
相位表	台班	9.52	6.729	8.411

2.励磁机系统调试

工作内容：励磁机、隔离开关、断路器、保护装置和一、二次回路调整试验。　　　　计量单位：台

定　额　编　号			A4-17-6	A4-17-7	A4-17-8	A4-17-9
项　目　名　称			单机容量(MW)			
			≤6	≤15	≤25	≤35
基　　　价（元）			990.01	1490.00	1988.33	2485.67
其中	人　工　费（元）		647.22	970.76	1294.44	1618.12
	材　料　费（元）		9.64	19.30	27.57	34.45
	机　械　费（元）		333.15	499.94	666.32	833.10
名　　称		单位	单价（元）	消　耗　量		
人工	综合工日	工日	140.00	4.623	6.934	9.246	11.558
材料	铜芯橡皮绝缘电线 BX-2.5mm²	m	1.23	1.097	2.193	3.133	3.917
	自粘性橡胶带 25mm×20m	卷	14.79	0.548	1.097	1.567	1.958
	其他材料费占材料费	%	—	2.000	2.000	2.000	2.000
机械	2000A大电流发生器	台班	28.53	0.505	0.757	1.009	1.262
	电能校验仪	台班	31.69	0.505	0.757	1.009	1.262
	断路器动特性综合测试仪	台班	158.49	0.336	0.505	0.673	0.841
	高压绝缘电阻测试仪	台班	37.04	0.336	0.505	0.673	0.841
	计时/计频器/校准器	台班	157.56	0.505	0.757	1.009	1.262
	继电器检验仪	台班	38.30	0.505	0.757	1.009	1.262
	交/直流低电阻测试仪	台班	7.34	0.505	0.757	1.009	1.262
	手持式万用表	台班	4.07	0.505	0.757	1.009	1.262
	数字电桥	台班	7.63	0.336	0.505	0.673	0.841
	数字电压表	台班	5.77	0.336	0.505	0.673	0.841
	数字频率计	台班	18.84	0.505	0.757	1.009	1.262
	微机继电保护测试仪	台班	198.84	0.336	0.505	0.673	0.841
	直流高压发生器	台班	102.07	0.505	0.757	1.009	1.262

3. 发电机同期系统调试

工作内容：1.同期电压回路、同期系统的调频、调压等二次回路调试；2.同期系统通电检查试验。

定 额 编 号			A4-17-10	A4-17-11	A4-17-12	A4-17-13
项 目 名 称			单机容量(MW)			
			≤6	≤15	≤25	≤35
			两台机组			
基 价（元）			1223.47	1717.63	2210.56	2702.80
其中	人 工 费（元）		539.42	755.02	970.76	1186.64
	材 料 费（元）		8.53	17.07	24.39	30.49
	机 械 费（元）		675.52	945.54	1215.41	1485.67
名 称	单位	单价（元）	消 耗 量			
人工	综合工日	工日	140.00	3.853	5.393	6.934	8.476
材料	铜芯橡皮绝缘电线 BX-2.5mm²	m	1.23	0.970	1.940	2.772	3.465
	自粘性橡胶带 25mm×20m	卷	14.79	0.485	0.970	1.386	1.733
	其他材料费占材料费	%	—	2.000	2.000	2.000	2.000
机械	电缆测试仪	台班	15.89	0.382	0.535	0.688	0.841
	电压比测试仪(变比电桥)	台班	144.30	0.765	1.071	1.376	1.682
	高压绝缘电阻测试仪	台班	37.04	0.765	1.071	1.376	1.682
	工频信号发生器	台班	52.27	0.357	0.500	0.643	0.786
	计时/计频器/校准器	台班	157.56	1.912	2.676	3.441	4.206
	手持式万用表	台班	4.07	0.765	1.071	1.376	1.682
	数字示波器	台班	71.81	0.715	1.000	1.286	1.572
	微机继电保护测试仪	台班	198.84	0.765	1.071	1.376	1.682
	远红外线调压器	台班	11.09	0.382	0.535	0.688	0.841

工作内容：1.同期电压回路、同期系统的调频、调压等二次回路调试；2.同期系统通电检查试验。

计量单位：台

定　额　编　号				A4-17-14	A4-17-15	A4-17-16	A4-17-17
项　目　名　称				单机容量(MW)			
				≤6	≤15	≤25	≤35
				增加一个同期点			
基　　　　　价（元）				244.84	368.31	492.04	732.93
其中	人　工　费（元）			107.80	161.84	215.74	323.54
	材　料　费（元）			1.71	3.66	5.42	3.20
	机　械　费（元）			135.33	202.81	270.88	406.19
名　　　称		单位	单价(元)	消　　耗　　量			
人工	综合工日	工日	140.00	0.770	1.156	1.541	2.311
材料	铜芯橡皮绝缘电线 BX-2.5mm²	m	1.23	0.194	0.416	0.616	0.364
	自粘性橡胶带 25mm×20m	卷	14.79	0.097	0.208	0.308	0.182
	其他材料费占材料费	%	—	2.000	2.000	2.000	2.000
机械	电缆测试仪	台班	15.89	0.076	0.115	0.153	0.229
	电压比测试仪(变比电桥)	台班	144.30	0.153	0.229	0.306	0.459
	高压绝缘电阻测试仪	台班	37.04	0.153	0.229	0.306	0.459
	工频信号发生器	台班	52.27	0.071	0.107	0.143	0.214
	计时/计频/校准器	台班	157.56	0.382	0.573	0.765	1.147
	手持式万用表	台班	4.07	0.229	0.344	0.459	0.688
	数字示波器	台班	71.81	0.143	0.214	0.286	0.429
	微机继电保护测试仪	台班	198.84	0.153	0.229	0.306	0.459
	远红外线调压器	台班	11.09	0.077	0.115	0.153	0.229

二、电力变压器系统调试

工作内容：变压器、断路器、互感器、隔离开关、风冷及油循环冷却系统电气装置、常规保护装置等一、
二次回路的调试及空投试验。

计量单位：系统

定 额 编 号			A4-17-18	A4-17-19	A4-17-20
项 目 名 称			容量(kV·A)		
			≤800	≤2000	≤4000
基 价（元）			978.17	2577.07	2808.79
其中	人 工 费（元）		543.90	1376.06	1472.10
	材 料 费（元）		11.79	15.41	20.94
	机 械 费（元）		422.48	1185.60	1315.75
名 称	单位	单价（元）	消 耗 量		
人工 综合工日	工日	140.00	3.885	9.829	10.515
材料 铜芯橡皮绝缘电线 BX-2.5mm²	m	1.23	1.339	1.758	2.394
自粘性橡胶带 25mm×20m	卷	14.79	0.670	0.875	1.189
其他材料费占材料费	%	—	2.000	2.000	2.000
机械 变压器特性综合测试台	台班	110.65	0.547	1.093	1.640
高压绝缘电阻测试仪	台班	37.04	0.547	1.093	1.640
计时/计频器/校准器	台班	157.56	0.820	2.734	2.187
交/直流低电阻测试仪	台班	7.34	0.820	1.640	2.734
全自动变比组别测试仪	台班	15.19	0.820	1.640	2.187
手持式万用表	台班	4.07	0.820	1.914	2.187
数字电桥	台班	7.63	0.547	1.640	2.734
数字频率计	台班	18.84	0.820	1.640	1.640
数字示波器	台班	71.81	0.766	1.533	2.215
微机继电保护测试仪	台班	198.84	0.547	1.914	2.187
相位表	台班	9.52	0.766	1.533	2.215

工作内容：变压器、断路器、互感器、隔离开关、风冷及油循环冷却系统电气装置、常规保护装置等一、二次回路的调试及空投试验。

计量单位：系统

定　额　编　号			A4-17-21	A4-17-22	A4-17-23
项　目　名　称			容量(kV·A)		
			≤8000	≤20000	≤40000
基　　　价（元）			3353.10	4043.87	5131.43
其中	人　工　费（元）		1680.14	2016.00	2751.98
	材　料　费（元）		30.93	35.35	47.12
	机　械　费（元）		1642.03	1992.52	2332.33
名　　称	单位	单价（元）	消　　耗　　量		
人工 综合工日	工日	140.00	12.001	14.400	19.657
材料 铜芯橡皮绝缘电线 BX-2.5mm²	m	1.23	3.515	4.018	5.357
自粘性橡胶带 25mm×20m	卷	14.79	1.758	2.009	2.678
其他材料费占材料费	%	—	2.000	2.000	2.000
机械 变压器特性综合测试台	台班	110.65	2.187	2.734	3.281
高压绝缘电阻测试仪	台班	37.04	2.187	2.734	3.281
计时/计频器/校准器	台班	157.56	2.734	3.281	3.827
交/直流低电阻测试仪	台班	7.34	3.281	3.827	4.374
全自动变比组别测试仪	台班	15.19	2.734	3.281	3.827
手持式万用表	台班	4.07	2.734	3.281	3.827
数字电桥	台班	7.63	3.827	4.921	6.014
数字频率计	台班	18.84	1.640	2.187	2.187
数字示波器	台班	71.81	2.555	3.066	3.577
微机继电保护测试仪	台班	198.84	2.734	3.281	3.827
相位表	台班	9.52	2.555	3.066	3.577

三、输配电装置系统调试

工作内容：自动开关或断路器、隔离开关、常规保护装置、电测量仪表、电力电缆等一、二次回路系统的调试。

计量单位：系统

定　额　编　号			A4-17-24	A4-17-25	A4-17-26	A4-17-27
项　目　名　称			≤1kV	≤10kV交流供电		
			交流供电	带负荷隔离开关	带断路器	带电抗器
基　　　　价（元）			201.82	397.50	896.38	1025.69
其中	人　工　费（元）		158.62	274.26	385.70	497.14
	材　料　费（元）		2.11	6.33	6.33	6.33
	机　械　费（元）		41.09	116.91	504.35	522.22
名　　称	单位	单价（元）	消　　耗　　量			
人工 综合工日	工日	140.00	1.133	1.959	2.755	3.551
材料 铜芯橡皮绝缘电线 BX-2.5mm²	m	1.23	0.240	0.720	0.720	0.720
自粘性橡胶带 25mm×20m	卷	14.79	0.120	0.360	0.360	0.360
其他材料费占材料费	%	—	2.000	2.000	2.000	2.000
机械 YDQ充气式试验变压器	台班	52.56	—	0.500	0.800	1.000
电缆测试仪	台班	15.89	0.841	0.841	1.682	1.682
高压绝缘电阻测试仪	台班	37.04	—	0.841	0.841	0.841
高压试验变压器配套操作箱、调压器	台班	36.78	—	0.500	0.800	1.000
手持式万用表	台班	4.07	1.682	1.682	1.682	1.682
数字电桥	台班	7.63	—	—	1.682	1.682
微机继电保护测试仪	台班	198.84	—	—	1.682	1.682
相位表	台班	9.52	0.789	0.789	0.789	0.789
振荡器	台班	16.94	0.789	0.789	0.789	0.789

工作内容：自动开关或断路器、隔离开关、常规保护装置、电测量仪表、电力电缆等一、二次回路系统的调试。

计量单位：系统

定 额 编 号				A4-17-28	A4-17-29
项 目 名 称				≤500V	≤1600V
				直流供电	
基 价 （元）				360.78	790.83
其中	人 工 费 （元）			320.04	548.52
	材 料 费 （元）			1.36	2.85
	机 械 费 （元）			39.38	239.46
名 称		单位	单价（元）	消 耗 量	
人工	综合工日	工日	140.00	2.286	3.918
材料	铜芯橡皮绝缘电线 BX-2.5mm²	m	1.23	0.120	0.252
	自粘性橡胶带 25mm×20m	卷	14.79	0.080	0.168
	其他材料费占材料费	%	—	2.000	2.000
机械	电缆测试仪	台班	15.89	0.841	0.841
	高压绝缘电阻测试仪	台班	37.04	—	0.841
	手持式万用表	台班	4.07	1.262	1.682
	微机继电保护测试仪	台班	198.84	—	0.841
	相位表	台班	9.52	0.789	0.789
	振荡器	台班	16.94	0.789	0.789

四、母线系统调试

工作内容：1.母线系统查线；2.二次回路调试；3.保护、信号动作试验；4.绝缘监察装置试验。

计量单位：段

定　额　编　号			A4-17-30	A4-17-31
项　目　名　称			电压	
			≤1kV	≤10kV
基　　价（元）			237.59	1036.37
其中	人　工　费（元）		111.44	325.64
	材　料　费（元）		1.46	1.00
	机　械　费（元）		124.69	709.73
名　　称		单位	单价（元）	消　耗　量	
人工	综合工日	工日	140.00	0.796	2.326
材料	铜芯橡皮绝缘电线 BX-2.5mm²	m	1.23	0.166	0.498
	自粘性橡胶带 25mm×20m	卷	14.79	0.083	0.025
	其他材料费占材料费	%	—	2.000	2.000
机械	电感电容测试仪	台班	5.08	0.841	0.841
	电能校验仪	台班	31.69	—	0.841
	高压绝缘电阻测试仪	台班	37.04	0.841	1.682
	手持式万用表	台班	4.07	0.841	1.682
	数字电桥	台班	7.63	—	1.682
	数字电压表	台班	5.77	—	0.841
	微机继电保护测试仪	台班	198.84	—	1.682
	直流高压发生器	台班	102.07	0.841	2.523

五、保护装置系统调试

工作内容：保护装置本体及二次回路的调整试验。

计量单位：套(台)

定 额 编 号				A4-17-32	A4-17-33	A4-17-34
项 目 名 称				发电机组保护	变压器保护	母线保护
基 价（元）				1807.54	1536.76	1445.90
其中	人 工 费（元）			464.94	395.22	371.84
	材 料 费（元）			46.15	39.24	36.92
	机 械 费（元）			1296.45	1102.30	1037.14
名 称		单位	单价（元）	消 耗 量		
人工	综合工日	工日	140.00	3.321	2.823	2.656
材料	铜芯橡皮绝缘电线 BX-2.5mm²	m	1.23	5.246	4.459	4.197
	自粘性橡胶带 25mm×20m	卷	14.79	2.623	2.230	2.098
	其他材料费占材料费	%	—	2.000	2.000	2.000
机械	光纤接口试验设备	台班	6.19	1.439	1.223	1.151
	计时/计频器/校准器	台班	157.56	2.565	2.181	2.052
	频率合成信号发生器	台班	80.95	2.565	2.181	2.052
	手持式万用表	台班	4.07	3.079	2.617	2.463
	数字频率计	台班	18.84	1.539	1.308	1.231
	数字示波器	台班	71.81	1.539	1.308	1.231
	微机继电保护测试仪	台班	198.84	2.565	2.181	2.052
	相位表	台班	9.52	1.439	1.223	1.151

工作内容：保护装置本体及二次回路的调整试验。

定　额　编　号			A4-17-35	A4-17-36
项　目　名　称			线路保护	小电流接地保护
基　　　价（元）			1627.01	1084.49
其中	人　工　费（元）		418.46	278.88
	材　料　费（元）		41.54	27.69
	机　械　费（元）		1167.01	777.92
名　　　称	单位	单价（元）	消　　耗　　量	
人工	综合工日	工日	140.00	2.989	1.992
材料	铜芯橡皮绝缘电线 BX-2.5mm²	m	1.23	4.721	3.148
	自粘性橡胶带 25mm×20m	卷	14.79	2.361	1.574
	其他材料费占材料费	%	—	2.000	2.000
机械	光纤接口试验设备	台班	6.19	1.295	0.863
	计时/计频器/校准器	台班	157.56	2.309	1.539
	频率合成信号发生器	台班	80.95	2.309	1.539
	手持式万用表	台班	4.07	2.771	1.847
	数字频率计	台班	18.84	1.385	0.924
	数字示波器	台班	71.81	1.385	0.924
	微机继电保护测试仪	台班	198.84	2.309	1.539
	相位表	台班	9.52	1.295	0.863

六、自动投入装置系统调试

工作内容：自动装置、继电器及控制回路的调整试验。

计量单位：系统(套)

定 额 编 号				A4-17-37	A4-17-38	A4-17-39	A4-17-40
项 目 名 称				备用电源	备用电机	线路自动重合闸	
				自动投入装置		单侧电源	双侧电源
基 价（元）				714.04	331.52	534.20	1442.91
其中	人 工 费（元）			265.72	111.44	240.10	480.06
	材 料 费（元）			20.60	20.60	20.60	20.60
	机 械 费（元）			427.72	199.48	273.50	942.25
名 称		单位	单价（元）	消 耗 量			
人工	综合工日	工日	140.00	1.898	0.796	1.715	3.429
材料	铜芯橡皮绝缘电线 BX-2.5mm²	m	1.23	8.000	8.000	8.000	8.000
	自粘性橡胶带 25mm×20m	卷	14.79	0.700	0.700	0.700	0.700
	其他材料费占材料费	%	—	2.000	2.000	2.000	2.000
机械	计时/计频器/校准器	台班	157.56	—	—	0.841	1.682
	三相精密测试电源	台班	59.58	1.262	0.421	0.841	2.523
	手持式万用表	台班	4.07	1.682	0.841	0.841	2.523
	微机继电保护测试仪	台班	198.84	1.682	0.841	0.421	2.523
	相位电压测试仪	台班	8.90	1.262	0.421	0.421	1.682

工作内容：自动装置、继电器及控制回路的调整试验。

计量单位：系统(套)

定　额　编　号			A4-17-41	A4-17-42	A4-17-43	A4-17-44
项　目　名　称			综合重合闸	自动调频	同期装置	
					自动	手动
基　　　　　价（元）			3311.42	4134.30	2796.92	1354.44
其中	人　工　费（元）		702.80	1080.10	1217.16	582.82
	材　料　费（元）		20.60	20.60	20.60	20.60
	机　械　费（元）		2588.02	3033.60	1559.16	751.02
名　　　称	单位	单价（元）	消　　耗　　量			
人工	综合工日	工日	140.00	5.020	7.715	8.694	4.163
材料	铜芯橡皮绝缘电线 BX-2.5mm²	m	1.23	8.000	8.000	8.000	8.000
	自粘性橡胶带 25mm×20m	卷	14.79	0.700	0.700	0.700	0.700
	其他材料费占材料费	%	—	2.000	2.000	2.000	2.000
机械	计时/计频器/校准器	台班	157.56	5.047	5.047	2.944	1.346
	三相精密测试电源	台班	59.58	6.729	8.411	4.122	2.018
	手持式万用表	台班	4.07	5.888	6.729	3.533	1.346
	微机继电保护测试仪	台班	198.84	6.729	8.411	4.122	2.018
	相位电压测试仪	台班	8.90	3.364	4.206	1.766	1.346

工作内容：自动装置、继电器及控制回路的调整试验。

计量单位：套

定　额　编　号				A4-17-45	A4-17-46
项　目　名　称				用电切换系统电压	
				≤400V	≤10kV
基　　价（元）				240.92	798.90
其中	人　工　费（元）			178.22	431.48
	材　料　费（元）			20.60	20.60
	机　械　费（元）			42.10	346.82
名　　称		单位	单价（元）	消　耗　量	
人工	综合工日	工日	140.00	1.273	3.082
材料	铜芯橡皮绝缘电线 BX-2.5mm²	m	1.23	8.000	8.000
	自粘性橡胶带 25mm×20m	卷	14.79	0.700	0.700
	其他材料费占材料费	%	—	2.000	2.000
机械	三相精密测试电源	台班	59.58	0.597	1.023
	手持式万用表	台班	4.07	0.298	1.364
	微机继电保护测试仪	台班	198.84	—	1.364
	相位电压测试仪	台班	8.90	0.597	1.023

七、测量与监视系统调试

工作内容：装置本体及控制回路系统的调整试验。

计量单位：见表

定 额 编 号			A4-17-47	A4-17-48	A4-17-49
项 目 名 称			直流监测	变送器屏	低周波 减负荷装置
单 位			系统	台	套
基 价（元）			1834.71	2079.66	2320.44
其中	人 工 费（元）		815.36	564.06	750.96
	材 料 费（元）		30.26	52.96	37.83
	机 械 费（元）		989.09	1462.64	1531.65
名 称	单位	单价(元)	消 耗 量		
人工	综合工日	工日	140.00	5.824	4.029	5.364
材料	铜芯橡皮绝缘电线 BX-2.5mm²	m	1.23	3.440	6.020	4.300
	自粘性橡胶带 25mm×20m	卷	14.79	1.720	3.010	2.150
	其他材料费占材料费	%	—	2.000	2.000	2.000
机械	2000A大电流发生器	台班	28.53	2.691	3.760	—
	计时/计频器/校准器	台班	157.56	2.018	3.760	4.038
	手持式万用表	台班	4.07	2.691	3.760	4.038
	数字频率计	台班	18.84	—	—	4.038
	数字示波器	台班	71.81	0.673	—	—
	微机继电保护测试仪	台班	198.84	2.691	3.760	4.038

八、保安电源系统调试

工作内容：装置本体及控制回路系统的调整试验。

计量单位：台

定 额 编 号				A4-17-50	A4-17-51
项 目 名 称				柴油发电机容量(kW)	
				≤600	>600
基 价（元）				285.00	469.94
其中	人 工 费（元）			161.84	269.64
	材 料 费（元）			11.51	14.38
	机 械 费（元）			111.65	185.92
名 称		单位	单价（元）	消 耗 量	
人工	综合工日	工日	140.00	1.156	1.926
材料	铜芯橡皮绝缘电线 BX-2.5mm²	m	1.23	1.307	1.634
	自粘性橡胶带 25mm×20m	卷	14.79	0.654	0.817
	其他材料费占材料费	%	—	2.000	2.000
机械	计时/计频器/校准器	台班	157.56	0.227	0.378
	三相精密测试电源	台班	59.58	0.227	0.378
	手持式万用表	台班	4.07	0.227	0.378
	数字示波器	台班	71.81	0.227	0.378
	微机继电保护测试仪	台班	198.84	0.227	0.378

工作内容：装置本体及控制回路系统的调整试验。

计量单位：台

定　额　编　号				A4-17-52	A4-17-53	A4-17-54	A4-17-55
项　目　名　称				不间断电源			
				容量(kV·A)			
				≤10	≤30	≤100	>100
基　　　价（元）				608.42	841.48	1202.90	1447.21
其中	人　工　费（元）			229.74	385.70	582.82	711.48
	材　料　费（元）			6.83	8.19	10.17	12.70
	机　械　费（元）			371.85	447.59	609.91	723.03
名　　　称		单位	单价（元）	消　　耗　　量			
人工	综合工日	工日	140.00	1.641	2.755	4.163	5.082
材料	铜芯橡皮绝缘电线 BX-2.5mm²	m	1.23	0.722	0.867	1.156	1.445
	自粘性橡胶带 25mm×20m	卷	14.79	0.393	0.471	0.578	0.722
	其他材料费占材料费	%	—	2.000	2.000	2.000	2.000
机械	计时/计频器/校准器	台班	157.56	0.756	0.910	1.240	1.470
	三相精密测试电源	台班	59.58	0.756	0.910	1.240	1.470
	手持式万用表	台班	4.07	0.756	0.910	1.240	1.470
	数字示波器	台班	71.81	0.756	0.910	1.240	1.470
	微机继电保护测试仪	台班	198.84	0.756	0.910	1.240	1.470

九、事故照明自动切换系统调试

工作内容：装置本体及控制回路系统的调整试验。 计量单位：台

定 额 编 号			A4-17-56	A4-17-57
项 目 名 称			单机容量	
			≤15MW	≤35MW
基 价 （元）			973.63	1556.06
其中	人 工 费 （元）		269.64	431.48
	材 料 费 （元）		4.72	5.89
	机 械 费 （元）		699.27	1118.69
名 称	单位	单价（元）	消 耗 量	
人工	综合工日	工日	140.00	1.926	3.082
材料	铜芯橡皮绝缘电线 BX-2.5mm²	m	1.23	0.536	0.670
	自粘性橡胶带 25mm×20m	卷	14.79	0.268	0.335
	其他材料费占材料费	%	—	2.000	2.000
机械	计时/计频器/校准器	台班	157.56	1.929	3.086
	手持式万用表	台班	4.07	2.893	4.629
	微机继电保护测试仪	台班	198.84	1.929	3.086

工作内容：装置本体及控制回路系统的调整试验。

计量单位：座

定　额　编　号	A4-17-58
项　目　名　称	变电站、配电室
基　　　价（元）	435.63

其中	人　工　费（元）	154.28
	材　料　费（元）	1.86
	机　械　费（元）	279.49

	名　称	单位	单价（元）	消　耗　量
人工	综合工日	工日	140.00	1.102
材料	铜芯橡皮绝缘电线 BX-2.5mm²	m	1.23	0.211
	自粘性橡胶带 25mm×20m	卷	14.79	0.106
	其他材料费占材料费	%	—	2.000
机械	计时/计频器/校准器	台班	157.56	0.771
	手持式万用表	台班	4.07	1.157
	微机继电保护测试仪	台班	198.84	0.771

812

十、无功补偿装置系统调试

工作内容：无功补偿装置本体及二次回路的调整试验。

计量单位：组

定　额　编　号			A4-17-59	A4-17-60	A4-17-61	A4-17-62
项　目　名　称			电容器电压		电抗器	
			≤1kV	≤10kV	干式	油浸式
基　　　价　（元）			512.50	724.67	620.43	789.23
其中	人　工　费（元）		200.06	400.12	480.06	600.04
	材　料　费（元）		1.40	4.38	5.26	5.26
	机　械　费（元）		311.04	320.17	135.11	183.93
名　　　称	单位	单价（元）	消　　　耗　　　量			
人工	综合工日	工日	140.00	1.429	2.858	3.429	4.286
材料	铜芯橡皮绝缘电线 BX-2.5mm²	m	1.23	0.115	0.498	0.598	0.598
	自粘性橡胶带 25mm×20m	卷	14.79	0.083	0.249	0.299	0.299
	其他材料费占材料费	%	—	2.000	2.000	2.000	2.000
机械	电感电容测试仪	台班	5.08	0.841	1.682	—	—
	高压绝缘电阻测试仪	台班	37.04	0.841	0.841	0.841	0.841
	手持式万用表	台班	4.07	1.682	1.682	1.682	2.523
	数字电桥	台班	7.63	—	—	0.841	0.841
	数字电压表	台班	5.77	—	0.841	0.841	1.262
	调谐试验装置	台班	232.74	0.786	0.786	—	—
	直流高压发生器	台班	102.07	0.841	0.841	0.841	1.262

十一、电除尘系统调试

工作内容：1.电除尘装置、二次回路调试；2.空载升压试验；3.振打投运试验。 计量单位：套

定 额 编 号			A4-17-63	A4-17-64	A4-17-65
项 目 名 称			烟尘入口面积（m²）		
			≤25	≤45	≤65
基 价（元）			2238.04	3467.93	4576.21
其中	人 工 费（元）		760.34	1069.74	1566.88
	材 料 费（元）		14.43	18.03	20.02
	机 械 费（元）		1463.27	2380.16	2989.31
名 称	单位	单价（元）	消 耗 量		
人工	综合工日	工日	140.00	5.431	7.641	11.192
材料	铜芯橡皮绝缘电线 BX-2.5mm²	m	1.23	1.639	2.049	2.277
	自粘性橡胶带 25mm×20m	卷	14.79	0.820	1.025	1.138
	其他材料费占材料费	%	—	2.000	2.000	2.000
机械	2000A大电流发生器	台班	28.53	5.467	9.431	11.846
	电能校验仪	台班	31.69	2.523	4.353	5.467
	高压绝缘电阻测试仪	台班	37.04	0.841	1.451	1.822
	高压开关特性测试仪	台班	49.39	2.523	4.353	5.467
	手持式万用表	台班	4.07	3.364	5.804	7.290
	数字电桥	台班	7.63	2.523	4.353	5.467
	数字电压表	台班	5.77	2.523	4.353	5.467
	数字示波器	台班	71.81	2.523	4.353	5.467
	微机继电保护测试仪	台班	198.84	2.944	4.353	5.467
	直流高压发生器	台班	102.07	2.523	4.353	5.467

十二、故障录波系统调试

工作内容：1.二次回路查线；2.投运试验。　　　　　　　　　　　　　　　　　　　计量单位：台

定　额　编　号			A4-17-66	A4-17-67	A4-17-68	A4-17-69
项　目　名　称			发电厂单机容量(MW)			
			≤6	≤15	≤25	≤35
基　　　价　（元）			301.76	453.21	604.92	756.36
其中	人　工　费（元）		215.74	323.54	431.48	539.42
	材　料　费（元）		4.05	6.74	9.62	12.03
	机　械　费（元）		81.97	122.93	163.82	204.91
名　　　称	单位	单价（元）	消　　耗　　量			
人工	综合工日	工日	140.00	1.541	2.311	3.082	3.853
材料	铜芯橡皮绝缘电线 BX-2.5mm²	m	1.23	0.460	0.766	1.094	1.368
	自粘性橡胶带 25mm×20m	卷	14.79	0.230	0.383	0.547	0.684
	其他材料费占材料费	%	—	2.000	2.000	2.000	2.000
机械	保护故障子站模拟系统	台班	93.77	0.134	0.200	0.267	0.334
	笔记本电脑	台班	9.38	0.534	0.801	1.068	1.335
	回路电阻测试仪	台班	18.62	0.134	0.200	0.267	0.334
	继电保护检验仪	台班	218.62	0.267	0.401	0.534	0.668
	三相多功能钳形相位伏安表	台班	17.48	0.134	0.200	0.267	0.334
	相位表	台班	9.52	0.125	0.187	0.250	0.312

工作内容：1.二次回路查线；2.投运试验。 计量单位：座

定 额 编 号			A4-17-70	A4-17-71
项 目 名 称			变电站	配电室
基 价 （元）			1557.87	781.13
其中	人 工 费 （元）		215.74	107.80
	材 料 费 （元）		7.53	6.02
	机 械 费 （元）		1334.60	667.31
名 称	单位	单价（元）	消 耗 量	
人工 综合工日	工日	140.00	1.541	0.770
材料 铜芯橡皮绝缘电线 BX-2.5mm²	m	1.23	0.855	0.684
自粘性橡胶带 25mm×20m	卷	14.79	0.428	0.342
其他材料费占材料费	%	—	2.000	2.000
机械 保护故障子站模拟系统	台班	93.77	0.134	0.067
笔记本电脑	台班	9.38	0.134	0.067
回路电阻测试仪	台班	18.62	0.267	0.134
继电保护检验仪	台班	218.62	6.008	3.004
三相多功能钳形相位伏安表	台班	17.48	0.134	0.067

十三、硅整流、可控硅整流装置调试

工作内容：开关、调压设备、整流变压器、硅整流设备及一、二次回路的调试、可控硅控制本体及系统调试。

计量单位：系统

定　额　编　号			A4-17-72	A4-17-73	A4-17-74	A4-17-75
项　目　名　称			一般硅整流容量		电解硅整流容量	
			≤36A	≤220A	≤1000A	≤6000A
基　　　　价（元）			1183.13	1488.94	1294.24	2592.32
其中	人　工　费（元）		417.90	645.96	494.06	1140.02
	材　料　费（元）		21.11	28.15	24.63	54.54
	机　械　费（元）		744.12	814.83	775.55	1397.76
名　　称	单位	单价（元）	消　　耗　　量			
人工	综合工日	工日	140.00	2.985	4.614	3.529	8.143
材料	铜芯橡皮绝缘电线 BX-2.5mm²	m	1.23	2.400	3.200	2.800	6.200
	自粘性橡胶带 25mm×20m	卷	14.79	1.200	1.600	1.400	3.100
	其他材料费占材料费	%	—	2.000	2.000	2.000	2.000
机械	高压绝缘电阻测试仪	台班	37.04	1.093	1.640	1.640	3.281
	精密标准电阻箱	台班	4.15	3.280	3.827	3.827	7.108
	手持式万用表	台班	4.07	4.374	6.560	6.560	7.654
	数字示波器	台班	71.81	2.187	2.734	2.187	4.374
	最佳阻容调节器 RCK	台班	235.56	2.187	2.187	2.187	3.827

工作内容：开关、调压设备、整流变压器、硅整流设备及一、二次回路的调试、可控硅控制本体及系统调试。

计量单位：系统

定　额　编　号				A4-17-76	A4-17-77	A4-17-78	A4-17-79
项　目　名　称				可控硅整流容量			
				≤100A	≤500A	≤1000A	≤2000A
基　　　价（元）				2209.12	2719.97	3623.88	4304.66
其中	人　工　费（元）			740.04	879.90	1200.08	1500.10
	材　料　费（元）			36.95	40.47	54.54	63.34
	机　械　费（元）			1432.13	1799.60	2369.26	2741.22
名　　称		单位	单价（元）	消　　耗　　量			
人工	综合工日	工日	140.00	5.286	6.285	8.572	10.715
材料	铜芯橡皮绝缘电线 BX-2.5mm²	m	1.23	4.200	4.600	6.200	7.200
	自粘性橡胶带 25mm×20m	卷	14.79	2.100	2.300	3.100	3.600
	其他材料费占材料费	%	—	2.000	2.000	2.000	2.000
机械	高压绝缘电阻测试仪	台班	37.04	1.093	1.640	2.734	3.281
	精密标准电阻箱	台班	4.15	6.014	7.654	10.934	13.121
	手持式万用表	台班	4.07	5.467	6.560	9.294	10.934
	数字示波器	台班	71.81	4.374	5.467	7.108	8.201
	最佳阻容调节器 RCK	台班	235.56	4.374	5.467	7.108	8.201

十四、电动机电气调试

1. 直流电动机电气调试

工作内容：直流电动机、控制开关、隔离开关、电缆保护装置及一、二次回路的调试。　　　计量单位：台

定　额　编　号			A4-17-80	A4-17-81	A4-17-82
项　目　名　称			普通小型功率(kW)		
			≤13	≤30	≤100
基　　价（元）			984.18	1386.66	1968.20
其中	人　工　费（元）		335.86	480.06	720.02
	材　料　费（元）		12.32	19.35	26.39
	机　械　费（元）		636.00	887.25	1221.79
名　　称	单位	单价（元）	消　　耗　　量		
人工	综合工日	工日	140.00	2.399	3.429	5.143
材料	铜芯橡皮绝缘电线 BX-2.5mm²	m	1.23	1.400	2.200	3.000
	自粘性橡胶带 25mm×20m	卷	14.79	0.700	1.100	1.500
	其他材料费占材料费	%	—	2.000	2.000	2.000
机械	电缆测试仪	台班	15.89	0.505	0.505	0.505
	高压绝缘电阻测试仪	台班	37.04	0.505	1.009	1.514
	计时/计频器/校准器	台班	157.56	1.514	1.514	2.018
	手持式万用表	台班	4.07	1.514	2.524	3.533
	数字电桥	台班	7.63	0.505	0.757	1.009
	微机继电保护测试仪	台班	198.84	1.514	2.524	3.533
	直流高压发生器	台班	102.07	0.505	0.757	1.009
	转速表	台班	16.07	0.505	0.505	0.757

工作内容：直流电动机、控制开关、隔离开关、电缆保护装置及一、二次回路的调试。　　　计量单位：台

定　额　编　号				A4-17-83	A4-17-84
项　目　名　称				普通小型功率(kW)	
				≤200	≤300
基　　　价（元）				2372.03	2855.44
其中	人　工　费（元）			912.10	1080.10
	材　料　费（元）			33.43	45.75
	机　械　费（元）			1426.50	1729.59
名　　称		单位	单价（元）	消　耗　量	
人工	综合工日	工日	140.00	6.515	7.715
材料	铜芯橡皮绝缘电线 BX-2.5mm²	m	1.23	3.800	5.200
	自粘性橡胶带 25mm×20m	卷	14.79	1.900	2.600
	其他材料费占材料费	%	—	2.000	2.000
机械	电缆测试仪	台班	15.89	0.505	0.505
	高压绝缘电阻测试仪	台班	37.04	2.018	2.524
	计时/计频器/校准器	台班	157.56	2.524	3.028
	手持式万用表	台班	4.07	4.037	5.047
	数字电桥	台班	7.63	1.009	1.009
	微机继电保护测试仪	台班	198.84	4.037	5.047
	直流高压发生器	台班	102.07	1.009	1.009
	转速表	台班	16.07	1.009	1.009

工作内容：控制调节器的开环、闭环调试,可控硅整流装置调试,直流电机及整组试验,快速开关、电缆及
一、二次回路的调试。

计量单位：台

定 额 编 号				A4-17-85	A4-17-86	A4-17-87	A4-17-88
项 目 名 称				一般可控硅调速功率			
				≤50kW	≤100kW	≤250kW	≤500kW
基 价 （元）				4261.59	5526.97	6417.52	7707.40
其中	人 工 费 （元）			1728.16	2544.08	2904.02	3647.98
	材 料 费 （元）			66.86	49.27	54.54	137.24
	机 械 费 （元）			2466.57	2933.62	3458.96	3922.18
名 称		单位	单价（元）	消 耗 量			
人工	综合工日	工日	140.00	12.344	18.172	20.743	26.057
材料	铜芯橡皮绝缘电线 BX-2.5mm²	m	1.23	7.600	5.600	6.200	15.600
	自粘性橡胶带 25mm×20m	卷	14.79	3.800	2.800	3.100	7.800
	其他材料费占材料费	%	—	2.000	2.000	2.000	2.000
机械	电感电容测试仪	台班	5.08	0.757	1.009	2.018	2.018
	电缆测试仪	台班	15.89	0.505	0.505	0.505	0.505
	高压绝缘电阻测试仪	台班	37.04	0.505	1.009	1.009	1.262
	手持式万用表	台班	4.07	5.047	5.551	6.056	6.561
	数据记录仪	台班	67.22	3.533	4.542	5.551	6.561
	数字电桥	台班	7.63	1.514	2.018	2.524	3.028
	数字电压表	台班	5.77	0.757	0.757	1.009	1.009
	数字频率计	台班	18.84	1.514	1.514	2.018	2.524
	数字示波器	台班	71.81	4.542	5.047	6.056	6.561
	调速系统动态测试仪	台班	103.21	3.028	4.037	5.047	6.056
	微机继电保护测试仪	台班	198.84	1.514	2.018	2.524	3.028
	旋转移相器 TXSGA-1/0.5	台班	5.62	2.524	3.533	4.542	5.047
	直流高压发生器	台班	102.07	0.757	0.757	1.009	1.009
	转速表	台班	16.07	2.018	2.524	3.028	3.533
	最佳阻容调节器 RCK	台班	235.56	4.542	5.047	5.551	6.056

工作内容：控制调节器的开环、闭环调试,可控硅整流装置调试,直流电机及整组试验,快速开关、电缆及一、二次回路的调试。

计量单位：台

定 额 编 号				A4-17-89	A4-17-90	A4-17-91	A4-17-92
项 目 名 称				一般可控硅调速功率			
				≤1000kW	≤2000kW	≤3500kW	≤5000kW
基 价 （元）				9053.63	11309.12	14741.85	17527.06
其中	人 工 费 （元）			4439.96	5760.02	8160.18	9792.02
	材 料 费 （元）			182.99	216.42	233.49	365.98
	机 械 费 （元）			4430.68	5332.68	6348.18	7369.06
名 称		单位	单价（元）	消 耗 量			
人工	综合工日	工日	140.00	31.714	41.143	58.287	69.943
材料	铜芯橡皮绝缘电线 BX-2.5mm²	m	1.23	20.800	24.600	33.400	41.600
	自粘性橡胶带 25mm×20m	卷	14.79	10.400	12.300	12.700	20.800
	其他材料费占材料费	%	—	2.000	2.000	2.000	2.000
机械	电感电容测试仪	台班	5.08	2.018	2.271	2.271	2.524
	电缆测试仪	台班	15.89	0.505	0.757	0.757	1.009
	高压绝缘电阻测试仪	台班	37.04	1.262	1.514	2.018	2.524
	手持式万用表	台班	4.07	7.066	8.075	9.084	10.093
	数据记录仪	台班	67.22	7.570	8.579	9.589	10.598
	数字电桥	台班	7.63	3.533	4.542	5.551	6.561
	数字电压表	台班	5.77	1.514	2.018	3.028	4.037
	数字频率计	台班	18.84	3.028	4.037	5.047	6.056
	数字示波器	台班	71.81	7.066	8.075	9.589	11.103
	调速系统动态测试仪	台班	103.21	7.066	8.075	9.084	10.093
	微机继电保护测试仪	台班	198.84	3.533	5.047	6.056	7.066
	旋转移相器 TXSGA-1/0.5	台班	5.62	5.551	6.056	6.561	7.066
	直流高压发生器	台班	102.07	1.514	2.018	3.028	4.037
	转速表	台班	16.07	4.037	5.047	6.056	7.066
	最佳阻容调节器 RCK	台班	235.56	6.561	7.570	9.084	10.598

工作内容：可控硅整流装置调试,直流电机及整组试验,快速开关、电缆及一、二次回路的调试。

计量单位：台

定 额 编 号			A4-17-93	A4-17-94	A4-17-95
项 目 名 称			全数字式控制可控硅调速功率		
			≤50kW	≤100kW	≤250kW
基 价（元）			4734.63	6338.68	7327.43
其中	人 工 费（元）		1992.06	2927.96	3360.00
	材 料 费（元）		72.14	109.09	124.92
	机 械 费（元）		2670.43	3301.63	3842.51
名 称	单位	单价（元）	消 耗 量		
人工	综合工日	工日	140.00	14.229	20.914	24.000
材料	铜芯橡皮绝缘电线 BX-2.5mm²	m	1.23	8.200	12.400	14.200
	自粘性橡胶带 25mm×20m	卷	14.79	4.100	6.200	7.100
	其他材料费占材料费	%	—	2.000	2.000	2.000
机械	电感电容测试仪	台班	5.08	1.009	1.514	2.018
	电缆测试仪	台班	15.89	0.505	0.505	0.505
	高压绝缘电阻测试仪	台班	37.04	0.757	1.009	1.514
	手持式万用表	台班	4.07	5.047	5.551	6.056
	数据记录仪	台班	67.22	5.047	6.056	7.066
	数字电桥	台班	7.63	1.514	2.018	2.524
	数字电压表	台班	5.77	1.009	1.514	2.018
	数字频率计	台班	18.84	2.018	2.524	3.028
	数字示波器	台班	71.81	5.047	5.551	6.056
	调速系统动态测试仪	台班	103.21	3.028	4.037	5.047
	微机继电保护测试仪	台班	198.84	1.009	2.018	2.524
	旋转移相器 TXSGA-1/0.5	台班	5.62	2.524	3.533	4.542
	直流高压发生器	台班	102.07	1.009	1.514	2.018
	转速表	台班	16.07	2.018	3.028	4.037
	最佳阻容调节器 RCK	台班	235.56	5.047	5.551	6.056

工作内容：可控硅整流装置调试,直流电机及整组试验,快速开关、电缆及一、二次回路的调试。

定 额 编 号			A4-17-96	A4-17-97	A4-17-98
项 目 名 称			全数字式控制可控硅调速功率		
			≤500kW	≤1000kW	≤2000kW
基 价（元）			8746.59	11140.46	13573.83
其中	人 工 费（元）		4200.00	5111.96	6624.24
	材 料 费（元）		156.60	191.79	249.85
	机 械 费（元）		4389.99	5836.71	6699.74
名 称	单位	单价（元）	消 耗 量		
人工	综合工日	工日	140.00	30.000	36.514	47.316
材料	铜芯橡皮绝缘电线 BX-2.5mm²	m	1.23	17.800	21.800	28.400
	自粘性橡胶带 25mm×20m	卷	14.79	8.900	10.900	14.200
	其他材料费占材料费	%	—	2.000	2.000	2.000
机械	电感电容测试仪	台班	5.08	2.018	2.524	2.524
	电缆测试仪	台班	15.89	0.505	0.757	0.757
	高压绝缘电阻测试仪	台班	37.04	1.514	2.018	2.524
	手持式万用表	台班	4.07	6.561	9.084	10.093
	数据记录仪	台班	67.22	8.075	9.084	10.093
	数字电桥	台班	7.63	3.533	5.047	6.056
	数字电压表	台班	5.77	2.776	3.533	4.542
	数字频率计	台班	18.84	3.533	6.056	7.066
	数字示波器	台班	71.81	6.561	9.084	10.093
	调速系统动态测试仪	台班	103.21	6.056	7.066	8.075
	微机继电保护测试仪	台班	198.84	3.028	4.542	5.551
	旋转移相器 TXSGA-1/0.5	台班	5.62	5.047	6.056	7.066
	直流高压发生器	台班	102.07	2.776	3.533	4.542
	转速表	台班	16.07	5.047	6.056	7.066
	最佳阻容调节器 RCK	台班	235.56	6.561	9.084	10.093

工作内容：可控硅整流装置调试,直流电机及整组试验,快速开关、电缆及一、二次回路的调试。

计量单位：台

定 额 编 号			A4-17-99	A4-17-100
项 目 名 称			全数字式控制可控硅调速功率	
			≤3500kW	≤5000kW
基 价（元）			16617.76	18958.78
其中	人 工 费（元）		8736.00	10176.04
	材 料 费（元）		330.79	383.57
	机 械 费（元）		7550.97	8399.17
名 称	单位	单价（元）	消 耗 量	
人工 综合工日	工日	140.00	62.400	72.686
材料 铜芯橡皮绝缘电线 BX-2.5mm²	m	1.23	37.600	43.600
自粘性橡胶带 25mm×20m	卷	14.79	18.800	21.800
其他材料费占材料费	%	—	2.000	2.000
机械 电感电容测试仪	台班	5.08	3.028	3.028
电缆测试仪	台班	15.89	0.757	0.757
高压绝缘电阻测试仪	台班	37.04	2.524	2.524
手持式万用表	台班	4.07	11.103	12.112
数据记录仪	台班	67.22	11.103	12.112
数字电桥	台班	7.63	7.570	9.084
数字电压表	台班	5.77	5.551	6.561
数字频率计	台班	18.84	8.075	9.084
数字示波器	台班	71.81	11.103	12.112
调速系统动态测试仪	台班	103.21	9.084	10.093
微机继电保护测试仪	台班	198.84	6.561	7.570
旋转移相器 TXSGA-1/0.5	台班	5.62	8.075	9.084
直流高压发生器	台班	102.07	5.551	6.561
转速表	台班	16.07	8.075	9.084
最佳阻容调节器 RCK	台班	235.56	11.103	12.112

2.交流同步电动机电气调试

工作内容：电动机、励磁机、断路器、保护装置、启动设备和一、二次回路的调试。　　　　　计量单位：台

定　额　编　号				A4-17-101	A4-17-102	A4-17-103
项　目　名　称				普通型≤10kV		
				电机直接启动功率		
				≤500kW	≤1000kW	≤4000kW
基　　　价（元）				2936.24	4150.16	6376.74
其中	人　工　费（元）			1248.10	1728.16	2688.00
	材　料　费（元）			5.31	6.65	11.08
	机　械　费（元）			1682.83	2415.35	3677.66
名　　称		单位	单价（元）	消　　耗　　量		
人工	综合工日	工日	140.00	8.915	12.344	19.200
材料	铜芯橡皮绝缘电线 BX-2.5mm²	m	1.23	0.605	0.756	1.260
	自粘性橡胶带 25mm×20m	卷	14.79	0.302	0.378	0.630
	其他材料费占材料费	%	—	2.000	2.000	2.000
机械	电缆测试仪	台班	15.89	0.505	1.009	1.514
	电能校验仪	台班	31.69	1.514	2.018	3.028
	断路器动特性综合测试仪	台班	158.49	0.505	1.009	1.009
	高压绝缘电阻测试仪	台班	37.04	1.009	1.262	1.514
	计时/计频器/校准器	台班	157.56	3.028	4.290	6.561
	手持式万用表	台班	4.07	2.524	3.533	6.056
	数字电桥	台班	7.63	1.514	1.766	2.018
	数字电压表	台班	5.77	0.757	1.262	2.018
	数字频率计	台班	18.84	0.505	0.757	1.009
	微机继电保护测试仪	台班	198.84	4.542	6.308	10.093
	直流高压发生器	台班	102.07	0.757	1.262	2.018
	转速表	台班	16.07	1.009	1.262	1.514

工作内容：电动机、励磁机、断路器、保护装置、启动设备和一、二次回路的调试。　　　　　　计量单位：台

定　额　编　号			A4-17-104	A4-17-105	A4-17-106
项　目　名　称			普通型≤10kV		
			电机降压启动功率		
			≤1000kW	≤2000kW	≤4000kW
基　　　　　价（元）			5401.83	7278.85	9243.83
其中	人　工　费（元）		2280.04	3120.18	3504.06
	材　料　费（元）		3.99	6.65	11.08
	机　械　费（元）		3117.80	4152.02	5728.69
名　　　称	单位	单价（元）	消　　耗　　量		
人工	综合工日	工日	140.00	16.286	22.287	25.029
材料	铜芯橡皮绝缘电线 BX-2.5mm²	m	1.23	0.454	0.756	1.260
	自粘性橡胶带 25mm×20m	卷	14.79	0.227	0.378	0.630
	其他材料费占材料费	%	—	2.000	2.000	2.000
机械	电缆测试仪	台班	15.89	1.009	1.009	1.514
	电能校验仪	台班	31.69	2.524	3.533	4.037
	断路器动特性综合测试仪	台班	158.49	1.009	1.009	1.009
	高压绝缘电阻测试仪	台班	37.04	1.262	1.514	2.018
	计时/计频器/校准器	台班	157.56	5.551	7.570	8.579
	手持式万用表	台班	4.07	5.047	7.570	8.579
	数字电桥	台班	7.63	1.514	2.018	2.524
	数字电压表	台班	5.77	1.514	2.018	2.524
	数字频率计	台班	18.84	1.009	1.009	1.009
	微机继电保护测试仪	台班	198.84	8.579	11.608	18.168
	直流高压发生器	台班	102.07	1.514	2.018	2.524
	转速表	台班	16.07	1.262	1.514	2.018

工作内容：电动机、励磁机、断路器、保护装置、启动设备和一、二次回路的调试。　　　　　计量单位：台

定　额　编　号				A4-17-107	A4-17-108
项　目　名　称				普通型380V电机	
				直接启动	降压启动
基　　　　价（元）				1212.99	1724.05
其中	人　工　费（元）			600.04	912.10
	材　料　费（元）			3.19	3.19
	机　械　费（元）			609.76	808.76
名　　　称		单位	单价（元）	消　　耗　　量	
人工	综合工日	工日	140.00	4.286	6.515
材料	铜芯橡皮绝缘电线 BX-2.5mm²	m	1.23	0.363	0.363
	自粘性橡胶带 25mm×20m	卷	14.79	0.181	0.181
	其他材料费占材料费	%	—	2.000	2.000
机械	电缆测试仪	台班	15.89	0.505	0.505
	电能校验仪	台班	31.69	0.505	0.757
	多倍频感应耐压试验器	台班	36.78	0.253	0.253
	高压绝缘电阻测试仪	台班	37.04	0.505	0.757
	计时/计频器/校准器	台班	157.56	1.514	2.018
	手持式万用表	台班	4.07	1.514	2.018
	数字电桥	台班	7.63	0.505	0.505
	微机继电保护测试仪	台班	198.84	1.514	2.018
	转速表	台班	16.07	0.505	0.505

3.交流异步电动机电气调试

工作内容:电动机、开关、保护装置、电缆等及一、二次回路的调试。　　　　　　　　计量单位:台

定　额　编　号			A4-17-109	A4-17-110	A4-17-111
项　目　名　称			低压笼型		
			刀开关控制	电磁控制	非电量联锁
基　　　价（元）			135.41	357.17	416.61
其中	人　工　费（元）		91.14	182.28	239.96
	材　料　费（元）		3.52	7.04	8.80
	机　械　费（元）		40.75	167.85	167.85
名　　称	单位	单价（元）	消　　耗　　量		
人工 综合工日	工日	140.00	0.651	1.302	1.714
材料 铜芯橡皮绝缘电线 BX-2.5mm²	m	1.23	0.400	0.800	1.000
自粘性橡胶带 25mm×20m	卷	14.79	0.200	0.400	0.500
其他材料费占材料费	%	—	2.000	2.000	2.000
机械 电缆测试仪	台班	15.89	0.505	0.505	0.505
电能校验仪	台班	31.69	—	0.253	0.253
高压绝缘电阻测试仪	台班	37.04	0.505	1.009	1.009
手持式万用表	台班	4.07	0.505	0.505	0.505
数字电桥	台班	7.63	0.505	0.505	0.505
微机继电保护测试仪	台班	198.84	—	0.505	0.505
转速表	台班	16.07	0.505	0.505	0.505

工作内容：电动机、开关、保护装置、电缆等及一、二次回路的调试。　　　　　　　　　　　　计量单位：台

定　额　编　号				A4-17-112	A4-17-113
项　目　名　称				低压笼型	低压绕线型
				带过流保护	电磁控制
基　　　价（元）				936.21	1233.86
其中	人　工　费（元）			364.84	504.14
	材　料　费（元）			15.84	17.60
	机　械　费（元）			555.53	712.12
名　　　称		单位	单价（元）	消　耗　量	
人工	综合工日	工日	140.00	2.606	3.601
材料	铜芯橡皮绝缘电线 BX-2.5mm²	m	1.23	1.800	2.000
	自粘性橡胶带 25mm×20m	卷	14.79	0.900	1.000
	其他材料费占材料费	%	—	2.000	2.000
机械	电缆测试仪	台班	15.89	0.505	0.561
	电能校验仪	台班	31.69	1.009	1.121
	高压绝缘电阻测试仪	台班	37.04	1.009	1.121
	计时/计频器/校准器	台班	157.56	1.009	1.682
	手持式万用表	台班	4.07	1.514	2.243
	数字电桥	台班	7.63	0.505	1.121
	微机继电保护测试仪	台班	198.84	1.514	1.682
	转速表	台班	16.07	0.505	0.561

830

工作内容：电动机、开关、保护装置、电缆等及一、二次回路的调试。 计量单位：台

定　额　编　号				A4-17-114	A4-17-115
项　目　名　称				低压绕线型	
				速断、过流保护	反时限过流保护
基　　　价（元）				2415.56	2676.20
其中	人　工　费（元）			768.04	912.10
	材　料　费（元）			22.87	28.15
	机　械　费（元）			1624.65	1735.95
名　　　称		单位	单价（元）	消　　耗　　量	
人工	综合工日	工日	140.00	5.486	6.515
材料	铜芯橡皮绝缘电线 BX-2.5mm²	m	1.23	2.600	3.200
	自粘性橡胶带 25mm×20m	卷	14.79	1.300	1.600
	其他材料费占材料费	%	—	2.000	2.000
机械	电缆测试仪	台班	15.89	0.561	0.561
	电能校验仪	台班	31.69	1.402	1.682
	高压绝缘电阻测试仪	台班	37.04	1.121	1.121
	计时/计频器/校准器	台班	157.56	4.205	4.486
	手持式万用表	台班	4.07	2.804	3.364
	数字电桥	台班	7.63	1.402	1.402
	微机继电保护测试仪	台班	198.84	4.205	4.486
	转速表	台班	16.07	0.561	0.561

工作内容：电动机、断路器、互感器、保护装置、电缆等及一、二次回路的调试。　　　　　　计量单位：台

定　额　编　号			A4-17-116	A4-17-117	A4-17-118
项　目　名　称			高压≤10kV		
			电动机一次设备功率		
			≤350kW	≤780kW	≤1600kW
基　　　　　价（元）			618.23	678.38	905.46
其中	人　工　费（元）		384.02	432.04	528.08
	材　料　费（元）		14.96	15.84	17.60
	机　械　费（元）		219.25	230.50	359.78
名　　称	单位	单价（元）	消　　耗　　量		
人工	综合工日	工日	140.00	2.743	3.086	3.772

	名　　称	单位	单价（元）			
材料	铜芯橡皮绝缘电线 BX-2.5mm²	m	1.23	1.700	1.800	2.000
	自粘性橡胶带 25mm×20m	卷	14.79	0.850	0.900	1.000
	其他材料费占材料费	%	—	2.000	2.000	2.000
机械	2000A大电流发生器	台班	28.53	0.505	0.505	0.757
	电缆测试仪	台班	15.89	0.505	0.505	0.757
	断路器动特性综合测试仪	台班	158.49	0.253	0.253	0.505
	高压绝缘电阻测试仪	台班	37.04	0.505	0.757	1.009
	计时/计频器/校准器	台班	157.56	0.505	0.505	0.757
	手持式万用表	台班	4.07	0.505	0.505	0.505
	数字电桥	台班	7.63	0.253	0.505	0.757
	数字电压表	台班	5.77	0.505	0.505	0.757
	直流高压发生器	台班	102.07	0.505	0.505	0.757

工作内容：电动机、断路器、互感器、保护装置、电缆等及一、二次回路的调试。　　　　　　　　计量单位：台

定　额　编　号				A4-17-119	A4-17-120	A4-17-121
项　目　名　称				高压≤10kV		
				电动机一次设备功率		
				≤4000kW	≤6300kW	≤8000kW
基　　　　价（元）				1096.97	1299.13	1566.63
其中	人　工　费（元）			624.12	768.04	912.10
	材　料　费（元）			21.11	28.15	34.31
	机　械　费（元）			451.74	502.94	620.22
	名　　　称	单位	单价（元）	消　　耗　　量		
人工	综合工日	工日	140.00	4.458	5.486	6.515
材料	铜芯橡皮绝缘电线 BX-2.5mm²	m	1.23	2.400	3.200	3.900
	自粘性橡胶带 25mm×20m	卷	14.79	1.200	1.600	1.950
	其他材料费占材料费	%	—	2.000	2.000	2.000
机械	2000A大电流发生器	台班	28.53	0.757	0.757	1.009
	电缆测试仪	台班	15.89	0.757	0.757	0.757
	断路器动特性综合测试仪	台班	158.49	0.757	1.009	1.262
	高压绝缘电阻测试仪	台班	37.04	1.262	1.514	1.514
	计时/计频器/校准器	台班	157.56	1.009	1.009	1.262
	手持式万用表	台班	4.07	0.757	0.757	1.009
	数字电桥	台班	7.63	1.009	1.262	1.514
	数字电压表	台班	5.77	0.757	0.757	1.009
	直流高压发生器	台班	102.07	0.757	0.757	1.009

工作内容：电动机、断路器、互感器、保护装置、电缆等及一、二次回路的调试。　　　　　　　　　计量单位：台

定　额　编　号			A4-17-122	A4-17-123	A4-17-124
项　目　名　称			高压电动机二次设备及回路		
			差动过流保护	反时限过流保护	速断过流常规保护
基　　　　价（元）			4328.88	3486.66	2875.36
其中	人　工　费（元）		1463.98	1176.00	936.04
	材　料　费（元）		55.42	44.87	35.19
	机　械　费（元）		2809.48	2265.79	1904.13
名　　　称	单位	单价（元）	消　　耗　　量		
人工 综合工日	工日	140.00	10.457	8.400	6.686
材料 铜芯橡皮绝缘电线 BX-2.5mm²	m	1.23	6.300	5.100	4.000
自粘性橡胶带 25mm×20m	卷	14.79	3.150	2.550	2.000
其他材料费占材料费	%	—	2.000	2.000	2.000
机械 电能校验仪	台班	31.69	1.514	1.514	1.514
高压绝缘电阻测试仪	台班	37.04	1.009	1.009	1.009
计时/计频器/校准器	台班	157.56	7.570	6.056	5.047
手持式万用表	台班	4.07	4.542	3.533	3.028
数字电桥	台班	7.63	1.009	1.009	1.009
微机继电保护测试仪	台班	198.84	7.570	6.056	5.047

4. 交流变频调速电动机电气调试

工作内容：变频装置本体、变频母线、电动机、励磁机、断路器、互感器、电力电缆、保护装置等及一、二次设备回路的调试。

计量单位：台

定 额 编 号			A4-17-125	A4-17-126	A4-17-127
项 目 名 称			交流同步电动机功率		
			≤200kW	≤500kW	≤1000kW
基 价 （元）			5469.05	7846.28	10327.82
其中	人 工 费 （元）		2472.12	3432.10	4607.96
	材 料 费 （元）		93.25	128.44	175.95
	机 械 费 （元）		2903.68	4285.74	5543.91
名 称	单位	单价（元）	消 耗 量		
人工	综合工日	工日	140.00	17.658	24.515	32.914
材料	铜芯橡皮绝缘电线 BX-2.5mm²	m	1.23	10.600	14.600	20.000
	自粘性橡胶带 25mm×20m	卷	14.79	5.300	7.300	10.000
	其他材料费占材料费	%	—	2.000	2.000	2.000
机械	电感电容测试仪	台班	5.08	1.009	2.018	3.028
	电缆测试仪	台班	15.89	0.505	0.505	1.009
	电力谐波测试仪 F41	台班	23.44	0.757	1.514	2.018
	电能校验仪	台班	31.69	0.757	2.018	3.028
	断路器动特性综合测试仪	台班	158.49	0.505	0.505	1.009
	高压绝缘电阻测试仪	台班	37.04	1.009	2.018	3.028
	频率合成信号发生器	台班	80.95	2.524	4.037	5.551
	手持式万用表	台班	4.07	9.084	12.617	14.636
	数据记录仪	台班	67.22	5.551	7.570	8.579
	数字电桥	台班	7.63	1.009	2.018	3.533
	数字电压表	台班	5.77	1.262	2.018	3.028
	数字频率计	台班	18.84	2.018	4.037	5.551
	数字示波器	台班	71.81	5.551	6.561	7.570
	微机继电保护测试仪	台班	198.84	1.514	3.028	5.047
	旋转移相器 TXSGA-1/0.5	台班	5.62	2.524	4.037	5.551
	直流高压发生器	台班	102.07	1.262	2.018	3.028
	转速表	台班	16.07	2.018	3.533	4.542
	最佳阻容调节器 RCK	台班	235.56	5.047	7.066	8.075

工作内容：变频装置本体、变频母线、电动机、励磁机、断路器、互感器、电力电缆、保护装置等及一、二次设备回路的调试。

计量单位：台

定 额 编 号			A4-17-128	A4-17-129	A4-17-130
项 目 名 称			交流同步电动机功率		
			≤3000kW	≤5000kW	≤10000kW
基 价（元）			14381.66	18952.61	22341.94
其中	人 工 费（元）		6744.08	8568.14	10199.98
	材 料 费（元）		246.33	327.77	392.37
	机 械 费（元）		7391.25	10056.70	11749.59
名 称	单位	单价（元）	消 耗 量		
人工 综合工日	工日	140.00	48.172	61.201	72.857
材料 铜芯橡皮绝缘电线 BX-2.5mm²	m	1.23	28.000	36.400	44.600
自粘性橡胶带 25mm×20m	卷	14.79	14.000	18.700	22.300
其他材料费占材料费	%	—	2.000	2.000	2.000
机械 电感电容测试仪	台班	5.08	4.037	5.047	6.561
电缆测试仪	台班	15.89	1.514	2.524	3.028
电力谐波测试仪 F41	台班	23.44	4.037	5.047	6.561
电能校验仪	台班	31.69	4.542	5.551	6.561
断路器动特性综合测试仪	台班	158.49	1.009	1.514	2.524
高压绝缘电阻测试仪	台班	37.04	4.037	5.047	6.056
频率合成信号发生器	台班	80.95	6.561	7.570	9.084
手持式万用表	台班	4.07	16.654	18.168	20.187
数据记录仪	台班	67.22	11.103	16.654	18.673
数字电桥	台班	7.63	4.542	5.551	6.561
数字电压表	台班	5.77	4.037	5.551	7.066
数字频率计	台班	18.84	6.561	7.570	9.084
数字示波器	台班	71.81	12.617	16.654	18.673
微机继电保护测试仪	台班	198.84	6.056	7.066	8.579
旋转移相器 TXSGA-1/0.5	台班	5.62	6.561	7.570	9.084
直流高压发生器	台班	102.07	4.037	5.551	7.066
转速表	台班	16.07	6.056	7.066	8.075
最佳阻容调节器 RCK	台班	235.56	11.103	16.654	18.673

工作内容：变频装置本体、变频母线、电动机、励磁机、断路器、互感器、电力电缆、保护装置等及一、
二次设备回路的调试。

计量单位：台

定 额 编 号			A4-17-131	A4-17-132
项 目 名 称			交流同步电动机功率	
			≤30000kW	≤50000kW
基 价 （元）			27044.14	30366.47
其中	人 工 费 （元）		12744.20	13872.18
	材 料 费 （元）		480.34	538.41
	机 械 费 （元）		13819.60	15955.88
名 称		单位	单价（元）	消 耗 量
人工	综合工日	工日	140.00	91.030	99.087
材料	铜芯橡皮绝缘电线 BX-2.5mm²	m	1.23	54.600	61.200
	自粘性橡胶带 25mm×20m	卷	14.79	27.300	30.600
	其他材料费占材料费	%	—	2.000	2.000
机械	电感电容测试仪	台班	5.08	7.570	9.084
	电缆测试仪	台班	15.89	3.533	4.037
	电力谐波测试仪 F41	台班	23.44	7.570	8.579
	电能校验仪	台班	31.69	8.579	10.093
	断路器动特性综合测试仪	台班	158.49	4.037	5.047
	高压绝缘电阻测试仪	台班	37.04	6.561	7.570
	频率合成信号发生器	台班	80.95	11.103	12.112
	手持式万用表	台班	4.07	22.710	25.234
	数据记录仪	台班	67.22	21.196	24.224
	数字电桥	台班	7.63	7.570	9.084
	数字电压表	台班	5.77	9.084	10.598
	数字频率计	台班	18.84	11.103	12.112
	数字示波器	台班	71.81	21.196	24.224
	微机继电保护测试仪	台班	198.84	10.093	12.112
	旋转移相器 TXSGA-1/0.5	台班	5.62	11.103	12.112
	直流高压发生器	台班	102.07	9.084	10.598
	转速表	台班	16.07	9.084	10.598
	最佳阻容调节器 RCK	台班	235.56	21.196	24.224

工作内容：变频装置本体、变频母线、电动机、互感器、电力电缆、保护装置等及一、二次设备回路的调试。

计量单位：台

定　额　编　号			A4-17-133	A4-17-134	A4-17-135
项　目　名　称			交流异步电动机功率		
			≤3kW	≤13kW	≤30kW
基　　　价（元）			1925.40	2888.51	3850.54
其中	人　工　费（元）		787.22	1180.90	1574.44
	材　料　费（元）		29.21	43.99	58.89
	机　械　费（元）		1108.97	1663.62	2217.21
名　　称	单位	单价（元）	消　　耗　　量		
人工	综合工日	工日	140.00	5.623	8.435	11.246
材料	铜芯橡皮绝缘电线 BX-2.5mm²	m	1.23	3.360	5.040	6.720
	自粘性橡胶带 25mm×20m	卷	14.79	1.680	2.520	3.360
	其他材料费占材料费	%	—	0.800	1.200	1.600
机械	电缆测试仪	台班	15.89	0.202	0.303	0.404
	电能校验仪	台班	31.69	0.606	0.908	1.211
	高压绝缘电阻测试仪	台班	37.04	0.404	0.606	0.807
	高压试验成套装置	台班	710.71	0.404	0.606	0.807
	计时/计频器/校准器	台班	157.56	0.404	0.606	0.807
	频率合成信号发生器	台班	80.95	1.009	1.514	2.019
	手持式万用表	台班	4.07	2.826	4.239	5.652
	数据记录仪	台班	67.22	2.019	3.028	4.037
	数字电桥	台班	7.63	0.807	1.211	1.615
	数字电压表	台班	5.77	0.404	0.606	0.807
	数字示波器	台班	71.81	2.624	3.937	5.249
	微机继电保护测试仪	台班	198.84	1.211	1.817	2.423
	直流高压发生器	台班	102.07	0.404	0.606	0.807
	转速表	台班	16.07	0.807	1.211	1.615

工作内容：变频装置本体、变频母线、电动机、互感器、电力电缆、保护装置等及一、二次设备回路的调试。

计量单位：台

定　额　编　号			A4-17-136	A4-17-137	A4-17-138
项　目　名　称			交流异步电动机功率		
			≤50kW	≤150kW	≤500kW
基　　　价（元）			4813.55	6180.79	7778.34
其中	人　工　费（元）		1967.98	2544.08	3095.96
	材　料　费（元）		73.90	96.77	116.13
	机　械　费（元）		2771.67	3539.94	4566.25
名　　　称	单位	单价（元）	消　　耗　　量		
人工	综合工日	工日	140.00	14.057	18.172	22.114
材料	铜芯橡皮绝缘电线 BX-2.5mm²	m	1.23	8.400	11.000	13.200
	自粘性橡胶带 25mm×20m	卷	14.79	4.200	5.500	6.600
	其他材料费占材料费	%	—	2.000	2.000	2.000
机械	电缆测试仪	台班	15.89	0.505	0.505	0.505
	电能校验仪	台班	31.69	1.514	2.524	3.533
	高压绝缘电阻测试仪	台班	37.04	1.009	1.009	2.018
	高压试验成套装置	台班	710.71	1.009	1.262	1.514
	计时/计频器/校准器	台班	157.56	1.009	1.514	2.524
	频率合成信号发生器	台班	80.95	2.524	3.028	4.037
	手持式万用表	台班	4.07	7.066	8.579	9.589
	数据记录仪	台班	67.22	5.047	6.561	7.570
	数字电桥	台班	7.63	2.018	3.533	5.047
	数字电压表	台班	5.77	1.009	1.262	1.514
	数字示波器	台班	71.81	6.561	7.570	10.598
	微机继电保护测试仪	台班	198.84	3.028	4.037	5.047
	直流高压发生器	台班	102.07	1.009	1.262	1.514
	转速表	台班	16.07	2.018	3.028	3.533

工作内容：变频装置本体、变频母线、电动机、互感器、电力电缆、保护装置等及一、二次设备回路的调试。

计量单位：台

定 额 编 号				A4-17-139	A4-17-140	A4-17-141
项 目 名 称				交流异步电动机功率		
				≤1000kW	≤2000kW	≤5000kW
基 价（元）				10227.20	12726.80	15622.79
其中	人 工 费（元）			4151.98	4968.04	6072.08
	材 料 费（元）			266.56	279.76	227.86
	机 械 费（元）			5808.66	7479.00	9322.85
名 称		单位	单价（元）	消 耗 量		
人工	综合工日	工日	140.00	29.657	35.486	43.372
材料	铜芯橡皮绝缘电线 BX-2.5mm²	m	1.23	30.300	31.800	25.900
	自粘性橡胶带 25mm×20m	卷	14.79	15.150	15.900	12.950
	其他材料费占材料费	%	—	2.000	2.000	2.000
机械	电缆测试仪	台班	15.89	1.009	1.009	1.514
	电能校验仪	台班	31.69	4.542	5.551	6.561
	高压绝缘电阻测试仪	台班	37.04	2.524	3.028	4.037
	高压试验成套装置	台班	710.71	2.018	3.028	4.037
	计时/计频器/校准器	台班	157.56	3.533	4.542	6.056
	频率合成信号发生器	台班	80.95	5.047	6.561	8.075
	手持式万用表	台班	4.07	11.103	12.617	13.626
	数据记录仪	台班	67.22	10.598	12.617	15.140
	数字电桥	台班	7.63	6.561	7.570	8.579
	数字电压表	台班	5.77	2.018	3.028	4.037
	数字示波器	台班	71.81	10.598	12.617	15.140
	微机继电保护测试仪	台班	198.84	6.561	7.570	8.579
	直流高压发生器	台班	102.07	2.018	3.028	4.037
	转速表	台班	16.07	4.037	5.047	6.056

5.电动机连锁装置系统调试

工作内容：电动机组、开关控制回路调试、电机连锁装置调试。 计量单位：台

定 额 编 号			A4-17-142	A4-17-143	A4-17-144
项 目 名 称			联锁台数(台)		
			≤3	4～8	9～12
基 价（元）			504.11	1084.45	1437.64
其中	人 工 费（元）		152.04	379.96	532.00
	材 料 费（元）		4.40	9.15	12.32
	机 械 费（元）		347.67	695.34	893.32
名 称	单位	单价（元）	消 耗 量		
人工 综合工日	工日	140.00	1.086	2.714	3.800
材料 铜芯橡皮绝缘电线 BX-2.5mm²	m	1.23	0.500	1.040	1.400
自粘性橡胶带 25mm×20m	卷	14.79	0.250	0.520	0.700
其他材料费占材料费	%	—	2.000	2.000	2.000
机械 电缆测试仪	台班	15.89	0.841	1.682	2.523
高压绝缘电阻测试仪	台班	37.04	0.841	1.682	2.523
计时/计频器/校准器	台班	157.56	0.841	1.682	2.103
手持式万用表	台班	4.07	0.841	1.682	2.523
微机继电保护测试仪	台班	198.84	0.841	1.682	2.103

十五、太阳能光伏电站调试

工作内容：1.受电前准备；2.受电时一、二次回路定相、核相；3.电流、电压测量；4.保护、合环、同期
回路检查；5.冲击合闸试验和受电后试验；6.试运行。

计量单位：座

定　额　编　号			A4-17-145	A4-17-146	A4-17-147
项　目　名　称			≤1000kW	≤10000kW	>10000kW
基　　　价（元）			443.35	826.84	1151.18
其中	人　工　费（元）		356.58	670.60	938.70
	材　料　费（元）		25.71	41.43	51.77
	机　械　费（元）		61.06	114.81	160.71
名　　　称	单位	单价(元)	消　　耗　　量		
人工	综合工日	工日	140.00	2.547	4.790	6.705
材料	自粘性橡胶带 25mm×20m	卷	14.79	1.704	2.746	3.432
	其他材料费占材料费	%	—	2.000	2.000	2.000
机械	笔记本电脑	台班	9.38	1.321	2.483	3.476
	回路电阻测试仪	台班	18.62	0.440	0.828	1.159
	数字电压表	台班	5.77	0.247	0.464	0.650
	数字示波器	台班	71.81	0.511	0.961	1.345
	相位表	台班	9.52	0.247	0.464	0.650

十六、特殊项目测试与性能验收试验

工作内容：1.发电机直流耐压试验；2.包括现场试验方案的编写、现场试验设备的组装与拆卸、现场试验的实施及试验所需的安全围闭。

计量单位：台

定 额 编 号				A4-17-148
项 目 名 称				发电机直流耐压试验
基 价（元）				2457.73
其中	人 工 费（元）			1916.60
	材 料 费（元）			456.37
	机 械 费（元）			84.76
名 称	单位	单价（元）	消 耗 量	
人工	综合工日	工日	140.00	13.690	
材料	电缆	m	5.56	1.750	
	黄铜线（综合）	kg	51.28	0.350	
	绝缘胶带 20mm×20m	卷	2.56	0.350	
	硬铜绞线 TJ-10mm²	kg	42.74	2.800	
	硬铜绞线 TJ-4mm²	kg	42.74	7.000	
	其他材料费占材料费	%	—	2.000	
机械	多功能交直流钳形测量仪	台班	3.99	0.363	
	高压绝缘电阻测试仪	台班	37.04	0.363	
	水内冷发电机绝缘特性测试仪	台班	96.23	0.726	

工作内容：1.变压器绕组变形试验；2.包括用频谱法和短路阻抗法进行试验；3.包括现场试验方案的编写、现场试验的实施及试验所需的安全围闭。

计量单位：台

定　额　编　号				A4-17-149
项　目　名　称				变压器绕组变形测试
基　　　价（元）				1004.75
其中	人　工　费（元）			383.32
	材　料　费（元）			268.45
	机　械　费（元）			352.98
名　　称	单位	单价(元)	消　　耗　　量	
人工	综合工日	工日	140.00	2.738	
材料	丙酮	kg	7.51	0.500	
	聚氯乙烯橡胶粘带 40×50m	卷	25.64	1.000	
	塑料相色带 20×2000	卷	5.30	1.000	
	铜接线端子 DT-120	个	8.30	2.000	
	铜接线端子 DT-25	个	2.10	2.000	
	铜芯塑料绝缘电线 BV-120mm²	m	59.83	3.000	
	铜芯塑料绝缘电线 BV-25mm²	m	9.40	3.000	
	其他材料费占材料费	%	—	2.000	
机械	变压器短路阻抗测试仪	台班	40.85	0.363	
	变压器绕组变形测试仪	台班	49.23	0.363	
	变压器直流电阻测试仪	台班	18.62	0.363	
	汽车式高空作业车 21m	台班	863.71	0.363	

定　额　编　号			A4-17-150	
项　目　名　称			电缆故障点测试	
基　　　价（元）			1405.57	
其中	人　工　费（元）		1116.78	
	材　料　费（元）		3.94	
	机　械　费（元）		284.85	
名　　　称	单位	单价（元）	消　　耗　　量	
人工	综合工日	工日	140.00	7.977
材料	铜芯橡皮绝缘电线 BX-2.5mm²	m	1.23	0.448
	自粘性橡胶带 25mm×20m	卷	14.79	0.224
	其他材料费占材料费	%	—	2.000
机械	电缆故障测试仪	台班	15.33	5.047
	高压绝缘电阻测试仪	台班	37.04	5.047
	手持式万用表	台班	4.07	5.047

工作内容：1.元件检查；2.二次回路调试,无功调节开环、闭环调节功能调试；3.无功调节策略及定值等
调试。

计量单位：三相组

定　额　编　号				A4-17-151
项　目　名　称				无功补偿装置投入试验
基　　　　　价（元）				1141.98
其中	人　工　费（元）			821.38
	材　料　费（元）			95.90
	机　械　费（元）			224.70
名　　称	单位	单价（元）	消　耗　量	
人工	综合工日	工日	140.00	5.867
材料	铜接线端子 DT-120	个	8.30	1.056
	铜接线端子 DT-25	个	2.10	1.056
	铜芯塑料绝缘电线 BV-120mm²	m	59.83	1.056
	铜芯塑料绝缘电线 BV-25mm²	m	9.40	2.112
	其他材料费占材料费	%	—	2.000
机械	笔记本电脑	台班	9.38	3.386
	回路电阻测试仪	台班	18.62	1.129
	继电保护检验仪	台班	218.62	0.564
	数字示波器	台班	71.81	0.677

计量单位：试样

定　额　编　号	A4-17-152
项　目　名　称	SF6气体试验
基　　　　　价（元）	178.57

其中	人　工　费（元）	145.74
	材　料　费（元）	—
	机　械　费（元）	32.83

名　　　称	单位	单价(元)	消　耗　量
人工	综合工日	工日	140.00	1.041
机械	SF6微水分析仪	台班	21.74	1.510

定　额　编　号				A4-17-153		
项　目　名　称				TA(TV)误差测试		
基　　　价（元）				386.20		
其中	人　工　费（元）			273.84		
	材　料　费（元）			18.14		
	机　械　费（元）			94.22		
	名　　　称	单位	单价（元）	消　　耗　　量		
人工	综合工日	工日	140.00	1.956		
材料	铜芯塑料绝缘电线 BV	m	3.42	0.200		
	硬铜绞线 TJ-4mm^2	kg	42.74	0.200		
	硬铜绞线 TJ-6mm^2	kg	42.74	0.200		
	其他材料费占材料费	%	—	2.000		
机械	笔记本电脑	台班	9.38	5.512		
	互感器测试仪	台班	27.52	1.545		

工作内容：1.试验前准备工作；2.二次回路压降现场测试；3.数据处理,出具报告。　　　　　　计量单位：组

定　额　编　号	A4-17-154
项　目　名　称	电磁式电压互感器压降测试
基　　　　　价（元）	536.44

其中	人　工　费（元）	164.36
	材　料　费（元）	0.35
	机　械　费（元）	371.73

	名　　　称	单位	单价（元）	消　　耗　　量
人工	综合工日	工日	140.00	1.174
材料	铜芯橡皮绝缘电线 BX-2.5mm²	m	1.23	0.040
	自粘性橡胶带 25mm×20m	卷	14.79	0.020
	其他材料费占材料费	%	—	2.000
机械	电磁式互感器	台班	71.12	0.437
	关口计量表测试专用车	台班	685.51	0.467
	压降测试仪	台班	46.94	0.437

工作内容：1.试验前准备工作；2.电压电流互感器二次负荷现场测试；3.数据处理,出具报告。

计量单位：组

定 额 编 号				A4-17-155	
项 目 名 称				计量二次回路阻抗测试	
基 价（元）				1163.87	
其中	人 工 费（元）			164.36	
	材 料 费（元）			0.21	
	机 械 费（元）			999.30	
	名 称	单位	单价（元）	消 耗 量	
人工	综合工日	工日	140.00	1.174	
材料	铜芯橡皮绝缘电线 BX-2.5mm²	m	1.23	0.024	
	自粘性橡胶带 25mm×20m	卷	14.79	0.012	
	其他材料费占材料费	%	—	2.000	
机械	电压电流互感器二次负荷在线测试仪	台班	27.26	1.402	
	关口计量表测试专用车	台班	685.51	1.402	

850

工作内容：1.收集资料,确定励磁系统数学模型类型；2.电压测量与电流补偿环节的测量；3.励磁调节器环节特性辨识试验；4.发电机空载特性试验；5.发电机空载电压给定阶跃试验；6.发电机空载大扰动试验；7.发电机TDO测量试验；8.标幺基值计算；9.励磁系统模型空载阶跃仿真校验；10.电力系统稳定计算用的励磁系统模型和参数的仿真校核。

计量单位：台

定　额　编　号				A4-17-156
项　目　名　称				机组AVC系统调试
基　　　价（元）				1938.96
其中	人　工　费（元）			1204.70
	材　料　费（元）			16.90
	机　械　费（元）			717.36
名　　　称	单位	单价（元）	消　　耗　　量	
人工	综合工日	工日	140.00	8.605	
材料	自粘性橡胶带 25mm×20m	卷	14.79	1.120	
	其他材料费占材料费	%	—	2.000	
机械	笔记本电脑	台班	9.38	8.567	
	低频信号发生器	台班	5.95	2.142	
	电量记录分析仪	台班	132.42	2.142	
	微机继电保护测试仪	台班	198.84	1.713	

工作内容：1.试验准备工作检查及调整；2.定子绕组端部固有振动频率测试及模态分析；3.试验情况分析
　　　　　与总结。

计量单位：台

定　额　编　号				A4-17-157	
项　目　名　称				发电机定子绕组端固有振动频率测试	
基　　　　价（元）				1227.97	
其中	人　工　费（元）			985.74	
	材　料　费（元）			1.13	
	机　械　费（元）			241.10	
名　　　称		单位	单价（元）	消　　耗　　量	
人工	综合工日	工日	140.00	7.041	
材料	超五类屏蔽双绞线	m	1.11	1.000	
	其他材料费占材料费	%	—	2.000	
机械	笔记本电脑	台班	9.38	9.190	
	振动动态信号采集分析系统	台班	76.57	2.023	

852

工作内容：1.试验准备工作检查及调整；2.定子绕组端部固有振动频率测试及模态分析；3.试验情况分析
与总结。

计量单位：台

定　额　编　号				A4-17-158	
项　目　名　称				发电机定子绕组及引出线超声波法测试	
基　　　　价（元）				1297.59	
其中	人　工　费（元）			985.74	
	材　料　费（元）			5.22	
	机　械　费（元）			306.63	
名　　　称		单位	单价（元）	消　耗　量	
人工	综合工日	工日	140.00	7.041	
材料	凡士林	kg	6.56	0.780	
	其他材料费占材料费	%	—	2.000	
机械	笔记本电脑	台班	9.38	10.746	
	便携式双探头超声波流量计	台班	8.50	2.667	
	红外测温仪	台班	36.22	5.057	

工作内容：1.试验准备工作检查及调整；2.定子绕组端部固有振动频率测试及模态分析；3.试验情况分析与总结。

计量单位：台

定　额　编　号				A4-17-159	
项　目　名　称				发电机转子通风孔检查试验	
基　　　价（元）				1930.93	
其中	人　工　费（元）			766.64	
	材　料　费（元）			433.10	
	机　械　费（元）			731.19	
名　　　称		单位	单价（元）	消　耗　量	
人工	综合工日	工日	140.00	5.476	
材料	理化橡皮管	箱	94.02	3.632	
	遮挡式靠背管	个	5.13	13.949	
	转速信号荧光感应纸	卷	10.26	1.128	
	其他材料费占材料费	%	—	2.000	
机械	笔记本电脑	台班	9.38	12.307	
	红外测温仪	台班	36.22	3.717	
	手持高精度数字测振仪和转速仪	台班	46.95	4.025	
	数字式电子微压计	台班	39.01	7.489	